U0749618

跨界
与
文化田野

广西红瑶

身体象征与生命体系

冯智明 …著

教育部人文社会科学研究西部和边疆地区
青年基金项目（12XJC850001）
广西高等学校高水平创新团队及卓越学者计划
“桂学与文化软实力研究”资助

目　录

“跨界与文化田野”丛书总序

麻国庆

总结费孝通先生一生的学问，我认为可以简单概括为“三篇文章”：汉民族社会、少数民族社会、全球化与地方化。从费先生的学术历程看，以江村为起点一直到全球社会，都围绕着流动性、开放性和全球性展开讨论，如江村的蚕丝通过上海经过加工进入资本主义体系，及其晚年倡导的“和而不同”的全球社会理论。可见，费先生一直关注着中国社会文化人类学研究的流动性与跨界性。当今世界的跨界流动的现象越发频繁，延续费先生的学术脉络，我们有必要重新审视“跨界的人类学”中丰富的意涵。我想，可以从如下几个方面，展开对“跨界的人类学”与文化田野的理解和认识。

一、“跨界的人类学”将成为人类学学术的重要方向

今天，人类学家在关注文化、历史、结构、过程以及研究对象的行动时，经常要穿越村社、地方、区域乃至国家的边界。近年来，从大量的民族志作品看，仅仅试图赋予某个“个案”独立的意义已难成功，甚至当以类型学的手段进行个案分析时，我们也难以概括不同个案中“你中有我，我中有你”的整体性内涵。此外，虽然“跨国主义”、“跨境研究”等系列概念也在试图回应全世界普遍发生的“流动”状态，但仍然是不够的。因为，人类学的研究单位是立体的、多层次的，对任何一种社区单位层次的简单概括都

不足以分析当代世界体系中复杂的交叉性特征。即使是东方、非洲与南美等发展中区域，世界体系也早已将它们深深卷入其中。

“跨界”这一概念，要比“跨国”“跨体系”“跨境”“跨社区”等具体性的概念更具有理论意义。跨界不是否认边界，而是试图重新认识“边界”。在一定程度上讲，我们区分村社、区域、国家的边界时，实际上也是在强调它们之间的联系纽带，比如，两个社区之间最为紧密的联系区域恰恰最可能产生在所谓的“边界”之中。因此，当人类学以跨界的视野去认识研究对象、研究区域时，所秉持的方法论，就不能仅仅是内部性的扩展个案研究，同时更要是内外兼顾的扩展个案研究。

今日，各种人口、商品和信息的洪流搅和在一起，造成边界的重置与并存，跨界本身成了一种社会事实，其中尤以人口跨国流动为甚，在这个过程中社会与文化的重重界限被流动人口的活动所打破。跨国生活过程将不同社会的多种边界并置于一个空间，我们在不同社会研究中所提出的概念和知识被连接起来，形成了一种“模棱两可”的场域，即一个地点两套（甚至多套）知识体系互动的局面。一方面，传统意义上的跨国流动关注政治界限的跨越和协商，但这只是多面体的一面。实际上，在这个环境中，多个社会中的民族、阶级、政治，参与到同一个边界运作过程中来，形成了一个由政治、经济与文化多重边界所构成的多面体。另一方面，这不仅是一个从多方面重新划界的过程，也是一个协商与抵抗的过程，是由政府、社会、企业与个人参与其中的互动机制。因而全球化，或者说跨国流动所带来的这种衔接部位并不存在固定的方向，这是一个各种力量相互摩擦的互动地带。

中国人类学与世界的对接点可能就在于“跨界”的人类学。流动的概念很可能会变成全球人类学的核心。比如，广州的流动现象反映了全球体系在中国如何表述的问题，广州的非洲人作为非洲离散群体（African diaspora）的一部分，以移民的身份进入中国这个新的移民目标国，在全球化的背景下重新形塑了人们之间的行为边界及行为内容。又如中国的技术移民——工程师群体，当他们移居到如新加坡等国后，他们的家乡认同、国家认同以及对新的国家的重新认同，都反映了流动、迁居所带来的多重身份认同。

流动、移民和世界单位，这几个概念将会构成中国人类学走向世界的重要基础。这些年我一直在思考，到底中国人类学有什么东西可以脱颖而出？我们虽然说已经有许多中国研究的作品，也尝试着提出自己的理论，但像弗里德曼那样的研究还无法构成人类学的普适化理论。我觉得，新理论有可能出自中国与周边国家和地区的跨界地带。如东南亚、南亚、东北亚、中亚等过渡地带。在这些区域，如果以超越民族国家的理念，把研究提升到地缘政治和区域研究的视角，进行思考和讨论，应该会产生经典的人类学民族志作品。同时，不同民族的结合部，在中国国内也会成为人类学、民族学研究出新思想的地方。其实，费孝通先生所倡导的民族走廊的研究，很早就注意到多民族结合部的问题，我们今天一般用民族边界来讨论，但结合部，在中国如蒙汉结合部、汉藏结合部等，还有其特殊的历史文化内涵。

不管是着眼于国内的流动还是跨国的流动，一个全新的领域——跨界的人类学（笔者语）将成为 21 世纪全球人类学的核心。人类学研究也必须与世界背景联系在一起，才能回答世界是什么的问题，才能回答世界的多样性格局在什么地方的问题。

现在，海外中国研究对于中国的民族研究有两种取向。一种偏文化取向，例如对西南民族的文化类型进行讨论；而另一种偏政治取向，将藏族等大的民族放到作为问题域的民族中来讨论。不论采取什么取向，我们首先要强调：任何民族研究都应当在民族的历史认同的基础上来讨论，不能先入为主地认为某个民族是政治的民族，而要回到它的文化本位。相当多的研究者在讨论中国的民族的时候，强调了民族自身的特殊性与独立性，却忽视了民族之间的有机联系及之间的互动性和共生性。也就是说，将每个民族作为单体来研究，而忘记了民族之间形成的关系体，忘记了所有民族皆处于互动的共生关系中。这恰恰就是“中华民族多元一体格局”概念之所以重要的原因。多元不是强调分离，多元只是表述现象，其核心是强调多元中的有机联系体，是有机联系中的多元，是一种共生中的多元，而不是分离中的多元。我以为，“多元一体”概念的核心，事实上是同时强调民族文化的多元和共有的公民意识，这应当是多民族中国社会的主题。

关于海外中国研究，有几点是值得注意的。首先，海外研究本身应该被放到中国对世界的理解体系中来看待，它是通过对世界现实的关心和第一手资料的占有来认识世界的一种方式。其次，强调中国与世界整体的直接关系。比如，如何回应西方因中国企业大量进驻非洲而提出的中国在非洲的“新殖民主义”问题？人类学如何来表达自己的声音？第三，在异国与异文化的认识方面，如何从中国人的角度来认识世界？近代以来聪明的中国人已经积累了一套对世界的看法，如何把这套对海外的认知体系与我们今天人类学的海外社会研究对接？也就是说，中国人固有的对海外的认知体系如何转化成人类学的学术话语体系？第四，海外研究还要强调与中国的有机联系性，比如杜维明提出过“文化中国”的概念，人类学如何来应答？近五千万华人在海外，华人世界的儒家传统落地生根之后的本地化过程以及与有根社会的联系，应该可以说，这恰恰构成了中国经济腾飞的重要基础。我们可以设问，如果没有文化中国，中国经济能有今天吗？

另外，海外研究还要重视跨界民族。这一部分研究的价值在于与中国的互动性形成对接。此外，还有一个很大的问题，就是中国人在海外不同国家中的新移民的问题。不同阶层的新海外移民在当地的生活状况值得关注，如新加坡的技术移民生活过程可以被视为一种在自由与限制、体面与难堪之间挣扎的过程等。同时，不同国家的人在中国的状况其实也是海外民族志研究的一部分。我觉得海外民族志应当是双向的。国内的朝鲜人、越南人、非洲人，还有在中国的不具有公民身份的难民，也都应该构成海外民族志的一部分。这方面的研究一方面是海外的，另一方面又是国内的。海外民族志研究不应局限于国家，要有多样性。

二、关于文化田野

自从人类学家告别古典时代“安乐椅”式的工作方式，开始远足到万里之外的异域和真正的“他者”打交道后，人类学这门学科才算真正找到了自己的位置。马林诺夫斯基在南太平洋小岛无奈下的调查，开启了人类学的新时代，他以建构“文化科学”为理念，给学科的方法论起了个“科学”名称——“田野工作”（fieldwork）。由此开始，人类学的田野被赋予了文化的主轴。

马林诺夫斯基文化科学的方法，是指研究者自身在原住民中生活，以直接的观察、详细充分地验证的资料为基础，参照专业的规范来确立法则进而论证这一民族生活的实态和规律。时至今日，田野工作对于专业的人类学研究者来说，较为理想的状态是研究者在所调查的地方至少住一年，以特定的社区为中心，集中、细致地调查这一社会。以田野工作的方式获取资料，在田野的基础上讨论问题，成了人类学专业的行规。

田野中出现的问题有几个趋向。一是田野的伦理价值判断问题。如果田野讨论实践、讨论行动的问题，那么田野的学理意义会受到质疑。二是很多田野没有观照社会学调查，只是一个社会调查而已，忽略了田野调查对象中人们的思想和宇宙观。田野本身是作为思想的人类学而非资料的人类学得以成立的。许烺光很早就在《宗族·种姓·俱乐部》里提出，社区研究是发现社区人们的思想，不是简单的生活状态，因为之所以产生这种生活状态，背后一定有一套思想体系的支撑。第三个问题是接受后现代人类学，忽略了人类学传统的田野经验，把田野中的资料过度抽象化，抽象到田野已经不是田野本身，而是研究者的一套说理体系。但如果把当地人的观念简单抽象化，这种田野是还原不回去的。

在一定意义上，人类学传统的社区研究如何进入区域是一个方法论的扩展，用费先生的话来说就是扩展社会学。人类学到了一定程度如何来扩展研究视角，如何进入区域，是一个重要的问题。这也涉及跨文化研究的方法论问题。“进得去，还得出得来”，拓展多点民族志的比较研究。

与方法论相关的另一个问题是，民俗的概念如何转化成学术概念。20世纪80年代，杨国枢和乔健先生就讨论过中国人类学、心理学、行为科学的本土化问题。本土化命题在今天还有意义。当时只是讨论到“关系、面子、人情”等概念。但是，中国社会里还有很多人们离不开的民间概念需要研究。又比如日本社会强调“义理”，义理与我们的人情、关系、情面一样重要，但它体现了纵式社会的特点，本尼迪克特在她的书中也提到了这一点。这如何转换成学术概念？民俗概念和当地社会的概念完全可以上升为学理概念。

田野，从一开始，就跨越了人类学家为其界定的概念边界。田野工作的本质，跨越了获取资料的技术手段，成为了对异文化的思想关怀。田野的目标，跨越了对某些事项的描写，成为人类学家超越时空进行思想交锋的平台。田野工作的意义，在“写文化”之后被赋予了更为丰富的内涵。随着极端后现代主义思潮的逐渐退去，经过深度反思的人类学已经不再迷信单一的理论范式，更放弃了科学主义的表述方式，然而学科共识却变得模糊了，人类学分支学科大发展的背后，是问题域的碎片化。面对困惑，人类学家还是纷纷回到田野里寻找答案。

此时的田野中，只有解答人类多元文化时迸发出的五彩缤纷的思想火花，而早已不见了单线、苍白的刻板界限。在非洲的人类学家，从随着部落民一起进入城市开始，问题意识也从找寻宗族的平衡机制转向贫民窟和艾滋病的治理方式；在拉美的人类学家，走出了原始森林荫蔽下的大小聚落，将目光转向民粹主义领袖的政治宣传策略；在东亚和欧美的一些人类学家，纷纷回到自己的家乡展开田野工作，不无惊异地发现自己对“本文化”的解读可以如此深入和多元。

当然，我们这种内外兼修的“跨界”人类学方法，仍然应以关注文化为核心的民族志田野来完成。当我们发现文化模式的共生与冲突、社区网络的连接与重组、习俗规范的形成与解构、行动意义的理解与实践等等议题时，实际上就是在讨论“跨界”问题，而这个问题的核心议题仍是“文化”，人类学的看家本领——田野与民族志是理解跨界与文化的基础。我们的田野是文化的田野，它既不是沉浸于过去的历史回顾，也不是走马观花的现状调查。对历史、数据、哲学、政策等等时髦议题的关注，是在文化田野之中的，而不能替代文化田野本身。正如费孝通先生曾在生前希望出一套“文化田野丛书”，但丛书未果，后来我看其寄语感慨万千，也见此次丛书加上“文化田野”的表述，以纪念先生对于人类学的巨大学术贡献。费先生在寄语里写道：“文化来自生活，来自社会实践，通过田野考察来反映新时代的文化变迁和文化发展的轨迹。以发展的观点结合过去同现在的条件和要求，向未来的文化展开一个新的起点，这是很有必要的。同时也应该是‘文化田野丛书’出版的意义。”本套丛书在学理上也秉承费先生的这一寄语。

文化在田野中，才能获得最为鲜活的解读。文化田野，早已越过了社区的界限、族群的界限、区域的界限、国家的界限。如冲破传统上城乡二元的限制，进入到城市的农村人口，他们跨越城—乡，融合了“乡土性”与“都市性”，是城乡一体化的典型例证，他们因跨界，因流动而形成的文化风格甚至成为现代都市生活中有生机活力的创造性成分。他们在城乡之间消费自己的劳动、憧憬着家庭的未来，这是中国社会内部流动性的一大特点。除了内地汉族社会的流动性之外，民族地区的流动性与跨界性也是一大特点。早在20世纪80年代初，费孝通先生就提出了对于河西走廊、藏彝走廊、南岭民族走廊的中国三大民族走廊进行研究的民族学人类学意义。这三大民族走廊最大的特点就是跨界性与流动性。

20世纪80年代费先生提出了依托于历史文化区域推进经济协作的发展思路。“以河西走廊为主的黄河上游一千多里的流域，在历史上就属于一个经济地带。善于经商的回族长期生活在这里。现在我们把这一千多里黄河流域连起来看，构成一个协作区。”[①] 因此，这个经济区的意义正如费先生所说：“就是重开向西的‘丝绸之路’，通过现在已建成的欧亚大陆桥，打开西部国际市场”[②]。

对于南方丝绸之路，费老在 1991 年，曾在《瞭望》杂志上发表《凉山行》，其中就提到关于藏彝走廊特别是这一区域内和外的发展问题：由四川凉山彝族自治州与攀枝花市合作建立攀西开发区，以此为中心，重建由四川成都经攀西及云南保山在德宏出境，西通缅、印、孟的“南方丝绸之路”，为大西南的工业化、现代化奠定基础。

1981 年的中央民族研究所的座谈会上，费先生把“南岭走廊”放在全国一盘棋的宏观视野下进行论述与思考，之后又强调把苗瑶语族和壮侗语族这两大集团的关系搞出来。[③] 这个论断，其实暗含了类型比较的研究思路。如南岭走廊的研究对于我们认识南部中国的海疆与陆疆的边界与文化互动有着重要的现实意义。它是在长期的历史过程逐渐形成的，并且与南中国海以及周边省份、国家逐渐发展成为一个有内在联系的区域。从历史与现实上看，与东南亚毗邻的南部边疆与南中国海及周边陆上区域，不但在自然的地理空间上有相邻与重合，而且在文化空间上形成了超越地理意义上的文化网络和社会网络。中国南部陆疆与海疆区域与东南亚之间的经济联系历史悠久，明清时期发展成为具有一定全球性影响的经济区域，到今天，中国—东盟自由贸易区，也是世界三大区域经济合作区之一。在这一背景下，这一对话和联系的基础离不开对这一区域的文化生态与社会网络的人类学思考，如山地、流域、海洋等文明体系和区域文化的研究。

费老强调的南方丝绸之路的理念，对我们今天的“一带一路”战略，

---

① 北京大学社会学人类学研究所编：《东亚社会研究》，北京大学出版社 1993 年版，第 218 页。

② 同上。

③ 费孝通：《深入进行民族调查》，费孝通：《费孝通民族研究文集新编》，中央民族大学出版社 2006 年，第 473—474 页。

有重要的参考价值。

在全球化的今天，随着“冷战”的结束，全球体系越来越向多极化方向发展，区域问题、地缘政治与发展等问题，不断在超越传统的民族国家的界限，全球化所带来的全球文化的同质性、一体化的理想模式，受到了来自地方和区域的挑战。因此从区域的角度，来探索全球性的问题和现象，是认识“和而不同”的全球社会的出发点。

面对这一大的战略转移，人类学、民族学对于跨国社会研究的经验和基础，会扮演非常重要的角色。比如重新认识和理解“一带一路”的社会文化基础和全球意识。我们的研究重点将会突出通过海路和陆地所形成的亚、非、欧之间的交通、贸易、文化交流之路。这种跨境的文化交融现象在现代化和全球化背景下将会越来越多，原本由国家和民族所设定或隐喻的各种有形和无形的、社会和文化的“界线”，不断被越来越频繁的人员、物资和信息流通所“跨越”，形成了复杂多元的社会网络体系。今日的世界日益被各种人口、商品和信息的洪流搅和在一起，带来边界的重置与并存，因而跨界本身成为一种社会事实。

国际合作背后重要的因素是文化，文化的核心是交流、沟通与理解。只有理解他国、他民族、他文化，才能够包容接受、彼此尊重，才能保持世界文化的多样性、价值观的多样性，才能建立人类文化共生的心态观，创造“和而不同”的全球社会。

本丛书的著作力图把社会、文化、民族与国家、全球置于相互联系、互为因果、部分与整体的方法论框架中进行研究，超越西方人类学固有的学科分类，扩展人类学的学术视野，形成自己的人类学方法论。同时本丛书也会出版海外民族志的研究，特别是以流动性为主题的人类学作品。中国人类学进入海外研究，这是与中国的崛起和经济发展紧密相连的。

本丛书也会遵守学理性和应用性的统一。我记得在 1999 年，日本“东京新闻”采访20世纪对世界贡献最大的社会科学家，在中国采访的是费先生，当时我做翻译。我印象很深的是这位记者问费先生：“您既是官员又是学者，这在国外是很难想象的，您一直强调学以致用，它会不会影响学术的本真性?”费先生没正面回答他，他说作为人类学和社会学学科，它的知识来自民间，作为学者就是要把来自于民间的知识体系经过学者的消化后造福当地，反馈回当地，服务于人民，而中国本身的学术也有学以致用的传统。费先生所追求的核心问题就是“从实求知”和“致富于民”。本丛书在学理和实践的层面会以此为指导，使本丛书真正成为“迈向人民的人类学”的重要园地。

在文化田野中，我们可以看到的“跨界”实在太多，本套丛书也希望成为一个开放式的平台，特别强调高水平的人类学跨区域研究以及民族志作品，使之成为一个品牌并发挥长期效应。

序　言
南岭民族走廊上红瑶的身体与文化象征

麻国庆

我记得还是在 26 年前，1989 年 9 月份，曾同黄淑娉教授、陈运飘老师一起带中山大学人类学系民族学专业的本科生调查从粤北迁移到广东阳春县的一支姓麦的瑶族。这一支瑶族原来的民族成分为汉族，从 20 世纪 80 年代开始，要求恢复其瑶族的民族身份，后经识别，确认其为瑶族。我们是他们被确认为瑶族后第一支去调查的团队。经过一个多月的调查，我们基本搞清了他们的历史和现状，也进一步证实了他们作为瑶族的合理性。当时我就想，瑶族的迁移范围如此之广，而且这一支瑶族迁到这里已经 400 余年，周围都是以客家为主体的汉族，他们居然还保留着相当的瑶族文化特色，且当时还有 12 位老人可以讲“瑶话”。他们靠什么力量来保留自己的文化传统呢？第二年，我又陪同我的硕士导师、著名瑶族研究专家容观琼先生一同到广东北部、湖南南部、广西西部等地做瑶族调查。那时，山里的瑶族还保留着非常浓厚的民族文化特点，如头饰、服饰、语言、宗教仪式等，让我对山地民族产生了非常大的兴趣和研究意识。在调查的路上，容先生也不时地提到 20 世纪 30 年代中期（1936 年）他的老师杨成志先生对粤北乳源瑶族进行的调查和研究，这些成果发表在当时的《民俗》杂志上，涉及经济生活、社会组织、宗教信仰、歌谣传说、房屋建筑等方面，先生让我再看一下。之后我跟费孝通先生读博士研究生时，又返回来再读费先生与王同惠女士的《花篮瑶的社会组织》以及当时他们在《桂行通讯》上发的田野杂记，逐渐地了解到瑶族的人类学研究在南岭区域有着很深的传统。如1928年，颜复礼和商承祖受中央研究院蔡元培委托，赴广西凌云瑶族地区进行民族学田野调查，翌年出版《广西凌云猺人调查报告》①，成为由国人完成的较早的基于田野调查的专业民族学人类学研究成果。该报告有不少人类学创见，比如，通过生计方式、亲属制度及仪式文化等方面的比较，探讨广西凌云各瑶族支系（红头瑶、蓝靛瑶及盘古瑶）的差异性与同质性；又如从语言学角度，通过与中南半岛泰族及粤北瑶族的比较，发现三者语言之间有颇多相似之处，继而判断三者之间有一定的亲缘关系。又如1938年，岭南大学外籍教师霍真（R.F.Fortune）带领社会研究所的部分学生到连县油岭调查瑶族生活情况，于1939年在岭南大学学报（*LINGNAN SCIENCE JOURNAL*）上发表了一系列的文章，②从排瑶的历史由来及社会组织、家庭与婚姻、经济、宗教与教育、语音体系等方面描述其文化概况。20世纪50年代后的民族大调查，对于瑶族也积累了很多的社会历史资料。而20世纪80年代之后，在乔健先生的推动下，瑶族研究较早地进入国际视野，召开了多次瑶族研究的国际会议。如1986年5月在香港召开的"第一届瑶族研究国际研讨会"。会上，费孝通先生就强调要把瑶族研究，放到更大的区域中来看待，并在此基础上进一步展开民族发展与区域的关系。他说："从宏观上来说，中华民族几千年来，的确呈现着一幅规模宏大、成分复杂，既有融合、又有分化的历史长卷。中国各民族所在的地域，大体可以分成北部草原地区、东北角的高山森林区、西南角的青藏高原区，曾被拉铁摩尔所称的'内部边疆'，即我所说的藏彝走廊，然后是云贵高原、南岭走廊、沿海地区和岛屿及中原地区。这是全国这个棋盘的格局，我们必须从这个棋盘上的演变来看各民族的过去和

---

①《广西凌云猺人调查报告》，国立中央研究院社会科学研究所，1929年。

② R.R.Fortune.1939.Yao society: A Study of a Group of Primitives in China. *Lingnan Scinece Journal*.vol.18.No.3.1939 Canton.China.

现在。"[①]

在此基础上我曾提出："南岭走廊与其他走廊地带相比，最突出的特征就是'水'文化特色，水对于该地区族群互动具有特殊的重要性。"[②] 其实就是山水之间的问题。在华南，瑶族大部分集中在南岭走廊中，民间有南岭山区"无山不有瑶"的说法。瑶族在南岭山区乃至东南亚山区广泛分布与其迁徙的特性不可分。在许多情况下，南岭走廊中的瑶族文化是在各小区域内存留、分化、变迁甚至消失的。南岭走廊地形破碎，山谷林立，各民族族群呈现立体空间分布格局。民间有生动的说法："壮族住水头，瑶族住山腰，苗族住山头。"当然，平地的绝对主角还是汉族。

作为南岭走廊中的瑶族，其实也不是孤立存在的。瑶族日常接触更多的可能是生活在同一区域的汉族及其民系和其他少数民族群体如壮、侗等。由于相同的生态环境和类似的历史政治经济条件，这些互异的族群不断交流与互动，可能相互借鉴，发展出类似的生计模式、风俗习惯、建筑与服装样式等。有的地方形成了跨越民族边界的区域共同文化，但同时又保留了自己的特色。这也可以解释为什么广布南岭走廊的瑶族有着特别多的支系乃至亚支系，为什么相同支系内部的差异也异常明显。但还有很多问题需要研究，特别是不同的小流域的民族分布和特点，在当下南岭走廊研究中的位置如何呢？我抱着这些问题，从 2006 年开始，带领本科生、硕士生和博士生在南岭走廊的小流域进行调查，特别是对于费孝通先生 1951 年作为广西民族访问团团长到过的广西龙胜各族自治县产生了浓厚的兴趣。而龙胜在地理上的特点之一，就是一条称为"桑江"的河流，贯穿全县。

---

① 费孝通：《瑶山调查五十年》，《费孝通文集》第 10 卷，群言出版社，1999 年，第 389 页。
② 麻国庆：《文化、族群与社会：环南中国海区域研究发凡》，《民族研究》2012 年第 2 期。

一

位于桂北山区崇山峻岭之中的桑江，是一条让人难以注意到的小河流。但桑江流域却是湘西南、黔东南与四川进入广西之咽喉与物资的集散地。在民族文化上，桑江流域更是南岭走廊西端的重要区域。在这里，壮、侗、苗、瑶和汉族居民大杂居、小聚居，共同谱写了多民族和平共处、共同发展的辉煌篇章。以桑江流域为主体的龙胜古称即为桑江，1951 年即开始实行民族区域自治，称为“龙胜各族联合自治区（县级）”，1955 年 9 月改称“龙胜各族联合自治县”，1956 年 12 月定名为“龙胜各族自治县”，是中南地区第一个成立的民族自治县。

2006 年，在这一流域，为了选点，我曾驱车顺着这条河跑了很多村寨，每个村寨都给我留下了很深的印象。为了搞清这条河流的民族状况，我选择了不同民族的村寨，让研究生和本科生进行民族志调查。然而，非常特别的是，在村村通路的今天，当地居然有个寨子，汽车不能进去。我们就步行几个小时进到这个名为矮寨的村落。一进寨子首先跃入眼帘的是在山谷相间的小溪中，穿着民族服装、三三两两地洗头的瑶族妇女。她们的头发长得可以到膝盖下面。这一下让我联想到，龙胜县民族旅游的大宣传板上的女性形象。当地把这支瑶族称为红瑶。

红瑶女性的长发和多彩的传统服饰，被作为当地的一种旅游符号和旅游景观。而这个寨子里的妇女，并没有像旅游点的红瑶妇女们一次次地为游客表演梳盘长发那样，用身体极力表现外界人所想象的自然与淳朴。旅游场景中的“看”与“被看”的背后，她们的真实生活又如何呢？当我的思绪还在旅游点的场景状态时，抬头一看，半山腰的寨子出现在眼前。寨子呈扇形分布，错落有致，真有《桃花源记》所记之感。这里的瑶族的生计和文化是否更多地保留了瑶族传统的特点呢？我们进到村中一看，还真是保留了相当多传统的烙印。凭着人类学者的直觉，我感到这是一个非常值得进行民族志调查的难得的寨子。我离开后，这个寨子不时地在我的脑海里出现。正好，2007年，冯智明从广西师大硕士毕业考上了我的博士，我就让她在入学前先去这个寨子做个初步调查，没有想到这个调查，成了她进行博士论文的田野的开始。之后，在此基础上，她前后进行了长达一年以上的田野调查。我一直跟学生强调小田野离不开大区域，特别是对于这一支瑶族的研究，一定要放在南岭走廊的框架中予以讨论、展开。正如前文所述，传统上这一区域的研究关注较多的是民族的分化、整合、流动以及发展等问题，但对于瑶族传统村落内部的文化认知与心智历程的讨论相对很少，而以何种视角来进入对于文化认知的研究呢？前面提到的旅游舞台文化展演，如长发和花衣花裙，对于红瑶女性意味着什么？寨子本身的布局，我第一次看到时就联想到人体的形状，它是否真和人体有关？村里的山水走向和居住格局也形成了一套具有风水知识体系的村落布局。长发作为身体展示的一部分，其背后的文化认知模式以及这一社会在人的一生中，其对于身体的认知图式如何呢？这一认识图式，一定集中反映了红瑶社会的宇宙观。经过和冯智明的多次讨论，我们还是确定以身体的概念为切入点，来认识瑶族社会。那一年，我带的几位博士生，对于农民工群体、白马藏族、嘉绒藏族等的研究，多少都涉及不同族群的身体观。在我看来，从身体的视角，来进行民族志的调查和研究，是人类学研究的一大亮点。

二

对于身体的研究，原本就可以说是人类学研究的一大传统，在经典民族志中都可以找到关于身体的叙述。其中有代表性的可以参看马歇尔·莫斯晚期的两篇著作：关于“人的观念”（1938）和关于“身体的技术”（1935）。在这两篇著作中，莫斯分别指出：关于自我和个人的思想是由社会建构的，并随历史的变化而变化；习性与人的概念不同，习性令人想起自己的无意识方面，这是习得的不是天生的，后天习得的模式会演变成一种无意识的身体习惯。与莫斯的观点相似，将当代理论引入身体研究的福柯也指出，社会通过训诫的方式使个体处于被支配地位①。

福柯在身体的历史中发现了权力的运作机制。他将研究的触角伸到了社会历史中各个被人忽视的领域，如疯狂史、监狱史、医学史以及性史。在这些貌似互不相干的研究中，始终有着一个核心，那就是受着种种权力制约的人的身体，由此凸显出身体的重要性以及“人”是被构建起来的这一事实（参考《规训与惩罚》等）。当然，早期笛卡尔的身心二元论是很简单地将身体交给了自然科学（医学）而将心灵交给了神学（宗教）。事实上，对于个体和群体而言，人类学家如特纳等大都认为，身体既是自然的，也是文化的、社会的。

我们知道，人类学的诸多理论出发点和研究命题都来自对“自然与文化”或曰“生物属性与文化属性”关系的思考，人的生物属性与文化属性不是二元对立的概念，而是“文化中的自然”与“自然中的文化”的互为补充的概念。身体本身的研究就是这两者的统一。身体研究是将生物属性与文化属性相结合的产物，比如，很多民族都将种、骨、精液等作为男性的象征，将大地、肉体、血、经血等作为女性的象征；但不同民族在解释和认识亲属系谱关系时，却对这套共同的身体象征有着不同的文化解释，彰显出各自的社会与文化特点。

人类学非常关注“自然”的身体成为社会结构隐喻的方式。对身体社

①【法】米歇尔·福柯著：《规训与惩罚——监狱的诞生》，刘北成、杨远婴译，生活·读书·新知三联书店，1999年。

会性的探讨也构成了人类学“社会结构”研究的重要领域之一。身体或被视为一种技术和社会实践，或被视为一个承载社会文化的象征体系，与社会分类机制、阶层划分、社会人的建构等密切相关。

20 世纪 70 年代以来，人类学在整体把握亲属制度的研究中，非常重视从身体观出发，讨论不同社会中人类的生殖行为的观念差异，以及由此形成的女性怀孕、生产的文化观念等，以此作为理解不同社会对“亲”的定义和亲属关系实践的规则。

我在多年前的一篇关于“中国人类学的学术自觉与全球意识”①的文章中，提出过中国人类学要面对的五个热点问题，其中之一就是，反思东方和西方的传统划分模式目前可能存在的问题。东方往往是以以中国为中心的东亚为代表（当然印度等南亚区域又是另一个东方），西方则以欧洲为代表，这种二元叙述模式在今天面临着挑战。以中国和西方关于身、心问题的讨论为例。一般认为，西方从柏拉图到笛卡尔强调身心二元的概念，中国儒家思想强调天人合一、身心一体的宇宙观，所以很自然地就以一体的概念和分离的二元概念来讨论东方和西方。这也涉及早期讨论的中国社会团体模式和西方的自我中心模式，或集体主义与个体主义的二元思考。这一讨论本身是在 19 世纪以来宏大的人文科学的价值判断里面产生的，因为 19 世纪以来忽视了西方和东方之外的原住民社会。近来对斐济等地域的研究发现，斐济人也强调身心一体，还有一些原住民的宇宙观与中国传统哲学中的宇宙观是相似的。②所以，东方和西方二分的背后还存在被忽略的无文字社会的宇宙观和哲学思考体系，这是值得重新思考的。现在中国学者关于人观的讨论很多时候是以西方为参照的，这种讨论方式存在着很多问题。目前呈现出来的冯智明博士的著作，本身就是在超越这一传统的二元表达的模式。

---

①《思想战线》2010 年 9 月。

②［日］河合利光：《身体与生命体系——南太平洋斐济群岛的社会文化传承》，姜娜译，《开放时代》2009 年第 7 期。

三

而《广西红瑶：身体象征与生命体系》一书，正是对人类学关于身体与文化、身体的二元表达模式的很好的学术探索与回应。从本书我们看到，冯智明博士在一年扎实的田野工作基础上，以女性特有的细腻与敏锐，将红瑶人对身体的认知及其文化象征娓娓道来。特别是以“身体象征”理论为主要切入点，从身体的时间性和空间性两大特性出发，探讨了红瑶群体的身体与社会文化相互建构的过程和方式，从而深入地揭示出红瑶的社会文化特征。为了让读者更好地理解本书的学术价值，可举出如下几点以供讨论。

第一，本书是国内较早的关于山地民族研究的、以身体为核心切入点的民族志作品。其叙述方式，是从民族志的经验个案出发，层层推进，最后提炼结论，与理论进行有效对话。用费孝通先生的话说，就是“从实求知”，这个“知”，不是简单的资料堆积的社会调查，而是有问题意识的社会学调查。我想智明同学做到了这一点。可以说“身体”这一研究对象和概念是近二三十年来社会科学界一大全新的学术生长点。在西方人类学界，对“身体”之重要性的讨论已积累了丰富的资料、建立了诸多的理论体系。我们国内人类学界对于身体的研究，应该说起步较晚，但发展很快。不过很多相关研究集中在医学人类学的范畴里，对于不同民族的身体观的讨论相对较少，本书则非常精彩地呈现了一个族群感知身体和世界的方式。将身体人类学理论推及少数民族个案研究，既是及时把握了当代人类学的发展趋势，在一定意义上也促进国内人类学研究与西方人类学在“身体”研究方面的有效对接。作者对身体象征等几种主流身体人类学研究理论流派的借鉴和反思，也有助于建立国内身体人类学研究自身的学术体系。

其次，本书引入西方身体人类学及感官人类学的研究视角和方法，为民族研究开辟了新路径。如作者所言，人类学过往多注重对文化形态本体和人群的研究，忽略对创造文化的人和个体的研究。身体研究的视角本身，就是以人的自身认知为出发点，再到如何身体力行与环境互动，进而把身体的研究作为社会结构和文化研究不可或缺的部分的。如作者发现，身体象征体系深处隐含着的身体观和人观是红瑶文化的重要内核，“齐全”和“修阴功”这两个地方性概念是红瑶人毕生的追求，他们注重个人功德修行，重视大小宇宙的平衡与秩序，以家先与后代、前世今生与来世的循环为社会延续的纽带，借由生命过程尤其是仪式中身体的经验、象征来界定和传达自身的文化。

在研究视角上，本书没有局限于身体人类学的建构论和“体现”范式两种主流理论，而是采用了身体人类学最前沿和新颖的类型研究与综合研究视角，正确看待身体的能动性和象征性，借由对红瑶人生命过程的孕育、成熟、失序、终结等几方面的描述涉及身体的自然、社会、医疗等主要属性，认为中国的身体人类学研究路径应以全面认识身体的各种属性，并结合中国独特的身体观为基础。基于这一认识，作者还巧妙地引入日本学者河合利光提出的“生命体系”概念作为贯穿全书的线索，很好地解决了身体是客体抑或主体的认识论问题。在方法论上，本书吸取了感官人类学“切身参与”的田野调查方法。该方法近年为感官人类学者杰克逊（Michael Jackson）等人所倡导，强调身体同感，主张研究者应切身参与和经验研究对象的身体实践与感官世界。因此，我们在书中随处可见作者以局内人的角色对当地人身体实践的模拟、体验和内化的“切身参与”，如对自己腿伤的巫术治疗等。这些有益的尝试无疑对当下的身体人类学研究具有极大的启发性。

第三，本书是以红瑶身体与社会文化为研究对象的第一本系统民族志作品，为瑶族研究及南岭走廊民族研究增添了学术活力。一直以来，民族学与人类学对于南岭走廊的研究相对于藏彝走廊和河西走廊的研究，显得缺乏活力、比较滞后。因而，当前的瑶族研究需要更多的以人类学及相关学科理论为指导的深入研究，而非对一般文化现象的表面描述。本书对红瑶社会文化的深刻总结和剖析可加深学界和社会对南岭走廊瑶族文化多样性的认识。对其研究，我曾总结道，是在动态的社会文化大的变迁环境中，来研究红瑶社会相对"静态"的结构，这个"静态"就是我们说的真正的文化传统以及以此为基础所产生的文化惯性，即给我们展示了一个"静中有动、动中有静"的红瑶社会。作者的"动"的视角，考虑到了民族之间的交流与交融，如根据作者的研究，红瑶文化中保存了较多古老的汉文化因素，是南岭走廊"周边"少数民族与相对"中心"的汉族文化接触的例证之一，还具有探讨作为历史上重要的民族迁徙通道的南岭走廊山地社会与平地社会的差异和交融的动态理论意义。在一定意义上，从身体的视角可以进一步拓展关于"从周边看中心"和"从中心看周边"的理论的时空转化。我在几年前的《身体的多元表达》[①]一文中，提出过如何从身体的视角来看待看民族，特别是中国社会。多民族共生的中国社会，每一民族内部都有其特殊的身体认识，而对身体的内在属性与外在特征的把握，可以被转换成一种标识，成为民族认同与维系的标志，并且不断在民族文化的生产与再造中扮演着重要媒介的角色。我们时常混淆现实与标识，将身体的内在属性与外在特征简单地化约为族群间的界限与标识，将标识视为真实而不是现实的表征。因此，我们需要人类学者脚踏实地，真正进入到田野中去，在田野中去伪存真。同时，有关各民族"身体"的研究也是探讨民族文化变迁和民族互动的重要视角，也可以从身体的角度，来看中心和周边、自者与他者的关系。

冯智明博士的研究，给我们提供了非常好的从身体看民族的民族志研究的个案，也为我们提升这一领域的研究打下了很好的基础。

总而言之，无论是从选题立意、理论和材料的运用、论证过程，还是写作方式和文笔方面来看，《广西红瑶：身体象征与生命体系》均算得上是

---

①《广西民族大学学报（哲学社会科学版）》2010 年第 3 期。

一部优秀的身体人类学著作。

最后，我还想提到的是，这些成果的取得基于冯智明博士对人类学的热忱和吃苦耐劳的精神。她出生于重庆酉阳土家族苗族自治县一个土家族家庭，自小对民族文化有很深的体认，在读博期间认真钻研学科理论，并在瑶山扎扎实实地做了一年艰苦的田野调查工作。她所调查的矮寨，正如我前面所言，那是一个独具特色但非常偏远的瑶寨，不通公路，需要步行两三个小时才能到达，吃、住、通讯条件都异常差，田野工作困难重重，她却以坚韧的毅力坚持了下来，学会了当地的瑶语，通宵达旦地观察还愿、葬礼等重要仪式，到周边其他瑶寨进行比较调查，即使在摔伤了腿的情况下也没有放弃工作，带回了大量的民族志资料，以至于在龙胜当地成了"名人"，很多人都知道有一个穿行在红瑶村寨之间、不怕苦累、喜欢打破砂锅问到底的博士生。正是由于这些努力和积累，冯智明在进入广西师范大学文学院的工作后，很快取得了丰硕的研究成果，于工作的第四年顺利地评上了教授，成为学校最年轻的教授之一，这是难能可贵的，其中的付出可想而知。

人类学的宗旨是认识他者，反观自身；通过认识他者的身体表述来反思我们自身的身体实践和一系列不得不面对的现代性危机，也是一种文化自觉。因此，《广西红瑶：身体象征与生命体系》中红瑶经由身体体现的对"齐全"人生的追求值得我们深思。

2015年8月31日于北京

第一章　导论

第一节　问题的提出

一、研究缘起

众赞龙脊美并无仙境好乘凉

人说江底寒但有温泉不觉冷

信不信由你（横批）

这是我在去田野途中的一个叫泗水的圩场转车时偶然看到的街边对联，当时不禁哑然失笑，就信手抄下来了，现在想来觉得作者倒是以诙谐的方式道出了龙胜县的地方特色：旅游。让人过目不忘。

我对红瑶的关注就始于在桂林生活期间到龙胜的旅游。广西桂林市龙胜各族自治县因龙脊梯田和温泉而闻名于大桂林旅游圈，红瑶是聚居在龙脊风景名胜区内和周边的主要族群之一。由于地处偏远，红瑶聚居区一直处于较为封闭的状态，保留了诸多独具特色的传统文化。1990 年代以后，龙胜县利用得天独厚的少数民族文化资源大力发展民族旅游，红瑶村寨壮丽的梯田风光和浓郁的民俗风情自然成为重要的旅游资源，现在已经成功开发了和平乡黄洛寨、金坑大寨，泗水乡白面、细门、三门寨等几个旅游点。在旅游吸引物的选取和定位上，政府和旅游部门抓住了红瑶的两个突出特征：女性的长发和炫丽的民族服饰。通过报纸杂志、广播、电视、网络等媒体的宣传，“原生态”的红瑶女性形象不断展现在人们面前，这一长期居于深山人未识的瑶族支系的受关注度也在不断提高。

和平乡黄洛红瑶寨在旅游者中有较高的知名度，因为全寨头发长达一米以上的妇女有60多名，最长的接近两米，在旅游开发中被誉为“天下第一长发村”，并于2001年申获世界吉尼斯集体长发之最，吸引了众多旅游者的眼球。每年农历三月十五是泗水乡红瑶人的“会期”[①]，男女老少身着节日盛装，交换一年所需的生活用品和农业生产资料，未婚青年则在这一天寻找意中人。从1995年开始，泗水“会期”转变成由政府主导举办的民族旅游节庆，命名为“红衣节”；从2004年开始举办的由“六月六”半年节演变而成的和平乡金坑梯田“晒衣节”又成为近年来新的旅游增长点，节庆中重点展示“红瑶嫂”集体长发梳妆、民族服饰及制作工艺、民族歌舞和民族体育竞技等项目。这些民族节庆活动成为新闻媒体、摄影爱好者一年一度关注的焦点、旅游企业推介旅游产品的契机和展示红瑶文化的舞台。

在龙胜县民族旅游的发展中，我们可以看到女性身上保留的传统被作为文化资源进行市场化运作的过程，红瑶女性的长发和多彩的传统服饰作为表现红瑶民族特色的象征被抽离出来，成为被“凝视”的符号和旅游景观。于是，在无数猎奇的眼光中，旅游点的红瑶妇女们一次次地为游客表演梳盘长发，一次次在摄影爱好者的相框中定格，她们在用身体极力表现外界人所想象的自然与淳朴。关于她们黑浓和长度超乎一般人想象的头发，旅游者从旅游解说词中得到的信息和解释是长命富贵的象征加上用自制的天然洗发物保养有方，而服装则归功于勤劳和心灵手巧。“原生态”的说法就这样不胫而走。

---

① 一年一度的大型物资交流会，在乡圩场举行。

旅游场景中总是充满了“看”与“被看”的现象，但其实质并不只是视觉的体验，而是隐含了大量的知识和权利话语实践。在从私密到公众的身体展演过程中，红瑶女性的身体及其表征正在被重构为一个想象的“原生态”他者符号。这一过程无疑是游客、地方政府、旅游企业等多重力量“凝视”下的结果，游客、摄友通过凝视他者身体获得迥异于己文化的旅游体验和景观认知，政府、地方精英等则打造标识传扬红瑶文化，重构民族文化和旅游资本。然而，这是谁的“原生态”？在旅游舞台的背后，长发和花衣花裙对于红瑶女性意味着什么？这样的特征是如何形成的？她们如何看待自己的身体？我们是否需要了解旅游点之外更大范围内红瑶人的地方性表述？任何一种文化表征都是其所处文化体系整体中的一部分，与生态环境、社会制度和集体信仰等密切相关。那么，红瑶女性引人注目的身体外在表现隐藏着怎样的文化意涵？与红瑶社会结构和文化特征间存在什么样的关系？我们关注的不应该仅仅只是女性的身体，而是整个红瑶社会的身体认知图式和使用方式在生活世界中的体现。这些问题吸引着我走进红瑶社会，选择了一个处在旅游开发边缘的红瑶村寨进行田野研究。

二、田野过程和方法

第一次造访矮寨是 2007 年夏天，导师推荐我去这个他因偶然机缘知晓的瑶寨做一些基础社会调查。8 月 3 日，我从桂林到达龙胜，坐上了从县城通往江底乡的班车，在群山间蜿蜒而行两个多小时之后，到达龙胜温泉，找到了在温泉旁边开旅馆的联系人何涛[①]。他是本地人，对附近村寨都比较熟悉。何涛非常热情和爽快，听了我的来意，决定用摩托车送我进山，并为我介绍住处。他说摩托车是瑶民出

① 出于尊重当事人意愿，本书部分人名为化名。

山的唯一交通工具，但步行安全一些，山上人没有几个人骑摩托车的技术是过关的。沿着村民自建的羊肠小道，摩托车开始小心翼翼地沿河边山崖徐徐盘旋而上，山间只听得见车的轰鸣声和悬崖下的潺潺流水声。一阵心惊胆战之后，车终于驶上了新挖的公路平台。说是平台，其实却因年久失修而凹凸不平，长满杂草。一路颠簸前行，逶迤群山和茂密植被的清新温润气息扑面而来，惊吓和疲倦都随之而抛诸脑后。拐了几个大弯之后，何涛告诉我矮寨到了。只见遍布原始森林和梯田的大山深处，密集的村寨掩映在葱茏的古树之中，层层叠叠的三层木楼依山次第而建，配合两边的山脉呈现出奇特的扇形布局，山脚下的矮岭河平静而轻缓地流淌着。由狭窄的入口转入高山盆地般的村寨空间，一如进入陶渊明笔下“豁然开朗”的世外桃源。期待已久的瑶寨终于呈现在了面前，依山傍水的和谐自然景观给我留下了美好的第一印象。代课老师杨小艳一家人热情地接待了我，表示住在她家很方便。房东杨文妹阿姨性格开朗，带着我寻找懂得历史掌故的老人，在后来的调查中，她也成了我的主要信息报道人之一。

远离红瑶聚居的大本营，“前不着村，后不着店”，四面环山的闭合式村寨空间；97 户、四百多人的红瑶“大寨子”；旅游开发的触角还没有大规模触及，传统文化表征较明显；两个历史记忆中分别来自山东青州和湖南城步县，有着一定文化差异的家族；反复被告诫不能靠近的社庙和森林……诸如此类独特的地理和文化特征，促使我选择了矮寨作为田野点。

我于 2008 年 8 月再次来到矮寨，开始正式的田野调查。得知我要进山，房东杨文新叫了一辆摩托车出山接我，一问开车的师傅，才知道寨子里已经开始发展摩托接送服务。相比前一年夏天所见，寨子风貌发生了一些变化。山上新搬下来很多住户，原本空旷的河边平地显得拥挤起来。一些在路边闲聊的村民认出了我，热情地跟我打招呼，诧异地用桂林话问我怎么又来了。面对偌大的陌生村寨，我该从何着手？幸运的是，正值暑假，寨子里唯一的女大学生王树芬回家了，她答应带我走家串户，一方面把我引荐给大家，同时我也可以重新统计人口和熟悉家庭结构情况。通过这样的方式，我和寨里人慢慢地熟识起来，找到了支持我的信息报道人，并开始学习当地语言。

田野初期我没有直奔研究主题，而是先了解当地的历史，参与和观察他们的日常生活和仪式活动，以获得对红瑶社会文化的整体印象。白天，我参加红瑶人的劳作，利用中午和晚上的闲暇时间进行访谈。在共同劳动、打油茶、吃饭、赶圩、走亲戚、喝红白喜酒等活动中，我通过亲身体验、闲话家常和半结构访谈的方式体会红瑶人的生活细节，寻找对研究富有启发意义的现象。受费孝通先生在广西金秀花篮瑶社会的调查经验的启发，得益于我与房东杨文新家庭和朋友王树芬家庭的友好关系的建立，从他们的家庭开始，逐渐扩大到他们的族亲和姻亲，顺藤摸瓜地理清了杨、王两大家族的内部结构和之间的关系。逐渐地，所有人都把我看做她们的亲戚而无所芥蒂，这为我融入当地人的生活和内心世界带来极大的便利。

以红瑶的身体象征作为主题的最初灵感来源于一次非正常死亡的葬礼。9 月 10 日，我访谈的第一位老人、78 岁高龄的王仁清半夜离家出走后，出人意料地在野外上吊身亡。我亲历了全寨人敲锣打鼓、在深山密林中辛苦寻人两天的恐慌场面。当其中的一组人惊惶失措地返回寨里，带回找到尸身的噩耗时，老人的女儿当即哭昏在地。在场的人一片叹息和议论，“寨上出凶鬼了”的消息很快在矮寨散布开来，恐惧开始蔓延。男性亲友们忙着准备棺木，请地理先生和师公相助，整个寨子陷入死亡危机事件中。由于不是在家中死亡，且为自尽，死者的尸身就地停放，埋葬到了远离村寨的乱坟岗，葬礼也办得格外凄清。王家师公告诉我，这都是因为凶鬼携带着严重的“死秽”（死亡污染），会危害到寨子的安全。惋惜和痛心之下，我跟随孝亲们去野地为死者烧纸，目睹所有人对尸身和棺木都退避三舍，回到寨中马上用柑子叶拂拭身体。我模糊地感觉到，尸体尤其是遭破坏者在红瑶人看来是污秽的，作为一种危险的力量被排斥在村寨空间之外。观念上的"死秽"不同于可见的"脏"，身体似乎与社会有着强烈的象征和对应关系。

地理先生杨文同对矮寨村寨地形"人神地"的解释给了我更直接的启发，从相地的角度看，村寨空间内的聚落、土地、山峰和河流组成一个巨大的身体。用人的身体来比拟地形并与风水发生联系，这明显是一种象征思维，体现出红瑶人对身体与自然环境和宇宙关系的认知。风水观属于信仰层面的内容，那么在"人神地"的诠释中，身体必定与红瑶信仰体系密不可分，背后隐藏的是红瑶社会的文化逻辑。红瑶是否还存在其他的身体象征内容，它们能否形成一个统一的系统，从而解决我提出的疑问：红瑶人身体外在表现的文化意涵是什么？这些身体象征之间的关系如何？它们之间构成一个怎样的体系？身体如何隐喻文化？这是我在本研究中尝试着力回答的问题。

我于 11 月离开龙胜做短暂休整，确定了"红瑶身体象征"的研究主题。之后，又从 2009 年 1 月 17 日至 4 月 10 日、5 月 20 日至 8 月 5 日做了将近 6 个月的补充调查。我将主要调查对象锁定在各年龄层次的女性、师公、地理先生、法师（有法术的人）、杠童等仪式专家和民俗医疗者等人身上，根据需要深入访谈，补充婚育、疾病等方面的内容，重点加强对身体经验、仪式和亲属关系的调查。在前后一年的田野周期中，我参与了红瑶的全部重要节日，包括春节、二月二、春秋社节、三月十五会期、清明节、端午节、六月六半年节、七月半鬼节等，参与了一次婚礼、两次三朝酒、两次对岁酒（小孩周岁）、三次葬礼，并观察到建房、春秋社祭、安龙、安香火、赎魂、送鬼、还花愿等大小仪式。在矮寨人的介绍下，我还到附近的盘瑶和新化人（汉族）村寨走访，考察认老庚[①]、拜寄等社会关系情况。为了对龙胜红瑶有更全面的了解，我还考察了泗水乡潘内村的平话红瑶，和平乡金坑大寨、小寨和旧屋村的山话红瑶，多次参加他们的还花愿、晒衣节、祭盘古等仪式和节日。

从方法论的角度看，身体的民族志研究需要“切身参与”（participate bodily）（或参与经验）而非只是参与观察。身体议题涉及诸多细微的身体使用、体验、感知和认识等切身问题，研究者“经由本身参与行动（经验的参与），自身的实践，可以和研究对象共同享有一个沟通的空间”[②]。“参与经验”是近年来感官人类学（Senses Athropology）和身体经验研究倡导的田野调查方法，主张人类学者应抛弃自身的文化偏见，克服身体惯习，学习研究对象体验他们的世界。Jackson 在西非 Kuranko 村落中从“痛苦”地学习生火技能开始进入当地人的身体实践和感官世界，他指出“切身参与经验”可以帮助我们打破在概念和言谈层面寻找真相的习惯，让“参与”成为一个结果而不只是搜集近距离观察数据的工具。[③] Stoller 参与了尼日尔 Songhsay 人的听觉文化经验，坦言被巫医责备为“无知”的尴尬。他认为学会土著如何看、想、听，是人类学者应掌握的基本技能，“研究对象常邀请人类学者学习如何看、想和听，一旦我们决定跟随他们的智识道路，就离开了我们是知识精英的安逸世界，进入‘文盲’老师斥责我们无知的经验世界。”[④]

---

① 又称老同，指年龄相当的结拜兄弟、姐妹。

② 余舜德：《从人类学身体与经验研究的观点来谈医疗史之研究》，《“二十一世纪新意义”研讨会论文集》，台北：“中央研究院”历史语言研究所，2002，第 307 页。

③ Michael Jackson, “Knowledge of the Body”, *Man*, New series, 18(2): 327-345, 1983.

④ Paul Stoller, “Sound in Songhay Cultural Experience”, *American Ethnologist*, 11(3):559-570, 1984.

因此，“切身参与”在同吃同住同劳动的基础上还加入了身体同感的内容，最根本的好处在于可以发现一些缺乏丰富词汇表达的身体行为和观念，“体”味当地人视为常识而不会主动提起的文化细节。我在田野中也深刻体会到，身体研究极为依赖以局外人身份的细致冷静观察和以局内人角色对当地人身体实践的模拟（practical mimesis）、体验和内化，要从经验到文化。因为充当房东家的临时“厨官”，我掌握了红瑶人的烹煮技能、调节身体的饮食宜忌及规则，还由于我的疏忽而亲历房东夫妻二人被鱼刺刺舌的祖灵“惩罚”和解决方式；通过跟随红瑶妇女用山泉凉水和淘米水洗头发、月婆（产妇）用庞桶药浴，我得以了解她们护理身体的独特经验和建立于其上的洁净观，获许远距离观察祭社之前，在老人的敦促下重新用清水擦拭身体，让我体验到“有秽”身体的被区隔感；坐摩托车进山摔伤腿后极度后怕，向房东家人说出伤口的疼痛感和心里的惧怕，他们一致认为我是跌落了魂魄，奶奶带我去摔跤的地方“捞魂”，又采来草药包扎伤口，让我同时体验了疾病的民俗经验和超自然疗法；葬礼中，与孝亲一道守灵、落泪，为作为唯一的孝女的房东阿姨煨草药，真切感受到孝女为父母哭破嗓子的“身体之孝”。凡此种种，都助使我从主位的角度理解红瑶人的身体经验和身体象征，以及身体与生活世界的哪些方面相交融。我坚信，如果不克服自身文化习惯的惰性，进入红瑶人的身体使用、护理、感知等领域，对他们身体延展出来的观念和文化的研究是不可能周详的。

第二节　身体理论与红瑶研究回顾

一、身体研究

人拥有身体并且是身体[①]，是人区别于动物存在的本质特征。“身体”是理解人与社会文化内核的重要维度。本书的理论思考来自于目前欧美学界对“身体”的探究。“身体”何以进入学术界众多学者的研究视野，一般认为应从西方哲学史上去追溯。在早期西方哲学传统中一直存在着一种不平等的身心二元论，代表感性的身体和代表理性的心灵（或精神）是对立的，心灵的地位远远高于身体。古希腊时代的哲学家巴门尼地就把感官与抽象思维能力截然分开，并不由自主地把精神与肉体割裂开来。[②]柏拉图的哲学世界划分为具体的感性世界和抽象的理念世界，由此建立了身体与心灵的二元对立模式。在他看来，身体是心灵的牢笼和坟墓，阻碍了人们对智慧、真理和知识的追求。

在从中世纪走向现代的过程中，身体一直在灵魂和意识为它编织的灰暗地带反复低徊，对身体的压制和遗忘是一个漫长的哲学戏剧。[③]笛卡尔将身心二元论发展到极致，经典名言“我思故我在”形象地传

---

① 布莱恩·特纳认为：“人类有一个显见和突出的现象：他们有身体并且他们是身体。说得更明白些，身体被体现出来，正如他们被自我显示出来。”见［英］布莱恩·特纳：《身体与社会》，马海良等译，沈阳：春风文艺出版社，2000，第 278 页。

② 葛红兵、宋耕：《身体政治》，上海：上海三联书店，2005，第 37 页。

③ 汪民安、陈永国：《身体转向》，载汪民安主编：《后身体：文化、权力和生命政治学》，长春：吉林人民出版社，2003，第 7 页。

达了他的身心观：人是灵魂[①]性的存在。更甚于柏拉图对身体的贬抑，笛卡尔眼中的灵魂和身体完全是分离和对立的，他怀疑一切特别是物质性的东西，比如由肢体和其他物质组成的肉体，“我和它非常紧密地结合在一起，这个我也就是我的灵魂，我之所以为我的那个东西，是完全真正跟我的肉体有分别的，灵魂可以没有肉体而存在”[②]。精神无疑是凌驾于身体之上的，笛卡尔不太相信身体对外界的感知，而是相信存在着一个普遍理性，和身体无关。学界将笛卡尔这种哲学传统称作意识哲学或主体哲学。这时，身体不再像中世纪那样被看作是罪恶的象征，但仍然不是哲学的重心。[③]

意识哲学受到了后来者的普遍批判，尤其是在二十世纪中叶的哲学变革中。胡塞尔、海德格尔和梅洛－庞蒂的现象学都对笛卡尔的身心二元对立论进行了反思，意在努力扭转身体和意识绝然对立的论断。然而，梅洛－庞蒂的身体思想的核心是：自然世界是被知觉到的，人为地混合了观念性和物质性，没有从根本上超越笛卡尔的理论框架。尼采的出现开始改写身体与意识对立的哲学叙事范式，他提出“以身体为准绳”的口号，将身体置于突出的位置。他认为“哲学不谈身体，这就扭曲了感觉的概念”[④]。理性只是身体的附属，“我完完全全是身体，此外无有，灵魂不过是身体的某物的称呼”[⑤]。

身体等同于肉体，是心灵的附庸，在西方“身—心”二元理论框架和叙述话语的长期影响下，尽管有尼采等人对身体的正名，社会科学界对身体仍然没有给予充分的重视。“传统的身心二元对立以及对人的身体的忽视是社会科学中主要的理论和实践问题。因为社会科学

---

① 由于语境的问题，心灵、灵魂、精神几个词语常被混用或互换，均指代与身相对立的心。

② [法] 笛卡尔：《第一哲学沉思录》，庞景仁译，北京：商务印书馆，1998，第 82 页。

③ 冯珠娣、汪民安：《日常生活、身体、政治》，《社会学研究》，2004 年第 1 期，第 107—113 页。

④ [德] 尼采：《快乐的知识》，北京：中央编译出版社，1991，第 80 页。

⑤ [德] 尼采：《苏鲁支语录》，徐梵澄译，北京：商务印书馆，1997，第 27 页。

普遍地接受了笛卡尔的遗产，身体和心灵存在着尖锐的对立。身体成为包括医学的自然科学的主题，而心灵则成为人文科学的主题，后来这种分割成为社会科学基础的一个重要特征。”[①] 布莱恩·特纳指出了身体在社会科学研究中长期缺席的历史。

对身体的重新定位和集中思考是近半个世纪的事情。由于 1970 年代女性主义运动的兴起、资本主义消费文化高涨的现代性危机以及福柯对规训身体现象的批判性揭露，身体逐渐成为欧美社会科学界的一个理论焦点和重要研究命题，引发了哲学、现象学、医学、文学、社会学和人类学等诸多学科的审视和讨论，从不同角度切入身体这个新知领域，掀起“身体转向”（the body turn）思潮。人类学在这场浪潮中亦发挥了重要影响，集中的身体研究理论建树和实证研究虽是较晚近的取向，但本着文化相对论的理念，通过在田野中观察和理解他者和反思自身以达到对人类人性和文化的整体性把握，人类学（尤其是象征人类学）的研究传统中一直不乏对身体的隐性关照。

布莱恩·特纳对此有精辟的总结：首先，人类学最初关心自然/文化的二元划分的问题，引导人类学思考作为自然对象的身体是如何被社会文化化的。其次，人类学关注文化如何满足人的需要，包括身体。另外两个兴趣集中在身体象征上面：例如玛丽·道格拉斯对身体与分类系统的建构；布迪厄等人又将身体看作是表达社会身份和关系的媒介。[②] 洛克在《培育身体：身体实践和知识的人类学以及认识论》一文中综述人类学身体研究的理论视角以及关注范围，其中也提到了重要的一点：古典身心二元论已然崩溃，身体不再被简单地描绘成社

① 布莱恩·特纳：《身体问题：社会理论的新近发展》，载汪民安主编：《后身体：文化、权力和生命政治学》，长春：吉林人民出版社，2003，第 4 页。

② Turner B, “Recent Developments in the Theory of the Body” , in Featherstone eds. *The Body:Social Process and Cultural Theory*, London:Sage, 1991.

会组织的一个模板，或是与精神意识隔离的生物性黑匣子（躯壳）。自然 / 文化、思想 / 身体二元对立的概念转向是由人类学和其他社会科学来完成的。[①] 以关注“他者”为旨归之一的人类学以民族志的方式洞察了不同文化中的身体形貌及意义。

（一）西方的身体研究

由于受不同社会思潮和学术渊源的影响，在批判身心二元论基础上发展起来，致力于扭转身—心、自然—文化、感性—理性、个体—社会对立局面的身体研究并没有形成统一的范式，而是出现了不同的研究取向和理论流派并存的局面。建构论的社会身体研究和活生生的身体经验研究是人类学和社会学的两种主要流派，它们的思想共同构成了本研究的理论源泉。

1. 社会身体：象征与政治

对身体的社会性的探讨代表了社会学和人类学建构论的身体研究取向，关注“自然”的身体成为社会结构隐喻和镜像的方式。他们眼中的身体是多维度的复合体，既是生理层面的血肉之躯，也与历史和社会文化错综交织，是展现社会文化的场所。在这里，“身体”概念是象征性的，主要的研究对象不是身体本身，而是其对社会文化和经验的“再现”。核心理论和研究路径为身体象征和身体政治论。

（1）身体象征（bodily symbol）

身体象征理论显明地视身体为一个承载社会文化的象征体系，认为身体是个体的，但也从属于其生长的社会存在，倾向于将身体理解

---

① Margaret Lock，“Cultivating the Body:Anthropology and Epistenmologies of Bodily Practice and Knowledge”，*Annual Review of Anthropology*, 22:133-155, 1993.

为象征的和社会分类系统的基础。它致力于揭示人类身体与社会结构和分类体系的象征隐喻关系，从而思考人、自然和社会文化之间的互动逻辑以及相互赋予意义的过程。

身体作为分类象征根源于涂尔干的理论创见。涂尔干在考察原始图腾制度的过程中，发现氏族系统分类是历史上最早的分类，他确信认识的基本观念和思维的基本范畴乃是社会因素的产物。从宗教象征与社会的关系出发，涂尔干构建了具有方法论意义的人性与社会“双重性”（dualism）思想，其中包括三重意涵：其一，人是一种由身体和灵魂组成的双重性存在 (man is double)，“出自两个不同渊源，一种是来自有机体各个部分的表象，另一种是由来自并表达社会的观念和情感构成的”[①]；其二，身体与灵魂均有个体与集体（社会）属性；其三，身体与灵魂之分、个体与集体之分的本质是凡俗与神圣的二元分类范畴，他认为“人一方面是神圣的，一方面是凡俗的。这种神圣与凡俗的二重性对应于我们同时引向的双重存在：一个是扎根于我们有机体之内的纯粹个体存在，另一个是社会存在，它只是社会的扩展”[②]。涂尔干的宗教思想中已经强调了人的物质性与社会性的双重属性，并认为社会性和神圣的灵魂比凡俗的身体更具有优越性，但其本质是一种两重并重的辩证路径，超越了笛卡尔的“身心二元论”。

涂尔干开启了身体象征理论的先河，使人与社会的精神、物质研究方面取得了平衡。“涂尔干的观点关键在于社会文化嵌入身体，有机体的结合和文化塑造才构成了出类拔萃的象征——人，身体是必然

① [法] 埃米尔·涂尔干：《宗教生活的基本形式》，渠东译，上海：上海人民出版社，2006，第245页。

② [法] 埃米尔·涂尔干：《人性的二重性及其社会条件》，《涂尔干文集（6）》，上海：上海世纪出版集团，2006，第187页。

的象征物。”[①] 因此，如 Janssen 所言，涂尔干的身体中心论为社会学、人类学开启了一个新的心理学解释视野，它指出“社会科学有必要考虑人类双重性的两极，人类最卓越的象征是物质与精神、社会与个人的对立与统一”[②]，并富有先见地呼吁重视构成人类生活的行动和情感的重要性，对身体研究产生了深远影响。

赫兹《右手优先：宗教极的研究》一文对毛利人身体象征的研究，反映出他对其老师涂尔干的“神圣”与“凡俗”结构分类的继承。赫兹指出左手与右手之间存在惊人的不平等，大多数社会鼓励用右手而不是左手。左手往往与排泄相联系，象征着不洁，右手则是价值、友谊和贵族等的象征。他认为要将人的身体和自然及宗教仪轨联系起来理解："右与左的区分完全可以用宗教取向的规则和太阳崇拜来解释。崇拜者在他的祈祷和仪式庆典中，会自然地朝向太阳（万物之源）升起的地方。以面对这个方位（东方）为基准点，身体的不同方位象征不同的方向。”[③] 赫兹指出的是人们运用身体作为象征来思考世界的意义，左右两极被赋予不同的意味反映了身体与宗教信仰的关系。赫兹的左右二元对立概念的象征研究对尼达姆的象征分类研究和玛丽·道格拉斯的污秽与禁忌研究都产生了深远影响。[④]

玛丽·道格拉斯将身体作为社会的象征这一理论倾向发展到极

---

① Jacques Janssen and Theo Verheggen, "The Double Center of Gravity in Durkheim's Symbol Theory: Bringing the Symbolism of the Body Back in", *Sociological Theory,* 15(3): 294-306, 1997.

② Ibid.

③ Hertz.Rbert, "The Pre-eminence of the Right Hand:A Study of Religious Polarity" , In Rodney Needham ed. *Right and Left:Essays on Dual Symbolic Classification*, translated by R.Needham, Chicago and London: University of Chicago Press. (First published in 1909), 1973, p.20.

④ 吴凤玲：《赫尔兹和他的〈死亡与右手〉》，《中南民族大学学报》，2007 年第 5 期，第 44—48 页。

致，关注认知、分类体系和社会秩序之间的象征互动关系。在《洁净与危险》中，道格拉斯将人的身体视为整个社会的隐喻，引入洁净与肮脏这一二元范畴，揭示出观念体系与社会分类的对应关系。认为身体同时是物质性的和社会性的，并强调承载社会象征意义的社会性身体的重要性。她以《利未记》中的饮食禁忌为例阐述了洁净与社会分类的关系，而印度种姓制度和诸多原始人的仪式和禁忌说明，身体是维护社会等级关系和社会秩序的一种象征。身体边界是社会中等级边界的镜像，与下层人物的隔绝即远离肮脏的行为，其实是维护社会正常等级模式的仪式。肮脏触犯秩序，意味着失范的状态和不可预知的危险。[①] 道格拉斯强调的是认知和象征分类对社会和道德秩序的建构作用，肮脏即是分类的困境和对社会秩序的破坏，身体则是再现这一社会冲突的象征焦点。在《自然象征》一书中，道格拉斯重申了社会身体的重要性和身体的象征表述与交流作用："身体是用来表达社会关系的特殊模式的象征性媒介。"[②]

道格拉斯的身体象征理论对人类学身体研究产生了极大的冲击力，尤其是"污秽理论"（Pollution Theory）曾一度成为女性月经、生育观念等研究袭用的分析模式，至今仍是身体象征结构研究不可逾越的理论架构。但她过于重象征身体而轻物质身体的倾向也受到了后来学者的质疑和修正。如司库坦斯在威尔士做的关于月经和绝经的研究中就发现，不存在简单的身体和社会的象征主义。[③] 集中在巴布亚新几内亚地区的对女性、经血禁忌和亲属关系的民族志研究对她的社会冲突论也提出了质疑："污秽是由于跟象征体系的不和谐，这太过理

---

① [英] 玛丽·道格拉斯：《洁净与危险》，黄剑波等译，北京：民族出版社，2008，第 119—159 页。

② Douglas Mary, *Natural Symbols*, New York:Pantheon Books, 1970, p. xiii.

③ Skultans, "The Symbolic Significance of Menstruation and the Menopause", *Man* (5): 639-651, 1970.

想主义和简单化，精致的污秽理论不过是幻象。”[①]

路易·杜蒙对洁净观的诠释和道格拉斯有异曲同工之处，都试图在身体与社会分类体系之间建立象征对应关系。《阶序人》展示了印度种姓制度的阶序性及在不同历史时期的表现。杜蒙重点讨论了卡斯特体系在意识形态上的原则，即印度教特有的洁净与不洁的分类体系。二者的对立表现在婆罗门与贱民这两个极端的类别上，这项对立是阶序的基础，因阶序即是洁净比不洁高级；它也是隔离的基础，因为洁净与不洁必须分开；它也是分工的基础，因为洁净的职业也必须与不洁的职业分开。[②]阶序原则有各种身体表现形式，如婚姻、食物及直接与间接的身体接触的禁忌，杜蒙称之为结构性的不可触性（untouchability）。在他看来，身体既表达了印度教的核心观念，更是印度社会等级结构和社会分类体系的象征。

阐发身体象征理论的另一路径是通过研究仪式中的身体表现来完成的。相较道格拉斯等人的静态结构分析，更强调从社会动态过程和冲突中解释身体、仪式与社会的关联，关注身体在仪式中的表现、象征，以及身体经由仪式从生物属性向社会文化属性转化的过程，从而思考身体、人、自然与社会文化的关系问题。

拉德克利夫－布朗在《安达曼岛民》中，将仪式的描述分析和安达曼人的身体进行功能性的连结。布朗对比了成人仪式、婚礼、丧礼、讲和等不同场合的哭泣，发现哭泣仪式的作用是调节人与人之间的情感倾向（affective dispositions）使之进入一种新的状态，使休眠的情感复苏或使人们认识到个人关系状态的变化。受心理学理论“人的自

① Thomas Buchley and Alma Gottlieb Eds. *Blood Magic:The Anthropology of Menstruation*, University of California Press, 1988, pp.30-33.

② [美]杜蒙：《阶序人——卡斯特及其衍生现象》，王志明译，台北：远流出版事业股份有限公司，1992，第108页。

我意识的形成与他对自己身体的感知紧密相关”的影响，他认为安达曼人对身体进行的划痕、体绘以及饰物的佩戴功能是标志有关个人与某种力量之间的一种永久或暂时的特殊关系。[①] 布朗意在建立身体感知、表征与集体情感的象征关系。

埃德蒙·利奇认为人类是一种追求意义和分类的动物。他的关于从分类的临界区产生禁忌的理论亦发展了涂尔干的原始分类理论和对神圣与世俗的区分。与布朗相似，他认为社会地位的变化很多是通过身体残害展示的，如割包皮、阴蒂分裂、剃头、拔牙、文身等，是对身体的社会属性和身体政治的认同。[②]

维克多·特纳是身体与仪式研究的重要代表，秉持社会过程论，他将身体放入具体的宗教仪式中，以考察身体本身的意义、与其他仪式符号的关系以及在更大社会结构中的隐喻。在《象征之林》中，特纳对恩登布人的生命转折仪式和困扰仪式进行了细致的研究，探讨了仪式、象征、身体和分类的理论。尽管特纳没有直接阐明身体在研究中的位置，但隐含着身体与社会经由仪式象征符号和情境发生联系的研究取向，这一点在关于仪式中红、白、黑颜色分类与身体认知的分析中进一步明晰。特纳认为颜色代表着人类身体的基本体验（力比多、饥饿、排泄等），并假定人类有机体体验是所有分类的根源。[③]

近年来身体象征、身体与仪式研究更多地与亲属关系、人观、性别、疾病等人类学的核心研究概念交织在一起。构建身体在仪式中的中心位置及二者与社会、自然的隐喻是身体人类学对传统仪式研究的新发展。主要有两个研究向度：其一，身体与人观建构研究，强调身

---

① [英] 拉德克利夫 - 布朗：《安达曼岛民》，梁粤译，桂林：广西师范大学出版社，2005，第 173—244 页。

② [英] 埃德蒙·利奇：《文化与交流》，郭凡译，广州：中山大学出版社，1990。

③ [英] 维克多·特纳：《象征之林》，赵玉燕等译，北京：商务印书馆，2006。

体认知、仪式与人观建构的关系。卡斯腾在《在后亲属时代》一书中对此有详尽的研究回顾，她指出，与身体观、性别、自我认同、生命仪式、家屋等紧密相连的人观研究是1980年代以后振兴亲属制度研究的核心原因之一。[①] 集中在巴布亚新几内亚和非洲等地区的研究表明，个体对身体自我（body self）的感知与“人”的社会认知有关，并受制于其成熟过程中的家庭和亲属关系模式。代表作如《男人的仪式：巴布亚新几内亚的男性成年礼》[②]、《身体、热与禁忌：形塑南非低地的人观》[③]、《美拉尼西亚的身体意象：文化的本质与自然的隐喻》[④] 等论著。

布鲁斯·可瑙夫特对美拉尼西亚文化中的“身体意象”（Body Image）有精彩的论述，他的方法直接影响了本书对研究内容的思考和设计。文章在生命周期的视野下，从众多的文献中追溯了美拉尼西亚人从生到死的无数阶段的身体意象，描述了生命的文化概念和多样性身体发育和发展。通过对怀孕、成长、抚育、成年、再生产、婚姻、丧葬、服饰中的身体意象的描述，建构了身体意象与社会结构的关联。在方法论上，他认为理解身体意象和实践必须通过两个方面来实现：一是身体的构造过程，二是文化和地方语境。因此在研究中他关注物质身体的孕育、成熟和发展，以及身体在社会和宗教生活中被创造和建构的过程。其结论是身体是社会和信仰关系的物理体现，身体的习俗和信仰促进生命成熟以及个体和社区的再生。他的研究虽然是社会

---

① Janet Carsten, *After Kinship*, Cambridge University Press, 2005, p.84.

② Gilbert H. Herdt, *Ritual of Manhood:Male Initiation in Papua New Guinea*, University of California Press, 1982.

③ Isak Niehaus, “Bodies, Heat, and Taboos: Conceptualizing Modern Personhood in the South African Lowveld” , *Ethnology*, 41(3): 189-207, 2002.

④ Bruce M Knauft, “Body Images in Melanesia:Cultural Substances and Natural Metaphors” . In *Fragments for a History of Human Body*, ed.Mfeher, Naddaff, New York:Zone Press, 1989, pp.199-279.

身体的理论框架，但对生命周期中的身体发展的描述已经表现出对物质身体的重要关注，有助于更深地理解身体与亲属关系和宇宙观的关系，以及人观建构的方式。

其二，疾病的社会隐喻和身体小宇宙观念研究。在医学人类学的推动下，一些学者将疾病纳入社会文化的背景下进行解读，从个体身体健康或病痛的状态与社会文化的隐喻来探讨疾病产生的社会机制。相关著作有芭芭拉·杜登的《肤下的女人：十八世纪德国一位医生的病患》[①]、栗山茂久的《身体的表现性与希腊和中国医学的分歧》[②]、桑塔格的《疾病的隐喻》、费侠莉的《繁盛之阴——中国医学史中的性（960—1665）》等。《疾病的隐喻》[③]考察并批判了结核病、艾滋病、癌症等疾病如何在社会的演绎中一步步隐喻化，从仅仅是身体的一种病转换为道德批判甚至政治压迫的过程。作者关注的并不是身体疾病本身，而是附着在疾病身上的隐喻。《繁盛之阴》[④]另辟蹊径，从医学史、性别与身体三条学术路径出发，站在女性主义者的立场，从性与身体的角度解读古代妇科医学实践与中国人宇宙观和身体观的关系。选择由宋到明代的700年考察了妇科的历史，以皇帝的身体为引子探讨了身体与阴阳和宇宙观的对应关系：人是阴阳同体的，所有的身体都是一个小宇宙，和天地间阴阳的规律一起共同证明了自然的循环规律。该书不仅从女性身体经验考察妇科学的内容和历史，而且探讨了文化概念上的身体分类和性别的社会关系。

---

① Barbara Duden, *The Woman Beneath the Skin: A Doctor' s Patients in Eighteenth-Century Germany*, Baker Taylor Books, 1991.

② Shigehisa Kuriyama, *The Expressiveness of the Body and the Divergence of Greek and Chinese Medicine*, New York:Zone Books, 1999.

③ [美]苏珊·桑塔格：《疾病的隐喻》，程魏译，上海：上海译文出版社，2003。

④ [美]费侠莉：《繁盛之阴——中国医学史中的性（960—1665）》，甄橙译，南京：江苏人民出版社，2006。

身体小宇宙观念的研究主要体现在从身体的空间性出发，探讨身体与家屋、自然空间和宇宙建构的象征对应关联，最有代表性的是家屋的“身体化”研究，探讨身体与家屋的空间象征关系，以及相互赋予生命力的过程。如对被称为女性身体的亚马孙河 Tukanoan 人的长屋的研究[①]等。

（2）身体政治（body politics）

“身体政治”理论是人类学建构论流派的另一主要分支，亦主张身体由社会建构而成，视人类身体为被社会文化、政治制度、规范性制度等管理和规训的对象。相较于身体象征理论，身体政治论更侧重于社会文化的政治性和权威，但也与前者有交叉。因为身体的被压制既是权力规训的结果，同时也表达了社会结构和文化的隐喻。

医学人类学者玛格丽特·洛克和西佩－休斯在综述性论文《心性身体：医学人类学未来研究导论》中，总结了人类学身体研究中的三种身体形态：个体身体，关注现象学层面活生生的身体体验；社会身体，即作为自然象征的身体，思考自然、社会与文化的关系；身体政治，指政治、社会秩序、文化等对物质身体的规训与控制。她们指出，“‘三种身体’代表了三种不同的理论视角和认识论：现象学、结构主义和象征主义、后结构主义。身体政治指对（个体和集体）身体的规训、监管和控制，存在于生殖和性领域、工作和休闲方式，以及疾病和其他的人类反常状态与差异中。身体政治最为动态地揭示了身体为何以及如何被社会生产建构。”[②]

福柯在《临床医学的诞生》、《规训与惩罚》和《疯癫与文明》等

① Hugh-Jones, Stephen, “Inside-out and Back-to-front:The Androgynous House in Northwest Amazonia”, in Janet Carsten and Hugh-Jones, *About the House:Levi-Strauss and Beyond*, Cambridge University Press, 1995, pp.226-252.

② Margaret Lock and Nancy Scheper-Hughes, “The Mindful Body:A Prolegomennon to Future Work in Medical Anthropology”, *Medical Anthropology Quarterly*, New Series, 1(1):6-41, 1987.

多部著作中创立了“身体—知识—权力”命题，或称身体政治学。在福柯看来，现代社会中无处不充斥着文化、强权和意识形态对身体的统治、规训和监管。在这一涉及权力建构的“凝视”现象中，人类身体首当其冲。《规训与惩罚》通过对监狱制度的考察，展示了无所不在的权力对身体的规训、生产和改造。福柯描述了18世纪以来新的话语如何导致管理罪犯方式的改变，从酷刑对犯人的肉体惩罚到新的监狱监禁系统之下身体的规训和灵魂的遭受审判。他试图发现灵魂进入刑事司法舞台以及一套科学知识进入法律实践，是不是权力关系干预肉体的方式发生改变的结果。[①] 福柯将社会比作“全景敞视”监狱，学校、医院、兵营等都是基于监视机制的“监牢”（carceral），认为其对人及其身体进行无所不在的监控，是现代资本主义社会的重要政治规训技术。规训这种支配身体的技术在现代社会中也是无处不在的，“无论身体处在何处，每个人——其肉体、姿势、行动、倾向和成就——都得服从于这种统治”[②]。而在精神诊疗学和临床医学实践中，医学“凝视”的形成也源于医生对病体的诊断、治疗与凝视，这种凝视代表了一种知识和权力，“它不再是随便任何一个观察者的目视，而是一种得到某种制度支持和肯定的医生的目视，这种医生被赋予了决定和干预的权力”[③]。

福柯对“身体政治”的理论建构，深刻地引导了人类学身体研究对权力话语的探究。对“身体政治”的讨论和应用已充分扩展到国家意识形态、殖民、性别、性政治、社会福利、老龄化、疾病、服饰、消费等各个领域。《生命政治：身体、种族和自然的政治》一书收录

---

① [法]米歇尔·福柯：《规训与惩罚》，刘北成译，北京：生活·读书·新知三联书店，1999，第25页。

② 同上书，第349页。

③ [法]米歇尔·福柯著：《临床医学的诞生》，刘北成译，北京：译林出版社，2011，第97—98页。

了欧洲社会福利政策研究中心的一次关于生命政治的大型研讨会的成果，涵括了对生命政治概念的理论思考以及来自德国、加拿大等地的个案研究。①韦恩·弗非运用福柯的“社会规训”和“身体权力”理论，研究英国传教士在20世纪早期的巴布亚新几内亚社会采取一系列科技和教育渗透的方式，创造新的“道德的身体”以适应基督教教义和服务殖民统治的过程，揭示了基督教和现代科技的规训力量。②乔安妮·恩特维斯特尔的《时髦的身体》一书提供了关于身体、时尚和衣着之间联系的洞见，运用福柯的权力理念对时尚/衣着进行了深入的研究，考量了身体被社会和话语力量所塑造以及这些力量隐含于权力的运作过程。③福柯关于权力对身体的控制的思考路径，在作者的修正下被用来讨论话语和衣着实践作用于规训身体的方式。

深受福柯影响的女性主义者推动了身体与性别的研究。女性主义者一贯关注的即是性别政治，研究重点在于批判男女两性由于生理差异导致不平等的论断，她们否定先天生物遗传的生理性别(sex)的重要性，强调后天社会建构而成的社会性别(gender)。那些试图区分男女生物学差异、男女与文化和自然的对应性的偏颇观点和做法受到越来越多的批评，女性主义关于欲望政治化和性别表演等理论深刻地影响了身体研究的发展。

身体与性别研究的文献非常丰富，代表作如艾米丽·马丁的《妇女在身体中：对生育的文化分析》④、凯莱林·布雷迪编选的《跨文化

① Agnes Heller.Biopolitica, *The Politics of the Body, Race and Nature*. European Centre Vienna, 1996.

② Wayne Fife, “Creating the Moral Body:Missionaries and the Technology of Power in Early Papua New Guines” , *Ethnology*, 40(3):251-269, 2001.

③ [英]乔安妮·恩特维斯特尔：《时髦的身体：时尚、衣着和现代社会理论》，郜元宝译，桂林：广西师范大学出版社，2005。

④ Emily Martin, *The Woman in the Body: A Cultural Analysis of Reproduction*, Beacon Press, 1992.

视野中的性别》[1]等。其中身体、性别和亲属制度的交叉研究对本书有很大的启发作用。这些研究主要基于对印度、马来西亚和巴布亚新几内亚等地区的田野调查，这些地区引人入胜的文化细节尤其是独特的亲属制度吸引了众多人类学者的目光。成年礼、性别对抗的政治、女性隔离、污秽观念和人观是学者们研究的重心。杜本在分析大量文献的基础上，比较了南亚和东南亚的性别观念，通过对女性身体的变化过程和限制的材料的描述，分析了月经、生育和社会对女性的隔离问题。作者认为“亲属制度可以为理解一个社会的性别提供合适的内容，以改变以往对妇女社会地位的研究不重视亲属制度的关键作用的状况”[2]。布斯比也从性别和身体的视角比较了南印度和马来西亚的人观的差异，表达了性别的社会性和多样性的观点，研究了社会形态如何作用于性别观念的形成。在南印度，性别分工明显，父母是组成后代身体的共同来源，造成了该社会的人的高度性别化；而马来西亚则存在着性别同体的观念，性别是“表述性”的而非确定性的，人在某种意义上是跨性别和可分割的。[3]在他的研究中，性别观念来源于对生育和亲属制度的理解。

安德鲁·斯特拉森对澳大利亚新几内亚不同部落的成年礼和男女精灵祭礼的研究展现了基于其身体观的性别对抗，他认为成年礼和性别对抗有关，程度越高越易产生成年礼。新几内亚西部高地哈根人的女精灵和男精灵仪式也表现了性别对抗的主题：前者保护男性不受经血的伤害，解决危险的夫妻关系，后者中的阴茎崇拜则强调男性生育

① Caroline B.Brettell eds. *Gender in Cross-Cultural Perspective*, Prentice Hall, 2001.

② Leela Dube, *Women and Kinship:Comparative Perspectives on Gender in South and Southeast Asia*, New York:United Nations University Press, 1997.

③ Cecilia Busby, “Permesble and Partible Person:A Comparative Analysis of Gender and Body in South India and Melanesia” , *The Journal of the Oyal Anthropological Institute*, 3(2):261-278, 1997.

力，与男性团结和氏族统一有关。[①] 另外不得不提的是对经血和污秽观念的研究，月经禁忌被视为普遍性的男女不平等的例证，论著非常多，如《血的魔力》[②] 一书就收录了十篇研究不同社会的经血与社会关系的论文。关于妇女通过她们的身体物质危及男性，污染（Pollution）的概念被广泛地应用于性别研究，传统的性别隔离，月经和产后禁忌，男性成年礼和性交规则，都被人类学者与女性污秽观念和男性需要避免接触妇女的潜在危险联系起来。[③]

总之，这一流派在身体具社会性的视角下，象征性地使用“身体”这一概念，发掘社会的象征体系和权力结构，认为身体是社会文化生产和建构的产物。他们透过丰富的身体象征表现的细节将人的身体与身处其中的社会结构相对应，发现更深层次的信仰与社会秩序。但是，该流派对社会身体的偏好导致了忽略物质身体和个体身体的缺陷，他们看重的是社会文化在身体上的“再现”而非“活生生的身体”，视物质身体为一种承载意义的象征性资源，缺少了对个体身体体验、感知与感受的关怀。现象学和在其基础上发展起来的围绕“体现”概念展开的研究试图弥补这一不足。

2. “体现”（embodiment）[④] 范式：感知与媒介

“我们通过身体与世界相会”[⑤]，身体人类学的另一大理论流派与建

---

① Andrew Strathern, “Male Initiation in New Gninea Highlands Societies” , *Ethnology*, 9(4):373-379, 1970; “The Female and Male Spirit Cults in Mount Hagan” , *Man*, 5(4):571-585, 1970.

② Thomas Buchley and Alma Gottlieb eds. *Blood Magic: The Anthropology of Menstruation*, University of California Press, 1988.

③ Elizabeth Faithorn, “The Concept of Pollution among the Kafe of the Papua New Guinea Highlands” , in Rayna Reiter edited, *Toward an Anthropology of Women*, New York:Monthly Review Press, 1975, pp.127-140.

④ 也翻译为身体化、形化、具身化等，本书倾向于使用“体现”或“身体化”。

⑤ Erica Reischer and Kathryn S. Koo, “The Body Beautiful: Symbolism and Agency in the Social World” , *Annual Review of Anthropology*, 33 : 297-317:2004.

构论的社会身体研究相反，关注作为社会行动者的活生生的身体及其主动感知与经验能力，视身体为人与社会互动的媒介和能动者(agentic body)，强调身体对文化、认知、记忆和社会结构的建构作用。“体现”是该流派的核心分析概念，并成为一种新的研究范式。

莫斯、布迪厄和梅洛 - 庞蒂是先驱者。莫斯将身体看成一种技术和社会实践，在《各种身体的技术》一文中论述了身体技术的概念与分类原则，认为身体技术是指人们在不同社会中，根据传统了解使用他们身体的各种方式。莫斯称身体的行为方式为技术，“我们打交道的是各种身体技术，人首要的与最自然的技术对象与手段就是他的身体”[①]。莫斯创造性地将身体与惯习（habitus）这一术语联系在一起，说明身体技术的后天习得特性与社会性，身体技术的多样性关乎他的教育、所属的社会以及社会地位。莫斯已经注意到了身体的主体性与身体技术的形成方式。

布迪厄提出的实践概念隐蔽性地发展了莫斯的身体思想。他眼中的身体表现为一个场所或空间，刻写着不同社会阶层的文化实践和惯习。惯习是一种持久存在然而可以经常变换倾向的系统，由一定阶层的特殊处境所制造。身体是一个社会化的机体，被建构的机体，融合于某个场域的内在结构的机体，它构建对这个世界的感觉和行动。[②]很显然，他将身体视为一个有机体，认为我们生活在身体里的方式是由特定社会阶级和地位力量所构建的，惯习成为个人和社会结构的媒介。身体被商品化而成为个体文化资本，人的身份地位与身体呈现出来的社会价值密切相关。虽然布迪厄不主张身体的完全被动性，但他也承认社会结构是实在而无孔不入的。

---

① [法] 马塞尔 · 毛斯（莫斯）:《各种身体的技术》,《社会学与人类学》，佘碧平译，上海：上海译文出版社，2003，第 306 页。

② [法] 布迪厄 :《实践理性——关于行为理论》，谭立德译，北京：生活 · 读书 · 新知三联书店，2007，第 134 页。

"尽管莫斯对引入身体有重要贡献，但他把身体技术的社会条件和理性主义的做法不加怀疑地等同起来，而忽视了情感在身体技术的获得、使用和结果中扮演的重要角色，这是莫斯受到批评的原因。"[1]戈夫曼用舞台表演理论解释了社会成员的身体与社会互动的紧密联系。在戈夫曼看来，面部表情和身体活动对于交往和社会角色的维持起到关键作用。表现自我的身体顺应于日常生活中的秩序，如果身体适应不当而造成秩序紊乱，个体就会产生尴尬、耻辱的状况，对身体的控制至关重要。[2]戈夫曼发展和修正了莫斯的身体技术理论，并更加注重从社会互动角度分析身体和自我的呈现。对莫斯的批评其实就是普遍存在于建构论身体研究中的问题，忽视个体身体的体验、情感和感知功能，重视行动者的呈现结果而非呈现过程。现象学的身体研究开始将个体身体的生命经验置于突出的位置。

梅洛－庞蒂的《知觉现象学》发展了精彩的肉身观点，阐述了身体的知觉理论。他认为知觉是一种呈现的经验，人的知觉过程是从身体开始的，知觉和身体活动不可分离。作者通过"物理身体"、"身体体验"、"身体空间性"、"性别的身体"和"表达和言语身体"几个层面的分析与笛卡尔进行对话，得出"身体不是一个物体。身体在被文化改变之时扎根于自然，身体是一个自然的我和知觉的主体"[3]的全新结论。在梅洛－庞蒂的身体现象学里，身体是一个主动的概念，"他的目标是取消作为客体的身体的概念和伴随着这样的概念的机械生理学，把身体作为我们对世界的看法加以重新介绍"[4]。

---

① 西蒙·威廉姆斯：《身体的控制》，载汪民安主编：《后身体：文化、权力和生命政治学》，长春：吉林人民出版社，2003，第399—423页。

② [美]欧文·戈夫曼：《日常生活中的自我呈现》，冯钢译，北京：北京大学出版社，2008。

③ [法]莫里斯·梅洛-庞蒂：《知觉现象学》，姜志辉译，北京：商务印书馆，2001，第257—265页。

④ Langer, *Merleau-ponty' s Phoenomenology of Perception*, Tallahassee:Florida State Unicersity Press, 1989, p.121.

1987 年，玛格丽特·洛克和西佩 – 休斯的综述文章《心性身体：医学人类学未来研究导论》产生广阔影响，作者重新审视身—心关系，主张身体为分析的主体，提出“心性身体”（the mindful body）的重要概念，认为身体不仅是物质性的存在，也具有和体现思想的属性与价值。[①] 之后的研究者发展了这种理论，“体现”（embodiment）这一连接物质与心性身体的术语成为身体研究的重要分析概念。与“心性身体”相比，“体现”概念更明确地主张以身体经验为研究的起点。

托马斯·克索达斯的《作为人类学范式的体现》一文阐明现象学“体现”概念对于身体人类学研究的范式作用，开启了新的研究面向：身体感知和身体经验研究。受梅洛 – 庞蒂知觉理论和布迪厄实践概念的影响，克索达斯批评了以往视身体为文化和心灵的客体，从身体再现（representation）文化和象征、结构的角度研究文化的取向，意在瓦解身—心、客体—主体的分野。他认为文化“体现”于身体，所有人都经由身体感知和经验世界。主张活生生的身体不是与文化相关的客体，而是文化的主体和存在，是文化存在的土壤，强调重视有肉身性、主体性和作为经验媒介之身体的实践。[②]

“体现”概念在一定程度上逾越建构论身体研究范式的局限，加入了情感与感知的范畴。约翰·布莱金在《身体人类学》导论中说道：身体人类学不同于体质人类学，主要关注的是成为文化过程与产物的身体的外在化和延伸（externalitions and extensions），首要的研究领域应是情感的品质和感觉的结构。[③] 前述“心性身体”概念也尤其提倡

---

① Margaret Lock and Nancy Scheper-Hughes, “The Mindful Body:A Prolegomennon to Future Work in Medical Anthropology” , *Medical Anthropology Quarterly*, New Series, 1 (1):6-41, 1987.

② Csordas, Thomas, “Embodiment as a Paradigm for Anthropology” , *Ethos* 18 : 5-47, 1990.

③ John Blacking, *The Anthropology of Body*, London: Academic Press, 1977, p.2.

身体人类学应加强对情感的研究。

1990年代兴起的感官人类学[①]重点探讨各种文化中听觉、触觉、嗅觉等身体感官知觉对于文化经验、认知与记忆的建构，但“将生病的感官经验或单一感官独立出日常生活层次的研究方式，较难符合人类学从日常生活之层面来奠定文化理论的基础之要求”。[②]因此较少受到重视。值得一提的是，台湾人类学者在反思过往感官人类学研究缺陷的基础上，提出“身体感”的概念，继承了身体经验研究，并开始将其拓展至疾病、气与物性研究方面。余舜德认为，“身体感”指多重感官结合的身体经验，来自于文化与历史的过程，是身体能力的一环，要求我们从有经验能力的身体经由身体感的网络面对这个世界的方向，来思考何为文化的课题。[③]“身体感”进一步发展了莫斯的“身体技术”概念，强调文化乃一种身体感知能力，衍生自身体与生活的物质环境交涉、互动的结果。

在“体现”范式的引导下，人类学者开始重新考虑情感、人、自我、认知、认同等物质身体体现的问题，研究的重心从关注身体的社会隐喻转向身体的具体经验和行为呈现。克索达斯所编《体现与经验》[④]集结了一批运用“体现”概念进行的经验研究成果。邓尼斯编《身体·体现》反思身体象征与“体现”理论，收录了身体镜像、表演的身体体现、作为意义呈现的身体、作为文化脉络的身体和身体的叙事五个主题的个案研究论文，涉及慢性疾病感知、舞蹈和仪式等表演者的身体体现

---

① 有关感官人类学论著参见：Howes, David, *Sensual Relations:Engaging the Sense in Culture and Society,* Ann Arbor:University of Michigan Press, 2003; Stoller, *Sensuous Scholarship*, Philadelphia: University of Pennsylvania Press, 1997 ; etc..

② 余舜德：《体物入微——物与身体感的研究》，新竹：国立清华大学出版社，2008，第13页。

③ 余舜德：《从田野经验到身体感的研究》，载余舜德主编：《体物入微——物与身体感的研究》，新竹：国立清华大学出版社，2008，第16页。为了叙述脉络的连贯，故将国内研究一并介绍。

④ Csordas, Thomas ed.*Embodiment and Experience*.Cambridge University Press, 1994.

与自我认知、运动员的性别气质、食物与认同、怀孕的身体表述等方面。编者认为对“体现”概念的探究会拓展身体人类学对某些议题的深刻研究：身体与交往（包括各种社会），身体与控制，身体与审美主体，身体与认同、自我和情感。①

如邓尼斯所总结和预见，身体作为人与社会、表达自我或群体认同的媒介意义在研究中愈益凸显。沃普特在其综述文章中亦认为，身体将展开一个关于建构自我，身份和认同的伦理视域与挑战。② 这方面的论著非常多，如《摩洛哥女性表演者定义社会身体》一文运用“体现”理论，展示了摩洛哥社会中婚礼等过渡仪式上的女性歌舞表演者如何用身体进行抗争，使其表演艺术成为构建国家认同的一种民俗，而她们也从粗鲁、放荡的“边缘”人群和社会遗弃者转换为表达自我和国家异质性特征的新形象。③ 另外如对皮肤与自我认同的研究，特伦斯·特纳通过对身体装饰的研究，提出“社会皮肤”（social skin）概念，认为皮肤是自我与社会的边界，身体装饰这种象征性的社会皮肤是表达认同的特殊工具。④ 克劳蒂亚·本森的著作《皮肤：自我与世界的文化边界》探究了18世纪到当前的文学、艺术、科学和社会生活中皮肤与自我意识、主体性的关系。该书检视和发展了视皮肤为边界、区隔隐喻和连接表征的概念，认为皮肤是连接自我与世界的“生命的行囊”（life's traveling bag）和象征性表述，通过对德语等欧洲语言中的身体作为边界的隐喻、医疗实践中的病态皮肤与自我、广

① Waskul, Dennis, *Body /Embodiment*, Ashgate Pub Co., 2006.

② Steven VanWolputte, “Hang on to Your Self: of Bodies, Embodiment, and Selves” , *Annual Reviews Anthropology*, 33 : 251–269, 2004.

③ Deborah A. Kapchan, “Moroccan Female Performers Defining the Social Body” , *American Folklore*, 107（423）: 82-105, 1994.

④ Turner, Terrence, “The Social Skin” , In *Not Work Alone, A Cross-Cultural View of Activities Superfluous to Survival*, R.Lewin, eds.London:Temple Press, 1980, pp.112-140.

告中的性别皮肤、非裔美国人的肤色问题、行为艺术者的皮肤毁伤表演等不同社会中多种皮肤现象的研究，深入剖析了皮肤身体表征是如何作为型构认同的场所的。[①]

洛克提出的“心性身体”启发了安德鲁·斯特拉森“身体思想”（body thoughts）概念的形成及其对“体现”概念的新思考。《身体思想》一书用生动丰富的民族志材料详细剖析了体液、文身、灵媒、迷狂、月经等身体经验的象征意义和身体的思想属性。[②] 2004年，斯特拉森夫妇受邀给北大社会学人类学研究所的师生做了四个讲座：谣言、想象、身体与历史，身体主题讲座集中介绍了他们近年来的主要研究兴趣：体液和体物质，尤其包括两本著作：《体液和体物质：新几内亚的身体观》、《治疗与修复：全球视野下的医学人类学》。作者用巴布亚新几内亚地区的个案材料探讨人体物质如何以各种方式定义和描绘社会关系，以及这些物质又如何通过这些关系获得价值和意义。在他们看来，情绪和观念有清晰的生理基础，“体液观念体系”与人际关系，尤其是性别和权利交织在一起，组合成了一种宇宙的道德经济，人的身体居于这一体系的核心位置。他们创造性地用“身体是宇宙”的观点，调和人类学有关身体的讨论总是在身体是被动的标志和身体是主动的媒介之间摇摆的矛盾。[③]

“体现”还用于分析不同社会中迥异的人观。如卡斯腾研究的马来人的身体观认为，孩子是父骨母血的结果，父母长久一起生活并生育子女后，血液会慢慢融合在一起，获得固定的性别。身体转变与社

---

① Claudia Benthien, *Skin:On the Cultural Birder between Self and the World*, New York:Columbia University Press, 2002.

② [美]安德鲁·斯特拉森：《身体思想》，王业伟译，沈阳：春风文艺出版社，2000。

③ [美]安德鲁·斯特拉森，斯图瓦德：《人类学的四个讲座》，梁永佳译，北京：中国人民大学出版社，2005。

会责任相辅相成。[①] 这些研究都显示了共通性：对身体的认识与感知是社会文化的基础，包括人的观念的形成。

简言之，在“体现”范式的身体研究中，“身体”是活生生的、物质的和可感知的肉身和经验主体，是有经验能力之身。这种研究取向主张打破和颠覆身体研究中个体—社会、自然—文化、客体—主体等二元对立的局面，突出身体的主体性和为社会文化之源。

（二）国内的身体研究

国内对身体的重视是相当晚近的事情。春风文艺出版社于2000年推出“阅读身体”系列译著，集中译介了一批有分量的西方身体研究学术著作，“把身体这个课题介绍到中国来”，从而“催生我们自己的身体研究”，并藉以“重审自己的身体知识”，重塑我们的“身体实践”[②]，身体话题开始在各学科蔓延。目前，国内身体研究主要集中在哲学、文学、美学、历史学等领域，以理论探讨居多。在人类学界，一些对服饰、仪式、亲属关系、族群认同、民间竞技、疾病等的研究已涉及关于身体的内容，但离形成系统的身体人类学研究还有较长的距离。与本书主题相关的研究主要集中在身体史、身体民俗和身体观研究等方面。

1. 身体史研究

身体史是新社会史研究的重要范畴，主要包括从政治、医疗、性别等方面对身体生成和发展的描绘。身体史就是一部政治、经济、社

① Janet Casten, “The Substance of Kinship and the Hest of the Hearth:Feeding, Personhood and Relatedness among Malays of Pulau Langkawi” , *American Ethnologis,* 22(2): 223-241, 1995.

② 编者的话，春风文艺出版社“阅读身体”系列，2000。

会和文化对身体进行建构的历史。

汪民安主编的《身体的文化政治学》和《后身体：文化、权力和生命政治学》论文集涉及性别政治、福利与身体秩序、身体与消费文化、绘画中的身体权利、身体写作、缠足与头发的政治学等方面。[①]《身体·心性·权力》一书专辟“身体话语与权利”一节，共同探讨了国家和社会对民众身体的规训。[②]这些论文是从新社会史——知识社会史的角度思考历史的叙述方式和知识、思想语境中的身体的。由于中国的历史文化背景，很多身体研究尝试从身体史的角度出发，结合社会学、人类学、医学等多学科的理论方法，反思历史中的身体形态。冯尔康将“身体史”列为大陆社会史研究的第九大发展趋势。[③]侯杰从身体器官史、器官功能史、生命关怀史、身体视角史、综合身体史五个层次对中国身体史研究进行了回顾与前瞻。[④]

从他们的概括中可以看到，身体在中国这样一个特殊的语境中一直在权力、历史和文化的包围中折冲往复。在西方身体理论没有被大幅度引入之前，国内的一些研究已经表现出对身体尤其是部分器官的关注。对清代男子剪辫易服和女子缠足问题的研究成果较多[⑤]，他们关注的共同问题是头发蕴含的民族认同与政治话语，头发变化的身体史见证了清王朝的兴衰和社会的进程。对女子缠足的研究也丰富了身体史的内容，研究者们看到缠足实践和观念背后的国家政治与社会风习

---

① 汪民安主编：《身体的文化政治学》，南京：河海大学出版社，2004；《后身体：文化、权力和生命政治学》，长春：吉林人民出版社，2003。

② 黄东兰主编：《身体·心性·权力》，杭州：浙江人民出版社，2005。

③ 冯尔康：《近年大陆中国社会史的研究趋势》，台北：《明代研究通讯》，2002 年第 5 期，第 1—15 页。

④ 侯杰、姜海龙：《身体史研究刍议》，《文史哲》，2005 年第 2 期，第 5—10 页。

⑤ 对发式与中国社会变迁关系的关注可追溯到清初多尔衮推行的“剃发令”，之后是清末民初的剪辫易服，如李喜所的《辫子问题与辛亥革命》、侯杰的《剃发、蓄发、剪发——清代辫发的身体政治史研究》、台湾王尔敏的《断发易服改元——变法论之象征旨趣》、黎志刚的《想象与营造国族：近代中国的发型问题》等。

的互动关系，以及社会思潮对女性身体美丑定位的影响。[①] 高彦颐从妇女史和身体史的角度出发，突破反缠足论述的窠臼，展现缠足妇女的“身体自我”的呈现，书写了妇女的主体性、身体性和能动性。[②]

黄金麟对身体史有深入的研究，《历史·身体·国家》一书运用福柯的身体规训理论和马克斯·韦伯的理性化发展理论分析身体的生成，充分展现了作者强烈的生命关怀意识和历史取向。该书选择清末民初作为起点，研究身体在近代中国的形成和身体被改造的过程，从国家化身体的建构、法权化身体的开启、时间化身体的诞生和空间化身体的推展四个面向依次审视了身体在近代中国的演变，认为身体发展格局臣属于全球化竞争场域和国族权力体系的政治化建构。[③]

关于身体、疾病与医疗的研究大部分是由医学人类学和身体史学来完成的，不同于以往的医学史研究，身体疾病的文化性和社会差异正在超越生物医学的框架。台湾学界率先展开疾病与身体的研究。1992 年，在杜正胜等人的倡导和组织下，“中央研究院”历史语言研究所一批青年学者组成“疾病、医疗和文化”研讨小组，开展了医疗和身体的相关研究，于 1999 年在《新史学》出版“身体的历史”专号[④]，发表了邱仲麟、李贞德等学者有关身体史的研究论文，探讨了历史文献中的求子、生育和割股疗亲问题。还刊登了费侠莉的《再现与感知——身体史研究的两种取向》[⑤]，她所说的再现与感知即身体研究中的社会身体和个体身体、象征（政治）与体现的研究取向。张珣的《疾

① 如杨兴梅《观念与社会：女子小脚的美丑与近代中国的两个世界》、杨念群《从科学话语到国家的控制——对女子缠足由“美”变“丑”历史进程的多元分析》、赵新平《清末不缠足运动和妇女解放》、王冬芳《迈向近代——剪辫与放足》等。

② [美] 高彦颐：《缠足》，苗延威译，南京：江苏人民出版社，2009。

③ 黄金麟：《历史·身体·国家——近代中国的身体形成》，北京：新星出版社，2006。

④《身体的历史专号》，台北：《新史学》，第十卷第四期，1999。

⑤ [美] 费侠莉：《再现与感知——身体史研究的两种取向（身体的历史专号）》，蒋竹山译，台北：《新史学》，第十卷第四期，1999，第 129—140 页。

病与文化》收录其多篇医学人类学和民俗医疗的文章，介绍了克雷曼关于疾病的理论，并以个案材料探讨民俗医疗与文化的关系。他认为疾病的认知、分类、命名和治疗是受文化制约的。[①]大陆的代表作有余新忠的《清代江南的瘟疫与社会》和杨念群的《再造病人》等。另外，对疾病的实证研究也开始出现。[②]

2. 身体民俗研究

服饰、舞蹈、游戏、食物、文身、凿齿、民俗医疗、迷狂、禁忌、人生礼俗等的社会文化意义，以及身体的象征表达一直都是民俗学和人类学关注的对象，这些身体的延展民俗大多数被视为社会文化的象征。早在上个世纪，江绍原的《发须爪》就独辟蹊径，讨论了发、须、爪、血液等人体物质的迷信禁忌及象征意义。有关生殖、成年、丧葬等的大量研究都涉及身体信仰与象征，如宋兆麟《中国生育信仰》、廖明君《生殖崇拜的文化解读》、严汝娴《中国少数民族婚丧习俗》等。文身的宗教和认同意义也受到了民俗学者们的关注，如徐一青《信念的活史：文身世界》、陈华文《文身：裸体的雕刻》、陈元朋《身体与花纹——传统社会的文身习尚及其流变》[③]、《身体与花纹——唐宋时期的文身风尚初探》[④]等。

近年来出现了一些涉及少数民族身体观的专题研究，开始用身体理论分析问题，但尚未形成系统。海力波《道出真我：黑衣壮的

① 张珣：《疾病与文化》，台北：稻乡出版社，2001。

② 郑丹丹：《身体的社会形塑与性别象征——对阿文的疾病现象学分析及性别解读》，《社会学研究》，2007 年第 2 期，第 154—170 页；廖菲：《身体心理社会：对乙肝群体的社会心理研究》，北京：北京图书馆出版社，2000；等等。

③ “中央研究院”历史语言研究所生命医疗史研究室网站，http://www.ihp.sinica.edu.tw/~medicine/。

④ 陈元朋：《身体与花纹——唐宋时期的文身风尚初探》，台北：《新史学》，第十一卷第一期，2000，第 1—3 页。

人观与认同表征》一书探讨了包括生死观、灵魂观、身体观和性别观等的黑衣壮人观：以好“功德”为自我的基础。[①] 刘志扬借鉴道格拉斯和杜蒙关于洁净污秽的理论，对藏族的洁净观念进行文化解读，有“藏族农民洁净观念的文化诠释”系列研究。他认为宗教的神圣和内外有别的原则是藏族农村社会关于洁净的两个基本原则。[②] 在另一篇文章中，刘志扬描述了国家政权力量致力于藏族洁净观念改变的过程，藏族农民对卫生观念的接受和实践折射出了西藏社会的社会文化轨迹，伴随的是人们对自我身体、皮肤认识的嬗变。[③] 李金莲、朱和双梳理了人类学月经研究的理论与实践，并有一系列对云南少数民族月经护理和禁忌的研究。[④]《民族文学研究》2010 年第 2 期发表“少数民族仪式中的身体叙事研究”专栏，《广西民族大学学报》2010 年第 3 期发表身体人类学专栏（身体象征、身体经验），是为对仪式的身体人类学研究的探索；另外，一些学者还从身体角度切入研究民间游戏、竞技和舞蹈等的社会文化意义和身体的象征表达。[⑤]

3. 身体观研究

身体观研究整合了哲学、文化人类学、医学人类学等学科的力

---

① 海力波：《道出真我：黑衣壮的人观与认同表征》，北京：社会科学文献出版社，2008。

② 刘志扬：《神圣与内在：藏族农民洁净观念的文化诠释》，《广西民族学院学报》，2006 年第 3 期，第 64—69 页。

③ 刘志扬：《从洁净到卫生：藏族农民洁净观念的嬗变》，《广西民族学院学报》，2006 年第 4 期，第 56—61 页。

④ 李金莲、朱和双：《洁净与危险：人类学对月经研究的理论与实践》，《广西民族大学学报》，2012 年第 3 期。

⑤ 这类研究多见于民俗学、体育人类学和艺术人类学者的讨论。见邓启耀：《身体与体育以及游戏、竞技——关于民间体育的对话》，http://dengqiyao.blshe.com/post/4418/168322；闰民、邱丕相：《象形武术——一种用身体表达的动态文化符号》，《上海体育学院学报》，2007 年第 4 期，第 48—52 页；汪明东：《神圣的身体象征 ——少数民族宗教体育探幽》，《体育学刊》，2006 年第 1 期，第 75—77 页等。

量，比较能代表现阶段国内身体研究的重心。日本学者最早开展对东方身体观的考察。代表作有日本学者汤浅泰雄的《灵肉探微》，围绕身心问题这一传统命题，从肉身观、修行、身心医学等方面概括了东方身体观的特质与意义，指出东方（印度、中国、日本）身体观（修行、肉身观）的本质是强调“身心合一”，认为东方的身心关系可因修行实践而发生变化。[①]此书精辟地总结了东方传统身体观的本质。相关研究者还有石田秀实[②]等。

1990年代以降，台湾学界逐渐展开中国身体观研究。杨儒宾主编的《中国古代思想中的气论与身体观》一书收集了20篇身体观研究的论文，是国内第一部全面探讨中国传统思想中的身体观的论文集，多方面指出中国身体观有别于西方身心二元论。[③]杨儒宾的另一部专著《儒家身体观》从儒家经典出发，讨论了孟子的儒家身体观的道德规范意义。[④]黄俊杰通过对中国古代“身体政治论”和“身体隐喻”的梳理，指出身体政治论的修身、治国推演的道德哲学性质。[⑤]

杜维明于1985年提出“体知”[⑥]概念，全新诠释了中国身心问题，认为其内涵为德性之知。这一概念引发哲学界长期的讨论。[⑦]周与沉《身体：思想与修行——以中国经典为中心的跨文化观照》一书在总结中西方身体理论的基础上，运用大量文献对中国身体观进行全面的哲学思考，梳理了中国经典思想中的身心论述与修行实践，在跨文化视域

---

① [日]汤浅泰雄：《灵肉探微——神秘的东方身心观》，马超等译，北京：中国友谊出版社，1990。

② [日]石田秀实：《由身体生成过程的认识来看中国古代身体观的特质》，载杨儒宾编：《中国古代思想中的气论与身体观》，台北：巨流图书公司，1993，第177页。

③ 杨儒宾编：《中国古代思想中的气论与身体观》，台北：巨流图书公司，1993。

④ 杨儒宾：《儒家身体观》，台北：“中央研究院”文哲研究所，2003。

⑤ 黄俊杰：《东亚儒学史的新视野》，台北：喜玛拉雅基金会，2001。

⑥ 杜维明：《杜维明文集（第五卷）》，武汉：武汉出版社，2002。

⑦ 如《体知与人文学》汇集了多篇学者们从哲学、现象学、人类学等角度对体知与传统人文学关系的解读论文。见陈少明主编：《体知与人文学》，北京：华夏出版社，2008。

中凸显中国身体观的基本特征，反思中国身心传统更新发展之路。他将中国传统思想中的身体观概括为德的身体、气的身体、形的身体与礼的身体，拓展了中国身体观的研究层面和路径。①

蔡璧名的《身体与自然》以古代医学典籍《黄帝内经》为中心，通过对身体、形神、气论、养生思想的考察，检省了中国传统思想中独特的身体观、身心关系及身体与自然的互动。揭示出心归属于身体，强调心神情志与气血形骸的互动，结合心与身，形与神乃是传统身体观的共识。传统思想“身体”的义界，一方面兼摄有形的躯体感官与无形的心意气志，一方面又延伸至人文化成的范畴。作者认为“存在之初，人便置身于阴阳造化的熔炉中，身体无所逃于天地之间，生理的奇正常变与自然的律动流转，形成无法分割的统一整体。”②

古代医书、养生和哲学论著中还隐含了一种“人体小宇宙”观念，吕理政从身体结构和形貌的天人类比、干支系统、骨相之术、饮食养生、功夫等方面论述了古人对身体小宇宙的运用，思考中国传统宇宙观的认知模式。他认为将人体类比为一个完满自足的小宇宙，原始于人在宇宙中的地位之思考，是传统宇宙观的基本主题之一。③

与西方身体观和身体研究理论相比，中国古典思想中表现出来的中国人的身体是一种“气化的身体”，是不同于身心二元的“形—气—神（心）”结构。中国身体观研究强调对身心关系的思考，从汉语中“身”

---

① 周与沉：《身体：思想与修行——以中国经典为中心的跨文化观照》，北京：社会科学出版社，2004。作者还展望了未来身体观研究的论题，第一和第三点对人类学有很大的借鉴意义：第一，驻居于天地人系统中的身体：（a）身体对认知和思维结构社会文化秩序的影响；（b）身体与性别意识的关联；（c）身体健康、疾病、衰老。第三，跨文化视野的比较，包括身体的界定 / 态度，身体结构的认知，食物、服饰、陈设、居所，身心关系，社会 / 权力 / 文化，自然 / 宇宙 / 时空。

② 蔡璧名：《身体与自然——以〈黄帝内经·素问〉为中心论中国古代思想传统中的身体观》，台北：台湾大学出版社，1997，第323页。

③ 吕理政：《天、人、社会——试论中国传统的宇宙认知模型》，台北：“中央研究院”民族学研究所，1991，第164页。

的含义、儒家和其他经典思想出发比较中西方身体概念的差异。然而，“这些思想中体现的身体是一种抹杀了性别的身体观”。[①] 上述中国身体观都是学者对经典哲学和医学思想的解读结果，这种解读有助于我们了解古人身体观形成的思维背景和历史，以及传统文化和思想对身体观的影响，但在一定程度上代表了精英阶层的观念。对于人类学的经验研究来说，传统身体观研究为我们提供了可资参考的理论基础和文化背景，但略显普同化和重哲学思辨性，我们需要更多的地方性身体概念和表述。

总之，身体研究自西方发端，身体人类学由于理论渊源的差异而形成了多种研究流派，多是围绕铲除“身体—心灵”、“物质—社会、“个体—社会”、“自然—文化”、“主体—客体”等二元对立概念而展开。因为均只着重身体某一方面意义的强调，这些流派彼此独立甚至相互冲突，尤其是建构论的社会身体研究和反建构论的活生生的身体经验研究，使身体变成一个难于统一的复杂研究议题。但令人欣喜的是，他们共同为身体正名，将身体从“行尸走肉”和脆弱的生物体污名中解放出来，不再全然受心灵（或精神）的宰制。身体从被漠视而凸显，形而上学意义上的“人”土崩瓦解，回归实在性和整体性。

随着身体重要性的提升，欧美学界的身体人类学已经形成比较系统的理论和研究方法，积累了不少的成果。相形之下，国内的身体研究尚重在对西方身体理论的译介和哲学层面的探讨上，实证研究较为缺乏。在中国人类学界，可以说身体理论尚未成为一种被集中思考的对象，还有待进一步地推动和发展。即使人类学和民俗学一直有对与身体相关的疾病、装饰、禁忌、仪式等方面的研究传统，但还只能算

① 黄盈盈：《身体·性·性感：对中国城市年轻女性的日常生活研究》，北京：社会科学文献出版社，2008，第 47 页。

是对身体的旁敲侧击。

南方山地民族研究一直是人类学的重要领域之一，有关各民族生态生计、社会形态、族群认同、仪式、宗教信仰等方面的讨论已有丰厚的积淀，但身体民族志仍处于相对缺席状态。对中国身体观的哲学思辨事实上主要是以汉族尤其是精英思想为对象和中心，对少数民族倾注的目光并不充分，对活态传承的地方性身体观和表达相对忽略，民间的身体观念和图景依旧模糊。将西方身体人类学理论和较成体系的国内身体观研究推及南方山地少数民族研究中，是逐步拓展和完善"身体"思考的需要，也是实现中西身体研究对话、拓深身体观研究视野的需要。如研究缘起中所述，选择红瑶进行研究是因为其有着突出的身体样态、表现和象征，并成为公众"凝视"的对象。

本书对红瑶的身体人类学研究即是在上述学术背景下，一方面秉承西方建构论的理论倾向，在社会身体的框架下，通过具体而微的身体象征细节讨论红瑶的社会文化特征；另一方面也将循着"体现"范式的方向，呈现红瑶生命过程中的诸多身体经验和意象，探讨身体的自然变化、被赋予文化属性的过程，以及与社会文化相互建构的方式。希望在延续西方身体研究传统的同时，逾越身—心、物质—社会、主体—客体等二元对立模式，提供一个身体和社会文化是如何相互形塑的民族志个案，避免偏重身体的某项能力和意义而忽略其他内容的倾向，呈现身体的真实面貌。

二、瑶族身体与红瑶研究

作为一个支系繁多，居住区域分散的迁徙性世界民族，瑶族独特的历史与内部文化多样性一直是国内外学界关注的对象。回顾肇始于我国的瑶族研究发展历程，大致可以划分为三个阶段：第一个阶段从20世纪初期至40年代末，众多民族学和历史学家对瑶族社会文化进行实地调查研究，积累了丰富的一手资料，主要集中在两广地区；第二个阶段从20世纪中叶新中国成立后至1980年代，包括瑶族社会历史调查工作、综合性简史简志的编写以及对瑶族族源、社会形态、宗教信仰和民俗文化等层面的初步研究，处于相对低潮时期；第三个阶段是从1980年代至今，瑶族的人类学研究获得了长足的发展，涌现出大量系统的富有创见的民族志和论文成果。对瑶族研究文献的梳理，已有学者做过不少的工作[①]，笔者仅就卷帙浩繁的文献中有关身体和红瑶的研究做一梳理。

（一）瑶族研究中的身体相关

就笔者所见，瑶族研究中尚极少以身体为对象的专题研究，在宗教信仰、人生礼仪和历史记忆研究方面，涉及有关身体或其外延的观念和实践的一些论述，为本书留下了可资对比的知识背景和可拓深的空间。

道格拉斯·米尔斯以泰国北部的一个瑶族村落为个案，探讨了男性灵媒的产生与灵魂转世和继嗣制度的关系。双系继嗣制度使得一些居住在父系群体中但又隶属于母方世系中的男性处于尴尬的境地，反之亦然。米尔斯认为这是大量男性灵媒产生的根源，与瑶人的身体观和灵魂观有关。身体将瑶人与其他无肉身形体的存在区别开，分为眼、耳、嘴、鼻、脖子、手臂、胸背、腹、腿、左脑、右脑和手脚12个部分。

---

① 胡起望、华祖根：《瑶族研究概述》，载胡起望、华祖根编：《瑶族研究论文集》，中南民族学院民族研究所印，1985，第1—18页；刘耀荃、胡起望：《1949—1984年我国瑶族研究综述》，载乔健、谢剑、胡起望编：《瑶族研究论文集》，北京：民族出版社，1988，第11—36页；覃乃昌：《20世纪的瑶学研究》，《广西民族研究》，2003年第1期，第55—67页，该文列举了20世纪的瑶族研究著述（主要是论文），并将20世纪下半期的研究成果分为瑶族族源和历史研究、语言文字研究、农民起义研究、社会形态和社会组织、民间宗教信仰与神话研究、民间习惯法研究、风俗习惯研究、医药研究等14个方面进行了整理。

每个部分都是构成胚胎的基础，通过孕育而形成完整的胎儿。身体来自生物学父母（biologocal parents），代表生命的灵魂则来自于祖先灵魂的转世。入赘和无后代的男性不能继承祖先的灵魂，成为灵媒在一定程度上消解了这一矛盾。① 作者创造性地将人的形成和瑶族独特的继嗣制度结合起来讨论，但重心还在于对能进入和逸出身体的灵魂的分析。

张有隽对瑶族宗教信仰进行了系统的研究，先后发表《瑶族的宗教信仰》、《瑶族宗教信仰史略》、《十万大山山子瑶原始宗教残余》、《近代瑶族原始宗教转化为人为宗教的几种情况》等论文，收入《瑶族宗教论集》。他指出瑶族宗教包括和经历了自然崇拜、图腾崇拜、鬼魂崇拜和祖先崇拜，之后受到道教、佛教、天主教和基督教的渗透，信仰体系繁杂。深入地阐述了瑶族的盘瓠传说及犬图腾崇拜，如忌食狗肉和在节日祭祀、饮食衣着、婚姻丧葬等方面模拟犬图腾的形态和动作的“同体化”现象②；瑶族的鬼魂观念和在此基础上对尸体的多种处理方式；赶鬼的巫术治疗仪式和“度戒”成年礼等。③

在瑶族宗教信仰和习俗的研究中，人生礼仪与身体的联系最为紧密，多为在宏观历史文化论著中提及或侧重研究某一仪式，如蓝正祥对布努瑶的出生、成丁、恋爱、求婚和结婚过程进行了细致的记述，但没有做出理论分析。④“度戒”是盘瑶等支系成年男性必经的重要仪式，研究成果较多。学界对此看法不一，有学者认为度戒是一种成丁

---

① Douglas Miles, Yao Spirit Mediumship and Heredity Versus Reincarnation and Descent in Pulangka, *Man*, New Series, 13(3) :428-443, 1978.

② 在晚近的成果中，张有隽还讨论了盘瓠与盘古的关系、盘瓠传说在苗语支等瑶族支系中的变形。见张有隽：《瑶族远祖盘瓠传说再研究》，《广西民族研究》，2004 年第 4 期，第 50—57 页。

③ 张有隽：《瑶族宗教论集》，南宁：广西瑶族研究学会印，1986。

④ 蓝正祥：《布努瑶的人生礼仪》，《广西民族研究》，1992 年第 1 期，第 87—94 页。

仪式[①]，也有人认为度戒是道教吸收信徒的一种仪式[②]。这些研究着重分析度戒仪式的过程、性质和宗教意义，仪式主体经受的身体考验和戒律对于修身和人观形成的意义却很少成为关注的焦点。另外，“花”崇拜体现了瑶族生命观和人观，伴随人生每一关口的仪式。黄贵权通过对广西蓝靛瑶诞生、翁花、要斗和度师礼仪的调查，指出“花”是人生命的象征，“斗”是生命最重要的滋养物；女子在人的生命的“养”中，具有比男子更为重要的地位。[③]女性身体的污秽观逐渐得到关注，蒋远莺研究了瑶族女性禁忌的内容、成因和影响，描述生产、起居饮食、日常交往和宗教信仰中的女性禁忌，展现出瑶族女性被视为污秽、不吉、晦气和灾星的状况，认为限制了瑶族妇女的发展。[④]

总体而言，瑶族研究在社会、文化、经济、语言等方面均有涉猎，但运用人类学理论方法，基于田野调查的专题研究还有待深化。身体的视角是异质性相当明显的瑶族文化研究中不应忽略的一项。

（二）红瑶研究

与对盘瑶、过山瑶等瑶族支系的研究比较而言，学界对红瑶的研究为数不多。早期少数民族社会历史调查对龙胜红瑶有所涉及，相关调查报告有《一九三三年桂北瑶民起义资料》、《龙胜各族自治县潘内村瑶族社会历史调查》[⑤]、《龙胜各族自治县伟江乡甘甲村甘甲

---

① 胡起望、范宏贵：《盘村瑶族》，北京：民族出版社，1983，第 246 页；白天明：《瑶族男性成年仪式的三个阶段》，载郭大烈主编：《瑶文化研究》，昆明：云南人民出版社，1994；等。

② 张有隽：《瑶族的宗教信仰》，载张有隽：《瑶族宗教论集》，南宁：广西瑶族研究学会印，1986，第 81—110 页；[日]竹村卓二：《瑶族的历史和文化——华南、东南亚山地民族的社会人类学研究》，金少萍译，北京：民族出版社，2003；张泽洪：《瑶族社会中道教文化的传播与衍变》，《民族研究》，2002 年第 1 期，第 40—48 页。

③ 黄贵权：《蓝靛瑶的“花”、“斗”人观——那洪村蓝靛瑶诞生、翁花、要斗和度师礼仪的调查与研究》，《文山师范高等专科学校学报》，2003 年第 4 期，第 241—246 页。

④ 蒋远莺：《瑶族的女性禁忌》，《贺州学院学报》，2006 年第 4 期，第 53—55 页。

⑤ 广西壮族自治区编辑组：《广西瑶族社会历史调查（第四册）》，南宁：广西民族出版社，1986。

屯瑶族调查》、《龙胜各族自治县东区（瑶族聚居区）概况》[①]。《龙胜红瑶》是一本全面介绍龙胜红瑶族源、语言、经济形态、社会组织、宗教、衣食住行、风俗习惯的描述性知识读本，为深入研究龙胜红瑶的社会文化提供了参考资料。[②]《红瑶历史与文化》[③]在《龙胜红瑶》的基础上，增加了对红瑶历史的追溯，全书的内容也更为系统。徐赣丽的《民俗旅游与民族文化变迁——桂北壮瑶三村考察》是一本以龙胜壮族和红瑶村寨民俗旅游为研究对象的民族志。作者选取隶属于龙胜县龙脊梯田景区的黄洛瑶寨等三个民俗旅游村作为个案点，从民俗旅游村旅游开发与文化生产互动的角度，探讨民俗传统的遭际和多重力量制衡下的现代转型之路，为现代旅游场域中少数民族文化多样性保护和自我更新的途径提供了良好的个案分析。[④]中山大学人类学系师生在龙胜龙脊地区的调查成果《龙脊双寨》[⑤]，从经济生活、外来语言、旅游业、性别资源实践、节日与信仰习俗、婚嫁、教育和服饰方面对大寨红瑶社会文化做了翔实的调查分析，丰富了红瑶研究的资料库。

公开发表的学术论文集中在历史[⑥]、妇女长发[⑦]、婚俗、服饰、旅游和教育等方面。关于长发和婚俗的都是介绍性的短文。服饰方面，王熙兰《红瑶红色服饰文化考证与分析》一文对龙胜红瑶女性服装尚红的历史和原因进行了初步探讨，她认为红色与喜庆、生命和富贵相连，

---

① 广西壮族自治区编辑组：《广西瑶族社会历史调查（第九册）》，南宁：广西民族出版社，1986。

② 龙胜各族自治县民族局编：《龙胜红瑶》，南宁：广西民族出版社，2002。

③ 粟卫宏等：《红瑶历史与文化》，北京：民族出版社，2008。

④ 徐赣丽：《民俗旅游与民族文化变迁——桂北壮瑶三村考察》，北京：民族出版社，2006。

⑤ 周大鸣、范涛编：《龙脊双寨：广西龙胜各族自治县大寨和古壮寨调查研究》，北京：知识产权出版社，2008。

⑥ 范宏贵、陈维刚：《红瑶历史、语言及其他》，《中央民族大学学报》，1991 年第 1 期，第 60—63 页。

⑦ 吴景军：《红瑶女：吉尼斯长发之最》，《民族论坛》，2003 年第 1 期，第 47 页。

游客的需求趋向正积极地影响着红瑶服饰文化的传承与发扬[①]，但并没有找出真正的文化动因。旅游方面，有杨业文、梁振然、秦红增、吴忠军、苏芹、吴凡等[②]对龙胜县金坑红瑶民族旅游的调查研究，重在分析民族旅游的发展对策，以及旅游对红瑶民族文化复兴的积极作用；徐赣丽揭示了和平乡黄洛寨红瑶族群意识与生存环境的关系，认为强烈的族群意识有利于保存传统文化，且为具有吸引力的旅游资源。[③]另外，旅游场景中的红瑶妇女发展是学界关注的焦点之一[④]；龙胜红瑶的教育问题特别是女童教育也引起了一些学者的注意。[⑤]

可见，学界对龙胜红瑶的关注开始于民族旅游开发之后，调查地点大部分基于龙脊旅游区的红瑶村寨，研究尚处于起始阶段，是一个有待民族志工作累积的领域。

---

① 王熙兰：《红瑶红色服饰文化考证与分析》，《广西师范大学学报》，2007 年第 3 期，第 52—54 页。

② 杨业文：《民族旅游与社区教育——以大寨红瑶为例》，《广西民族大学学报》，2007 年第 6 期，第 76—79 页；梁振然：《龙胜金坑红瑶文化的挖掘及其旅游开发对策》，《沿海企业与科技》，2007 年第 7 期，第 112—115 页；秦红增等：《旅游与民俗文化的再建构》，《长江师范学院学报》，2008 年第 5 期，第 56—64 页；吴忠军：《乡村民俗旅游原生态型开发的限量研究——以广西龙胜县大寨红瑶村为例》，《市场论坛》，2006 年第 8 期；《黄洛红瑶的旅游吸引力分析》，《皖西学院学报》，2009 年第 2 期，第 66—69 页；苏芹等：《旅游背景下民族文化可持续发展研究——以龙胜金坑红瑶为例》，《经济研究导刊》，2009 年第 7 期，第 174—175 页；吴凡：《碎片与重构——民族—国家体系中的红瑶岁时仪礼阐释》，《中国音乐学》，2009 年第 2 期，第 27—42 页。

③ 徐赣丽：《族群意识与生存环境——广西龙胜黄洛红瑶族群考察》，《百色学院学报》，2009 年第 4 期，第 7—11 页。

④ 张瑾：《民族旅游语境中的地方性知识与红瑶妇女生计变迁——以广西龙胜县黄洛瑶寨为例》，《旅游学刊》，2012 年第 8 期，第 72—79 页。

⑤ 玉时阶：《龙胜红瑶历史及教育发展》，《社会科学战线》，2008 年第 3 期，第 226—231 页；杨军：《用教育人类学方法研究广西龙胜红瑶女童教育》，《辽宁行政学院学报》，2008 年第 6 期，第 170—171 页；韦小丽：《红瑶女童教育现状与对策》，《中国民族教育》，2008 年第 5 期，第 7—9 页。

第三节　研究思路、视角与方法

一、研究思路及意义

本书是以身体象征[①]为切入点，尝试结合建构论社会身体研究与“体现”范式的身体经验研究的视角和方法，探讨红瑶人的身体认知、经验与社会文化互动、相互建构的过程和方式的民族志研究，即通过身体表述看红瑶的社会文化特征。主要围绕三个方面的问题展开：

第一，在没有讨论红瑶的地方性“身体”观念之前，基于身体同时拥有物质性和社会性的理论认识，本书将视身体为再现社会结构与文化形态的象征和有经验（体验）能力的主体，首先需要发现的是身体在哪些方面有突出的象征表现？

第二，这些身体表现之间有什么关系，以怎样的内在逻辑组合成一个统一的体系？

第三，身体的本质意义和位置是什么？或者说身体如何体现和表达世界、社会，并经由红瑶社会文化的形塑而具其地方特殊性？红瑶的身体与社会文化的哪些具体元素和系统紧密相关？因此，本书把红瑶社会中的“身体”延展开来进行考察，并不局限于身体呈现的可见的实践和经验，还涉及“身体”连带出的社会关系和价值观念。

通过对上述三个方面问题的思考，本书的研究目的在于从各种紧密联系的象征表现和身体经验中总结红瑶社会的核心精神因素，或曰

① 本书的核心主旨是揭示红瑶的身体与社会文化的象征和互动关系，亦会涉及身体在生成和变化过程中的权力话语和身体政治。重视社会对身体的形塑的基本出发点使身体政治与身体象征在很大程度上不可分割。

贯穿始终的核心价值观念：身体的意义何在？自然身体如何实现社会文化化？生命力如何通过身体得以循环？从而完成对身体所体现的红瑶社会文化特征的讨论。

同一事物在不同情境中有不同的解释，中国的身体不能完全等同于西方的 body，西方强调身心二元对立的格局，中国却更注重身心一体与互渗。因此，中国的身体研究必须在与西方理论和方法对话的基础上，在田野调查的基础上进行实证研究，建立合理的概念体系和解释框架。从这种意义上讲，中国人类学任重而道远。本书并不希望将本研究定位于通过田野材料提升出抽象的概念和理论，而是在类似研究较为缺乏的情况下，以红瑶的个案体会所得，对国内身体的人类学研究路径提出一点认识，为身体研究的人类学转向打下些许基础。在吸取西方研究路径和方法的基础上，努力呈现一种红瑶文化中的"身体"解释。因为身体本身的发展过程和意义是与地方语境相辅相成的，从身体本身的属性出发，将身体的生物属性和文化属性、内在和外延两方面结合起来分析，进而探讨其与社会文化特征的关联，能更深层次地触及红瑶的社会和文化之根。

提倡对身体的实证研究，不仅可以延续传统人类学的身体观照，如对各种仪式中身体表现和象征符号的研究；充分吸取当下西方身体人类学的理论与方法，推进身体研究在国内的发展，还将为我国人类学的文化研究注入新的活力。迄今为止，国内有关身体的经验研究刚刚兴起，仍少有学者从身体角度进行全面的民族志个案调查和学理分析。本书是目前国内借鉴西方身体理论，以瑶族为研究对象的较为系统的身体人类学个案研究，对国内人类学参与与西方人类学"身体转向"浪潮的对话，并建立自身的研究体系是很好的促进。从方法论的角度看，人类学过往多注重对文化形态本体、群体的研究而忽视对人、个体的研究，身体研究视角从人认知自身出发，再到如何身体力行与环境互动，可使文化和社会结构研究有新的突破。

同时，从现有掌握资料来看，国内外瑶族研究的成果可谓汗牛充栋。然而，相对于瑶族其他支系而言，红瑶研究处于比较滞后的状况，仅有的一些成果主要集中在红瑶历史、语言、服饰的介绍上，或是从民族旅游角度进行的研究。本书选择了龙胜县一个尚未进行旅游开发的红瑶村寨作为个案研究的对象，在对红瑶人的生活方式进行考察的基础上，从身体的角度切入探讨社会结构和文化特质，不仅从一个新的角度较为全面地认识红瑶这一族群，也丰富了瑶族研究的资料库。

二、理论视角和方法

在理论视角的选择上，本书首先面临的问题是对身体本身的定义。面对身体内涵的丰富性和复杂性，厘清身体的概念或者说范畴，是进行身体研究的基础。

身体究竟为何物，迄今尚无定论，各种理论流派从不同角度赋予身体以多样角色和能力，也致使其变得晦涩而难于捉摸。在西方社会学和人类学有关身体研究的著作中存在不同意义上的身体分类。涂尔干把人描述为一种双重性 (man is double) 的存在，强调的是人的物质身体（其称为肉体）与灵魂之分衍生出的个体性和社会性。[①] 秉承涂尔干的理论传统，道格拉斯发展了她的“两种身体”观，认为身体同时是物质性的和社会性的，强调承载象征意义的社会身体的重要性：“社会身体制约着人们感受物质身体的方式。”[②] 玛格丽特·洛克和休斯区分了三种身体形态：个体身体，关注现象学层面活生生的身体体验；社会身体，即作为自然象征的身体，思考自然、社会与文化的关

① [法]埃米尔·涂尔干：《宗教生活的基本形式》，渠东译，上海：上海人民出版社，2006，第252页。

② Douglas Mary, *Natural Symbols*, New York:Vintage, 1970, p.68.

系；政治身体，指表现在再生产、工作、疾病等方面的物质性身体的规训与控制[1]，大致类同于道格拉斯对物理身体和社会身体的划分。约翰·奥尼尔将身体多义化，他从人类的两种身体"生理身体和交往身体"出发，进一步描绘了世界身体、社会身体、政治身体、消费身体和医学身体五种身体形态。[2]

悖论在于，多种身体的划分有可能将身体解释复杂化，强调身体的社会建构论必然导致忽视活生生的物质身体存在的重要性和意义，反之亦然。近年来学者们开始反思身体研究的悖论，"体现"（embodiment）这一连接物质与心性身体的哲学术语成为身体研究的重要分析概念。克索达斯认为身体概念具有复杂性，本质上抵制定义，用"体现"来表明身体的物质性与心性的辩证关系。[3]安德鲁·斯特拉森对作为概念范式的"体现"的意义和地位有比较深入的探讨。她认为"体现"能解决身体难于定义的困境，但也很难给该词下一个简明的定义，"它和身体有关，但暗示一些别的事物，不是物质性的身体本身，或是附加到物质性身体上的别的被体现的事物，这样的事物经常成为一种抽象的社会价值，例如荣誉或勇敢。体现是通过把抽象与具体结合起来的一个术语。这个术语有两种相对的意义，大体与道格拉斯发展的物质与社会的身体观念是一致的"。[4]布莱恩·特纳指出了身体悖论的原因及出路："社会学理论是围绕一些长期存在的对立

---

① Margaret Lock and Nancy Scheper-Hughes, "The Mindful Body:A Prolegomennon to Future Work in Medical Anthropology" , *Medical Anthropology Quarterly*, New Series, 1(1):6-41, 1987.

② [美] 约翰·奥尼尔：《身体形态——现代社会的五种身体》，张旭春译，沈阳：春风文艺出版社，2000。

③ Csordas, Thomas, "Embodiment as a Paradigm for Anthropology" , *Ethos* 18:5-47, 1990. Csordas, Thomas ed.*Embodiment and Experience: The Existential Ground of Culture and Self*, Cambridge: Cambridge University Press, 1994.

④ [美] 安德鲁·斯特拉森：《身体思想》，王业伟译，沈阳：春风文艺出版社，2000，第 254—262 页。

面组织起来的，如能动性和结构，个体和社会，自然和文化，精神和身体”，但“人类作为有机系统是自然的一部分，自然也是文化的产物。我们是有意识的存在，但是这种意识只有通过身体的体现才能实现。身体处于这些理论张力的中轴上”①。

从形形色色的身体概念阐释中我们可以看到，要对身体下一个准确的定义是很难的，身体的复杂性已是众所周知而尚未解决的事实。社会身体、个体身体、政治身体、消费身体、世界身体等概念与其说是对身体的定义，不如说是一种研究视角。这些对身体的不同认知可以归为综述中述及的身体研究的两大研究路径：一是象征性地运用身体概念，强调身体是文化和社会结构的栖身之所，即建构论对秩序身体（ordered body）的研究；二是视身体为活生生的（lived body）生命存在，强调个体的身体经验，源于现象学的身体研究。也即费侠莉所言的“再现与感知”。

同时我们也不应忽视，在身体理论发展和范式转移的讨论中，大部分学者认同身体的物质性和社会性的双重属性，却不再只单方面强调社会身体的重要性和物质身体的被动性（或主体性），而是尝试以一种整体观来构建二者的关联。费侠莉对身体的认识就代表了将身体的被动性和能动性结合起来进行审视的新取向：“一方面，身体本身不能被认为是客观物体，真正的主体主要是通过时间而不是空间来界定的，通过从出生到死亡的过程而不是通过大小、形状或体积的结构来深刻地刻画具体的且能够发挥功能的人类，但是另一方面，身体的基本功能——月经、怀孕、分娩、哺乳等不能仅仅被看作是通过文化训练可以被认知的语言的产物。”② 她在对妇科医学史的身体研究中，

---

① [英] 布莱恩·特纳：《身体与社会》，马海良译，沈阳：春风文艺出版社，2000，第 346 页。

② [美] 费侠莉：《繁盛之阴——中国医学史中的性（1960—1665）》，甄橙译，南京：江苏人民出版社，2006，第 11—12 页。

就对基于女性生育和疾病的妇科学的身体技术，以及女性身体的文化建构交织在一起进行了阐述，认为“血、气”将女性身体过程与物质结构相连，又与“阴阳”观念一起建构了身体的性别界限。协调内部与外部空间的社会习俗成为女性患病和治疗经历的重要部分，即使身体是阴阳同体的，但身体不只属于个人还属于更广大的社会秩序。

本研究把身体视为物质有机体和承载社会文化象征的双重存在。身体首先是可触摸到的实在肉身，同时又具有“心性”，是一个形神兼备的行动体。本书主要关注身体的社会文化属性，同时也将注意到身体的能动性的展示，将建构论和经验研究对身体的讨论结合起来，关注生命过程中的象征表述与身体经验。换言之，从身体对文化的象征性再现和身体的经验表达两方面，揭示身体对于人和社会文化的意义，以及如何成为社会关系和宇宙秩序象征体系的一部分。通过考察红瑶身体小宇宙本身的意义、与其他象征符号的关系以及在社会结构中的隐喻，从而探讨红瑶的身体表述的特殊性，在此基础上形成对红瑶社会文化特征的认识。综合运用“社会身体”和“身体经验”研究视角和方法，提供一种身体既生成又再现社会文化的研究路径，力图规避认识论和方法论上的一元论或二元论，主张身心合一，避免“身—心”、“自然—文化”、“物质—社会”等二元概念思维模式对研究的限制。

从身体象征角度对身体进行解读，未免有重身体“再现”而轻“感知”（经验）之嫌，很可能招致类似对玛丽·道格拉斯的批评。如Jackson指出，她对身体活动、意义的研究太过于象征化、符号化和机械论。在她的研究里，身体只是一个无生命的、被动的和静态的结果，被定义为表达和交流的媒介，成为一个符号和思维运作的客体，被社会模式建构的一个“物”(thing)。重视社会身体的分析，很容易就将身体化约为一项理解 (understanding) 的客体、理性的器具和表达的工具。[1] 批评者认为道格拉斯身体理论的本质缺陷是，“忽略了身体的能动性以及身体实作（践）和认识与意识之间不可分割的关系，以类似涂尔干的方式用‘社会’取代‘心灵’来作为认知的主体，从而陷入传统的自然 / 社会二分与笛卡尔式身心二元论的理论困境”[2]。

笔者以为，社会身体与活生生的身体是相互冲突但缺一不可的身体存在分析工具。无论是单方面以心灵（或社会）还是身体作为认知的主体，都无法全面地认清身体的意义。因此我们应摒弃这一分野，视情境而辩证地看待身心关系。诚如 Murphy 对既往身体人类学划分西方、非西方 / 二分法、以身体为主体的范式的批评，强调应留意到身体如何感知、经验和意识的地方性区分。[3]Dewey 也指出：“心灵必须使用身体，或身体也不可缺少一个心灵，就像人培育植物需要土壤，土壤也需要那些适应其特性的植物。任何我们经验地获得的精神都与身体有关，身体存在于‘自然的媒介’中维持一些连接：植物、动物与空气、水、阳光；植物与动物。没有这些连接，动物会死掉，最‘纯净’的心灵也将不会继续生存。”[4]“自然的媒介”概念否定身心二元论，身体是自然也是文化的，与动植物、自然物质和心灵构成统一的生命链条。

与 Dewey 的看法相似，日本人类学者河合利光从身体与“生命体系”（life system）的视角研究了斐济人的生命观和“身体化”了的传统意识的传承方式。河合利光认为，与中国阴阳学说相似，仅靠二元象征概念进行分析，或者对自然、社会、文化、身体进行区分，赋

---

① Michael, Jackson, “Knowledge of the Body” , *Man*, New Series, 18(2): 327-345, 1983.

② 李尚仁：《腐物与肮脏感：十九世纪西方人对中国环境的体验》，载余舜德主编：《体物入微——物与身体感的研究》，新竹：国立清华大学出版社，2008，第 63 页。

③ Murphy Halliburton, “Rethinking Anthropological Studies of the Body: Manas and Bōdham in Kerala” , *American Anthropologist*, New Series, 104(4) :1123-1134, 2002.

④ Dewey, *John, Experience and Nature*, London:George Allen Ynwin, 1929, pp.277-278.

予其中某一项以特权的解释，都不能很好地对生命体系进行阐释。斐济人的个案表明，社会文化并非超越个人身心的存在。身体不是脱离社会、文化和自然的思考与行为的主体，它是循环于天地与动植物之间的生命体系的一部分。水、食物、心灵、血液、呼吸、脉搏等维持个体生命的力量，人的声音，自然界的声音、知识等维系人际关系的力量，支撑身体的力量及平衡感，光、风雨、植物的生命循环等自然界的运行等等，正是通过这些自然、社会文化、身体经验，"生命力"得以确认。"生命体系"贯穿于自然环境、社会文化和身体，在社会文化属性内部存在着遗传性的生命力源泉，像种子一样的文化基因通过身体世代传承。①

河合利光视身体为生命体系的一部分的研究取向，意图打破身—心、自然—文化的对立模式，综合了身体象征与身体体现、经验的内容，能够比较折中地把身体的物质性和社会（文化）性、主体性和象征性结合起来进行讨论。在生命体系的视野下，身体不是一个无生命的刻板概念和独立的经验主体，而是与自然宇宙和社会文化融汇、互动，有着同样的形成、循环、继承过程和方式的生命体。本研究运用生命体系的分析视角，将身体置于天地、人、物，以及包含自然、社会关系和文化的统一生命体系中进行分析，有助于更好地考察它们之间的互动和身体的本质意义。并且，本研究还将身体本身的时间性和生命特征表现，即人的"生命过程"（life course）也纳入其中，人从出生到死亡的生命过程同样是生命体系的重要部分。

有了这样的定位，对身体的社会性和象征性的探讨就可从仍在身体是客体和工具的认识论徘徊的边缘，往前迈出半步。由感官感觉、

① [日]河合利光：《身体与生命体系——南太平洋斐济群岛的社会文化传承》，姜娜、麻国庆译，《开放时代》，2009年第7期，第129—141页；更详细内容见河合利光：《生命观的社会人类学——斐济人的身体、性别差异与生活系统》，日本：风响社，2009。

知觉、认知与记忆结合[1]而成的身体主体性的经验，“只有在社会关系中才有意义”。[2]身体经验虽大多是个体的，但受社会文化模塑，有特定的历史文化特性。并且经验与文化观念“乃是于互动之中，彼此建构。然而从这个角度切入仍显得遥不可及，说明了我们对于感知方式或身体感的研究，尚在开始的阶段。”[3]因此，在国内身体民族志尚不丰富的现状下，如若避而不谈身体象征，那么我们将遗漏身体研究的一个重要面向，导致化约身体行为。

第四节　研究内容与框架

基于以上研究视角和方法论，本书将身体置于生命体系与生命过程之中，主体部分拟从两条线路展开论述：

首先是身体的空间性，指红瑶的身体空间象征观念和实践，考察身体与人赖以安身立命的家屋空间、村寨空间和自然宇宙的象征关系，分析红瑶的身体结构和空间认知在自然空间营造和社会文化构成中的角色，探讨矮寨红瑶的身体与家屋、村寨和自然宇宙如何在统一的生命体系内相类比、感应与循环，为生命过程中的身体象征做出铺垫。

其次是身体的时间性，即人的生命过程包括孕育、诞生、身体发育、成年、婚姻、身体表征与装饰、疾病和死亡的身体象征和经验。

---

① 余舜德：《食物冷热系统、体验与人类学研究：慈溪道场个案研究的意义》，台北：《“中央研究院”民族学研究所集刊（89）》，2001，第117—145页。

② [日]河合利光：《身体与生命体系——南太平洋斐济群岛的社会文化传承》，姜娜、麻国庆译，《开放时代》，2009年第7期，第129—141页。

③ 余舜德：《从人类学身体与经验研究的观点来谈医疗史之研究》，《“二十一世纪新意义”研讨会论文集》，台北：“中央研究院”历史语言研究所，2002，第305页。

关注身体这一生命体在生命过程的时间序列中，自身的奇正常变，生命力的循环、传递，以及与生命体系内其他部分的互动和继承方式。此处研究思路的设计系受到费侠莉和可瑙夫特的启发，他们都认同身体在某种意义上是生命的概念。费侠莉认为身体是通过时间和从出生到死亡的过程来界定的[①]；可瑙夫特认为理解身体意象和实践必须通过身体的构造过程来实现。身体或生命的周期包括个体身体的生物性“自然”变化，也包括人际关系发展、成熟、破裂的社会和“精神”的周期。[②]在调查中我也发现，红瑶人对身体的感知、体验与隐喻都分布在生命来去的时间过程里，因此我将红瑶人的身体与生命相连，从生命过程中具体而微的身体习俗和禁忌里提炼出身体的孕育、成熟、表达、失序和终结的主题。

身体的时间性部分自然还不能缺少对身体的历时性变化的描绘，因此，在个体的生命过程之外，本书还将尽力追溯不同时代背景下红瑶族群身体样态的发展与嬗变，在历史进程中动态地呈现红瑶身体表述的特质。这两种时间性的交叉能将个体身体、群体身体与更大的社会背景整合起来。将红瑶人的身体纳入到这种空间格局和时间序列中进行研究，通过对有关身体象征和实践的观察，本书力图揭示出身体如何在不同阶段以各种方式经验、体现和表达世界和社会关系，并获得思想属性与价值。从这两条路径展开对身体的分析，可以深入了解红瑶人对人、生命和自然宇宙的认识，有助于更好地理解当地传统社会构成和文化逻辑。

第二章描述龙胜县的生态环境、历史文化沿革和民族构成，介绍

① [美]费侠莉：《繁盛之阴——中国医学史中的性（1960—1665）》，甄橙译，南京：江苏人民出版社，2006，第11—12页。

② Bruce M Knauft, “Body Images in Melanesia:Cultural Substances and Natural Metaphors”, In *Fragments for a History of Human Body*, ed.Mfeher, Naddaff, New York:Zone Press, 1989, pp.199-279.

龙胜红瑶的概况，着重勾勒出矮寨的生计方式和村落构成，为研究的切入做出铺垫。第三章以师公为一对口舌不断的夫妻送百口鬼的治疗仪式为引子，展开对红瑶人同心圆空间观念的考察。家屋、村寨、阴阳界、宇宙同心圆以身体为基点，呈现包含、象征与感应的关系。家屋与身体互为构成，具有孕育特质。家屋生命体的维持有赖男女两性的分工合作和女性行为禁忌来完成。村寨空间“人神地”也是一个巨大的身体，关系到人的“富”、“贵”状态的获得。

在展现了红瑶人的身体与外部空间和自然万物的类比融汇之后，身体本身的时间性和生命特征是接下来的部分着力阐述的内容。关注人的生命过程中，身体依时间节律而孕育、成熟、疾病、终老的“自然”变化过程和衍生出的文化意涵。第四章首先从身体的孕育开始，讨论红瑶人以“花”为中心的生育信仰、孕产身体技术与禁忌，庆贺和保护新生儿成长的仪式。对孕妇、产妇和新生儿的身体关注强调的都是骨血孕育、身体由自然而社会化的同一主题。

身体经孕育、发育而成熟，成年与婚姻是男女两性“成人”并相区隔的一大关口。第五章讨论红瑶女性“有秽”的根源——月经，以及恋爱和婚姻缔结方式，重点关注女性基于身体变化和体验的身份转换。经血“有秽”的观念源于身体感官对其黏湿、腥臭的“污衰”（脏）感的厌恶，对代表衰弱和死亡的流血事件的恐惧，以及对社会秩序的强调。但红瑶社会的月经禁忌并不如“污秽理论”所言全然围绕性禁忌而生发，重性别分工而非对抗。婚礼过程中身体连带出的社会关系创造表明，身体是经验身份和表达社会关系的主体。

身体表征贯穿人的生命活动，在前述孕育、诞生、成年、婚姻、生育几大人生阶段都有突出的表现。因此第六章从标记社会身份，体现记忆、情感和自我，两种改装方式三个方面探讨作为身体第二皮肤的身体装饰和着衣经验的意义。人生的数次换装是身体社会化的象征行为，表达人与人、人与神鬼关系的媒介；身体装饰再现红瑶历史和文化，而在个体层面，又体现自我和孝道（阴功）；改装又打上了权力的印记。

第七章考察红瑶人的疾病认知和消解问题。“神药两解”的民俗医疗观基于对身体健康与疾病的认知，不同的身体感受和症状指向“自然”与“非自然”病因，分别用草药物理疗法和巫医疗法疗治。“非自然”病因包括命带病灾和人、魂、神、鬼的错位，由于有前世今生生命轮回的观念，前世债怨可致今生病灾，通过献祭和架桥仪式补修“阴功”，补足延续生命的米粮；赎魂、送鬼和抽犯治疗仪式则是使人鬼归位，借重建宇宙秩序而恢复身体小宇宙的秩序，消解疾病。修阴功和秩序井然是身体健康的基础。

死亡是生命过程的最后一个关口。第八章描述红瑶人在寿终正寝和非正常死亡葬礼中，如何一方面保护尸身的完整“体面”，使其跻身家先行列庇佑后人，另一方面尽力控制死者带给生者、家屋和村寨的秽气。孝亲通过处理尸体、戴孝、服丧等身体经验沾染死亡污染，献祭猪和二十四孝斋粑，以“延迟”的身体之孝为死者增添“生气”，赋予其骸骨入土承载“地气”而与后代身体接续的力量。身体与家屋、村寨、自然界、宇宙、动植物、生育、疾病、魂等的关系和象征得到了综合的体现和回应，葬礼显示了这个生命体系各成分的相融共生和身体化。

最后是本研究的结论部分。经由身体的时空层面展开对身体的分析，我们认为红瑶人的身体与自然万物相感共生，同时是保存、传承和体现社会文化的基础。身体象征体系深处隐含的是身体观和人观，身体研究提供对人的生物和文化双重属性的思考。红瑶突出社会人的一面，注重个人功德修行，重视大小宇宙的平衡与秩序，以家先与后代、前世今生与来世的循环为社会延续的纽带，借由生命过程尤其是仪式中身体的经验、象征来界定和传达。红瑶的个案表明，身体分类象征是复杂的社会分类体系的本源。最后还尝试回应拥有多重意涵的身体在多种理论中遍地开花，却相互冲突而令人捉摸不定的困境，讨论运用综合研究视角，迈向多元整合的中国身体人类学的可能性。

第二章　矮寨红瑶的历史、生计与社会

矮寨位于龙胜县江底乡东部的桑江支流矮岭河中游，进山的入口处毗邻著名的龙胜温泉。然而绝大部分的旅游者并不知道这个大山深处的瑶寨，两个多小时的山路在很大程度上阻隔了矮寨人与外界的联系。本章主要是对田野点社会文化背景的介绍，通过对历史文化沿革、生计方式和社会基本结构的勾勒，力图描绘出矮寨红瑶人的文化传统和生活状态。

第一节　龙胜县的生态环境、历史沿革与民族构成

一、生态环境

地处南疆的广西壮族自治区是一个以喀斯特地貌为主，聚居着众多少数民族的山区省份。根据方位、民族和语言等的差异，人们习惯于将广西划分为桂北、桂南、桂东、桂西和桂中五个区域。桂北主要指桂林市及所辖的12个县，有苗、瑶、壮、侗、回等少数民族，通用语言是西南官话桂林话。桂林市以桂林山水而闻名于天下，奇、险、秀的石灰岩山峰星罗密布是其主要的地理特征，但实际上不同的县份内部却存在较大差异。南部的阳朔、荔浦、平乐等县尚可谓喀斯特地貌，而往北走却是另外一幅景观，越城岭、都庞岭等南岭山脉跨越湘桂两省，起伏绵延，地势逐渐拔高。

龙胜各族自治县位于桂林市东北部，地处湘桂边陲的南岭五岭之一的越城岭山脉南麓。东部临近桂林市兴安县和资源县，南与灵川县、临桂县相接，西部与柳州市融安县、三江侗族自治县毗邻，北部与湖南城步苗族自治县和通道侗族自治县接壤，距桂林市 100 公里。全县总面积 2370.8 平方公里，陆地面积 3502100 亩，占总面积的 98.48%，水域面积 54100 亩，占总面积的 1.52%。龙胜县境皆山岳，万山环绕，五水分流，东、南、北三面地势高，西部略低。全县 1500 米以上的山峰有 21 座，平均海拔为 700—800 米以上的山地占土地总面积的 47.26%。16 至 46 度以上的陡坡占土地总面积的 87.2%，余下的才是 15 度以下的缓坡。全县最高峰为海拔 1940 米的大南山，最低点为海拔 163 米的桑江出口处石门塘。[①] 境内水系发达，错综交织呈树枝状分布，溪流达 480 余条，干流桑江属珠江水系，横贯县境中部，支流分别往北和南两个方向流延。龙胜属亚热带季风气候区，四季分明，高海拔地区昼夜温差大，冬季多严寒，夏少酷暑。有“五月五，冷死水牛牯”的谚语，足见龙胜高山气候之寒冷。年平均气温 18.7 摄氏度，每年 12 月至次年 2 月为全年气温最低时期，7 月最热，平均气温在 26 摄氏度以上。年平均降雨量 1543 毫米，4—8 月为雨季，年平均相对湿度 80%。[②]

龙胜县多山，县志有云：“龙胜之地形如桑叶，县城通处其中，四境绵长百数十华里，其间重山万叠，峭壁千寻，平原广阔之处甚少。故龙胜俗传有‘出门三步就上坡’之语。以全省海拔三千余尺之高度较之，龙邑三千之高度，各区高山峻岭蜿蜒挺峙，峰峦攒簇，林深菁密，溪涧分流，地势凹凸不平，地无三里之平，水有虎皮之险。故田

① 龙胜县志编撰委员会编：《龙胜县志》，上海：汉语大词典出版社，1992，第 15 页。

② 龙胜各族自治县林业局编：《龙胜各族自治县林业志》（内部资料），1999，第 21—22 页。

少山多，造林最为适宜。”[①] 山地农耕是基本的生计方式，各族民众以种植水稻为主，由于地形的限制，几乎都是在高山开采梯田，形成了壮丽的高山梯田景观。由于河流众多，雨量充沛，龙胜森林覆盖率高，从桂林市出发到龙胜县城，一路上都可见蜿蜒起伏的大山上布满郁郁葱葱的竹林和树林。这些林木大部分用作经济用途，经济林以杉木和松木为主，杂木水源林也大部分划定为生态保护林，不能随便砍伐。这种有利于发展稻作农耕和林业的生态环境却造成交通不便，历史上就有记载："至交通极感困难，民二十九年闻有桂穗公路，自三十三年因敌窜而自动破坏之后，迄未修复，仅大河（桑江）作唯一之运输工具耳。”[②] 跟这种生态环境有关，在龙胜县的乡村即便是公路边也很少能看到水泥钢筋结构的砖房，几乎都是两层或三层的木结构房屋。龙胜的汉族和壮侗苗瑶等少数民族都修建这种干栏建筑，外观上差别不大，进入内部才能发现结构和布置上的差异。

二、历史沿革

龙胜古称桑江，因地形如同桑叶和县境内多种桑树而得名，历史上曾分属于始安、灵川、义宁、兴安等县，疆域也一度变更。“龙胜通判驻辖地自汉至隋为始安县地(荆州武陵郡镡成县)。唐属灵川县地，五代至明代属义宁县。本朝应之，乾隆六年改桂林府捕盗通判，设理苗通判驻辖。”[③] 历代封建王朝都把桑江视为“苗蛮”之地，对这些化外之民实行羁縻政策。清顺治年间(1644—1661)，为了加强对“苗蛮”的统治，开始在龙胜设立桑江司，派巡检进驻关衙（现和平乡驻地)。

---

① 陈远坤：《纂修龙胜县志（五、地势）》，1948 年完稿，手稿，陆德高抄于 1984 年 8 月，桂林市图书馆藏书。

② 同上。

③ [清] 周诚之：《龙胜厅志》，道光丙午子古堂藏版，民国二十五年影印本。

清乾隆五年（1740）的苗乱是龙胜建置的转折点。由于不堪贪官污吏的残酷压榨，侗人吴金银、苗人张老金、壮人廖仕英领导各少数民族人民进行声势浩大的农民起义，后在清廷的重兵镇压下失败。清廷因此事不得不质疑之前的统治力度，认为“桑江距县城（义宁）一百七十里，抚约苗瑶鞭长莫及，原设之桑江巡检司未足以资弹压”[①]，遂于乾隆六年撤桑江巡检司，为夸耀其“龙战胜苗”的战绩，设龙胜厅，直属桂林府，“龙胜”这一名称才沿袭下来。朝廷派文员“理苗通判”（知县职）驻辖统理政务，设武员副将、都司、守备各一员，并建龙胜、广南两座石城。杨维清于乾隆八年撰写的《龙胜理苗厅新建桑江工程碑记》清楚地表明了清廷建龙胜厅的目的：“桑江，万山环峙，五水分流，向隶义宁，为桂林西北藩蔽。乾隆五年夏，苗瑶梗化，耆定武功，仰荷皇仁宪德，不忍弃此方民，乃置协营，以资捍卫，设理苗以司教养，建城筑堡，伐木开山，工至钜也。”[②]龙胜正式被纳入中央王朝的版图，目的是对“彪悍”的苗人边民进行教化：“新疆初辟，土瘠民贫，何以登之康；礼教未贤，何以沐之诗书；俗彪悍而民易走险，何以使之涤滤洗心，以共济于道同风之盛。”[③]

民国元年，龙胜厅改为龙胜县，属桂林府。解放后名称不变，属桂林专区。1951 年 7 月，以费孝通先生为团长的中央访问团到达龙胜进行少数民族区域自治试点调查工作，决定在龙胜实行民族区域自治制度，改称龙胜各族联合自治区（县级），1956 年改为龙胜各族自治县，成为中南地区第一个成立的民族自治县。此后，边境区域和行政区划曾多次更改，现辖 11 个乡镇。

① [清] 周诚之：《龙胜厅志》，道光丙午子古堂藏版，民国二十五年影印本。

② 黄钰辑点：《瑶族石刻录》，昆明：云南民族出版社，1993，第 355 页。

③ 同上。

三、民族构成与红瑶概况

龙胜县的主体民族为汉、苗、瑶、侗和壮族，少数民族占总人口的 75% 以上。据最近的人口资料显示，全县总人口为 172112 人，其中苗族 27063 人，瑶族 30524 人，侗族 48296 人，壮族 32681 人。[①] 各民族分布的特征是大聚居小杂居，汉族主要居住在城镇和农村的平坝，侗、壮族住水边或半山腰，苗、瑶族则大多生活在大山深处。苗族主要聚居龙胜北部的马堤乡和伟江乡，瑶族分布在东部的和平乡、泗水乡、江底乡、马堤乡以及南部的三门乡，侗族主要分布在平等乡和乐江乡，壮族（北壮）聚居和平乡龙脊、泗水乡等地。

红瑶，因妇女传统服饰颜色以红色为主而得名，主要分布在湘桂黔接壤地带的近 20 个县的山区，以及越南北部河江省北光县的新郑、新立、燕平，宣光省沾化县的灵辅、右产、北产、红广，安山县的中山等乡。据 1998 年统计，有 5.8 万余人。其语言分为巴哼、唔奈、优诺和汉语平话四种，操巴哼、唔奈方言的红瑶习俗相近，与说优诺语和平话方言的红瑶之间有较大的差别。操巴哼语的红瑶分布在广西柳州市融水苗族自治县的白云、大浪、滚贝、洞头，三江侗族自治县的文界、老堡、同乐，贵州省黎平县的滚董、顺化，从江县的高忙等地，共有 2.66 万人；操唔奈语的红瑶分布在湖南省隆回县、辰溪县、溆浦县、新宁县、绥宁县、城步苗族自治县和通道侗族自治县，与花瑶的语言相同，共有 1.75 万余人；说优诺语和汉语平话的红瑶分布在广西龙胜县的泗水、和平、马堤和江底乡，兴安县的溶江镇新文村和灵川县蓝田瑶族乡两河村等地。[②]

---

① 龙胜县民族局文件，《2012 年民族人口调查表》，2012 年 8 月。

② 毛宗武、李云兵：《优诺语研究》，北京：民族出版社，2007。对红瑶分布和语言的分类参考了书中对红瑶概况的描述，并根据笔者了解到的情况做出补充。

鉴于红瑶内部分支的复杂性，在此需要对本书所指的“红瑶”范畴做出说明和界定。通过查阅文献和对龙胜县红瑶、花瑶和三江县红瑶的实地调查，从语言、服饰、习俗、姓氏等方面看，笔者发现各地说巴哼语的红瑶实际上与龙胜境内说唔奈语的花瑶更为相近，均有“狗瑶”、“八姓瑶”之称。1950年代对龙胜三门乡同列花瑶的调查报告中有记载：“他们的名称，一般自称花瑶，也有的自称八姓瑶，当地汉、壮族称之为狗瑶。关于自称的来由，前者，因当地瑶族妇女历来都穿着织满各种花纹图案的衣服，后者，因他们的祖先原来只有陈、凤、碗、蒲、丁共八姓，因而得名。”[①] 三江县的红瑶“又名狗头瑶，即旧志所谓流瑶，相传皆盘瓠之遗裔，由三楚而移入两粤也。男子肤色略赤紫，女不戴帽不裹巾，以银梳绾髻于额上，所穿对襟衣，以五色碎布镶成，花样陆离，衣服颇似戏台武士之披甲，耳坠大环二三对，与盘瑶女略同。”[②] 龙胜县的红瑶与柳州、贵州和湖南各地的红瑶并不属于同一个支系，名同而属异，为了不产生认识上的误解，本书的“红瑶”只限于说优诺语和优念话（平话）的龙胜红瑶支系。

龙胜县的瑶族分红瑶、盘瑶和花瑶三个支系。红瑶和盘瑶杂居于和平乡、江底乡和泗水乡等地，花瑶人数较少，主要分布在三门乡的同列、大罗，平等乡盘胖等村，江底乡李江村有少部分。据1999年统计，红瑶人口为13000多人，占全县瑶族人口的58%[③]，大部分居住在东南方向的越城岭支脉、海拔高达1916米的龙胜第二高峰，俗称“福平包”（山峰）周边森林密布的山腰上，少部分居住在泗水乡桑江两岸平坦的山谷间。红瑶俗语有云：“汉在平阳，瑶在山头”，红

① 广西壮族自治区编辑组编：《广西瑶族社会历史调查（第四册）》，南宁：广西民族出版社，1986，第356页。

② 廖蔚文纂修：《三江县志》，南宁：广西图书馆藏书，民国三十五年，第38页。

③ 龙胜各族自治县民族局编：《龙胜红瑶》，南宁：广西民族出版社，2002，第4页。

瑶与其他瑶族支系一样也是一个典型的山地族群。龙胜红瑶因语言差异又分为山话（优诺语）红瑶和平话红瑶，习俗稍异。优诺语属汉藏语系苗瑶语族苗语支，操山话的红瑶自称“优诺”，分布在和平乡金坑、黄洛，泗水乡的里骆等村寨，5800多人。另一支红瑶自称“优诺”，使用结合了山话和汉语方言平话的优诺语，包括泗水乡和本书的田野点江底乡建新村矮寨，7200多人。大部分山话红瑶都能说平话，而平话红瑶能完全掌握复杂难懂的山话之人却较少，因此彼此间的交流多数依靠平话或官话（桂林话）来进行。

“红瑶”一名最早可见于清朝地方志。清《柳州府志》卷三十有：“融县，瑶壮甚多，有壮村、瑶村，或分地而居，或彼此相错。瑶有红、黑、白三种。”[①] 这里所说的是柳州市融水县和融安县的巴哼红瑶。民国时期，《岭表纪蛮》第一章《诸蛮种属及其南移之大势》云：“其（瑶）族之称繁多，大别之可分三种，曰顶板瑶，曰红瑶，曰狗头瑶。红瑶以周、钟、蓝、韦、唐、雷诸姓为多。”[②] 这里的红瑶也不是龙胜红瑶，从姓氏区别就可以看出，龙胜红瑶姓氏有杨、潘、粟、余、王、陈、蒙、侯、李、龙、韦等。

龙胜“红瑶”这一称谓经历了历史演变的过程。地方志《龙胜厅志》中区分了苗、瑶、侗、壮、伶人，但没有提及“红瑶”之名：“龙胜，一名桑江，其人为苗、为猺、为狑、为獞、为侗，错处杂居，言语不通，语言异制，历代皆羁縻之，刑政所不及。”[③] 或将各少数民族统称为“蛮”：“白面砦在县西，为诸蛮啸聚处。”[④] 白面在泗水乡周家村，居住着龙姓红瑶人。从能查阅到的文献看，何时以“红瑶”指称

---

① [清] 王锦、吴光升纂：《柳州府志·卷三十·瑶壮》，北京：北京图书馆油印本，1956。

② 刘锡蕃：《岭表纪蛮》，台北：南天书局，1988，第2页。

③ [清] 周诚之：《龙胜厅志》，民国二十五年影印本，道光丙午子古堂藏版。

④ 同上书，《龙胜厅志·关隘》。

龙胜的瑶族优诺和优诺支系已不可确考，但大致可推测在清末至民国初年。二十世纪三十年代，时任广西省政府秘书长的杨煊在《广西风俗概述》一文的“蛮族”部分介绍了“红瑶”这一名称的来源：“龙胜蛮族亦多，一曰盘瑶……一曰红瑶，妇女留长发，以银梳绾髻于顶，耳戴垂肩之大银圈，上穿自织红绒线布之半长对襟衣，袖狭窄，长不及腕。胸前挂银牌，敞襟露乳以示炫丽。下穿五彩折叠短裙，长仅及膝，红色较多，故有红瑶之称。”[①] 现今龙胜红瑶的身体和服饰特征与文中所述相符。成书于1947年的《民国龙胜县志》在介绍龙胜县各大山脉部分，明确提到了红瑶聚居的潘内村和孟山寨：“孟山位于县城之东，距县城五十华里，山势甚高，山之腰悉为红猺族结寨而居。猺山悉为红猺族结寨而居之最高山也，位于泗水乡潘内村所属，距县城五十华里之遥。”[②] 1950年代，广西少数民族社会历史调查组对龙胜泗水乡潘内村和两金区（今龙胜县金坑和兴安县金石）红瑶进行了详细的调查，总结道：“解放前，由于千百年来封建压迫，历代统治者对少数民族采取歧视政策，故有猺民、猺老等的卑称。解放后才正式改称红瑶，统称瑶族。”报告中所述红瑶名称由来与杨煊相似：“据说瑶族迁徙经马堤时，见苗家女多着花裙，遂模仿她们。因喜红色，故称红‘猺’。”[③]

关于瑶族的族源问题，众说纷纭。大概分为几类：一是“长沙、武陵蛮”说，认为瑶族的原始居住地在湖南的湘江、资江、沅江流域和洞庭湖沿岸地区；二是“五溪蛮”说；三是“山越”说，认为山东青州、浙江会稽山（绍兴）和南京十宝殿是主源地；四是多源说，认为瑶族

① 杨煊：《广西风俗概述》，《广西政府公报》，1934年第8期。

② 彭怀谦：《民国龙胜县志》（手抄本），潘鸿祥编定（龙胜县档案馆内部资料），2009，第7页。

③ 宋兆林等调查编写：《龙胜各族自治县潘内村瑶族社会历史调查》，载广西壮族自治区编辑组编：《广西瑶族社会历史调查（第四册）》，南宁：广西民族出版社，1986，第181—224页。

来源中既有“长沙、武陵蛮”的成分，又有“山越”；五是“尤人”说，认为盘瓠是以尤人为主干的部落联盟，莫瑶是尤人的后代。近年来学界对瑶族族源逐渐达成共识，承认多元说。关于红瑶的族源有两种观点，一种认为“瑶族先民最初为古代‘尤’人，‘尤’为瑶族先民自称，也是今人自称。今龙胜红瑶操平话自称‘优诺’，操山话的自称‘优诺’。上述说明，红瑶是古代‘尤’人之一支。”[①] 另一种认为“红瑶的族属渊源，和南北朝时期的莫瑶蛮有着密切的关系。红瑶是一个以莫瑶蛮为主体，吸收其他民族成分相互融合演变而成的一个共同体”[②]。两个观点其实是一致的，莫瑶与尤人本身就有一脉相承的关系。

因为缺乏历史文献的记载，我们无法对红瑶先民活动的范围、迁徙路线和迁入龙胜的时间做出准确的回溯，只能从民间口传资料中获知红瑶对迁徙过程的历史记忆。红瑶地区各姓氏广泛传唱的《大公爷》、《过山文》、《迁徙歌》虽然内容上有细微差异，由于年代久远和瑶汉语翻译等问题有纰漏和自相矛盾的地方，但对红瑶先民迁徙的原因和路线的描述基本上是相同的。金坑旧屋中禄《讲公爷》、黄洛《迁徙歌》、泗水孟山《大公爷》、潘内粟姓《迁徙口碑》等迁徙歌中描述了相似的故事情节：

> 红瑶公爷（祖先）出身山东青州大巷，大婆小婆各生养了六个兄弟，人多嘴杂，生活不得安宁。兵荒马乱逼得他们背井离乡逃难谋生。合家商议好半夜煮饭吃，鸡啼出门，以牛角号声为准。大公铜锅煮饭快，小公用木甑蒸饭慢，延误了时辰。大婆带领六兄弟先出发，并约好到岔路口打矛标指

① 龙胜各族自治县民族局编：《龙胜红瑶》，南宁：广西民族出版社，2002，第 2 页。

② 粟卫宏等：《红瑶历史与文化》，北京：民族出版社，2008，第 12 页。

示去向，可没想到被野猪拱乱了，指向了另一个方向，从此十二兄弟迷途失散。歌中都称是后六兄弟的后代，他们经历了千辛万苦才辗转来到龙胜。

如金坑小寨山话红瑶潘姓《过山文》云：

你公我公不把哪处出身，同把青州大巷出生……难得安身落处，天上明月一对，地下牛角一双。十二公头开枝散叫，各走分离找处，便把牛角分开一对，大的要左，小的要右，渡过江河前的六兄弟，铜锅煮饭快，半夜吃饭，鸡啼出门，十字路口打个茅标。茅标向上，后来六公寻上；茅标向下，后来六公寻下。后的六公笨，破甑蒸饭慢，鸡啼吃饭，寅卯二时出门，打断头声喇叭起床穿衣，二声喇叭梳头洗面，三声喇叭起脚行前。因为真因为，因为有了山中大脚野猪，半夜五更过路挨了标，标头向上，六公寻上，得了长衣领、短衣、帽子底，标头为凭各自向，走土寻地，金喇叭银喇叭，十字路头分上下。第一公头无落哪处，落在湖南大洲；第二公头无落哪处，落在春江六洞；第三公头无落哪处，落在溶江六部；第四公头无落哪处，落在蕉岭；第五公头无落哪处，落在草岭大断；第六公头……落在官衙大木，平车双洞，流落龙胜江口则水寨……①

《迁徙歌》中一致提到了红瑶祖居“山东青州大巷”，因为战乱往南逃难，途中漂洋过海，渡江渡河。其中所述地名大多无法考证，尤其

① 详见附录三。

是从山东往南漂洋过海只是一段模糊的记忆，只对从湖南进入广西到龙胜路线的记忆比较清晰，提及的地名部分可与现今地名对应。大部分红瑶都说是从湖南经桂林兴安县、临桂县迁至龙胜，上述金坑小寨潘姓与大寨潘姓同宗，从山东途经湖南大洲——春江六洞（在兴安县，上通湖广，下通桂林）——溶江六部（兴安县溶江）——桂林五通宛田庙坪（临桂县）——官衙大木（龙胜和平乡）——龙脊平段、黄洛界底（龙脊）——翁江（金坑）——大寨白竹坪——小寨。泗水乡潘内村粟姓红瑶祖先途经湖广大洲、源头、春江六洞到达龙胜伟江乡，再经矮寨、白面、黄平到潘内。泗水孟山余姓“盖谓吾祖木本永源系青州大巷，移居龙胜东区孟山寨。”[①] 也是从青州——义宁宛田（临桂县）——官衙大木——龙胜滩头——矮寨——周家(泗水)——孟山。[②]

红瑶迁入龙胜县的具体年代已不可考，宋人范成大《桂海虞衡志·志蛮》:“瑶本槃瓠之后，其地山溪高深，介于巴蜀、湖广间。然瑶之属桂林者，兴安、灵川、临桂、义宁、古县诸邑，皆迫近山瑶。最强者曰罗曼瑶、麻园瑶。其余如黄沙、甲石、岭屯、褒江……白面、滩头、丹江……等瑶，不可胜数。”[③] 当时龙胜归义宁县管辖，白面是龙胜泗水乡的一个古老的村寨地名，历来居住着由湖南迁来的龙姓红瑶人。由此看来，红瑶先民最早应在宋代以前已迁居龙胜。从红瑶由湖南经兴安溶江至龙胜，或经临桂县宛田乡至龙胜的历史记忆中，以及湘桂通道的地理特征可以推知，红瑶“进入桂北的路线应是溯湘江而上，过灵渠、下漓水后，有的在兴安县溶江镇沿小溶江而上进入金坑。（小溶江是漓江的支流，发源于越城岭西南麓的资源县两水苗族

① 孟山寨余龙金墓碑，立于光绪三十四年十一月二十二日。

② 红瑶各姓氏迁徙路线口碑资料参见龙胜县政协退休干部李粟坤收集，《红瑶大公爷选编》，1992，未刊稿。

③ [宋]范成大撰，严沛校注:《桂海虞衡志校注》，南宁：广西人民出版社，1986，第154—155页。

乡，在溶江镇河口村注入漓江。)有的则继续南行，经临桂进入龙胜。”[1]红瑶迁徙的路线不仅有瑶族“过了一山又一山”的特点，沿江河迁徙也是非常显著的一个特征，《过山文》中也提到，红瑶先祖“难得安身在处，抛土离地，走土离乡，抛田抛地抛山抛乡，后代子孙千万不抛江。留江念乡，留水念土”。

红瑶从兴安进入龙胜以后，沿矮岭河一路往北迁至泗水乡桑江沿岸和和平乡境内，并以福平包高峰为中心分布，如《迁徙歌》中所述的春江大洞、矮寨、江底、周家、白面、黄坪、潘内、金坑一线。本文田野点矮寨的古道就起到两省通衢的作用，自古以来为通往兴安县与龙胜县的必经之路。立于寨门旁的清道光十五年六月的功德碑《万石流传》记：“窃惟重善同得历来修红岩桥，渡石双遭滂沱毁败。□□此路崎岖艰行，人至此插翅难飞，伴首会议众助惟助金修庄□□，上通兴邑，下通龙胜，仰止下人□□”。矮寨人说这条路在解放前是很热闹的，是灵川县、兴安县与龙胜县互通的近道，只是后来四处公路修通，古道就冷清下来了。

第二节　矮寨红瑶的生计与社会

一、地理背景

矮寨隶属的江底乡位于龙胜县东北部，因干流桑江和贝子溪在境内交汇而得名。距县城38公里，坐班车需要两个小时，途经泗水乡。省道、三县联网公路穿乡而过，行政区域251.2平方公里，辖8个行

[1] 粟卫宏等著：《红瑶历史与文化》，北京：民族出版社，2008，第24页。

政村，109 个村民小组，总人口 8884 人，居住分散。境内居民以汉族和瑶族为主，其中瑶族包括盘瑶、红瑶和花瑶三个支系，占全乡人口的 38.4%。该乡“山高水陡，地无三尺平，一上到云天，一下到河边，两山能见面，相会要半天”①。地形险峻，基础设施较为薄弱，公路通车率只有 45%，是一个“九山半水半分田”的山乡，人均耕地面积只有 1.95 亩。因此大力发展林业，全乡森林覆盖率达 89.5%，是珠江源头水源林保护区，和猫儿山自然保护区相邻。当地政府因地制宜，结合江底的特殊情况，提出“长抓木（杉木）、中抓竹（毛竹）、短抓花果（金银花、淡季水果）和畜牧（土鸡、菜牛），突出水电和旅游”的经济发展路子，取得了一定成效。②

独特的地理位置、生态环境和人文条件造就了龙胜县丰富的旅游资源。龙胜县从 1983 年开始正式开发旅游，1992 年开始实施旅游扶贫政策，“以旅促农、以旅助农、旅游立县”，开发了六大景区和三十几个景点，成功打造了三大品牌：温泉休闲度假游、民俗风情和民族文化体验游、龙脊梯田农耕文化游。2002 年，龙胜被评为广西优秀旅游县，2006 年被评为中国文化旅游大县，2007 年又获中国生态旅游大县的殊荣。③距离江底乡圩场 5 公里的龙胜温泉是龙胜县于 1983 年最早开发的旅游景点，如今已经带动了周边的森林公园、岩门峡漂流、白面、细门红瑶寨等景点的开发。温泉因建在矮岭河口而命名为矮寨温泉，后改为龙胜温泉。矮岭河源于才喜界西麓，由花岩河、三江坪河和横江河汇合而成，北流经建新村的黄家寨、黄毛坪、矮寨，泥塘村黄泥坳、大山口，于矮岭河口注入桑江，全长 15 公里，河面窄陡、滩多水急。走进景区的大门，一路溯山溪而上，峰回路转，便可看见

① 龙胜县民族事务委员会：《江底乡瑶族地区现状调查报告》，1989 年 6 月 24 日。

② 数据来源于江底乡政府：《江底乡 2007 年工作总结》，2007 年 12 月。

③ 龙胜县旅游局：《龙胜旅游发展情况汇报》，2008 年 10 月。

掩映在树丛中石壁上遒劲有力的“龙胜温泉”字样。从龙胜温泉对面的小路沿矮岭河往南进山，直线距离 8 公里，但山路蜿蜒，徒步需两个多小时才能到达矮寨。

在温泉开发之前，矮寨人并不是从现在的路进出，而是从半山腰翻山越岭走三四个小时的山间古道，经如今建温泉景区的地方出山。温泉开发后，在矮岭河对岸修建了一条沿河水泥路，绕道而行。矮寨人常年四季徒步从江底乡圩场背回生活用品、农具、化肥等，全凭人力，异常劳累。2005 年，三县联网公路江九公路（江底乡九江组至灵川县九屋镇）开始修建，途经九江、大山口、黄泥坳、矮寨，南上再经黄家寨等地。平台已打通，但因资金问题，近两年一直没有再动工。人们不再走山间古道，改走山谷间尚未成形的公路，倒是方便了不少。但筑好的平台年久失修，长满了杂草，加上大雨、涨水至崩塌的破坏，已变得窄而险，大型车辆无法通行，唯一的交通工具是摩托车。下雨天非常危险，泥泞的路面让技高胆大的年轻人也望而生畏，尤其是从温泉经大山口上山的那一段村民自建的小水泥路，弯多路窄，仅够一人通行，悬崖峭壁下就是湍急的河水，存在很大的安全隐患。在我调查期间寨子里就已经有三例骑摩托车摔下悬崖的事故，幸而没有车毁人亡。我也在 2008 年 9 月摔伤腿之后就谈摩托车色变了，进出山都选择步行。村民时常向我抱怨交通不便，他们对这条连通山内与山外的公路寄予了很大的期望。可喜的是，2010 年夏，当我完成博士学业后回访矮寨时，沙石公路已可供班车通行了。

1959 年之前，矮寨地区属桂林市兴安县境。1953 年，兴安县成立两金瑶族自治区（包括金坑和金石），矮寨称大队。1958 年实行人民公社化，两金区改为两金公社。1959 年 6 月 20 日，两金公社的矮寨大队划归龙胜县，并入江底公社。1969 年江底公社 12 个大队调整为 6 个，矮寨调入建新大队。1984 年，政社分开，全县设八乡一镇，江底公社改为乡，辖江底、泥塘、建新等8个村民委员会，至今无变动。矮寨隶属于东南部的建新村，是该乡唯一的红瑶聚居地，周围都是汉族与盘瑶，并且相距都比较遥远。建新村有15个村民小组，除闭江、半河、岩山底和横江组以汉族（灵川人、新化人）居多，其他几个小组都是盘瑶。建新村的其他几个村寨江门口、白腊坪、老屋、洪水洞（海拔分别为864.5、874.5、881.3和854.8米[①]）分布在矮寨东南方向的山岭上，大约走10到15里之间。往西南方向走12里可以到达黄毛坪，再往西南方5里是黄家寨。往北通往温泉和江底乡的路上会经过两个汉族新化人村寨，黄泥坳和大山口，相距大约8公里。从矮寨后山往西翻下山可以到达只有7户人的横江组(海拔774.5米)，相隔5里，是离矮寨最近的村寨。

红瑶集中聚居在龙胜第二高峰，海拔1916米的“福平包”下，往往大片村寨相连。但矮寨却是一个在红瑶聚居地“大本营”之外的村寨，用村民的话说是“单门独户”。往西南方向走四五个小时，翻过高高的福平包，才可以到达海拔1100米左右的和平乡金坑，附近四个行政村都是说山话的红瑶人。往西北方向走4个小时，同样是翻过福平包，才可以到达泗水乡孟山村，一个有100多户人家的说平话的红瑶村寨。走路到最近的红瑶村寨泗水乡白面、周家等寨要先出山到温泉再走路或坐车，过去也需3个多小时。温泉到龙胜县城的公路通了以后，原来的老路渐渐荒芜，村民一般都选择走到温泉搭车，到孟山只需要大半个小时，而到金坑却转了一个大圈，需要先到龙胜县城再转车，也要辗转3个多小时。蔽于群山中，直至今日，矮寨能接收到的手机信号也十分微弱。电视是人们了解山外世界的主要媒介，俗

① 广西壮族自治区国土局：矮寨6—49—77—28，广西壮族自治区 桂林地区 龙胜各族自治县，1985年7月调绘，1988年出版。1954年北京坐标系，1956年黄海高程系，等高距为5米。1974年版图式。

称“大锅盖”的电视信号接收器的进入为红瑶人增添了新的娱乐方式。

矮寨坐落于矮岭河边南北走向的一个狭长的山沟里(海拔473.4米至648.7米)。老寨子建在半山腰上，坐西向东，对门山（对面的山）近而高，真可谓开门见山。南北面河流的转弯处各有一座横向的小山峦：新坳和老寨包。四面环山，正好形成了一个环抱形的狭窄山谷和相对封闭的地理空间。矮岭河将村寨一分为二，河上架起木板桥通往山上的老寨。沿河边拾级而上，清一色的铺就石板路，妇女儿童都喜赤脚行走。因山高路陡，红瑶长期以来养成了肩挑背负的习惯，背篓和箩筐是主要的运输工具，崎岖的山路上随处可见用背篓背柴禾和猪菜的妇女。

走到老寨子脚下的岔路口是老寨门所在地，如今只剩两块竖立的寨门石。岔路口往上进矮寨，往右经过寨门桥通往温泉，即前文提到的上通兴安县，下通龙胜县城方向的古道。寨门周围有大片古树，分杉树和椎树两种，都有百年以上的历史，最大的需三人环抱。矮寨人把它们当作寨子的风水树和守护神，任何人不能砍伐，上面掉下的枯枝也不能捡回。这是所有红瑶寨的共同特征，在寨脚都有一片风水林。先迁入矮寨的王姓家族住寨尾，后来的杨姓家族住寨头，房屋多为整齐的全木质干栏式长门楼。

从2006年开始，住在老寨上的部分村民陆续搬到地势平坦（海拔437.7米）的山脚下修建新房，原因是老寨房屋太密集不利于防火，且适逢遭遇山体滑坡的自然灾害后得到了广西“易地搬迁”的扶贫政策[①]的支持。老寨后山上有一处不稳定的斜坡，平面呈簸箕形，长约200米，2000年冬天斜坡开始发生小裂缝，2001年逐渐扩大，村民

① 一种扶贫开发项目，是政府为解决生产生活条件极其恶劣地区的贫困问题采取的特殊措施。通过采取适当补助和政策保障等措施，把居住在自然条件恶劣地区的农户进行搬迁，解决其生存发展问题。

进行了补填，原来水田也改种了芋头。但2006年5月过量降雨，山洪爆发导致小型山体滑坡，有3户人家房屋严重受损。龙胜自2005年以来被确立为实施国家“易地扶贫”搬迁工程县，经过广西地质灾害防治工程勘察设计院的实地考察，评估矮寨滑坡危险性级别为三级，再加上矮寨闭塞落后，人均收入低于1970元的贫困事实，2006年8月被确定为易地扶贫集中搬迁点。建设项目划定在矮岭河边的平地，与老寨子隔河相望，占地约16000平方米，总投资1000万元左右。凡是有意愿的农户都可提出申请，政府按户头每人补助2000元，目前已搬迁54户，由此形成新的矮寨村落格局。项目配套设施还包括人畜饮水工程，在搬迁点后山上引山泉水修建消防池，河边的住户都用上了自来水。

搬下来之后，新的问题又出现了，村民们并不能完全按照规划的地方建房，因为调配土地是一个非常复杂的问题。从地图中可以看到，新搬迁下来的房屋都是见缝插针而建，布局比较凌乱，甚至连朝向也难以统一，很大程度上影响了原有的和谐自然景观，并且造成了河边的再度拥挤。对此，村民们有所认识和忧虑，2009年政府还有异地搬迁的名额，老寨上剩下的三十多户却都不愿意再往下搬。政府于是采取了折中的扶贫办法，在原地拆房重建或翻修房屋的也可以申请资金。由于房屋的大量拆建或翻修，矮寨古老的干栏建筑样式正在逐渐改变，新修的房屋都在原有基础上加高加宽了。

二、生计方式与年度生活周期

（一）生计方式

矮寨总面积为13559亩，耕地面积为348亩，其中水田和旱地各

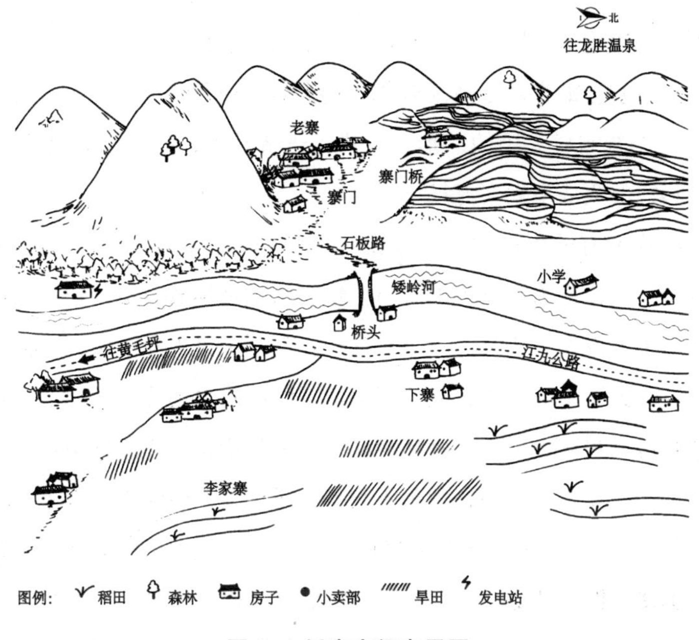

图 2-1 矮寨空间布局图

约占一半。林地面积为13211亩，其中12711亩为公益生态林，不能砍伐，每年每亩补助4.5元，平均每户人家每年可拿100多元。全寨可以自己支配的林地共500亩左右。[①] 林业是矮寨主要的经济来源，各家各户都有造林山，经常有专门的木材生意老板进山收杉木。以前村民往往将木材从矮岭河放排出去，顺流而下至温泉（俗称赶羊），但要受河流水位的限制，枯水期则不可行。江九公路平台挖通以后，逢天晴的日子可以用小货车从寨子南边的富江电站方向运出江底乡。每立方米木材的收购价在600元左右，收入还是比较可观的。矮寨人都说掌握杉木就是掌握了财富，前提是要有修山造林的恒心。但杉木

① 数据来源于建新村委会，桂林市2008年农、林、牧、渔业统计报表，桂统字[2008]50号。

的成材期至少要15年至20年之间，因此种杉树基本是为下一代造福，并不能解决生活贫困的根本问题，矮寨人对造林的兴趣一度不高。近两年在村委会的带动下情况有所改观，村里免费发放杉树苗，寨子里也制定了新的村规民约，禁止放耕牛进造林山，吃一棵树苗罚款15元，杉树的成活率大大提高。

红瑶现有的生产方式主要是梯田稻作和旱地农耕，历史上曾经历过狩猎采集和刀耕火种的游耕阶段，水稻种植系习自周边汉族或壮族。南宋范成大《桂海虞衡志》有云："瑶……以木叶覆屋，种禾、黍、粟、豆、山芋杂以为粮，截竹筒而炊。暇则猎食山兽以续食。然瑶之属桂林者，兴安、灵川、临桂、义宁、古县诸邑，皆迫近山瑶……山谷间稻田无几，天少雨，稑种不收，无所得食，则四出犯省地，求斗升以免死，久乃玩狎，虽丰岁犹剽掠。"[①]可见当时的桂北瑶人（包括红瑶）并不擅长种植水稻，主要以狩猎采集和开荒种杂粮为生。

迁徙口碑《过山文》也反映了红瑶在漫长的"过了一山又一山"的迁徙过程中学习稻作技术的艰辛：

> 猿猴置山，置出青山亩亩，有了山鹰百鸟，地下凡人劳碌。树头放绳，树尾放线，得了山鹰百鸟，拿回闹热风良[②]，风良闹热。乌鸦置岭，有了山扒（麂子）野马，独角野猪。地下凡人劳碌，装了南山大步（捕野兽的绳套、夹子），得了山扒野马，独角野猪。拿回台上摊，台下看……
>
> 因为真因为，因为田在高水在低，男人不愿装车架枧，女人不愿盘夫送担，抛乡离地，走土离乡。没落哪处，落在

① [宋]范成大撰，严佩校注：《桂海虞衡志校注》，南宁：广西人民出版社，1986，第153—155页。
② 风良，音译，热闹的意思。

河劳落矮（地名），得了长田十二丘（块）。壮是多，瑶是少。他公乖，我公笨。他公装刺进田进地，我公笨，穿鞋进田进地。做工日子少，制鞋日子多……随江上水，没落哪处，落在上翁江（金坑地名），下翁江，在那砍山吃粟，木皮盖屋。砍树头吃树尾，树烂三年吃菌子。东边砍（树林）块三千七百，西边砍块二万七千，遮人不过养人不肥……望进金坑大寨白竹坪，好个密密村好个密密洞，好个安身在处。在那有个上水跳下水养，大喊三声不应，小喊三声不听。五月五、二月二，进田进地，治出上扒塘下扒塘，上扒塘试粳，下扒塘试糯，上扒塘试粳得吃，下扒塘试糯得收。[①]

红瑶一度尝试学习外族的水稻种植技术，但却因为不愿意操作水车、架水枧，做出穿鞋进田的“笨”举动而作罢。迁入龙胜县之初仍坚持砍树开荒的刀耕火种生产方式，后来才逐步“试粳试糯”，垦荒开山，在崇山峻岭中开辟了大量的梯田用于种植水稻，这种传统的农耕生产模式才沿袭至今。刀耕火种的游耕方式也没有完全消失，现在仍留遗迹。1950 年代的红瑶社会历史调查报告中记载：“旱地分新地和陈地两种，新地即辟荆后新开的耕地，以草木燃灰为自然的肥力，刀耕火种，两三年后地力耗尽后即丢荒，另开新地。陈地是耕种多年的耕地，连年施肥，土质较好，但这种旱地不多。”[②] 矮寨红瑶人现在还习惯在收割稻谷后，将稻禾秆就地燃烧，用灰肥田。种杉树前也要先烧山。

梯田的开垦凝聚着瑶人试图改造自然，实现人与自然和谐的智

① 详见附录三。

②《龙胜各族自治县潘内村瑶族社会历史调查》，载广西壮族自治区编辑组：《广西瑶族社会历史调查（第四册）》，南宁：广西民族出版社，1986，第 184 页。

慧，既充分利用高山河谷发达的水系资源，又能结合山势最大限度地利用耕地维持生存。田水来自高山密林中的山水，一般是春雨积蓄而成，但源头都较远。农历三月，水田相邻的人家要共同去高山挖水渠引水，不能挖的地方则用竹枧架水。看田水是经常的工作，疏通树叶等杂物，一直要看到七八月份。梯田的耕种需要更多的人力和时间，引水灌田，撒种、插秧、薅田、收割和搬运等一系列工序均需人工完成。高山上的梯田大多陡峭狭窄，有的仅够种一两排稻谷，只能用人犁锄耕，唯有接近河谷地势较为平坦的地方才能用牛犁耕。因为地处寒冷的山地，一年仅种一季水稻，端午节前后插秧，10 月份左右收割，粳米占多数，兼种少量糯禾酿酒做糍粑。由于人多田少，偏远闭塞，充其量能自给自足，远不能满足生活用品和其他开支的需求，瑶民们尚过着艰苦的贫困生活。江底乡政府 2008 年统计资料表明，矮寨人年平均收入为 1700 元，低于建新村人年平均收入 1970 元，是全村最贫穷的寨子。[①]

除了种水稻，梯田的间隙和寨前屋后还余少量旱地，种植玉米、红薯、芋头、芭蕉和白菜、辣椒、黄瓜、苦瓜、豆角等蔬菜，用于人食和喂养家畜。家家户户都圈养一到两头猪，过年时全部制成腊肉供第二年食用。鸡鸭是常见的家禽，可自食或拿到集市上换取生活物品。矮寨人都说现在人吃白米饭和蔬菜是没有问题了，养猪反倒成了难事。一头猪一天至少消耗半斤左右大米[②]，相当于一个人的口粮，每天满山爬找猪菜更是个苦活路[③]。喂猪的红薯 10 月份才挖，因此一年中有大半年人们是要到处去找猪菜的。猪菜一般都生长在旱地里，而矮寨周围都是森林，偌大的寨子需求量又大，经常要到很远的地方才能

① 江底乡人民政府，温泉景区周边村屯基本情况，2008 年 8 月 16 日。

② 矮寨人习惯在煮猪食时加入一筒米，认为这样养出来的猪长得快且肉质紧实。

③ 活路，事情、活计、劳作的意思，系平话和桂林话的说法。

找回一背篓。找猪菜是妇女们每天重复而艰苦的劳动，这就是为什么在农闲时还是觉得忙得坐不下来的原因。

传统的经济成分还包括狩猎采集，下河捞鱼、上山打猎、采集野果野菜等，但都以自我消费为主。“走山人”（猎人）闲暇去森林里捕鸟、兔等小动物和采野菌、灵芝、野蜂蜜等，俗称“走山”（或赶山），可出售给龙胜温泉周边的旅游饭店。农闲时节，一些有技艺的人可另挣少许钱贴补家用。木工是红瑶地区最多的一种手艺人，一般男性都会简单的木工活，技术娴熟者被尊为“木匠师傅”，为寨上和周边村寨人家建房和装修房屋，大概50元一天；另有桶匠和篾匠，打制木桶和编织背篓、簸箕等，主家出材料，一天工钱10元左右；改革开放以来，更多的年轻人选择外出打工，主要到龙胜、桂林、湖南和广东深圳等地，寨子里平日基本上见不到20至30岁左右的年轻人，他们一般只在过年时才回家团聚。中年男性大部分也会在10月份收完稻谷之后，到龙胜县城和附近的临桂县和兴安县打零工，做泥水建筑和打制家具等“活路”。

矮寨红瑶人的食制为一日三餐，进餐时间比城市稍晚，早上9到10点，中午2到3点，晚上8到9点。以大米为主食，辅以红薯、芋头和玉米，蔬菜有白菜、芹菜、冬瓜、南瓜、萝卜、韭菜、豆角、茄子、竹笋等。嗜食辣椒，味偏咸重。平日多吃素食，年节方有肉食。因离集市太远，新鲜肉难买，过年杀猪腌制熏干成腊肉保存一年，用以农忙时节自家食用或待客。矮岭河河水清澈，一般流量不大，大人小孩都喜欢闲暇时捞些小河鱼打打牙祭。小孩的抓鱼设备较多，有“捞绞”、鱼枪和潜水镜，能刺到藏在石头底下的“巴石鱼”。最热闹的是多人参加的捕鱼活动“闹河”：先用河中大石块筑起一排小坝（设叉）分开水流，留出一块浅水区，然后撒入适量石灰，小鱼纷纷浮出水面，众人不费吹灰之力地用捞绞捕获猎物，装入绑在腰上的瓶状鱼篓中。拿回家后放在一竹制的筛子里挂在火塘上熏干，食用时佐以辣椒爆炒，口感香辣，是矮寨一大风味食品。红瑶人跟南方许多少数民族一样有着喜食糯米的传统，每逢节日、喜事，人们习惯用碓舂打糍粑，蘸白糖食用，或蒸五色糯米饭，都为年节送礼佳品。男子性嗜饮酒，妇女都懂得酿酒的工艺，常年自酿酒备用。有米酒和红薯酒两种，以九月九重阳节酿的酒最为香醇，度数不高但后劲足，初去瑶寨的人往往在不知不觉中醉倒。

"打油茶"是最盛行的一种饮俗和社会交往的重要方式，红瑶人一年四季喜喝油茶，饭前都有先喝油茶的习惯，有客人到访也必以油茶热情待之。先将米花[①]、玉米、花生、炒米等佐料用茶油炒熟盛起，再放适量土茶叶入锅中小炒片刻，依个人爱好加入姜、葱、蒜、山胡椒、辣椒等调料，待茶香味扑鼻时加水烧开即可。喝油茶时泡入米花等佐料，茶叶的甘苦加上其香脆，口感醇厚丰富，风味独特。常饮油茶可祛风消食，除瘴防病，不失为瑶民应对山区高寒瘴气的一种饮食疗法，久之成习。过去人们要去离寨子约一公里远的水井挑水，辛苦和耗时不说，挑回家也荡得只剩大半桶了，如今已经用塑料管将水引回家中。1980 年通电后，稻谷脱壳就不再用水碓，家家都备电动打米机，寨上仅剩的几个碓长久闲置。

（二）年度生活周期、节庆与仪式

矮寨人习惯于用农历记日，对公历没有什么概念，尤其是对于老一辈没有文化的人来说。他们按照农历日期和节气来安排农事生产，以及基于农事的节庆和仪式活动。具体见表 2-1：

① 将糯米蒸熟后晒干制成。

表 2-1　年度生活周期表

月份	劳作分工		节日	活动
	男	女		
正月	农闲 走家（串门） 打牌、喝酒	农闲 走家、打油茶、绣花	春节 元宵节	拜年、耍龙灯、唱彩调
二月	挖地	买猪崽养新猪	二月二 春分 春社	吃丰盛的早餐下地干活，一年劳作的开始 忌风节，禁一切响动，农事停工 春分后的第三天，全寨人杀猪祭社（春祭）
三月	挖地除草、犁田、种玉米	种玉米、种南瓜、黄瓜、豆角、辣椒等蔬菜	三月三 清明节	龙胜歌会、交友 扫墓挂青，清明会
四月	引田水、耙田、撒秧苗	菜地管理：施肥、除草、除虫、种花生	四月八 牛王节	蒸五色糯饭喂牛
五月	插秧、种红薯、挑粪肥田	种红薯、种菜、放牛	五月初四 端午节	杨姓的大节，包粽子、祭祖、宴请寨上王姓亲戚
六月	收玉米、杀虫、看田水、薅秧、田间管理	收玉米、种黄豆、红薯地除草、背柴火、放牛	六月六 夏社	晒衣节、小把爷节、江底乡会期 月内择吉日祭社
七月	田间管理、收玉米、割草喂牛	牵牛回家圈养、收花生、种青菜、背柴火	七月十二 七月半鬼节	王姓的大节，请师公逐家祭祖祭鬼，做五色糯饭和糍粑宴客；杨姓过七月十四，包五个三角粽祭祖
八月	收稻谷、晒稻谷、割草喂牛	收稻谷、晒稻谷收辣椒、板栗、种蒜	中秋节 秋分 秋社	舂糍粑、吃团圆饭、吃月饼赏月；忌风节，禁一切响动，农事停工；秋分后的第三天，全寨杀猪祭社
九月	收稻谷、挖红薯、割草喂牛	挖红薯、种葱、背柴火	九月九 重阳节	做重阳酒
十月	农闲， 多数出去打工	背柴火、 做衣裙、绣花		
十一月	农闲， 多数出去打工	同上		
十二月	农闲， 多数出去打工 下旬返回准备年货	背柴火、准备年货	小年 除夕	王姓二十六、杨姓二十七，杀猪、舂糍粑、供鬼 年夜饭、抬狗游寨赶秽、安龙

矮寨人的农事工作集中在农历三月到九月，以稻作生产为核心。种一季稻谷在山外平地种两季稻的汉人看来是比较轻松的，然而事实上矮寨人在下半年的农闲季节也不能绝对地清闲下来，因为“山头上人总有做不完的活路”。首先是地形的限制，引水、犁田和收割都耗时耗力，其次应对寒冷的气候需要背大量的柴火，还有养猪的困难。在农事劳作分工上面，男女之间没有决然的界限，大部分是配合进行。但矮寨妇女都认为自己要比男人们劳累得多，因为除了干田地里的活路，带孩子、做饭、养猪等家务事大多是由她们来完成的。如果说男人们会分担家务，找猪菜和背柴火却是他们绝对不会做的事情。与其他地方的山地农民一样，矮寨人过着日复一日的单调而艰苦的生活，节日和仪式在一定程度上成为缓解劳累和释放情感的方式。

矮寨红瑶人过的节日主要有春节、二月二、清明节、社节、端午节、六月六、七月半鬼节、中秋节等。春节是最重要的节日，其次是端午节和七月半鬼节，三个节日的共同点是都包含祭祖的内容。春节从腊月二十五到正月十五，喝酒“耍”的气氛则会一直延续到农历二三月。这几个月是红瑶人自认为一年中最幸福的时间段，男人们喝酒打牌，妇女们绣花做裙，笑言“吃正月，耍二月，坐空三四月”。从腊月二十五左右开始杀年猪，互相请亲朋吃“刨汤”[①]，将猪肉用盐腌好挂到火塘上炕成腊肉。腊月二十六（杨家过二十七）是王家的小年，也叫“供鬼节”，做 15 个粑粑祭家先[②]。点燃香火(堂屋的神龛)和家先桌上的油灯，一直到大年十五。除夕是忙碌的一天，

① 由新鲜的猪内脏如猪肝、猪肠、猪肺和猪血等煮成的汤。

② 家先是红瑶对祖先的称呼，并非指本家族所有逝去的先辈。成为家先需要具备一定的条件：有子女和在家中寿终正寝。但红瑶无盘瑶记载家先名字的“家先单”。

白天贴对联、红纸，祭园、供猪栏，喊鸡[①]，六七点钟吃年夜饭。吃完饭后妇女们做米花糖，用红糖、米花、芝麻、花生熬制压榨而成。后生们抬狗游寨，之后师公主持安龙仪式。12点师公作法封寨门屋门，不让牲畜乱叫，人们也不再串门。男主人守岁，为家先“供茶”，用枫木树在火塘烧火至天明。年初一清晨师公先放鞭炮“出辰”，将全寨人口的魂魄收好，三天内不能出寨走亲戚。接着其他人开始放，整个村寨鞭炮声轰鸣，持续十几分钟。家家户户赶早去水井买新水，挑柴（进财），小孩到处拜年换取红包和糖果。[②]成年人从初三开始相互拜年，聚在一起喝酒。龙灯从初三、初四开始耍到元宵节。彩调班子唱彩调[③]，但1990年代以来由于接班人跟不上，不再传唱。

端午节是矮寨杨姓的大节，提前在农历五月初四过。传说以前战争频繁，端午节来临恐敌人来袭，抢走财物，家先们不得已提前一天悄悄过了节，跑到山上藏匿起来，以免被抓去做苦力。后人为纪念先人的苦难，端午节也就改为五月初四这一天。人们在门上挂艾叶或万年青叶辟邪。包粽子、蒸五色糯米饭，准备丰盛的晚餐，请寨上的王姓亲戚和寨外的亲戚、老庚们来共度佳节。粽子分为两种：一种用于祭祖，包十个三角形白米粽供家先，分别放五个在香火台上和家先桌上。另外一种是方形的碱水粽，内包红豆、腊肉、花生、板栗等馅料，用于款待宾客。

七月半鬼节是王姓的大节，“一年有个七月半，不得天地也得香”。

① 祭园即祭菜园，剪一串红纸花挂在菜园栅栏上，求来年蔬菜丰收。供猪栏：用蛋和鸡肉摆在猪栏边供奉，求养猪顺利。喊鸡：祈求鸡鸭成群的习俗，小孩们折来俗称“撞婆”的叫鸡树枝，挂上红色纸花，在鸡笼前走三圈，边走边撒米，口中念道：“他鸡少，我鸡多，我鸡三百六十个，黑鸡崽也有，白鸡崽也有，一起大来十三笼。鸡，咯咯咯……”反复唤鸡来吃米，最后将纸花插在鸡笼上。

② 小孩给寨内父母双方的直系亲属拜年，每到一家，在门楼放一串鞭炮和两个响炮，进屋说拜年了，新年好，主人就会拿糖给他吃，走的时候还会另外给一包糖和几元钱的封包。

③ 彩调是广西两大剧种之一，主要流传于广西桂林、柳州和河池地区，国家非物质文化遗产。

为什么会提前到农历七月十二过，老人们的解释也是战乱躲逃兵所致，因此现在过节还是过早上。准备的食品有水豆腐、炸豆腐酿、粽子和粉粑（统称粑粑）、五色糯米饭（红、黄、黑、蓝、紫色）。先在香火前摆粑粑、一碗肉和五杯酒供奉祖宗神灵，然后在门楼墙角供野鬼。以前由王家师公到各家各户做祭祖仪式，1980 年代以来废止。

矮寨公共性的仪式如表 2-1 中所列祭社、抬狗游寨和安龙等。社庙建在寨子左边约两里地的森林里，村寨聚落和山谷的出口——老寨包之间，主要供奉社王和盘古王。每年祭三次社，分别是春分后第三天做春社，六月择吉日做夏社和秋分后第三天做秋社。年三十晚上安的土地龙神是比社王小的神灵，主管寨内动工动土之事，包括建房、挖路、掘墓等。师公和几个年长的老人代表全寨集体安一次龙神，以保人丁、牲畜平安和龙脉安定。

相对而言，矮寨人祭祀家先的活动比较频繁，无论是在节日上还是日常生活中。前面已经提到春节、端午节和七月半的祭祖活动，中秋节和重阳节也都要以家祭的方式祭先祖，墓祭有清明节“挂青”和添丁后杀鸡杀羊谢坟等形式。日常生活中人们也非常重视对家先的祭祀，每天晚饭之前都要先将做好的菜摆在家先桌上供奉后才可食用，尤其是在有荤菜的时候更不能疏忽这一步骤，否则会冒犯家先。刚去田野时我还没注意到有此说法，有一次从县城买回了一条鱼，正好有客人在家，我做好后就端到吃饭的桌上。房东杨叔被鱼刺刺到了舌头，接着杨阿姨又突然打起嗝来，两个人赶紧不约而同地把鱼拿进屋去。不一会他们从厨房出来就没事了，我们正在惊讶中，他们才说因为是我做饭，光顾在外面“谈白”[1] 就忘了先供家先了。

矮寨红瑶人的各类宗教信仰与生活习俗融合，贯穿人们的四时生

① 平话音译，聊天的意思。

活。人生礼仪中的信仰与禁忌、对生与死的处理、鬼魂信仰、自然神崇拜、家先崇拜、风水实践、疾病的巫术治疗等等构成了红瑶丰富的信仰内容。

三、村落构成

（一）人口和受教育情况

矮寨分为上寨和下寨，全寨共有 97 户 446 人，是红瑶村寨中为数不多的大寨子。[①] 除三个来上门的女婿和一个从玉林市容县嫁来的媳妇是汉族，另外一个女孩跟寄爷改为侗族之外，其他全部为红瑶。由杨、王两大家族组成，其中杨姓 71 户，王姓 26 户。杨姓住寨头，王姓住寨尾，但搬迁下河边以后则是混处杂居了。老人们说以前还有阳、蔡、李三姓，阳、蔡两姓已经绝后，李姓早在清朝末年就迁到了泗水乡周家村。

矮寨的男女性别比例比较均衡，男性 239 人，女性 207 人。幼年和中年期的男性稍多于女性，八十岁以上的老人寥寥无几。矮寨人有句古言："世上三人共一百，人逢七十古来稀，更加难逢百岁人！"传说张良张妹置凡人[②]时，考虑到人的寿命问题，实在不好拿主意，一时无依，于是随便说三个人共一百岁吧，所以以前的人寿命都很短。三十六岁为中年，七十岁"稀寿"算为高寿，葬礼有差别。历史上，矮寨人受教育的程度是非常低的。30 岁以上的女性大部分都是文盲，她们中很多人甚至连名字也没有，解放后上户口时才根据在家里的排行写上大妹、二妹、满妹[③]等，因此诸如杨大妹、王二妹的重名非常多。男性的文化水平稍微高一些，但也以初小居多。高层次的人才更少，

---

① 据笔者了解，龙胜红瑶中最大的自然寨是和平乡金坑小寨，潘姓聚族而居，共 157 户，679 人。

② 详见附录一。

③ 满，平话音译，最小的意思。

直至2006年才有了三个大专生。矮寨其实从1936年开始就有了小学，建在寨子左边的山腰上。但是以往瑶人生活艰苦，家庭成员多，大部分人都没有读书的机会，也不重视教育。近年来随着生活条件的好转和与外界接触的增多，人们的观念有所改变，小学和初中不收学费以后，大部分的孩子都有机会读完初中。2007年8月，深圳一名游客捐资重新在河边修建了新的小学校舍，供学前班和一二年级的小孩就近学习，三年级以上的学生统一到江底乡小学寄读。在政府、社会和自身观念转变的多重力量共同作用下，矮寨人的受教育情况正在逐步好转。

（二）亲属关系与婚姻形式

矮寨是一个典型的以血缘和地缘关系为纽带组成的村寨，杨王两大姓氏聚族而居，彼此之间又通过寨内通婚构成蜘蛛网般的亲属网络。

王姓是最早开发矮寨的红瑶人，也自称从山东青州大巷迁徙而来。每家香火（神龛）上面都有一块黑黑的木板，称为“鬼板”，上面刻着王家人信奉的鬼（神），作为王姓家族的标志。从迁入矮寨至今，王姓家族一共繁衍了15代人，如果以平均20年为一代，那么王姓到矮寨已经有300年了。王姓最早的老祖公就葬在老寨左边不远处的荒坡上，但没有墓碑，其子葬在老寨后山上名大水界的地方，算是可查的最早的祖坟。杨焕明特地带我去抄录了碑文：“皇清待赠新故父考王公孝称法金老大人之墓，东来生于乾隆丙子年三月十一日亥时，西去亡于嘉庆癸酉年九月初九日”，乾隆丙子年（1756）再往父辈追溯一代，基本上与约300年的居住历史推算相符。

杨家人迁入时间较晚，据从湖南城步县拿来的《杨氏族谱》记载，杨氏家族为唐末五代时期诚州（靖州）刺史十峒首领，人称“飞山太公”

的著名民族领袖杨再思的嫡系传人，由其第三子正修分派繁衍而来，从城步县迁居龙胜矮寨。源流记有“刺镇边关军们总督府大将军为通会事，照得我祖由滁州迁居江西吉安府太和县桐木区峨颈大邱头，后移湖广荆州武陵辰沅至靖州飞山寨，思公生十子分派十房，独计思公之三子正修，迁居城步丁坪朋洞上岩下岩黄坪坝子堡团新寨石晋江底十九江珠思坪皮帽顶扒塘至矮寨杨居。”[①] 杨再思设立十峒，十子各为酋长，并以字派“再正通光昌胜秀”七字为等级建立封建领主制度，辖湘桂黔边境广大少数民族地区。三子正修管辖新宁、城步、武冈地区，称“赤水峒主”，葬城步苗族自治县，其墓至今保存完好。因为矮寨杨姓没有参与城步县《杨氏族谱》的编修，族谱里面没有涉及矮寨杨氏的系谱。口头传说《记杨家传》讲述了杨家人因战乱等原因辗转迁徙的过程：

第一出在洪杨州……第四出在吉州太和县。六月初六，杨文广占领南楼北殿，杨再盛占领吉州太和县。南京三年不在，直入九溪杨洞，杨家招九将，要打飞山杨柳寨……不落哪处，落在长沙宝庆府，三日三夜铁炮如响雷，难得安身在处，过了武冈桥、望入丁坪……朋洞……倒转广西堂，抛土离地，逃土离乡，崩里、黄坪……生不认魂死不认尸，走下丛林江底，不落哪处，落在矮寨，大杨养出个仔……只只菜篮一般大，条条篾串一般长，不知身材几大，眉毛几长，借言传语，借口传扬。[②]

①《杨氏族谱》，矮寨杨焕清存。

② 手抄本，泗水乡周家村茅寨组师公王茂发保存。

墓碑上也有相关记载："公元新逝显考稀寿杨进元老大人之墓。吾祖开苗从地，发根湖南保庆城步丁坪至矮寨……孝男焕球　公元一九九三年立。"[①]

1. 屋[②]（uo^{44}）、家门（ka^{45} $mən^{21}$）和家族

红瑶社会最基本的单位是家庭，指共同使用一个火塘的直系亲属，也可指一栋独立的屋（半边楼）和生活在其中的亲属（只设一个火塘）。住在同一栋屋内的人一般都为家庭，通常包括几种情况：一个由一对夫妻及子女组成的核心家庭，祖孙三代的主干家庭，扩大家庭，或者兄弟（兄妹）分别已成家而暂共用一栋屋，但分家分火塘的两个家庭。只有在少数特殊情况下，"屋"才会有"家户"的含义，如有雇工或临时借住的人进入时。矮寨最常见的借居者是拆掉老屋建新屋而无处居住的寨上人。两个家庭共用一栋屋的情况也较为少见，一对夫妇在生育第一个子女后都会筹建自己的新屋[③]。

"屋"之上的亲属单位是"家门"，由依父系计算的血缘最近的"屋"组成，能清楚地追溯到一个共同的"公头"[④]。家门内的成员共祖的代数视情况而定，主要的影响因素是人口和"屋"的数量，具有可变性。家族户数多就分家门，户数少则不用分。由此，矮寨有 71 户人口的杨姓分化出了家门这一亲属单位，只有 26 户的王姓则无。

杨姓家族依字辈排列系谱，30 代字辈为：再正通光昌，盛进焕文章，祖宗明德远，广云世绪长，作述承先泽，万代永联芳。家族男子

---

① 杨焕球，男，1942 年出生，其父的墓碑刻好之后找不到合适的日子立，放在楼底"屋宕头"（偏厦、屋边）。

② 本文所有的红瑶平话词汇均据发音用国际音标标注和汉语同音字转写。

③ 也有负责赡养父母的夫妇继承老屋，一般为幼子（或幼女），但均以另建新屋为荣。

④ 公头，男性祖先，专门在追溯家族系谱时使用，比如"我们是从一个公头分下来的"。

取名时加入字辈，第三个字才用以区别个人。从湖南城步迁来矮寨的第一个公头名为杨再弟，是一个桶匠，娶金坑小寨红瑶潘氏为妻，生育四子：正万、正富、正连、正润，正万生育五子：通仁、通义、通礼、通智、通信，通信无后，矮寨杨姓就由通仁、通义、通礼、通智四兄弟分派而来，到最小的祖字辈共繁衍了 11 代人。四兄弟的后代构成了杨姓的四个“大家门”，其中通仁家门现有 8 家人，通义家门为 22 家，通礼家门有 10 家，通智家门 33 家。通义家门和通智家门由于家数较多，又分别分成两和三个“小家门”，事实上，人们对关系较远的“大家门”的概念比较淡薄。

王姓家族的字辈有 45 代：广明海正清，国真千认寻，松李荣华耀，银本焕先忠，许其列弟人，贵元老通富，维代华仁永，成祖家福长，戊有万古流。王家人对字辈并不熟悉，老人们的记忆只能从现在最小的成字辈回溯到前六代的维字辈。字辈单由王家师公保存，每增加一代人需要用新的字辈取名时通报给老人们。他们称这种取名和排行方式为“流水谱”。王姓由三兄弟分派下来，但内部无家门之分，所有“屋”为一个家族。

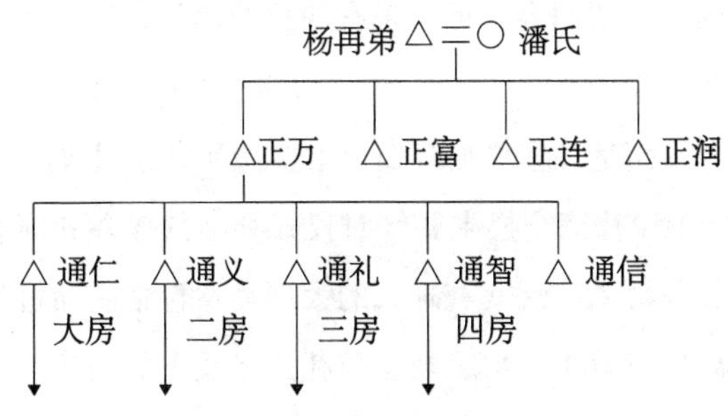

图 2-2　杨姓四大家门示意图

郭立新认为，龙胜县龙脊壮人的“家门”概念与汉人“房族”的概念有关，依单线世系分支原则组织。[①] 红瑶人的“家门”也类似于汉人宗族中的“房族”，杨姓的四大家门又分别称为大房、二房、三房和四房，不同的是现已无严密的家族组织和族长。家门是基本的外婚单位，杨姓家门（包括再裂变出的“小家门”）内部的“屋”之间不可通婚，四大家门之间则因血缘逐渐疏远而可相互通婚，不避同一家族和同姓。字辈也在一定程度上限定了通婚的对象为使用同一个字的平辈。与杨姓家族不同的是，王姓家族内部严禁通婚，乱伦的将受到族规的严厉惩罚。历史上曾出现过一例，清朝末年，家族内部有两个属于远房堂叔侄关系的青年人谈恋爱，他们的事情遭到族亲一致强烈反对。二人被罚跪在路边，被族人用锄头打得半死。族人认为主要的责任在男方，因此还罚他家杀一头猪宴请全族人赔罪。[②]

联结家门各“屋”的主要方式体现在共同祭祀、日常劳务合作和“礼信”（礼物）交换上。杨姓各家门在清明节组织清明会，为家门的共同家先“挂青”（扫墓），各“屋”至少派一人参加。从清明到谷雨之间都可以挂青，最佳时日是清明节前三天和后四天，所谓“前三后四”。参加者拿酒、腊肉和艾叶粑供奉，用石头压一叠纸在坟头。王姓则由全家族组织清明会。近年来有淡化的趋势，三五年才集体举行一次，如在笔者调查的2009年清明节，杨姓各家门和王姓家族都没有组织清明会，而是各家单独祭扫近祖坟墓和家族祖坟。

劳务合作和礼信交换主要针对仪式宴席的操办和随礼而言，系习俗规定的义务性质。矮寨红瑶人的大型宴席包括生命过程各阶段的婚礼、三朝酒、对岁（周岁）酒、葬礼，以及重要的建房酒。操办仪

① 郭立新：《折冲于生命事实和攀附求同之间：龙脊壮人社会结群逻辑探究》，《“区域社会与文化类型”国际学术讨论会议论文集》，上海大学人类学研究中心，2007年6月；另见《劳动合作、仪礼交换与社会结群》，《社会》，2009年第6期，第148—172页。

② 被访谈人：王仁忠，男，1926年生，文盲，访谈时间地点：2009年5月16日于王成梅三朝酒上讲述。

式和宴席的家庭称为“主家”，在宴席的备办过程中，整个家门各“屋”都有无偿帮工的义务，起到重要的组织和劳力协助作用。主家会跟众家门商量，选出两个有威信的中年男子做“总管”，一个负责仪礼事务的调度如接待客人、记账事宜和跟进仪式过程等，另外一个负责安排厨房的菜肴制备。每个家庭派两个人（男女均可）前往帮工，直至宴席结束，所有客人返回。平均由十几个家庭组成的一个家门完全能胜任宴席的操办，因此王姓也有将整个家族分成两个家门的打算，老人们认为26家的规模太大，增加了每家人每年用于帮工的时间。在王仁清的葬礼上，主家就只请了约一半的家庭（14家）来帮工，如有两兄弟的，抽其中一个家庭即可。在随礼方面，家门也与其他亲朋有区别。20元钱和15斤米①是不可少的，在记账簿上专栏登记，主家不退礼。另外还要视与主家血缘亲疏重新随礼，如与主家是亲兄弟，则需随第二份礼，但礼金不限。

另外，家门内每个家庭之间都有与姻亲进行礼信交换的义务。一个家庭参加姻亲的至亲长辈如舅爷、岳父母的葬礼时，家门需每家出一人陪同前往，随礼20元，并送谷子和酒。家门妇女陪伴主家妇女哭丧。矮寨人视这些家门间的人情往来与农事劳作上的“打背工”②为同一性质，强调彼此之间的信任和互助。

2. 婚姻类型和继嗣原则

红瑶社会的婚姻类型有三种：男娶女嫁婚、女娶男嫁的招赘婚和非娶非嫁的“两头顶”婚，分别与从夫居、从妻居和两头居的婚姻居制相对应，继嗣制度上则包括父系继嗣和两可继嗣（ambilineal descent）原则。

---

① 在不同的时期有所区别，由家门商议而定。

② 打背工即生产劳动上换工，一家人在农耕建房等大事缺乏劳力时可求助于族人亲戚或老庚，他日以大致相等的劳动时日和强度还工。

红瑶历史上实行严格的族内婚，不与瑶族其他支系和其他民族通婚，1980年代以来才逐渐有族际通婚，出现少数与汉族通婚的例子。红瑶人称本族群以外的瑶族支系和其他民族为“客人”，瑶人和客人不可通婚，俗语云：“鸡不捞鸭，瑶不捞客”、“壮人衣服黑，瑶人衣服红，壮人瑶人讲话不相同”。矮寨第一例与汉族通婚的例子是在1980年代，小学老师王永莉嫁给了一个家住龙胜县城的汉族人，刚开始流言蜚语满天飞，寨上人说她破了瑶人的规矩，使她不敢返回矮寨。直到1990年代人们的观念才慢慢改变，接受了族际通婚的现实，但例子仍不多。我详细统计了矮寨人的通婚范围情况，列表如下：

表2–2　通婚范围表

娘家 嫁娶	本寨		邻村		邻乡		本省邻县		总数	
	人	%	人	%	人	%	人	%	人	%
娶入	55	63			31	36	1	1	87	100
入赘	8	28	1	3	18	62	2	7	29	100

注：由于嫁出外村和外乡的人数难以统计，本表只统计嫁入本寨的妇女人数和招郎上门人数。

表中显示，本寨嫁本寨的妇女比例为63%，占绝大多数，附近的村寨因是汉族与盘瑶，无人嫁入。其次是临近的泗水乡和和平乡，占36%，主要集中在和平乡金坑小寨村、旧屋村、泗水乡周家村和细门村，都为红瑶。入赘的男性大部分也集中在这些地方，以金坑小寨村潘姓为多。这些红瑶村寨距离矮寨比较近，构成了除本寨外的主要通婚圈。与邻村邻县通婚的三例，两例是因为外出打工相识，一例是因为男方到寨旁的电站上班而入赘，均为汉族。

红瑶人不仅倾向于在寨子内部通婚，而且结婚不避同姓，只避家门（杨姓）。因矮寨人数众多，杨姓与杨姓，杨姓与王姓之间通婚的例子不胜枚举，以至于很多家庭都是亲上加亲。大量的寨内通婚和同姓通婚与红瑶的迁徙历史和地理环境也是有关的，矮寨人自己的解释很是形象，他们说矮寨是一个“扁挑地”，即好像一根扁担，两头都是空的，很远都没有村寨，以前交通也不方便，因此从外面嫁来的人很少，嫁出去也不容易。这样就不可避免的有很多寨内同姓开亲了。图 2-3 显示的杨文周家三代的 16 对夫妇中，就有一半是寨内联姻。

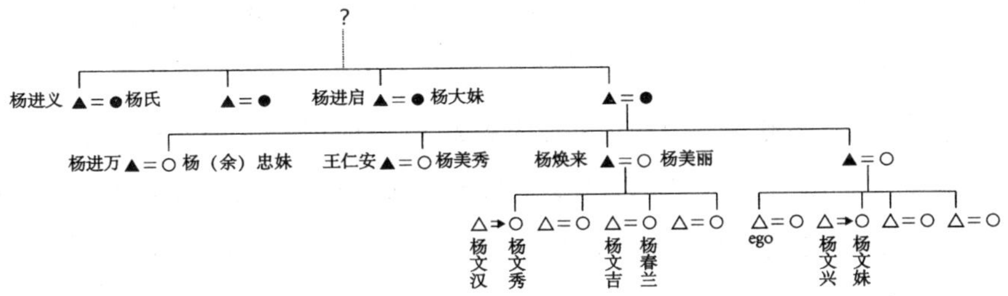

注：标出名字者为寨内通婚。

图 2-3　杨姓家族杨文周家三代寨内通婚图

男娶女嫁婚是矮寨主流的婚姻类型，但招赘婚和“两头顶”婚亦非常普遍。由于瑶族是迁徙性山地民族，历来擅长游耕，红瑶虽建寨定居较早，但依然存在广种薄收的困难。这种农耕方式需要更多的劳动力，招赘婚和“两头顶”婚在很大程度上缓解了劳动力紧张的问题。在矮寨的 144 对夫妇[①]中，有 93 对是男娶女嫁婚，为 65%，占大多数；有 29 对是招赘婚，占 20%，22 对为“两头顶”婚，占 15%。招赘婚指女子不出嫁，在家招男子入赘成婚，女方称“招郎”，男方称“上门”。招赘的原因一般有两个：一是家中无儿子，二是女儿为家中的老大，弟妹尚小，无法外嫁，就招一个郎仔进门增加劳动力。缔结程序比男娶女嫁婚

① 中老年丧偶的也计算在内。

简单，不重聘礼和嫁妆，双方商定婚事后，择日迎“郎仔”（女婿）进门，女方宴请至亲叔伯，带其认亲即可。矮寨的上门女婿进入女方家庭后不改姓，不受歧视，有权如儿子般继承财产。但要在生育第一个子女后才能稳固在女方家庭的地位，子女一律随女方姓，承顶女方宗祧。

“两头顶”婚，也称“两边走”、“两头住”。指男女双方不娶也不嫁，婚后夫妻俩没有固定的居所，而是分别在双方父母家同住同劳动一段时间，如此循环往复。夫妻同享有双方父母的土地、劳动工具等财产，并共同承担照顾双方家庭老人幼小的责任。他们负有同时延续两方家庭子嗣的任务，因此至少要生育两个子女。如有第三个以上的子女则由双方商定承顶任一头的宗祧，一般要平均分配。缔结“两头顶”婚的双方不能相距太远，以寨内和较邻近的泗水乡为多。“两头顶”婚主要在以下三种情况下产生：一是男女双方或一方是家中的老大，或是家中主要的劳动力之一，无论是嫁女或招郎上门都会影响其中一方家庭的生产生活，于是兼顾双方实行两头住。等弟妹长大成家无太重负担之后，夫妻可选择在任一方“奔拢”落户，或是单独另起新屋。二是双方都是家中的独生子女，有传宗接代的责任，或者其中一方是独生子女，不愿嫁或上门，只能不嫁不娶。三是中老年人丧偶再婚组织家庭，双方都已有子女，不愿宣扬，再婚夫妇各抚养自己的子女，不在任何一方定居。如婚后又生育，小孩则顶无男孩或男孩少的一方的宗嗣。当然也有家里有儿子，但出于情感原因而不愿嫁女的情况。

出现上述多种婚姻类型，与红瑶人“顶香火”（或称顶宗）的观念有关。“香火”一词借自桂林官话，为子嗣之意，也指堂屋供奉神灵和家先的神龛，明确地将子孙与祖宗联系起来。生育以保证“屋”后继有人称为“顶香火”，有人顶香火是“屋”得以延续的基本保证。汉族的香火概念在绝大程度上指向男孩，与此不同的是，红瑶人的香火概念不特别强调性别。儿子和女儿都可以担负起顶香火的责任，虽然儿子是首选，但女儿同样可以通过在家招郎的方式顶香火。这种继嗣原则使红瑶人没有绝对的性别偏好，无重男轻女的观念，1970 年代末实行计划生育政策以后，矮寨大多数家庭都只生育两个孩子，只有两例生育三子（女）的情况。

“两头顶”婚与两可继嗣原则相对应。“两可继嗣指一个人在父方或母方群体中选择一方归属与继承。但不像父系制或母系制那样一直以父方 / 母方传递下去，在每一次传代时都可以重新选择。两可制与父系制或母系制的相同之处是，一个人只可以从一个源头计算世系、谈论祖先。这使两可制也可以像父系或母系那样形成清楚有序的单线传承系谱。两可制与单系制的差别在于，父系或母系均对性别在单线传承中扮演的角色做出了明确规定，世系分别依男性或女性来计算；两可制则在传承中对男人和女人采用大体相同的态度。”[①] 从缔结“两头顶”婚的夫妇的角度看，两可制忽略了性别在父系世系传承中的差异；从夫妇所生子女的角度看，一个人可属父方或母方继嗣群。即使夫妇最终可选择在其中的一方“奔拢”，建造自己的家屋，其子女的世系归属仍不变。作为父系继嗣制度的补充，红瑶社会的两可继嗣原则具有灵活性和弹性，为顺利实现香火的延续和劳动力的平衡提供了较好的解决渠道。

族亲和姻亲是构建矮寨社会关系网络的两个重要方面。在矮寨，联姻不仅仅是两个家庭的联姻，也是两个家门（或家族）之间的联姻，单个家庭婚姻关系的建立也意味着更大范围内的双方家门（或家族）的联系。只避家门的同姓通婚和寨内通婚构成了矮寨复杂的亲属关系网络的重要基础，与以父系继嗣为主，两可继嗣为辅的继嗣制度一道是为生命体系中有地方性意味的一部分，它们与矮寨红瑶人的身体表述有莫大的关联。

---

① 郭立新：《劳动合作、仪礼交换与社会结群》，《社会》，2009 年第 6 期，第 148—172 页。

第三章　身体的空间象征：家屋与村寨

2009年3月的一天下午，我正在房东家和老人们烤火闲聊，师公王永强的女儿王树花急匆匆地跑进屋来，拉住我就往外走："冯姐快走，我伢（父亲）叫你。"不知道发生了什么事，我赶紧跟着到了她家，看见王师公正在收拾他的"行头"往一贯提的黑包里放，看样子是准备要去哪里做法事。一问才知道是去帮杨赵林家送（驱）百口鬼，叫我一同前去。王师公说，杨赵林和妻子从正月来就一直吵嘴打架，一发不可收拾，家中不太平，请杨文同先生算出是百口鬼在作怪，就选了今天这个单日子（农历二月初七）[1]去送。

我们来到老寨上的杨赵林家，他的岳父、两个大哥、堂哥正在堂屋忙活，夫妇俩在旁边坐着，脸色都不是很好。岳父王公老正在用禾草（稻草）扎一只船，见我来了，就招呼我过去看。这只船的船身如普通船的形状，船头扎成了一个翘首的龙头模样，王公老说是用来装百口的。等龙船扎好，帮忙的人们已经在堂屋前的门楼放了一张长木凳，上面摆上五碗酒，师公面朝"香火"（神龛）方向，摇铜铃请师傅。师傅坐定，师公开始从东、南、西、北、中五方，把藏匿在屋外和寨子各处的百口鬼请出来，右手拿剑刀[2]边摇边念道：

请起东方百口，关在十二个银钱十二分；请起南方百

① 除了固定的节庆仪式和人生礼仪，其他危机仪式的日子都选择农历的单数日。"阳人要双，阴人要单"。

② 师公的法器之一，铜制品，形似匕首，首柄上接一大圆环，内套七个小铜环，便于摇动时发出声响。用于镇驱鬼魅。

口，关在十二个银钱十二分；请起西方百口，关在十二个银钱十二分；请起北方百口，关在十二个银钱十二分；请起五方百口，关在十二个银钱十二分。关起打爷骂娘百口，关起反情反亲百口，关起差来百口、化来百口、游来百口、飞天飞地百口、崩田围水百口。

念完之后，师公倒酒于地，烧纸钱，表示五方的百口都已经请来关到纸钱上了。紧接着拿剑刀到各个房间“扫房”，从三楼到二楼再到楼底，将房屋里的百口鬼收起来：

收起东方百口，南方百口，西方百口，北方百口，五方百口，瓦里头，床铺底，柜子脚，门背后，牛栏，猪栏，鸡栏，不给百口哪个角藏起，旮旯里头（面），全部现身。有杨赵林、王大妹头上三魂、腰中三魂、脚下三魂，三魂七魄，退回身前左右，保得他左身右几。

师公打卦[①]，打得阴卦表示屋里的百口鬼全部被收完，再打保卦表示百口鬼退回魂。再点燃一把香（单数）插进香火上的香炉中：

系起一家人丁一家人口，男男女女大大小小，头上三魂、腰中三魂、脚下三魂，三魂七魄，系起人财米粮，系在香炉头上，不动不移。

---

① 卦是红瑶人用于占卜的一种工具，是削成形似羊角的两块小竹片。一面光滑，另一面刻横纹。师公做仪式时关键时刻都要抛掷卦以知神鬼意。两块卦不同面的组合代表不同的意义，两片光滑面为阴卦，两片横纹面为阳卦，两片相反面为保卦。仪式的各种步骤中需要特定卦象，师公一直要抛掷到其出现为止。

然后，师公把收起的百口鬼都装进龙船里面，帮忙的三个人陪同将龙船拿到北面寨子外老寨包下的矮岭河边，同时带上两只鸡鸭。杀鸡鸭后滴血在纸钱上，祭百口鬼，最后点燃龙船扔进河中："有我师人弟子，退到上阳州，下阳州，在那有钱财使（用），好茶好酒……"师公返回杨赵林家，用准备好的一把茅草打个结，和滴了鸡血的一串纸钱一起挂在家屋门口，三天内不准生人入内。再画"隔百口走"神符，放几粒米，用红布包成三角形缝合，挂在杨李林夫妇的衣服上，戴三至七天。神符和米具有隔鬼的作用，使鬼不再近身。

用师公的话说，这只是一个很小的"送鬼"仪式，整个过程并不复杂。而当找他翻译了仪式中的念词，深入理解了送百口仪式后，我发现在这个"简单"的身体行为异常的禳除仪式中，体现了一种红瑶人的多层次空间观念。送百口的仪式过程首先是从五方请出藏匿在屋外的百口鬼，"五方"的空间范畴不仅仅是指屋周围和寨中，还包括更广阔的村寨外的不可知世界。之后师公"扫房"收屋里的百口鬼，用剑刀扫出角落里的百口，逼迫其退出夫妇俩的魂魄。因为百口鬼攫取了夫妻俩的魂，才会导致他们言行不受自己控制地口角争斗。百口鬼退回夫妇二人的魂后，师公即刻将全家人的魂和钱财米粮都系在香火上的香炉中。香火是房屋空间的中心，也是屋的灵魂以及维系个人和家庭延续之地。系在香炉上的个人的魂保证个人身体在先祖和众多神灵的护佑下得以健康延续，一家人的魂、财、米粮则代表赋予屋生命及家人健康、太平、兴旺、财运的力量。

仪式的高潮部分是用龙船将百口鬼顺河流送回扬（阳）州。扬州是矮寨人对阴间和祖地的称呼，这与他们对宇宙的空间划分和信仰体系有关。对信仰体系的研究，汉人对神、祖先和鬼的分类是人类学者研究的重点之一，以这些讨论为参照，红瑶人的信仰体系有较大的差异。

矮寨红瑶人将宇宙划分为天、阳间（地上）和阴间（地下），又称上界、中界、下界，大致类似于汉人对神、人、鬼的分类，独特之处是将阴间与水域和山峒相联系，亡灵要回到故土“阳（扬）州”或梅山峒与家先团聚。神鬼不分是桂北瑶族的普遍现象，唐永亮比较汉语和瑶语中有关鬼神的词语发现：“瑶语词汇里大量使用鬼这个词，神只是偶尔使用，是从汉语借过来的。基本词汇里没有神一词，在瑶族的意识观念里，鬼包容了神一词，鬼神是一个模糊笼统的概念。”[①] 在红瑶平话中，“鬼”一词的使用率同样高于“神”，且鬼、神名杂糅。“鬼”分为三种：一是天上的鬼，指盘古大王、盘瓠王、花婆、雷王等神灵；二是地上的鬼，指社王、庙王[②]、山肖（山神）、梅山鬼（神）、水肖（水鬼）、古树精等自然神和精灵；三是地下的鬼，有土地龙神、土公土母和亡人，亡人分家先鬼（神）和野鬼。所以红瑶的三界划分不同于汉族的天、地/神、鬼的对应系统，神可能在地下，鬼也可能在地上和天上，只是对它们的善恶、大小和等级有区分。在红瑶的信仰体系中，是地上的神和人间的对立面阴间——扬州的鬼而不是天上的“鬼”在更多地影响人的生活。人死后魂还存在，亡魂返回故土扬州过一种新的生活。土地龙神司职阴间，到阴间和扬州之路为水域，因此送白口鬼仪式中借用了船和会凫水的鸭子。

了解了送百口仪式中包含的几个红瑶社会的核心空间概念：房屋、村寨、五方、阳州之后，我们再来看它们之间的关系。仪式一开始，被从屋外的不可知空间和房屋内的角落请出而收起的百口鬼，显

---

① 唐永亮：《人与自然组合的变形——谈桂北瑶族鬼文化》，《广西民族研究》，1993 年第 2 期，第 76—79 页。

② 红瑶人认为有庙必有主管庙的庙王，和庙中主祀的神鬼不同。

然代表的是一种外来的侵入屋内的破坏力量。百口被逼迫退出杨赵林夫妇的魂，不再与他们的身体发生联系，然后被送到村寨出口的老寨包下的河边，乘龙船回阳州。百口的侵入与退出是一个空间的流动过程，即外部——屋内——身体内——屋外——村寨外——扬州，师公对百口的处理方式是“收”与“送”；房屋和人的身体则表现为一种内部的概念，魂首先要回到人的身上，再被系到香火上的香炉中，师公用“退”和“系”的方式处理魂，将人的身体和生命与屋相连。仪式后三天的阈限期内，不准生人“生气”的进入，也强调了内与外的空间区分。

那么，以人的身体为出发点，矮寨人对空间的理解就为一个同心圆结构：身体、房屋、村寨内（聚落）、村寨旁（田地）、五方、宇宙（天、扬州 / 不可知世界），从内到外，逐级扩大。房屋作为人安身立命的最小和最基本的空间，香火上同时供奉了其他空间范畴的主要神鬼：家先、天上的神鬼、村寨旁社庙里主管田地和阳春的社王、老寨龙神坛里主管动土和地下龙脉的土地龙神。同心圆空间观念既基于红瑶人对村寨所处的自成一体和相对封闭的山谷自然环境的观察，也与他们对世界和宇宙的想象有关。这个同心圆不是僵化的小与大、内与外、包含与被包含的关系，而是环环相扣，同时呈现出一种相互类比的关系。红瑶人观念中的宇宙空间是立体的，纵向的三界空间和横向的五方空间构成了一个纵横交错的三界五方空间观，这一复杂的空间观念源于红瑶对人自身、自然环境（生态）以及更广阔的宇宙空间及其类比关系的认知。

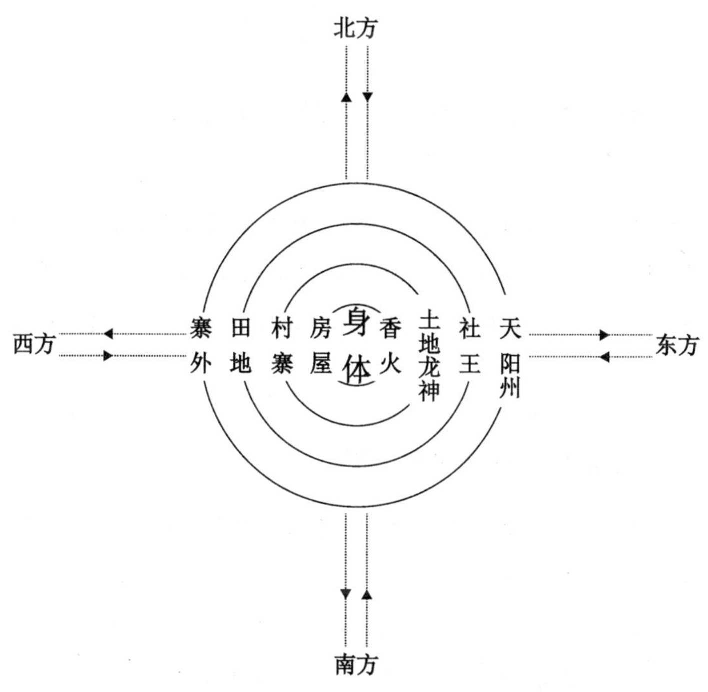

图 3-1　空间观念同心圆

“身体小宇宙”的观念在中西文化中非常普遍，身体与自然空间的象征关系是身体人类学研究的重要内容。在这类研究中，从身体的空间性出发，探讨身体与自然空间和宇宙建构的象征对应关联成为重心之一。本章将讨论红瑶的身体空间象征观念和实践，主要通过考察安身立命的基本空间——家屋和村落[①]的构建，分析红瑶的身体认知在自然空间营造和社会文化构成中的角色。

① 有关红瑶身体与村落空间的构建将另文专述。

第一节　生命基点：以身体类比的家屋空间

在红瑶人的象征思维里，房屋和村寨如身体般，有生命、疾病、方位和性别，通过对身体结构与空间性的认知，他们运用物质性的身体作为象征来思考和构建“屋”与村寨空间，并赋予二者以社会文化意义。

一、半边楼的物质结构和布局

红瑶民居为全木质结构的干栏建筑，以上好杉木建成三层楼房，不用一钉一铆。屋顶盖灰黑色瓦片，过去还有少数人家盖杉木皮。由于山高坡陡，选址开屋场时需因地制宜，以建半边楼居多。即用石块把宅基地的后半部分填高，砌为两层，下层以木柱支撑，上铺楼板与上层宅基地齐平，形成一半实地一半悬空楼板的格局，俗称“半边楼”。[①] 矮寨最大的建筑特色在于讲究阶梯布局，栋栋木楼从山脚叠上山腰，鳞次栉比，极富层次美感。位于同一水平线的房屋紧密相连，各户门楼互通，中间架木板衔接，形成长长的通道，称为“长门口”。由于往河边平地搬迁拆散了大半，现在保存完好的长门楼仅剩两排，最长的位于老寨中部，由杨姓的五座房屋相连而成；另外一排由寨脚的三户王姓人修建，历经一百多年的历史依然坚固。长门口是寨上人娱乐、议事和青年人恋爱对歌的常去之处。同一排长门楼的人家一般是兄弟或家门，大多有很近的族亲关系。各家门楼的房门从不关闭，

① 据笔者观察，矮寨只有笔者房东的大哥家修的是一楼全部悬空的“全楼”，当时是希望楼底能多装些杂物，可现在后悔全楼不如半边楼的防火功能好。

相邻的两家常会坐在连接处聊天，农事劳作上也常打背工。

半边楼的正房为三大间，两头各加一小间偏厦并设房门。正房开间横向的每一排由四根柱头，进深五根柱头组成，即一座房屋的主要支架需要二十根柱头，进深的第三根为正柱。用横木将各竖立的柱连接起来，沿进深方向的叫排枋，沿开间横向的叫过堂枋，屋顶的为梁，连接两根正柱的梁是房屋的正梁，称“楼梁”，位于房屋最高处的屋脊下。

半边楼整体称为“屋”，上、中、下三层有不同的用途和称谓。一楼叫“楼底”，用于畜养猪牛鸡鸭等牲畜和设置厕所[①]；二、三楼主要是人的活动空间，用于住人和储藏粮食，并安置神龛。楼底是半边楼中最为潮湿而污秽之处，蓄存从二楼地板缝中扫下去的生活垃圾和牲畜粪便，还可堆放一些废弃的杂物。用木板围成猪栏和鸡鸭栏，牛则席地而拴，以便赶出家门放养。牛在家圈养时，人们会割回大量青草供其食用和践踏，使地面能干燥一些，时日一长又成了种田种地的肥料。

如图3–2所示，大门开在二楼的偏厦旁，开在房屋的左或右方的偏厦依所处位置而定，一为方便上下、出入，二要选择吉利的方向。进门是一个通到另一头偏厦的长廊，叫“门楼”。门楼是平日自家活动和接待客人的主要空间，外砌半人高的围栏，近几年也有人家开始在上面装玻璃窗。二楼和三楼围栏下悬空的柱头脚漆成红色，称“吊瓜”。门楼还设两个通往楼底的口，不用时上面用木板盖住。2是猪栏门，便于喂猪时直接用一根带钩的木棍将潲盆放下去，人不用下楼底。3是楼底门，下置木梯通往厕所。往左出后门是堆放农具、杂物和煮猪潲的偏厦。

① 也有一些人家在后门偏厦一角铺成缝隙较大的地板，从缝中排泄小便下楼底。

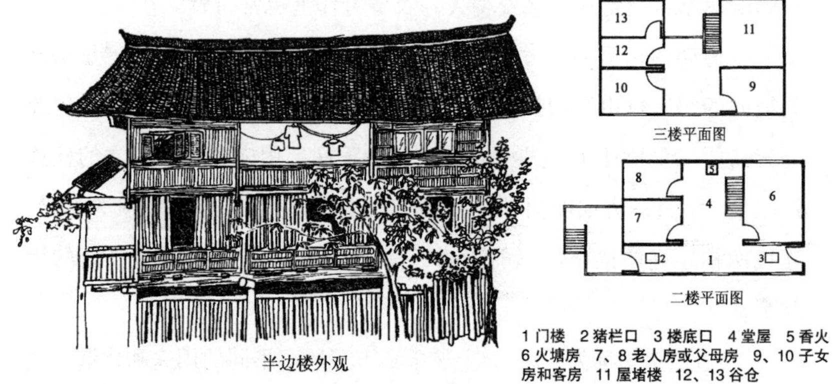

图 3–2　家屋外观和内部结构图 ①

二楼正中的实地部分是堂屋，称为“厅地”（thi^{45} te^{21}），墙壁正中安置神龛，称“香火”（ ia^{44} fo^{33}），分为上下两层，上层供奉天上和地上的神（鬼），下层只供奉地下的土地龙神，是半边楼最核心的神圣空间 ②。厨房设在香火的左侧，称为“屋堵”（uo^{44} tu^{21}），即屋的里面的意思。房间靠香火面的临窗处筑一米见方的火塘，四周嵌以石板。火塘中央的三脚用于放置鼎锅和菜锅煮饭烧菜。火塘上方悬挂一个木架，可炕腊肉和烘干茶叶、河鱼等食品。火塘是又一神圣所在，红瑶人忌用脚踏三脚，忌往里吐口水和泼水，尤其是大年初一忌洒汤，认为会引起涨水。冬天人们围坐四周烤火聊天或进餐，夏天则改到外面通风的门楼。“屋堵”靠门楼位置的左墙角放一张四方形的家先桌（ka^{45} ɕiɛn^{45} tei^{21}）。“屋堵”里还放一个四方高木碗柜和一个长方形的

① 外观据我的房东杨文新家屋手绘，内部结构综合了寨上大部分人家的布局特点。

② 老人们说解放前，“香火”一般都安得比现在高，与三楼齐平，后来“屋”越起越高，觉得不方便，慢慢就把香火移到下面了。笔者在泗水乡潘内村、白面寨平话红瑶人和和平乡金坑山话红瑶人家屋中都曾见到尚保留的这种“高香火”样式。

切菜台。近几年搬迁下河边平地的人家，也有用水泥砖修砌新式洗碗池和碗柜的。

卧室叫“房”（fa [21]），每家人根据家庭成员多寡有不同的安排，一般来说包括图中的 7、8、9、10。7 为夫妻的卧室，如家中还有老人的则安排在靠后的房间（8）。堂屋上方不设地板，形成一个看似天井的开阔空间，抬头即见屋顶。上三楼的楼梯安置在香火的左侧，但不能紧靠香火，而是与其有一柱之隔，并朝向外面的门楼。三楼的 9、10 为子女房或客房，儿子住左边的 9 房，女儿住右边的 10 房。11 位于火塘正上方，称“屋堵楼”，因为要排出火塘的火烟，用竹子铺成有缝隙的楼面，便于通风散烟雾，还可存放红薯、芋头、玉米等粮食。12 和 13 是堆放稻谷的谷仓，称为“堂”（tha [21]），也有人家在寨旁空地另起谷仓，避免火灾造成大的损失。家屋内部最顶端为横直粗大的红色楼梁，正好在“厅地”的正上方，是房屋生命的象征，无论年代多久的房屋，都能看见悬挂着的红色梁布。

红瑶人的“家”与“屋”有着同构关系。“家”明显包含四个部分的内容：物质性的房屋“半边楼”和屋场（屋基地）；居住在“屋”里的人；屋内的所有财产，包括家具、器具、粮食、柴火和牲畜等；“屋”的神圣物——香火和火塘，以及供奉的神灵和家先（有的曾在此屋中居住过）。红瑶人通过建造“屋”而建构的“家”是一个独立的社会再生空间和继嗣单位，也是一个独立的交换单位，因此具有列维－斯特劳斯提出的“家屋”（house）① 的性质。

家屋和身体的象征关系、家屋的身体化是近年来人类学家屋研究中的一个重要向度。人类学者很早就关注到家屋空间的性别隐喻，布迪厄曾对家屋有过经典的结构划分，用上—下、外—内、亮—黑、男

① [法] 克洛德·列维—斯特劳斯：《面具之道》，张祖建译，北京：中国人民大学出版社，2008。

人—女人等二元对立概念描述Kabye人的家屋的空间划分象征。女人对应的是下层、黑暗和内部的空间，和生育、睡眠、死亡有关，家屋是世界的缩影，也是一个等级世界，真实地反映出女性的处境和地位。[①] 更多学者认为家屋是身体和人的隐喻，是一个生命体，转向家屋身体化研究，与亲属制度、人观和社会性别研究相连。如马来人将新生儿的胎盘埋在院子里，作为其精灵守护着他的成长，同时也赋予家屋以生命力。[②] 亚马孙河西北部的Tukanoan人的长屋被他们称为女人的身体，包括头、阴部和子宫。每一座长屋里面都居住着一对夫妻和他们的子女，一旦子女结婚就会另起新屋。长屋象征着女人孕育后代的力量，家屋的意象集中在婚姻和生育上。[③]

国内对家屋的空间象征和意义的研究已有相当积累，多从人观建构的角度进行分析。黄应贵主编的《空间、力与社会》收录了三篇关于台湾原住民家屋空间象征的论文，黄应贵的《土地、家与聚落——东埔社布农人的空间现象》发现布农人传统空间现象有三个层面，土地、家与聚落，后者由前者转化而来。三者之间由前者转换到后者的过程，是透过人的活动及人体本身具有的象征（性别、年龄、社会阶级）来运作的。具体构建了空间现象中的几组二元对立象征符号：左/右、后/前、上/下、女/男、个人/集体。[④] 陈玉美的《夫妻、家屋与聚落——兰屿雅美族的空间观念》将雅美族的空间观念与飞鱼季仪式过程的空间现象集中起来研究，认为夫妻一体，家屋的成长就是

---

① Bourdieu Pierre , *The logic of practice*, Translated by Richard nice, Cambridge, UK:Polity Press, 1990.

② Maurice Bloch, "Zafimaniry Birth and Kinship theory" , *Social Anthropology*, 1（1B）: 119-132, 1993.

③ Hugh-Jones, Stephen, "Inside-out and Back-to-front:The Androgynous House in Northwest Amazonia" , in Janet carsten and Hugh-Jones（eds）, *About the House:Levi-Strauss and Beyond*, Cambridge, UK:Cambridge University Press, 1995, pp.226-252.

④ 黄应贵主编:《空间、力与社会》，台北："中央研究院"民族学研究所，1996，第73—131页。

婚姻关系的成长，家屋内部也呈现出男/女、左/右的对照。[①] 蒋斌描述了生命礼仪与家屋空间的关系，他认为家屋是“生命赋予者”，家屋的延续与兴旺依靠男女两性的合作。[②] 何翠萍从有生命的家屋、家与人有相互比拟关系的前提出发，由西南族群景颇、佤、壮人的例子探讨家屋与人观建构的关联。[③] 郭立新讨论了龙胜县龙脊壮族家屋生命体的构成、家屋与人的关系以及家屋孕育力量的来源等问题，认为竖房如育人，讨偶者、给偶者、庚兄弟以及村邻都参与了竖房实践并在打造房屋的生命与力量中起到不同的作用。[④] 另有张江华、农辉锋对壮族、百姓人家屋建构意义的研究等。[⑤]

上述研究都不同程度地涉及家屋与身体的象征关系，强调家屋如身体般是一个具孕育特质的生命体。而对不同文化中身体与家屋相互构成、身体空间与家屋营造关系的思考则有进一步深化的空间。卡斯腾在《关于家屋——列维－斯特劳斯和对列维－斯特劳斯的超越》[⑥] 一书中明确指出，家屋经常被看成是身体的象征，家屋与身体存在相互构成关系，要对家屋进行整体性的身体人类学研究，从身体、人和生命的观念切入思考社会组成的特点。

对于红瑶人来说，家屋是赖以安身立命的物质空间，也是他们以身体为象征构拟的一个小宇宙。在家屋这个生命体内，存在着基于身体方位、性别的空间划分和家得以维持须遵守的禁忌，其生命力也与

① 黄应贵主编：《空间、力与社会》，台北："中央研究院"民族学研究所，1996，第133—166页。

② 同上书，第167—212页。

③ 何翠萍：《人与家屋：从中国西南几个族群的例子谈起》，《"仪式、亲属与社群小型学术研讨会"论文集》，"中央研究院"民族学研究所"亚洲季风高地与低地的社会与文化"主题计划及清华大学人类学研究所合办，2000，第1—45页。

④ 郭立新：《打造生命：龙脊壮族竖房活动分析》，《广西民族研究》，2004年第1期，第36—42页。

⑤ 张江华：《陇人的家屋及其意义》，《中国人类学评论》第3辑，2007，第66—87页；农辉锋：《家屋的建构与人观的叠合》，《广西民族学院学报》，2004年第6期，第71—77页。

⑥ Cartsen Janet & Stephen Hugh - Jones eds. *About the House: Levi - Strauss and Beyond*, Cambridge: Cambridge Univrsity Press, 1995, pp.2-6 .

家屋内成员的生命力相互感应和制约，一荣俱荣，一损俱损。

二、起屋：具孕育特质的家屋

矮寨红瑶人把建房称为起屋（khi^{33} uo^{44}），包括选屋场（屋基地）、木头加工、竖房、上梁、宴客几大步骤，每一步都关乎家屋生命力的获得和延续。

（一）看屋场和动工时日

选择一块风水好的屋场是家屋兴旺的关键，矮寨人十分重视。风水理论纷繁复杂，总体上可分为两大流派：一是江西形法派或称峦头派，主要考察阴、阳宅周围环境的善恶，了解所选基址四周的山势水向、道路、地质等情况。理论要点可归纳为五个字——龙、穴、砂、水、向；二是福建理气派，在考察山川行气之时，特别注重罗盘，并依据《易》的原理以八卦、十二支、天星、五行为其原则的四大纲要。① 当我问到矮寨地理先生杨文同属哪一派时，他说师傅传下来的是看风水的方法，不讲什么大的派别理论。通过与他的交谈和对其看风水的实地观察，我发现虽然不明白风水与中国传统思想的关系，他对风水的操作自有一套法则，融合了形法派和理气派的做法，既强调空间层面的山川形势和天地之气，也讲求与人的生辰八字的时间的配合。②

---

① 何晓昕、罗隽：《中国风水史》，北京：九州出版社，2008，第132—142页。

② 杨文同，男，1961年出生，做地理系祖上家传，包括看风水、日子和命理。祖师是潘姓上门女婿，杨文同为第六代，师傅分别是潘世龙、潘月清、杨昌武、杨盛生、杨进玉。他从18岁开始跟着爷爷杨进玉学看风水，杨进玉在方圆百里小有名气，附近村寨、兴安榕江等地的瑶民都来请他。杨文同自认为没有学到爷爷的精髓，因为他入行刚好是文化大革命动乱之后，受到很大的影响。爷爷的书大部分被烧毁，只有几本藏在香火背后的地下才得以幸存，从那以后，很多东西就难以传下来，再加上爷爷在80年代就去世了，只能靠自己摸索。杨看地理和日子的范围只是在寨子内部。他说对矮寨周围的地形了如指掌，不用罗盘，罗盘其实也是需要人操作的，还不如记在心中。龙脉也来得简单，不如外面看风水那么复杂。他用的书主要有《切总道用通书》、《看父母册通书》（手抄）、《看日子瑶书》（手抄本）、《许真君玉匣记》。

除了地理先生，矮寨其他人也深信风水，而且都能讲出一些常识性的风水宜忌，家家都备一些简单的黄历看日子。

杨先生说，同样的风水用在不同人的身上效果是不一样的，好的风水还要看与人的八字是否匹配，即“几两命配几两地”，地（气）轻了或重了人都承受不起，所以在帮人选地前得先为他看八字称命。看风水首先要分清看阳地还是阴地，方法和程序一样，但规则不同。拿屋场阳地来说，首先是定四向，看坐向。定四向主要是定东方，以日头（太阳）出山的位置为准，一年十二个月都有区别，这是绝对不能忽视的一点。日头六月过正天，夏至前三天后四天所处的位置即一年的正东方。定房屋的坐向依据 24 向推算，要朝利向（有利的方向），每年的利向不同，避开五黄煞等关煞。坐向定好后定朝向（或称去向），也需要避开冲煞，有冲人、财、六畜、嘴巴等几种。有一个最基本的原则是“屋场对坳”，即对山坳而不对山包和坟山，更不能选在庙的周围，因为“身不在庙前，死不在庙后”。

定好了大致的方向后就是看龙脉了，龙脉是连绵而流动的，有前龙和后龙之分，所谓“来龙去脉”。房屋朝向的龙脉为明龙即“来龙”，主要看来势；坐山为坐龙和钻地龙，主要看坐势。矮寨有两条大的龙脉，后山的龙脉从福平包延伸而来，面山的龙脉从观音岩[①]延伸而来，最好的龙脉是有三起三落。杨先生将阳宅龙脉的特点归纳为“一片”，即来得远而平缓；阴宅龙脉是“一信”，即直接来的山势，来得陡而深。龙脉最后的落脚点以家屋正中即堂屋香火之处为准。

定龙脉后是看山、观水和点穴。屋场周围的山体分前山、后山和

① 位于矮寨北面的二十四湾群山中，山峰上小下大，因形似观音而得名，俗称“观音老母坐神台”。走路需四五个小时才可到达。有一观音斋三宝佛殿，是旧时闻名方圆百里的大佛堂，供奉观音、九子娘娘、如来佛、关公、十八罗汉等佛教诸神，二月十九、六月十九和九月十九是观音诞辰，附近几个县的人都来朝拜。1958 年毁，现仅存废墟。

固山（围山）三种，前山有人丁山、财山之分，管人丁和财富，后山落地气，管“厚度”，越厚重，地气越稳的越是好地。人丁山是圆形山包，有层次感；财山在人丁山下，似塘形，如稳即有财，陡无财。固山即是左青龙、右白虎，要稍往内包，山的层数越多越好，可以互相弥补平衡。矮寨的阳地基本上不存在观水的问题，只是忌对着河流转弯处。考虑了上述山水因素后，最后是确定选地的中心点，用石灰撒出屋场的界限或者用木桩和绳子圈起来。

选定屋场之后，看动工及上梁的时日也非常重要。先看年份，吉利的一年才能起房，并且男主人的属相与当年属相不能相冲。再看月份，男主人出生月份与当月不相冲。之后推算开工的日子，避开败日和倒家煞日。上梁的日子和时辰要拿木匠师傅中画墨之人的生辰八字来合。所谓生辰八字“合”就是遵循五行相生相克的道理，如金火相冲，金水相宜。看好这些时日后，地理先生依次将其写在一张红纸上：某年某月某日新造华堂大吉。

屋场风水和动工时日两种因素共同影响家屋的兴旺和太平，如果新起屋后家人灾病、人事烦扰不断，人们就会认为是起屋的过程出了问题，解决的办法是解关煞或换楼梁，严重的甚至只能重建。尤其是搬迁下河边后很多人家为了用自己家的田地做屋场，不得不置风水于不顾，造成了不良的后果：

个案1：杨文恒家的新屋起于2007年，新屋场在老寨脚对面的河边，正对老寨脚的尖包，为冲口煞，遇者有口舌之乱。进新屋的一个月后，就与姐夫发生冲突，两家人闹得不可开交，家门也被牵连。与遇百口鬼有区别，后者可以请师公送走，这种口舌之乱却难以解决，除非重选屋场起新屋。

个案2：杨进刚是村里手艺最好的木匠师傅，2007年春节前在河边桥头起的新屋，开了一个代销（小卖部）。桥边人来人往方便做生意，但是屋场也斜对冲煞。由于他家离我房东家不远，我便经常找他聊天。2008年春节后我发现他经常躺在小卖部的货柜上，也不去做木工，人也日渐消瘦，去医院检查发现是严重的消化道疾病。熟悉的人都说是他的家屋有问题，明知有关煞也照旧起屋。还有一说刚好相反，金坑的一个地理先生来走亲戚，说他的屋场风水太好，地气太重，他的八字受不起，因此要生大病。

个案3：杨文海2007年开过小卖部，但不到一年就因生意清淡倒闭了，人们说是开张的日子没有看好，和主人八字不合。

在矮寨人看来，"一命二运三风水四名字"，人的八字即"命"决定了人一生的吉凶祸福。命不可改变，但运却在于个人的把握和利用。选择风水好的屋场和坟地正是改运的方式之一。风水的原理是将人的身体和自然视为相互感应的生命体系，通过人为地配置和改造以求得人的生命过程与生存空间的平衡和谐。"算命术和风水术皆是用缥缈的方式，以神秘的身体为实践原理，去还原人们关于天人合一、时空和谐的知识和习俗传统。以八字为基础的算命术反映的是人们探求自身秘密的本能，风水展示了人们超越有限、协调人与自然关系的企图。"①

（二）木头加工与竖房过程

主家请地理先生和木匠在看好的日子开屋场。地理先生定好方位，木匠量面积计算所需木头，主家请人平整地基和堆砌半边楼后半部分

---

① 陈进国：《风水、仪式与乡土社会：风水的历史人类学探索（上）》，北京：社会科学文献出版社，2005，第162页。

的石头。剩下的就大多是木匠师傅和木工的活了，包括进敞发墨、砍楼梁木包梁、排线、竖房和上梁。

首先是进敞发墨。进敞指木匠师傅和木工们进入临时搭建在屋场旁的敞篷开工，发墨是一道关键的工序，对整座家屋具有至关重要的意义。香火左边的正柱称为发墨柱，是木匠加工的第一根木头。发墨柱和梁木是家屋的核心构件，二者的材质、砍伐和加工都有严格的标准。发墨柱和梁木必须是主家造林山里的杉木，选择的标准是树干粗大挺拔、枝干大小匀称、枝繁叶茂，且是在根部又发出小树苗的非独苗，象征“有子有女”和有旺盛的生命力。主家对参加砍树的木匠和帮工要仔细挑选，必须是寨上“齐全”（khi^{21} tɕhyn^{21}）的男子，即父母健在、有兄弟姐妹、子女双全、身体健康及品行端正的人。树倒地的方向也有讲究，树倒地的方向宜上忌下，否则视为“走下坡路”不吉利。

砍伐和加工发墨柱都是在开工的当天。[①] 木头去皮刨好后，在拉墨线发墨之前，木匠师傅先祭先师和鲁班。主家在“厅地”供桌上摆好五碗酒、一块肉、一把糯禾把、一斤米（上面放给木匠的封包），木匠师傅祭师后才能发墨。发墨需要主家和木匠的配合，男主人和木匠分别站在木头的两端，在中央弹上两根分别对着香火和“屋堵”侧的平直的墨线，墨线颜色要比其他柱头的重，以示区别。木匠杀鸡祭柱，将鸡血从柱头正中一路滴过。发墨柱不能让任何人跨过，因此加工好后马上用绳子吊在高处。

梁木砍伐的时辰选在上梁之日的凌晨两三点钟，比砍伐发墨柱更为讲究。去之前主家要办一桌好菜招待“齐全”的木匠和帮工们，并各给一个红包。砍梁木时，由木匠师傅先砍三斧并讲彩话：“某年

① 现在一些主家为省事，将发墨的时间改到了竖房上梁日的清晨六七点，以便和梁木一起砍伐加工。

某月某日，请得我师人弟子，和你砍上梁木一双，金梁一对。第一斧砍上人丁人口，第二斧砍上衣粮五谷，第三斧砍上猪羊牛马。”主人将砍第一斧的第一块木渣捡好带回家。砍回家量好尺寸刨好后，木匠用主家准备好的三角形红色梁布包梁木。在红色的三角形梁布里面包进几粒黄豆、茶叶、酒药、火炭和一本历本，再用第一块木渣削一个饭勺和一双筷子，与一串七或九个的铜钱和五串糯稻穗钉在梁木上。梁木同样不能跨过，包梁时有小孩哭和打烂东西都是不好的兆头。上梁之前也需要杀鸡祭梁木。

排线、竖房与上梁。排线即是将加工好的过堂枋、排枋以及柱头组装起来，形成一排排扇形木架，起三间正屋的为四排。竖房之日清早要先举行祭煞仪式，以保竖房的顺利进行及屋场“干净”安全。由木匠师傅主持，在堂屋杀公鸡并念咒语：“天煞地煞，年煞月煞日煞时煞，三十四煞，天归天，地归地。金鸡落地，大吉大利。”竖房需要二三十人合力完成，前来帮工的多是寨上的家门和亲戚。一些人用绳子套住屋架往屋场一边拉，另一些人则在后面推，直到把四排扇形木架竖直。

上梁即将楼梁木架上两根正柱间，上梁仪式是起屋过程的高潮阶段，在清晨太阳初升之时进行。先在主家房族中选四个“齐全”男性吊梁木上屋顶，同时讲彩话：“一对鲤鱼下江东，一吊鲤鱼二吊龙。一吊龙头出君子，二吊龙头出状元，三吊梁中人发富贵，富贵双全。”接着是木匠师傅上梁，手拿红色的鲁班旗，边登梯边讲彩话：

新造华堂，天地开张。一对乌云从地起，鲁班弟子踩云梯。左脚踩银台，右脚踩金阶。脚踩一步步步高升，二步二朵梅花，三步三人及第，四步四季发财，五步五子登科，六步六合贵人，七步七星高照，八步八洞神仙，九步九子团圆。

手摸一寸方，恭贺主家满庭庄，手摸二寸方，代代子孙富贵长，手摸三寸方，鲁班弟子来上梁，手摸四寸方，鲁班弟子登了梁。此梁你生在何处住在何方，生在细梅山上，住在细梅山中，哪人得见何人得知，太白先人得见鲁班先人得知。二十四人抬不起，三十六人抬上马堂。左一量右一量，量出两头要中梁。量出头根要正柱，量出二根做正梁。一座梁头出金子，二座梁尾出状元，三座梁中人发万代，富贵双全。前门立起什么树？后门立起什么盆？前门立起摇钱树，后门立起聚宝盆。摇钱树聚宝盆，朝落黄金夜落银。早落黄金用斗打，夜落白银用秤称。剩落黄金无处用，子孙拿去买长田。买得长田跑得马，买得鱼塘撑得船。[①]

木匠师傅将梁木上好后在两头各挂一个糯禾把，象征“有粮”，七天后方可取下。同时在楼梁两头各放两个圆形的大糯米粑粑，并在梁木的中央钉上主家自备的上书“上梁大吉”的长条形红色梁布。

前来恭贺的亲朋在中午陆续到来，有主家的房族、姻亲、寨上的朋友以及外面的老庚和寄亲。主家的外家（三代）、老庚[②]和寄亲[③]都要送一块梁布，上书长发吉祥、紫薇高照、五世其昌、竹苍松劲等吉祥语，同时还要外搭一篮梁粑。送来的梁布即刻钉到梁布上，梁粑也要由楼梁上抛下。两个木匠和两个房族男子吊两箩筐梁粑上梁，先问主家：“手拿粑粑一对，问你主家要富还是要贵？”主家应道：“富贵都要！”木匠答曰：“富贵双全万万年！”众人大声应和。主家首先用

① 由矮寨木匠师傅杨进祥讲述并翻译。

② 红瑶有认老庚的社交习俗，又称结同年，即兴趣相投的二人或多人结拜兄弟、姐妹，结拜者多为同性，年龄相仿的叫老庚，同年出生的称同年。认老庚不限民族和村寨，相认后视为亲戚，在生产劳动、婚丧和建房等大小事务上互相帮助，年节礼尚往来。

③ 通过小孩拜寄父母结成的亲戚，详见第四章第三节。

新被单接住放在梁木两边的四个大粑粑，木匠再往下抛撒小梁粑，宾客哄抢，视捡到梁粑为有福气。

酒席过后，晚上主家和客人派代表坐歌堂，对歌至深夜。多是恭贺主家新造华堂、唱礼信等内容。其中的《屋架歌》涉及了起屋的看屋场、选木头、竖屋架和亲戚恭贺的过程，以及家屋对于子嗣兴旺的意义：

大路蒙[①]，大路蒙蒙无延休，没曾起屋先量场，先量屋场有几长；问你进堂有几深，问你过堂几尺宽；我的进堂九尺深，我的过堂九尺宽。哪个仙人来下尺，罗盘下地转纷纷；变得中间做屋场，两头两边像龙鳞。太白仙人下地尺，罗盘下地转纷纷；罗盘变得做屋场，两头两边像龙鳞。几个泥皮砌成阶，几根杉木起成屋；红门大屋几条串，问你大门开哪方？七个泥皮砌成阶，九根杉木起成屋；红门大屋七条串，我的大门朝利方。黄梁木，几十几根在岭头，几十几根在岭上，哪人相就起官楼？黄梁木，七十七根在岭头，七十七根在岭上，鲁班送就起官楼。你爷起屋起几柱，几个高来几个低；哪个师傅砌水架，大雨流来朝哪方？我爷起屋起五柱，三个高来两个低；鲁班师傅砌水架，大雨流来朝瓦去。你公起屋起几柱，几个高来几个低；排上串枋有几块，脚下排枋几多根？我公起屋起五柱，三个高来两个低；排上串枋七十块，脚下排枋九十根。你公起屋起几柱，几个高来几个低；金柱高头留几寸，几尺几寸养儿孙？我公起屋起五柱，三个高来两个低；金柱高头留九寸，九尺九寸养儿孙。去年听信妹起屋，大哥挑树妹挑梁；哥是一心来看树，妹是一心来看梁。

① 蒙，平话音译，形容道路杂草丛生，模糊难辨。

> 去年听信弟起屋，大哥挑树弟挑梁；脱开老梁换新柱，换个新柱换新梁。你公起屋起六柱，六柱高头就六瓜；六瓜脚下油条路，留来大路筹财来。他公起屋起六柱，六柱高头就六瓜；六瓜脚下油条路，留条小路好偷花。什么泥皮什么草，什么树木生白花；什么树木起房子，什么树木起谷仓？肥土泥皮出白草，百样树木开白花；红门杉树起房子，黄塘椎木起谷仓。你公起屋双门钱，风也不吹自己开；贵家女儿家里坐，官人骑马送钱来。你公起屋起好地，起在九州九龙头；起在龙头出君子，起在龙尾出状元。少林木匠起花楼，皮鼓花楼全装好；花鼓花楼全装好，蒙好花鼓放楼头。[①]

“金柱高头留九寸，九尺九寸养儿孙”中所唱的金柱是指大门旁的第一根柱头，在其与门枋连接处要留出九寸的空隙，象征“门开九度”，“儿孙久久长”。“六柱高头就六瓜，留条小路好偷花”，在红瑶社会，“花”即人，“偷花”是用隐喻的方式表达家屋孕育子嗣（生命）的功能。

（三）身体、树、家屋生命力的互渗

在红瑶平话中，“屋”与“家”有着相似的含义，大多数时候是可以置换的。一家人（一个家庭）指共同使用一个火塘的亲属，可以是一对夫妻和子女，也可能是三代同堂的主干家庭以及包括未婚的兄弟姐妹的联合家庭。“家”、家屋与居住在里面的人密不可分，互相构成。起屋如育人，家屋的构造可以视为是对人的身体构造和生命特征

---

① 矮寨歌师杨文佩用山话演唱，后经其翻译整理而成。在山话红瑶和平话红瑶的各种歌谣中，均分别有用山话唱和用桂林话或平话唱两种，大多为七言体，四句一首。前者称为“瑶歌”，唱歌时有特殊的帮腔和搭歌调，多为礼俗和仪式歌；后者称为“山歌”，多为情歌、生活歌等。

的模拟，起屋过程及其规矩和仪式则是对家屋孕育生命和维持家屋所需基本元素：子嗣、钱财、米粮的象征表达活动。

从前面对起屋过程的描述中可见，发墨柱和楼梁木是家屋的核心构件，也是理解家屋象征意义的关键之一。发墨柱发墨的好坏成败关系着家屋的吉凶，墨的浓淡有严格规定，太浓和太淡都会影响其“管事”的效果。“管事”是矮寨人的一个有关风水和阴阳间关系的用词，指神秘力量对人的庇佑作用。上梁又称为接“过厅龙”，梁木两端各有一块一尺二长的横方，漆成红色，代表龙须。其来源有个“古年”(ku^{33} nin^{21} ）传说故事：

> 从前有个皇帝让鲁班建宫殿，限定了上梁的吉日。鲁班量好尺寸后，吩咐徒弟们去抬回一丈五（尺）长的梁木，但徒弟们不小心锯短了一截。时辰快要到了，重新去砍树已经不可能，无奈的鲁班急中生智，在梁木下方过一块枋做成龙须，将龙头抬起，实用又形象。

楼梁正处于家屋正中的香火上方，与香火下的土地龙神位一样，都是承载龙脉之地，一为地龙，一为过厅龙，是家屋生命力所在，掌管家屋的吉凶与兴衰。发墨柱和楼梁木都需杀鸡祭祀后方可使用，家屋建好后，任何人不可乱动，由于发墨柱处在容易触摸到的地方，尤其禁忌乱钉钉子等行为。由此可见，发墨柱和楼梁木与风水观相连，是红瑶人对家屋风水认识的实物化表达。一横一竖，如人的双肩、双臂和腿是平衡身体的主要构件，发墨柱和楼梁木也构成支撑家屋生命体的核心部分和力量。

发墨柱和楼梁木的选择和砍伐有浓厚的象征意义。首先是树与人的类比关系，红瑶认为树木有灵魂，树与人身体的生长状态相同，树木枯荣和人的生死甚至还有神秘的互渗关系。2008年寨子里一共去世了5个人，明显多于往年，村民就常跟我说肯定是因为前一年的大雪灾压断了太多的树，才会死那么多人。人的生死与树的枯荣被联系到了一起，因此砍伐发墨柱和楼梁木时，必须让树木朝上方而不能往下倒。有了这种树与人的类比关系前提，二者材质的选择标准与人的身体、生命状态和生命孕育自然而然就被赋予了象征关系，隐含着对家屋如人身体般有自身生命力同时又孕育生命的期许。如表3–1所示：

表3–1　身体、树、家屋的象征和生命互渗表

<table>
<tr><th colspan="2">发墨柱和梁木</th><th colspan="2">身体</th><th colspan="2">家屋</th></tr>
<tr><td colspan="2">主家种植</td><td colspan="2">父母孕育</td><td colspan="2">安身立命之生命体</td></tr>
<tr><td colspan="2">粗大挺拔</td><td colspan="2">身材挺拔</td><td colspan="2">坚固竖立</td></tr>
<tr><td colspan="2">枝繁叶茂</td><td colspan="2">健康有活力</td><td colspan="2">生命活力</td></tr>
<tr><td colspan="2">非独苗</td><td colspan="2">“齐全”人</td><td colspan="2">继嗣单位</td></tr>
<tr><td>向上生长</td><td>树倒</td><td>向上生长</td><td>死亡</td><td>竖立</td><td>衰败</td></tr>
<tr><td colspan="2">接龙脉“管事”</td><td colspan="2">生命力和孕育力的源泉</td><td colspan="2">兴旺</td></tr>
</table>

另外是“齐全”的含义。砍伐、加工发墨柱与楼梁木，上梁时吊梁的四个男性，都要求“齐全”。齐全包括对自身身体状况、品行口碑和父母子女双全的要求，代表一个身心健康完备的个体和完整延续的家庭。上述二者的结合意味着理想的家屋是：如同身体和树木向上生长的自然属性，家屋自身充满顽强生命力；如同红瑶对做人的评价，家屋具有道德性的精神力量；家屋具有孕育生命（子嗣）和通过接纳好风水，保障主人生命过程的顺利延续的作用。太阳初升之时上梁也象征对家屋和人的生命活力的祈求。起屋活动建立起身体、树和家屋

的生命力和孕育特质的循环和互渗关联。

除了生命的孕育，起屋过程还透露了红瑶人对家屋创造物质财富（钱财、米粮）和家运的力量的期许，主要体现在上梁仪式和庆贺活动中。梁木中包裹黄豆、茶叶、酒药、火炭和历本，黄豆代表五谷粮食；茶叶表示青春发芽；酒药是红瑶人做酒的引药，表示催生万物；火炭来源于主家火塘，代表家的香火不断、薪火相传；黄历表示起屋于黄道吉日。钉在梁木上的五串糯禾代表米粮，它们和用砍梁木渣削成的饭勺和筷子是人的身体得以成长和延续的基本物质。用铜钱钉主家和亲戚送来的写有美好祝词的红色梁布，寓意财富和吉祥。家屋孕育生命、延续香火和创造财富的象征意义都包含在这些梁木的装饰物品中了。

木匠师傅在砍伐梁木和上梁时所说的彩话也隐含了相同的主题，强调家屋与人赖以生存的米粮和钱财的关系。送梁布的同时送梁粑，表明稻米对于生命包括人与家屋的给养作用。梁粑先通过人的食用行为与身体发生联系，进而影响到与其有类比和相互构成关系的家屋的生命和运势。主家在接梁粑时答曰“富贵都要”是对起屋象征意义的最佳注解，矮寨人对“富、贵”有自己的解释，“富”代表人丁和钱财，主要又指向人丁；“贵”代表文化知识和外出工作，更多地与走出瑶山、出人头地的运势相连。富贵都有就是人生的最完满状态。

家屋的建造是一项严肃而神圣的活动，从看屋场风水到建造和庆贺的过程中，我们看到的是规则与禁忌。木匠师傅祭祀仪式就有三次，杨进祥师傅称之为“三鸡祭”，即需要杀三只公鸡，祭发墨柱、梁木和煞星。这些祭祀是为了构成家屋生命力的发墨柱和梁木“管事”的有效性，建造一座吉利的家屋，以保障主家的人身财物安全和兴旺。另外，起屋仪式中形成的屋架和之后用木板装墙壁都有严格禁忌，屋架中所有柱、梁和枋的朝向有讲究，柱头和竖立的墙板必须是树根一头朝下，树梢朝上。梁和枋则必须树根的一头朝向香火。香火一般是最后才装上去的，装时需请师公做"安香火"仪式。香火盒由 5 块木板组成，要求光滑平整不能有树疙瘩，且要按树的生长方向安放，否则会"犯着"[①] 神灵家先，导致家人身体损害或病灾。这些禁忌一方面是人和树的生长姿态与家屋生命的生长状态的类比，另一方面是红瑶神灵和家先信仰在家屋中营造的神圣空间对人的行为的规范。

屋架竖好以后，是用木板做成墙壁和楼板（地板）的漫长的"装屋"过程。正式入住新屋之前，"进火"仪式不可少。主家择吉日请寨上德高望重的老人主持，时辰选在天亮之前，老人帮主家烧起火塘的第一把火，并讲彩话：

> 喊得太白仙人，乌龟仙人，百合仙人，和你年上选月，月上选天，天上选日。选得某年某月某日，我和你系起，一系人丁，人发千边；二系五谷，粮发万担；三系猪羊牛马，早放一头、晚回一百。系起金火银火，系在火炉塘，不惊不动不移。系在家堂内，风蓬闹热，闹热风蓬。火公不要乱起，火母不要乱燃，系在家堂内，不惊不动不移。

火塘与红瑶社会中家的范畴紧密相关。火塘里永不熄灭的火既可防止木材腐朽，延长家屋的物质生命，也意味着家的兴旺和香火不断，它对于家屋本身生命和其孕育力量的维持都至关重要。与前述送百口仪式中师公在家屋内部对人的魂与身体和家屋关系的处理相同，老人烧第一把火的行为也突出了一个"系"字，系人丁、五谷与牲畜。这

① 平话，触犯、冒犯的意思。

一天家门和姻亲送米来庆贺，帮主家“添粮”。说明进火仪式象征人和家屋日后“有粮”——有生命，火维持人的物质身体的延续以及在此基础上的家屋的兴旺：人丁与财富。

三、性别区隔与身体空间方位象征

从家屋这个物的生命史构成中，我们了解到红瑶男女两性的分工模式。家屋的建造，从砍伐树木、加工、起屋到装屋的过程，都主要是男主人、木匠和寨上男性帮工们的工作，但也通过少部分特定的女性活动，表明男女两性共同创造生命和建立家的意义。女主人的贡献主要表现在梁布的缝制、梁粑糯饭等食物的制作、酿造酒招待帮工等方面。上梁仪式之前，主家还要找来两个“齐全”的妇女，倒水给上梁的木匠师傅和吊梁的四个“齐全”的帮工洗脸洗手，并吃一团她们做的红糯饭，忌空着肚子上梁。除了男主人和女主人的分工和付出，“齐全”的男性与女性通过不同的分工共同赋予楼梁木以孕育生命的力量。家屋建筑寿命的延长则很大程度上依靠火塘里火烟的熏烤使其保持干燥。

前面介绍矮寨人的生计方式时已经提到，去山林里砍伐和背柴火是红瑶女性的工作，男性绝少参与。猪肉是起屋劳力和主家一年农事劳作的食物和营养来源，而养猪和找猪菜主要也是女性的工作。可见，男女两性通过不同的劳动共同建造和维持着家屋的物质生命，家屋是“男女同体”[①]的生命体，“是夫妇生育后代的生命基

① 何翠萍研究了云南景颇和载瓦人的家屋和人观建构，认为新的家屋的诞生是成人的表征，夫妻共同成就一个男女的共体——有孕育能力的家屋。在建房仪式中，男人与女人分别通过绑茅草盖屋顶和供给象征母奶的水酒，打造“男女同体”的家屋与人。见何翠萍：《人与家屋：从中国西南几个族群的例子谈起》，《“仪式、亲属与社群小型学术研讨会”论文集》，“中央研究院”民族学研究所“亚洲季风区高地与低地的社会与文化”主题计划及“清华大学”人类学研究所合办，2000，第1—45页。

点”。[1] 家屋由男女两性共同建造和维系，内部空间也被赋予了性别特征。

就社会和精神层面而言，家屋生命体的延续主要是通过与女性有关的禁忌来完成的。就如黄应贵在东埔布农人中发现的那样，“具体而可毁损的家屋由男人所建造，家系之繁衍（家屋的维持）是由女性有关之禁忌遵守而来”[2]。家屋维持的理念经由红瑶人身体本身的认知和象征发展而来，不仅表现在性别观念和亲属关系上，而且体现在由身体空间方位衍生出的家屋空间使用规则和社会交往秩序上。

（一）性别区隔：女性在香火边缘

红瑶人在家屋内部空间的涉足和使用上存在着以香火为中心的分明的性别区隔。香火是红瑶人家屋中最为神圣之地。香火分为两层，上下层都是内陷方框，下层稍小。上层约一平方米，平台放香炉和油灯。内层墙壁正中书：天地君（国）亲师位，左右分别是：杨（王）氏门中、普供正神（或历代先祖），并贴对联：奉祖宗必定荣华，敬天地自然富贵。外层墙壁贴对联曰：花发灯前瑞色明，烟生香礼祥云合，横批：祖德流芳。下层为土地龙神位，内层板壁上书：福法正神之位（或土地龙神之位），左右分别是：招财童子、进宝郎君，外层板壁对联曰：土中生百玉，地内产黄金（或：龙神问道何处好，土地答言此处高），横批：堆金积玉。[3] 香火形制（正侧面）和供奉神灵如下图所示：

---

① [日]河合利光：《身体与生命体系——南太平洋斐济群岛的社会文化传承》，姜娜、麻国庆译：《开放时代》，2009 年第 7 期，第 129—141 页。

② 黄应贵主编：《空间、力与社会》，台北：“中央研究院”民族学研究所，1996，第 89—90 页。

③ 不同人家的对联稍有不同，大多数为此述。

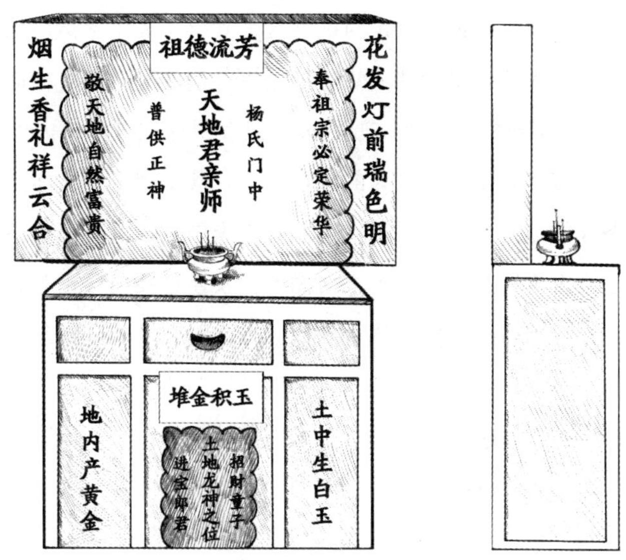

图 3-3　堂屋香火

王家人香火台上放置着代表王氏家族的“鬼板”，上面所刻神明如图 3-4 所示：

图 3-4　王氏家族香火上的“鬼板”

香火对于女性来说是个绝对的禁区，女孩从成年穿裙后就再也不能靠近。平日和节日里为神灵烧香纸是男人们的事，妇女扫地只能从“厅地”两边往外扫，不能靠近香火，以发墨柱往进深方向的第二根柱头为界。矮寨人都说王家人的规矩更大，甚至规定妇女不能坐在门楼正对香火的地方，因此我每次去王姓人家中做访谈时都会条件反射地看自己是否不经意坐在了香火对面。妇女还忌在门楼正对香火的地方梳头，必须到门楼的两头偏僻处梳。香火对女性的区隔源于红瑶人的“有秽”（$iau^{44}uei^{33}$）（或秽气）的观念，因此规定了女性的禁区，也严格禁止外人在家同房，招惹野鬼则要请师公送鬼。最懂得历史掌故的王仁忠公老告诉我：

> 在我们这个地方，女人有秽气，还是娃娃鬼（12岁以下的儿童）的时候男女都一样，穿裙子了就不同了哦。穿裙子说明什么啊？说明来血了（月经），身体开始发育成熟，变成妹家（mi^{21} ka^{45}，成年后的女孩）了，慢慢地晓得男女的事情。孙女，你也是妹家，有些话我不和你明讲，不然就是痞话①了！结婚后大妹家生小把爷（小孩）的血弄得身体不干净，就有秽了，香火千万碰不得了的。因为盘古王和社王在香火高头（上）啊，和庙子是一样的道理，有秽的去不得的，去了对她自己也不好。②

从王仁忠公老的话中，我们可以看到红瑶女性之所以被区隔在香火边缘的清晰逻辑：月经来潮表示女孩身体开始发育成熟，穿裙

---

① 红瑶人在有男女长辈与后辈、老人与后生在一起的场合说话有规矩，不能说脏话，不能开粗俗的玩笑和谈论有关性的问题。

② 被访谈人：王仁忠，男，1936年生，文盲，访谈时间地点：2008年10月7日于其家中。

后变成妹家，性意识逐渐萌发，结婚后生育使她们变得“有秽”。经血和产血是有秽的根源。不能靠近和触碰香火是因为上面供奉了盘古王和社王，不可冒犯。这和矮寨人祭社的仪式有关，此仪式严禁成年女性参与，否则会造成对人丁与阳春的不良影响。出于对女性污秽的恐惧，她们同时被隔离在庙堂和香火之外。孕妇的丈夫也禁止参加祭社。

矮寨的社庙是先迁入者王姓人建造，虽然后来杨姓也共同祭社，但还是由王家师公主持仪式。社庙里现仅存一祭台，下方地上安放代表社的几块石头，中间有一火塘供祭社时烧火，庙外的平台供祭祀活动之用。社庙是最神圣之地，人和牲畜平日都不得随便进出，也不得在附近的青山(深山)里大小便。社庙供奉主管全寨阳春和人丁的社王，以及开天辟地造田的盘古王两位主神。春社是最隆重的大祭，夏社和秋社为小祭，只需师公和社老进庙祭祀。对社庙败落的现状，老人们不无感叹地说，以前每一个神都有用木头雕成的雕像，不幸在文化大革命中毁于一旦。社老王仁忠还模糊地记得主神盘古王的形象，盘古的古年与女性禁忌有直接关联：

> 盘古王，我们又喊滚田王，他开天辟地造田，我们有句古言就叫“从此盘古开天地，先有瑶来后有朝”。就是讲盘古开天辟地以来，我们瑶人和客人（汉族）就是不同的。我们唱的大公爷里头也有盘古置天，蚂蝗置地，乌鸦置岭，猿猴置山，太白仙人置江河，星子置大路，张良张妹置凡人。其实田土都是盘古置的，盘古王置田的时候光着身子在地上打滚，滚一下就出一块田。有一天耍得起劲，忘记回家吃晌午（午饭）了，他娘担心，就给他送饭到田里。滚田王没想到娘会突然到来，穿衣服也来不及了，他羞得赶紧在田里扯了一

把草和一团泥巴和到一起敷住下身。从盘古王的木雕像就看得出嘛，上身是光的，下身围倒（着）禾草，身上染成绿色，外面有像鱼鳞一样的花纹，非常威武。①

这个古年与汉族盘古开天辟地的神话相似，都说到了盘古以自己的身体来化育和创造人间的土地江河。红瑶人特别强调盘古滚田的贡献，大概与稻作农耕的传统有关。但此古年中的矛盾也很明显，盘古既然是开天辟地，又哪来的母亲？对于这个问题，社老们也无从解释。我们可以视为是红瑶人对盘古神话的改造和拟人化，其中母亲这一角色的出现正好成为了成年女性禁止参加祭社的原因之一。光溜溜的滚田王急中生智用草和泥巴挡住下身，即是在母亲面前对自身性征的掩盖。这个情节和王仁忠公老提及的男女长辈与小辈之间不能说“痞话”的道理同一，在红瑶人的现实生活中，人们对性是讳莫如深的，任何关于身体性征和性的话题都不能在男女同在的场合提起。红瑶人或许是根据自身社会的规范再造了盘古的故事，从而恰当地解释了女性被隔绝在社庙之外的原因之一：盘古王赤身裸体，知晓人事的成年女性不可接近。

由于自身的女性身份，我在调查祭社仪式的过程中遭遇了困难与尴尬，但在矮寨人把我也当做自己人而排除在仪式之外时，便得以更深入地体会了仪式中女性禁忌的具体表现和成因。初到矮寨，房东阿姨和热心的奶老（老妇人）们就提醒我千万不要去社庙所在的那片青山边，一再向我强调女性去了会让阳春枯萎和带给自身灾难。2008 年春社，在了解了祭社组织情况之后，房东答应帮我观察仪式过程和拍照。3 月 24 日社日清晨，我刚走出门楼就看见一向很少下河边来的王

① 被访谈人：王仁忠，男，1936 年生，文盲，访谈时间地点：2008 年 9 月 13 日于其家中。

仁忠公老正向河边房屋最聚集的圆塘走去，不一会儿王仁财社老也走了进去，房东说他们一定是去商量中午进庙的事。吃过早饭之后，王永强师公来到房东家，说刚才几个社老专门去他家商量是否让我去观察仪式，最后大家同意让我远距离观看，但有两个条件：一是在与社庙有一沟之隔的田边看，不能靠近；二是不与师公们同行，需在他们进庙后从小路绕行，去时找一个男性长辈陪同。中午十二点多，看到社老们和师公已经进庙，我来到老寨上寻找能带我同去的老人。热心的王家姑婆（随房东女儿称呼）看见我，把我叫进屋就问有没有洗澡换衣服，她说所有进庙的男人都要先收拾干净，“听讲我们家的死鬼每次去之前都还要洗一次澡”。她说的死鬼是她已逝的公公，即王永强师公的先师。可见祭社与身体相关不仅限于女性禁忌，也对男性身体的洁净状态提出了要求，表明身体的洁净与仪式的神圣性和有效性的关联。王家姑婆最后还是不放心地打来了一盆热水，敦促我重新擦拭一遍身体。

通过对仪式的远距离观察和之后的访谈，我了解了矮寨祭社的过程与内涵。祭社组织者包括两位社老、五位厨官和计数员，社老负责联系师公，掌管全局；厨官负责安排饮食烧煮事务；计数员负责计算收支和分猪肉事宜。参加者以户为单位，每户派一年长男性，自带香、纸。在祭社组织中，师公起到沟通人神的作用。不仅传达神灵对主要组织者的选择意愿，而且主持整个仪式过程。社老由先迁到此地建社庙的王家人担任，只有 36 岁以上的男性才可以参选，先由村民推举出几个有威望的长者。最后由师公请社王决定，以打卦为凭，只有得保卦的人才是符合条件之人。组织祭社出于自愿、民意与神意，没有报酬，直到他们年迈体弱或其他原因不能再担任时，再换届另选人接替。

祭社的组织者们从春分前两天即农历三月二十三就开始筹备，包括去每户家中筹一斤米、做米酒和准备牺牲。祭社的主要祭品是一头公猪，每年由村民轮流饲养。每一次春社结束时师公会打卦请神决定来年的养猪户，养猪的费用全寨按户平分，以粮食补偿。祭社过程包括几个步骤：(1) 开庙门；(2) 祭社王和盘古，师公蹲在代表社王的石头前念祭词，大约一个小时；(3)杀牲祭祀。厨官和其他帮忙的人(年龄都必须在 36 岁以上，且有后人) 杀猪，将猪头放在祭台上做祭品，师公再念一遍祭文，烧化滴了猪血的纸钱；(4) 分食。厨官们在社庙左边的空地上用石头砌灶，熬一大锅稀饭，砍下一些碎肉同煮，众人分食；(5) 平分猪肉。除去给师公的三斤六两瘦肉后，按户平分，用细竹条穿好。当晚人们先用分得的猪肉供奉家先，全家人再分食；(6) 师公打卦决定来年养猪的人家；(7) 社老宣讲村规民约。

祭社是矮寨全寨超越姓氏的集体祈求农事丰收和人丁兴旺的仪式，保留了共食分肉的原始民主制残余，并与红瑶社会组织"社老制"有关。社老和组织者的选择，以及饲养牺牲的人家最终由神定，36 岁以上有后代的男性才能触摸祭品、祭器以及负责烧煮等事务，体现出浓厚的自然崇拜的神圣性和神秘色彩，以及人的生命繁殖力与土地丰饶的关系。祭社根植于稻作农业社会对人赖以生存的以稻谷为核心的阳春丰收，及在此基础上的人丁兴旺的渴望。了解了红瑶人对社王和盘古王的依赖与敬畏，我们就可以理解仪式的神秘性，对年龄、身体洁净的要求和女性禁忌的缘由了。家屋中以香火神圣空间为中心的性别区隔是对祭社性别禁忌的移植和再强调，红瑶认为，家屋是最为洁净和安全的所在，女性的秽气会冲撞香火上的神灵，给家屋和主人带来灾难。

（二）"上屋嫁下屋，屋背嫁屋前"："有秽"女性与兄弟

女性身体的污秽观还影响了亲属关系的构成和居住空间。家中

已婚兄妹家屋的位置有规定，姐妹的家屋不能高于兄弟，只能在低处。矮寨人认为女人是穿裙子的，如果家屋建在高处，裙子会罩着兄弟，秽气对其不利，让他“弄不到吃”。因此家中有兄弟的女子如果是在寨内通婚，不能往寨上高处嫁，只能往下嫁，如古言云“上屋嫁下屋，屋背嫁屋前”。由于寨内通婚的普遍性，婚姻选择与家屋地理位置的矛盾不在少数。此禁忌和通婚规则在一定程度上限制了男女恋爱的自由，变通的方式只能是另起家屋。对于王姓家族来说，这个问题显得尤为突出。因为王姓家族聚居在寨脚，杨姓家族聚居在地理位置较高的寨子中部和寨头。王姓家族内部不能通婚，意味着王姓人嫁给杨姓人就都是“上嫁”，如果家中有兄弟的就会违反“下嫁”的通婚规则。

个案 1 杨美艳，1945 年生，嫁到寨脚的王家做媳妇，生有一子三女。三个女儿全部嫁给寨内杨姓人。大女儿和二女儿的丈夫家都在老寨脚的河边起了新屋，就是我们在地图上能看到的与老寨隔得老远的那两座前后相邻的房屋，因此他们的婚事没有什么问题。三女儿丈夫杨文木自由恋爱，但丈夫家的老房子是在比她家高的地方，自己家又有个排行最小的兄弟。刚开始谈恋爱的时候遭到父母的坚决反对。两人一气之下离家出走到广东打工，杨美艳说实在是熬不过这对年轻人了，答应了他们的婚事，但是要男方承诺在寨脚另起新屋。二人 2003 年结婚，2004 年在河边平地起了新屋，开起了小卖部。

个案 2 王大妹是家里的二女儿，大姐出嫁到泗水乡白面瑶寨，下面还有一个弟弟。丈夫杨文信家的房屋与娘家房屋毗邻，在斜面稍高几米之处。由于受上嫁禁忌的影响，她和丈夫的关系一波三折，中间曾分手过，杨文信甚至与金坑小寨一女育有一子，但后来两人还是又走到一起。执意出嫁使她与娘家兄弟的关系变得有些僵持，互相很少来往。王大妹生育的两个子女都没有在屋里生，而是到菜园偏僻处搭敞篷所生。

个案 1 中的王杨两姓通婚既违反了“下嫁”的通婚规则，又对该规则进行了变通。个案 2 中的王大妹在族人眼中是个大逆不道的女子，在“上嫁”已是既成事实的情况下，她采取了在远离弟弟家屋的野外敞篷生育[①]的方式，将对其的影响降低到最小。不能“上嫁”的禁忌是针对女性身体的污秽对兄弟的危害而言，可以采取家屋的转移方式和敞篷生育而避免，与家族内部血亲严禁通婚的规则有区别。在一栋家屋内部，留在家招郎或“两头住”的女儿对家屋空间的使用也要遵循相似的禁忌，如果没有兄弟，婚后可以继续住婚前三楼自己的房间。有兄弟的则不能住其房上面或同住一层，必须搬到二楼，并且不能住正房，而是在偏厦新装一房间。有兄弟的外嫁女儿和女婿回娘家同样不能住三楼的房间。

“有秽”的女性不仅永远被区隔在香火之外，婚姻的选择、家屋所处的位置和对家屋空间的使用也需对家中的兄弟负责。女性的秽气是一种危险和破坏性的力量，带给兄弟的不利影响包括财气、福气、运势、米粮等，总的后果是使兄弟“弄不到吃”，从而影响娘家的兴旺。“下嫁”的婚姻规则和回娘家的行为禁忌主要指向在屋“顶香火”的兄弟，都是为了娘家家屋的生命力和父系家系的更好繁衍。这些禁忌是身体与社会分类的象征，也是空间性别化的身体政治的体现，女性

① 有关污秽与敞篷里的生育将在下一章详细论述。

身体隐喻性地参与到红瑶社会关系和权力的生产中，界定了家屋内的性别空间的分配关系。

（三）身体空间方位的象征

红瑶人将家屋与身体进行象征联系还表现在运用身体的空间方位感来制定不同人的家屋空间使用规则，建构了左与右、大与小、主与客、内与外几组二元对立的文化概念。

红瑶人用风水理论中的青龙和白虎来指代左与右、男性与女性，即青龙 = 男性 = 左，白虎 = 女性 = 右。在矮寨的风水实践中，青龙大于白虎，青龙边比白虎边高才是好的风水，于是风水口诀中有“青龙抬头高万丈，恐怕白虎又抬头”。相应地，在现实生活和人际交往中，红瑶人以左为尊。

我们以姻亲的社会交往为例。左与右的对比显著的表现在婚礼和葬礼上，比如座次的安排。舅公在红瑶社会具有很高的地位，如古言“天上雷公大，地上舅公大”云，婚姻缔结的过程处处显示出舅权。权利与义务往往是对等的，在外甥和外甥女的婚礼上，舅公也要置办最大和最值钱的礼信。婚礼当晚宴席上，男女双方的舅公（包括新郎、新娘及其母亲的舅舅）被安排在靠近香火的“厅地”落座，其他人都是坐门楼。如果是女方嫁到男方的嫁娶婚，男方的舅公（称为老亲）坐“厅地”香火左边（以家屋的坐向方位为参照）一桌，女方的舅公（新亲）坐右边一桌，老亲大过新亲。如果是混坐一桌（四方桌）的也是老亲坐左边，新亲坐右边。招郎上门的招赘婚则相反。

镜屏[①]是红瑶人在起房仪式和婚礼喜庆宴席上最喜送的一种礼

① 长方形的镜子，高约 80 厘米，上面画有龙、凤、牡丹花等红色的吉祥图案和写有祝福语。

信。婚礼第二天早上，主家专门为送镜屏的男女双方亲戚办几桌酒菜，然后将镜屏挂到香火上面的墙壁上，挂的顺序和位置也有左右之分，对应亲属关系的亲疏远近。先从男方亲戚送的镜屏挂起，挂在香火左边，女方亲戚送的挂右边。左右两边镜屏排列的顺序又依照其与主家的亲疏程度而定，从香火旁依次往“厅地”两边挂，如果一排挂不完就往下面挂。越靠近香火的镜屏的辈分越高，如从舅公到舅爷（舅舅）再到伯爷（伯父），寄爷和老庚送的挂在最外面。

婚礼中老亲、新亲与左、右的对应反映了主与客的区别，在葬礼中，情况则正好相反。在女性死者的葬礼上有一个特殊的环节——吃断亲酒。出殡之后，死者外家来奔丧的亲戚准备返回。主家会专门在香火前为死者至亲中的男性长者如兄弟、舅爷、叔爷（父亲的弟弟）等人办一桌断亲酒，主要的菜肴是一只鸭子。吃饭结束之时死者的丈夫（或儿子）将一个装有一两百元的封包递给其中辈分最高的人，如果他接过封包就表示双方的亲属关系已断，今后不再“走亲”，如果不接就表示继续走亲。在座次安排上，死者丈夫坐右边，死者外家辈分最高者坐左边，其他人则随便坐另外两方。因为双方亲属关系保持的主动权在死者的外家方，因此断亲酒以他们为主。

另外，火塘是一个展现红瑶人际关系的重要场所，火塘边的座次也有规矩，如图 3-5 所示。以靠近“厅地”香火方为上位，是男性长者和客人落座的地方，女性（包括成年与未成年）和男性小辈都不能坐。尤其是家中媳妇与公公不能面对而坐，要保持较远距离，媳妇往往坐在平日烧火添柴的角落。

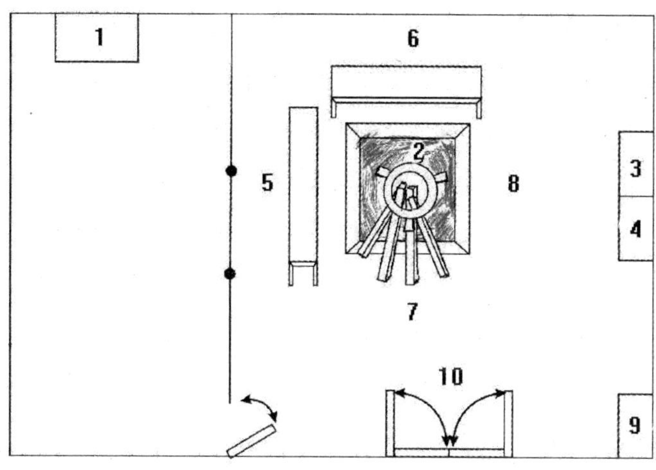

注：1 为堂屋的“香火”；2 为火塘、铁三脚；3 为碗柜；4 为切菜台；5 为上位，男性长者和客人位置；6 为次上位，长者位，女性也可；7 为烧柴的位置；7、8 为妇女和小孩位；9 为家先桌；10 为媳妇门

图 3-5 火塘座次

为直观起见，上图以进门面朝香火的方向为参照，家屋的左右方应倒过来看。男性长者坐的上位在右边，这似乎与红瑶人尊左的观念相反，火塘边的座次是“尚右”的？其实不然，火塘边的上位是因靠近香火，位于香火的左边，而具有了尊贵和神圣的地位，隐含的还是男性 = 左 = 尊贵的逻辑。上述左与右的座次安排准则就是红瑶人基于身体空间感和男左女右观念的显现，如果说这些是隐喻性的，那么葬礼上男女死者棺材的停放则直接表达了这种观念。在山话红瑶人的葬礼中，死者的棺材不能正对香火，男性死者停放在香火左边堂屋，女性死者停放在右边；矮寨平话红瑶则不同，男女死者的棺材都停放在正对香火的堂屋中，但在从入棺到下葬的几天里，师公在棺材旁边做为尸体“收臭”的仪式，也遵循男左女右的原则。

关于左与右的身体方位的象征意义，西方人类学界自赫兹以来就不乏讨论。赫兹的两篇论文《右手优先：宗教极的研究》和《一项关于死亡的集体表象的研究》，开创了身体方位象征与仪式研究的先河。赫兹注意到的是一个普遍的现象：人们对右手的尊崇和对左手的贬抑。他认为左右手在价值和功能上的不同体现了社会制度的特征，根本原因是宗教世界神圣与世俗的对立对人的身体的投射。右手和右侧与神圣、尊贵、洁净、善良等一切好的事物观念相联系，左手和左侧与世俗、卑微、不洁、邪恶等一切坏的事物观念相关联。右手的优越性是大部分文化的共性，这种倾向并不是缘于左手与右手的生理区别而在于文化，这已经成为人类学的常识。[①] 赫兹的这一理论对于理解右手优越的文化成因有很大的启发作用，但放到中国文化的语境中则需视具体情况而论，因为中国文化同时有"左手优越"的传统。

在中国传统文化中，大致存在着社会礼俗方面尊左和权力等级上尚右的取向。古代的乘车、就座、安席、拱揖、左昭右穆的宗庙位次、左侧让路等等都是尊左卑右的；而在力量和权力崇拜中则以右为尊，例如古代的官阶大小。[②] 对于以左为尊，学者们大多认为与阴阳五行观念有关。葛兰言认为在左右与性别的关联方面，"右与左构成了阴阳两分体系的重要组成部分。左为阳，它专属于男性；右为阴，它专属于女性。"[③] 矮寨红瑶人的男左女右、左大右小和左客右主的观念在座次和社会关系亲疏方面的表现既承袭了阴阳学说，又融合了风水观念。看风水中有一察砂的步骤，左青龙右白虎为主龙的左右护砂，青龙边上砂主挡风，应比白虎边高。"青龙大于白虎"之言即来源于此。

通过以上对半边楼的结构、"起屋"过程和仪式，以及"屋"的性别特征和空间建构的描述，我们看到红瑶建构的家屋是一个身体化

① [法]罗伯特·赫尔兹：《死亡与右手》，吴凤玲译，上海：上海人民出版社，2011，第103—106页。

② 康甦：《古代尊左与尚右问题新探》，《山东师范大学学报》，1995年第1期，第105—108页。

③ [法]米歇尔·葛兰言：《中国的左与右》，吴凤玲译，载孟慧英主编：《宗教信仰与民族文化》（第二辑），北京：社科文献出版社，2009，第352—363页。

的生命体。一对夫妇生育小孩之后才举行婚礼，成立一个新家和成为合格的社会人，并竖起新的家屋。新屋的构件和起屋仪式用物与身体的生命机理的类比，赋予家屋以生命力和孕育生命的力量。起一座家屋从选屋场和砌屋基开始，就如人体脱胎于胞衣，红瑶人将新生儿的胞衣装进竹筒密封好，挂在香火下方的楼底屋基墙上，似马来人[①]般，胞衣陪伴着新生儿的成长，也给予家屋因子嗣兴旺而不朽的生命力。同时，在家屋这个小宇宙里，红瑶人还建立起身体、家屋与宇宙的对应和象征关系：

表 3-2　身体与家屋空间象征对应表

上	屋脊	头	瓦	头	洁净	神	天	上界
中	楼上	上身	楼梁	肩	洁净 / 污秽	人（左—右 / 男—女）	阳间	中界
下	楼底	下身	发墨柱	腿	污秽	动物、鬼	阴间	下界

红瑶人对家屋的构想和建造体现了身体、家屋和更大的宇宙空间的象征关系，家屋和宇宙都是身体结构和特征的模制和放大，男与女、左与右、人与神鬼、洁净与污秽等二元范畴都在家屋中得到了区隔和统合。

第二节　“人神地”：以身体类比的村寨空间

不同于其他学科对身体的研究，人类学更倾向于将身体理解为象征的和社会分类的一部分。在涂尔干和莫斯的原始分类理论中，人们以对自己身体结构的认识和人的分类为基础，推衍出对亲属集团、宇

① Maurice Bloch, “Zafimaniry Birth and Kinship theory” , *Social Anthropology*, 1（1B）: 119-132, 1993.

宙和动物的种属分类。他们认为“分类以最基础的社会组织形式为模型。最初的逻辑范畴就是社会范畴，最初的事物分类就是人的分类，事物正是在这些分类中被整合起来的。因为人们被分为各个群体，同时也用群体的形式来思考自身。事物被认为是社会的固有组成部分，他们在社会中的位置决定了他们在自然中的位置”[①]。换言之，对身体的认知构成了社会分类的基础。

将身体结构与山峰、大地和宇宙万物进行象征类比的例子不胜枚举。波利维亚的Qollahuaya印第安人是出名的医者，其身体观的特色就在于将人的身体与山峰视为有相同结构的生命体。山和人都包含头、胸、胃、内脏等器官，他们通过山峰来理解身体，也透过人体结构来了解山峰。Qollahuaya人认为个体的疾病是人和土地关系破裂造成的，往往与山崩和地震有关，山峰和身体一样需要食物才能保持健康，因此他们通过给山峰喂食物的仪式来治病。[②]苏丹道岗人(Dogan)空间中所见的任何物体包括建筑、动植物、村落等都是身体器官的某一部分。南北朝向的村落如一个躺着的男人，东西朝向则似女人的子宫，家屋空间内部也有男女性别之分。他们所建构的宇宙是一个“洁净大地丰饶之乡”，繁殖和给予道岗人生命。[③]身体是非洲几内亚比绍的Manjak人文化中的主导象征，他们认为大地具有给予生命的力量，视身体为大地的微观宇宙。[④]中国传统文化和经典思想中亦有丰富的“身体小宇宙”观念和实践，认为身体的生成化育与宇宙万物相

---

① [法]埃米尔.涂尔干、莫斯著：《原始分类》，汲喆译，上海：上海世纪出版集团，2005，第87—88页。

② Bastien, Joseph, “Qollahuaya-Andean Body Concepts:A Topographical-Hydraulic Model of Physiology” , *American Anthropologist,* 87（3）：595-611, 1985.

③ Griaule, Marcel, *Conversations with Ogotemmeli*.Oxford: Oxford University, 1965.

④ Wim van Binsbergen, “The Land as Body: An Essay on the Interpretation of Ritual among the Manjaks of Guinea- Bissau” , *Medical Anthropology Quarterly*, New Series, 2(4):386-401, 1988.

感应。[①]

这些研究都指向一个共同的主题：人身宇宙论，或称“世界（态）身体”[②]。这一思维模式强调身体和自然宇宙之间有一种象征关系，人通常以自己的身体类比世界并反观自身。与 Qollahuaya 印第安人的身体观相似，在矮寨红瑶人的观念中，不仅家屋空间是一个有性别的身体，由家屋与土地、山峰、河流等自然物构成的村落空间也是一个巨大的身体，各个部位如身体器官有不同的功能，共同影响着人的生境。矮寨人对村寨空间的拟身化构想主要以风水实践和仪式的方式体现。

一、得“富”无“贵”的人神地

第一次去矮寨，四面环山的封闭空间和上大下小的聚合式老寨村落地形就深深地吸引了我，在有阳光的日子里，整个村寨像一把打开的扇子般熠熠生辉。我试图从这背后寻找点什么，却始终是零零星星无法形成系统，有说像把椅子的；有说是一个舀米的带把长瓢，是装粮、聚财之宝地；有说是鹅神地，似一只匍匐着到矮岭河边喝水的天鹅。对其象征意涵的深入理解因于一次葬礼，使我开始意识到应该全面挖掘当地的风水观。2008 年 10 月 14 日清晨，我的房东爷爷杨焕友的葬礼上。墓地旁，地理先生杨文同正在指挥帮忙的男人们挖墓穴，见离下葬的吉时还有几个小时，他便与我聊起了风水故事，他是一个爽朗随和的人，非常乐于交谈。因为墓地就在老寨左边不远处叫半界的山岭上，转身就能看到老寨的全貌，我便问起寨子的风水如何，像一把扇子的地形有没有什么说法，没想到这个话题马上激起了他的兴趣：

---

① 吕理政：《天、人、社会——试论中国传统的宇宙认知模型》，台北：“中央研究院”民族学研究所，1991。

② [美] 约翰·奥尼尔：《身体形态——现代社会的五种身体》，张旭春译，沈阳：春风文艺出版社，2000，第 15 页。

> 这是个人神地呀，这还看不出来啊？要是我们去对面看过来就清楚了，活活就是一个男人坐在椅子上。你讲像把扇子啊，你不懂风水哦，这是左青龙右白虎的护山啊，你看白虎边比青龙边高，我们这个地方的女人总比男人厉害点！

说着就开始回忆先祖最初迁来时是如何选择在矮寨安家落户，并且起身给我指点方位，哪个地方对应人身上的哪个部位，风水好坏与哪个地方有关。杨先生显然是以他自身观风水的视角来看待古寨聚落地形和更大的村寨空间，他的解释中也包含了矮寨人的生活实践。但为了了解大多数人的看法，日常生活中是否存在着与“人神地”构想有关的行为，我又就此问题请教了寨里德高望重的老人和仪式专家们，并着重观察村寨中的公共空间，以及口头流传的风水宜忌故事和对身体构造的认识。我发现，身体与人神地的象征思维渗透到了矮寨人生活的方方面面，其对人地关系的感知通过风水信仰得以呈现。

老寨子建在半山腰上，坐西向东，左右两边有两道突起的山岭，在后山上间隔较大，越往下越往中间靠拢，呈现出上大下小的扇形山势，聚落正好被包在中间略为平坦的山槽中。曾经做过寨老的杨焕球公老告诉我，此地原来是一个“符竹槽”，即长满了竹子的未开垦的荒山。听老前辈说，最先到来的王家公爷从兴安县翻山过来，找地理先生勘察安家落户的风水宝地，从九江[①]翻过山坳，走到对门山上叫“鸡神”的地方，一眼看见矮寨现在所处的山凹，直惊叹“好个密密坑，好个密密洞”。地理先生发现这块地具备风水原理所要求的主山、靠山、固山等基本条件，前有对门山（前朱雀）、后有二十四湾群山（后玄武），左右边山势均突起往内包（左青龙右白虎）；中间是两山之间

---

① 江底乡的一个地名，在江底圩场附近，翻过矮寨对门山。

的平坦之地，形似一把稳重的靠背椅，两旁突起的山势好似其扶手；山脚下还有夹在两山之间南北流向的矮岭河。听说这是一块有靠山的繁衍宝地，王家公爷就带着家人在此开垦落户了。

“人神地”不仅指村寨中家屋的聚集点，人神的身体由左、右和后方连绵的山势组成，涵括了南面的新坳和北面老寨包之间的相对封闭的村寨空间。杨文同先生解释说，人神是坐在靠背椅上的，寨子后面的二十四湾群山层层叠叠，一如椅子的靠背。其中正对符竹槽的一座小山是人神的头部，称为“望天头”。再往前一层的主山顶有一个一个的小圆山包，是人神的衣领。衣领左右两边分别往老寨包和新坳延伸的山岭是他的肩膀和手臂。山势再往下走是村寨青龙和白虎边的固山，两边都各有两层，称为内外青龙和内外白虎。外青龙山岭越往下越向右移，这是坐在椅子上的人神跷着二郎腿。村寨上方至山顶都是后来开辟的梯田，中间只有一栋房屋，人神的心口就位于此。密集的层层房屋处于人神的肚腹部。村寨里左右两边各有一排水沟，到寨尾一深深的土坑旁汇成一股，流至矮岭河中。村民把这个土坑看作是人神排泄污物的下体。

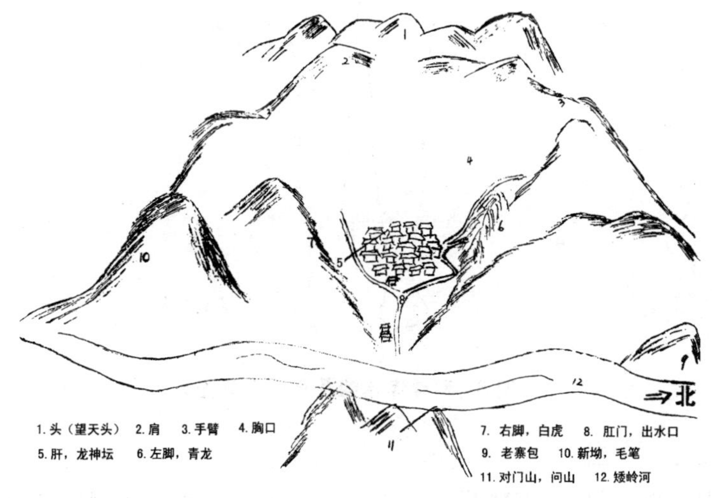

图 3-6 “人神地”示意图

从风水学上来说，“人神地”是一块不错的风水宝地。根据形法派觅龙、察砂、观水、点穴的四个程式而言，风水吉祥地山水需具备的元素有：坐西向东、靠山（龙脉）、斜缓的主山、近龙、内外青龙、水口、南北流向的河流、隔河的问山等。矮寨“人神地”与此风水吉祥地结构图[①]有非常相似之处，不仅具备基本的山水元素，尤其是坐向、山势和河流的走向更是相差无几。

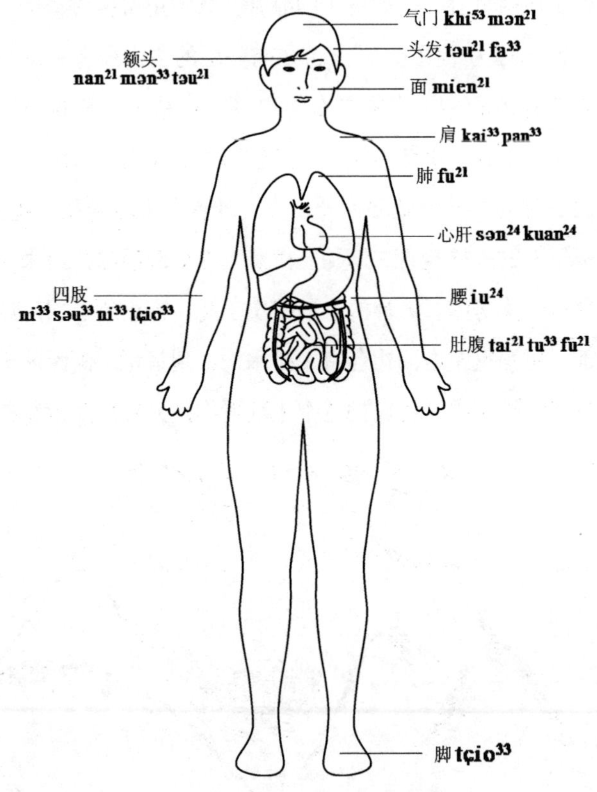

图 3–7 身体结构及称谓示意图

① 参见“风水吉祥地的山水结构图”，高友谦：《中国风水文化》，北京：团结出版社，2007，第34页。

而对于不懂得太多风水术语的普通民众而言，矮寨风水好的原因在于聚落建对了地方，人们住在了人神的肚腹里。在矮寨人心目中，身体内部最重要的器官是心、肝和肚（胃、肠、腹），胃和肠是连在一起的，统称为肚，无“胃”一说，如图3–7所示。红瑶古言有“心肝得出字，肚腹满谷仓”，心肝是出智慧的地方，肚腹管饱饥，维持生命。住在有靠山的人神地和人神装满食物的腹部，自然人丁兴旺，五谷丰登，衣食无忧了，总的来说是“有吃有用，发人发财”。这八个字是矮寨人对自身生活状态的总结，一方面是“发人”，即人口繁衍快而多，成为红瑶地区人口最多的村寨之一；另一方面是“发财”，食物和温饱已经不是生活中的主要问题，钱财上也非一无所有。人生完满状态已经达到了一半：“富”的一面。

然而，创造“富”的“人神地”却无法带来人生完满状态所需的另外一半：“贵”。前面我们已经介绍了矮寨人的教育情况，他们受教育程度非常低，能真正走出瑶山的人极少。对于这一点，矮寨人的态度可以归结为“风水宿命论”，每当我谈起教育的问题，他们的反应惊人的相似，“这个地方生就（天生）出不了人才”。基本的风水知识告诉他们，矮寨的村落空间封闭而窄小，首先是福平包的大龙脉来不了，其次是寨子南北两边的出口都被老寨包和新坳两座山挡住了，再加上老寨对面高而逼近的对门山的阻隔，挡住了人神的视线和去路，也致使矮寨人插翅难飞，因此这里的人很难走出大山有更好的发展。

杨文同从另外一个角度解释了人神地无“贵”的美中不足，事因人神的一些身体姿势变成了好风水中的败笔。一是左腿跷在右腿上的二郎腿，“左脚压右脚，只进不能出”，意思是从外面进来的人很容易在矮寨安居乐业，而这里的人却很难出得去。不仅如此，人神脚下隔河的一条弯道好似一条蛇咬住人神的脚，导致他动弹不得，这两个障碍足以说明人神为何不能带给矮寨有文化的人才了。人神的另外一个姿势是挥笔，白虎边的山势如人神的右手拿着一支毛笔，但左边缺少了磨墨的砚，难以下笔。因为老寨包的山形稍微尖了一些而非似砚的平台，矮寨的字和书就永远也只能悬在半空，写不出来了。

“人神地”的肚腹部转化为人丁和财富，居于其心口处则能产生人才。矮寨人认识到居处难以两全的矛盾，遗憾前人未能将聚落往上集中建在人神心口之处。对于这一问题的补救方法，上移房屋显得劳民伤财，人们的兴致不高。杨先生提出了另外一个方案，那就是在人神心口处打一眼井，井是往外冒水的，象征人才源源不断地往外流动。1999 年 10 月收完田里的谷子之后，他动员寨上青壮年男性开始断断续续地挖井引水，但不巧的是，第二年春雨过后，寨头田土出现少许裂缝和崩塌的情况。不知是否由挖井而起，但工程也只得作罢了。这是风水先生依据风水理论和“人神地”的身体象征，试图对不理想的村寨环境和空间生态进行调整的行为，以求得人地之间的和谐共生。

“富”与“贵”分别关注的是风水对人丁繁衍和人的素质两方面的影响。这种观念在一个家喻户晓、历史久远的杨、李两家争风水的古年中有深刻的显现：

杨家人的老太公从湖南来，在矮寨安家后娶金坑小寨潘氏为妻，生养四个儿子。过世后，孝子们先把他埋在矮岭河边，后来有三年寨子里都鸡不啼狗不叫，地理先生讲因为埋得太矮了，因为“高山出好地”。于是起坟埋到屋背白虎边山岭上，但是没想到又有蚂蚁爬进坟里啃骨头，搬走墓石。孝子们晓得弃在白虎边不行，又重新起坟准备埋到青龙边的山岭上。当时李家人迁进矮寨，也正要寻找祖坟地，两姓人就请来一个风水先生看地，风水先生最终看中了两处相隔不远的好地，让他们选。先生先问两家人是要富还是要贵，李家人选择要贵，杨家人选择要富。所以呢，李家家先埋在了代表贵的坟地里，杨家家先埋在福平包山脚下代表富的坟地里。结果是后来李家出人才，当官的多，但香火不旺；杨家人呢？人丁兴旺，但又不出人才。李四福就是清朝时候的矮寨老，修路、争山场都是由他出面。当时和江底的争山场，李四福口才好但写字不太好，到县衙打官司，因为状纸上的字迹太潦草打输了。但他还是不服，回来指着一座岩山对对方讲，如果三天后这座山崩了，山场还是矮寨的。没想到三朝后真的崩塌了，矮寨人得到一边的山场。李家人在矮寨住的时间不长，人丁少，后来搬（迁）去泗水乡周家村。[①]

正是由于对富与贵的不同选择导致了两姓人完全不同的结局：李姓人要贵的结果是出人才，但却不发人丁，并最终迁离矮寨；杨姓人要富的结果刚好相反，发人口而不出人才。“人神地”与祖坟风水都只能带来“富”，矮寨人对于教育落后状况的“风水宿命论”也就不足为奇了。因此，基于人与自然关系认知的风水实践实质上很大程度地参与了矮寨的家族历史、资源和村寨空间的构建。

二、身体部位与村寨空间的象征对应

矮寨人对“人神地”的拟人化构想还包含性别意识，人神的左边身体为青龙，右边身体为白虎，认为人神地风水最不合理的是固山的青龙边比白虎边高。由于传统观念中左右、青龙白虎与男女性的对应关系，矮寨人说白虎边高了，寨子里历来都是妇女比较厉害，不仅在

① 被访谈人：杨焕明，男，1967 年生，小学文化，2008 年 10 月 27 日带笔者上山看墓碑途中讲述。

家招郎上门的女性多，嫁来的媳妇也比丈夫恶。不知道在哪个年代，男性家先们不服，于是把白虎边的树都砍了，在青龙边种上一排风水树，利用树的高度来增加青龙边的高度，试图与白虎边齐平。这些椎树现在已经变成苍天古树，成为风水树和村寨的保护神，任何人也不能乱动乱砍。依照杨先生说的风水原理，矮寨坐西向东，北风从青龙边吹过来，青龙固山起到挡风的作用，应比白虎边高。[①] 先祖们在青龙边种风水树，一方面是利用树能挡风的功能人为地改变风水，另一方面是企图改变自然景观来平衡男女性别力量。

除了方位象征，"人神"身上的一些重要部位还对应村寨的特定空间。红瑶人认为，动物和人身体内所有的内脏以心肝为大，肝关乎生命的兴衰。人之间最大的仇恨就是说"我要吃了某某的心肝"，红瑶师公做法事时，也是不吃牺牲的肝的，认为师公就好比判官，有判动物死刑的权利，但没有吃其肝的权利。对应"人神"的肝脏部位，村寨聚落最大的保护神土地龙神坛就位于老寨中下方靠右的地方，每户人家有破工动土之事要先祭祀龙神，除夕夜则进行全村寨的安龙仪式，因为土地龙神的安宁与否关系着家屋的吉祥平安和全寨人丁、五谷、牲畜的兴旺。龙神坛以路边的一块寨上最大的石头为标志，石头下的空隙中放一个香炉和一个油灯（碗装）表示"坛"。2008 年除夕我参与了安龙，发现该仪式已有简化的趋势。除夕夜十点半，我跟随王师公来到老寨龙神坛下面的王仁忠公老家，一看家里只有几个人在准备祭品，师公说这几年都这样，由当年破工动土如起屋的人家代表全寨安龙，其他人都不参加了。参加安龙仪式的潘保富、王永祥和杨文汉均是当年冬天起的新屋。师公先点好神坛油灯，摆五碗酒，点一把香（单数）插于香炉中。右手摇铃开始念祭：

---

① 形法派的上砂下砂之说。

> 我来到杨家地头，王家土主，有潘保富、王永祥、杨文汉新造华堂，破工动土，今来杀鸡上供，安龙神。请得东方土地龙神，南方土地龙神，西方土地龙神，北方土地龙神，五方土地龙神，寨中土公土母，保得一寨人丁一寨人口，保得猪羊牛马成群，衣粮五谷满仓。正月锄破山田，二月耙破水地，三月抛撒秧芽，谷种一粒下地，万粒直生，不给（让）瘟芽黑谷，不要水面浮走。四月禾秧尾长，上段抛到下段，田头田尾。五月移秧换种，上种满田，下种满地，田头种到地尾。六月拢禾赶败，拨开禾叶，长上青苗，头上嫩叶，脚下嫩芽。风来随风生叶，又来随叶生枝。七月修砍田头埠尾。八月头上装花，尾上结子。低头进米，谷满十分。不要青、空、病脖。九月黄露到来，排人下田，手扯金绿禾把，田头晒上千家，田尾晒上万把。朝火烧山岩山不动，夜火烧山海水长流……

念祭后师公“交牲”，助手杀公鸡，把血涂在石头上，并滴于纸钱。再“交熟”，即将鸡清洗干净放锅里稍煮片刻后再祭一次，倒酒烧纸。安龙仪式主要由师公的念祭和牲祭组成，师公的念词清楚地表达了土地龙神的作用：“保一寨人丁，猪羊牛马，衣粮五谷”，从正月到九月的一段是师公在很多仪式上都会用到的，描述的是稻谷生长的过程，说明稻谷作为米粮是个体、家屋和村寨生命力的根本。

村寨空间的边界以人神身体的边界来想象和划定，靠背椅是古寨所在的主山，左右手分别伸到老寨包和新坳，他庞大的身躯包围着的盆地就是矮寨自成一体的村寨空间。寨脚的深坑是人神排泄污物之处，也是村寨聚落内与外、洁净与污秽的一个分界线。红瑶人非常注重聚落内环境卫生，在没有搬迁下河边之前，把不能火烧销毁的垃圾都倒进深坑里面，禁止乱丢在其他地方。这与送百口仪式中要将装着百口鬼的龙船带到老寨包下顺水推走异曲同工，一个是保持村寨内自然环境的洁净，一个是保持家屋和村寨内超自然环境的洁净，都强调了以身体内与外的感知类比而来的空间界限感。

身体社会学者约翰·奥尼尔认为，“从前，人们通常以自己的身体来构想宇宙以及以宇宙来反观其身体——宇宙和人类身体之间存在着一种和谐性和整体性。人类是通过其身体来构想自然和社会的，首先是将世界和社会构想为一个巨大的身体，以此出发，他们由身体的结构组成推衍出世界、社会以及动物的种属类别。因此，原始的物种分类所遵循的是一种体现逻辑（an embodied logic）”[①]。也就是说，宇宙空间是通过身体体现的，身体包含了它所能感知到的经验、信仰与文化。对身体结构、物质和空间结构的认知及象征推衍是社会分类的基础，反映了人类认知人与周遭环境关系的最初模式。这种通过认识人类自身来认识宇宙，人与自然、宇宙空间感应相生的思维模式，应该对当今社会如何处理人与自然的关系有所启示。矮寨的“人神”不是被崇拜的神灵，而是一个活生生的人的身体（尽管当地人并不突出其性别特征），人们从对身体结构的理解和身体的空间感知出发来认知和安排村寨空间，并在身体与自然空间相感相生的风水实践中思考人生完满状态——“富、贵”的获得途径。“人神地”既是象征性的“世界身体”，也是红瑶文化中追求身体与自然合一、天人合一的人身宇宙思想的体现。

---

① [美] 约翰·奥尼尔：《身体形态——现代社会的五种身体》，张旭春译，沈阳：春风文艺出版社，1999，第 15—17 页。

第三节　野坟巫术：村寨污染和危险的清除

在矮寨红瑶人的三界五方空间观和同心圆式的空间关系认知中，还强调内与外、亲与疏、洁净与污秽、吉祥与危险的分类逻辑。为了维持作为一个整体的村寨空间内部的吉祥和洁净，任何来自内部或外部的未知威胁力量均要仪式性地被驱逐出村寨边界。埋野坟是一种古老的身体接触巫术，用人身体的部分器官代替人，抢占龙脉，融合了风水和祖先崇拜的观念。野坟不仅直接危及个人和家屋的福祉，也是村寨空间安泰的一大隐患。

一、埋野坟：代替人身的发须爪齿骨

矮寨人选择坟山有两个基本的原则和禁忌，一是不能正对村寨聚落和他人的房屋，二是只能选择在村寨的山场范围之内，不能葬到其他村寨。村寨空间范围毕竟有限，一些人为了占领风水宝地，使后代获得更多的福佑，就会想出特殊的办法来。他们拿活人身上可取的任何一样东西，如牙齿、头发、胡须、指甲等物磨成粉末，加入水银和矮寨常见的一种钻地的小动物——土狗崽和在一起，用布包好，半夜悄悄去埋在选好的风水宝地里。加入水银和土狗崽是因为二者都有往下沉和钻地的属性，能进入地里并越长越大，找到好的地气。埋野坟的人虽然还活着，但是用他的身体物质代替其所占的风水就开始起作用，即他的阴魂“管事”，家境会朝好的方向发展。另外也可以挖出以前埋葬的家先的一块骨头，再用同样的方法重新埋野坟，不过用这种方式的较少。

野坟占据良好的地理位置，过一两年埋野坟的主家就会"起水"[①]，但对他人却不利。可以说这是一种损人利己的行为，最严重的情况是埋到他人的家屋底下，或者是正对家屋中堂，那么那一家人就会有灾难，好运势转移到埋野坟者家中。埋野坟是众所周知但却屡禁不止的一种风水实践，矮寨男人们说起这个问题总是议论不休，乐此不疲，说我可能不相信，其实寨子里漫山遍野都是看不见的野坟，有本寨人放的，也有客人来放的。

关于发、须、爪、血液等身体物质的神秘力量，民俗学者江绍原先生有过精辟的论述。他从众多的文献里发现了古人看待和处理发须爪的大学问，三种小物件既能做药物，也能致病；脱离身体后与人还有感应关系，并且能代替本人；因此，去除和埋葬发须爪都得小心翼翼，择日而行了。林林总总归结起来就是古人的宇宙观、身心关系观的一部分，发须爪"是人身的一种精华，其中寓有人之生命与精华；故保存之于人身有益，无故伤损之最有害。人与那三件东西的同感是继续性的，能使他们与人身分离，但不能斩断那同感的关系。"[②]发须爪一旦被人掌握，就可以被人用作巫术害人的工具，同时，发须爪也可以做本主的替代品，代他受罚或送命。埋野坟遵循的就是头发、胡须、指甲、牙齿、骨头等身体物质可以做本人替代品的思维逻辑，代替活着的自己象征性入土占据风水宝地。这些从人身上取下的物质都不易腐朽，就如尸骸在风水好的坟墓中能够转化为庇佑后人的强大力量。但这种做法是以牺牲他人的利益为前提，是一种基于接触律原则的黑巫术。

① 平话，指开始发达、兴旺的意思。

② 江绍原：《发须爪——关于它们的迷信》，北京：中华书局，2007，第138页。

二、挖野坟：散尽“阴魂”污染

野坟巫术的破解方法是做挖野坟的仪式，以村寨而非家庭为单位进行。每当村寨里有不祥之兆，如半夜鸡打鸣等异常行为发生时，人们就会请地理先生勘察是否为野坟作怪。全寨集体做一次挖野坟的仪式，以保人畜平安。

挖野坟仪式由“杠童”（$kaŋ^{24}$ $thoŋ^{21}$）师傅主持。杠童，是广泛分布于广西北部瑶族社会的一种灵媒。“杠”系桂北各民族通用语言桂林话音译，意为蹦跳、抖动；又由于杠童的人选多在少年中择取，故有“杠童”之称谓，以神灵附体和迷狂状态为主要特征。杠童类似于台湾福建民间的乩童、江苏的僮子，以及许地山在《扶箕迷信的研究》中归纳的十一类占卜方法之一的“降僮”：“神灵附在人体上使其成为灵媒，会预言，能治病和解答疑难问题。”① 杠童自称为“阴阳师傅”，充当灵媒神游两界，宣示神意，沟通阴阳。通过下阴的方式使神鬼附体与阳人对话，从而占卜吉凶与替人消灾解难。红瑶人凡遇无故病灾、丢东西、噩梦等非正常状况时都会去找杠童占卜，称为“听卦”，因其与师公同样要以卦为凭。杠童尊奉阴阳两教师傅，阴教师傅是道教张天师和李天师，阳教师傅即阳间的师傅。杠童的技艺传承为师传，传男不传女。

杨焕宇是矮寨现有的唯一一个杠童，系从金坑旧屋寨学艺。2008年9月22日，我参与了他为寨上一户王姓人家寻找父亲生前留下的一千元钱的“下阴”通灵仪式，有如下步骤：

摆坛。杠童在堂屋外的门楼放一根矮长凳，上面摆三碗酒、一碗茶、一碗米（问卦的人带来，上插三支香）。剪三个纸人压在三碗酒

---

① 许地山：《扶箕迷信的研究》，北京：商务印书馆，2004，第3—4页。

下面。

请师。杠童坐在另外一张凳子上，右手摇铜铃请师：

请得张天师、李天师，蒙、侯、潘、杨、王、李家师，请来直到，直到直来，请来家坛灵内，有请有到。请来身前左右，直请直灵，急急如律令，太上老君，请来就灵。请得……（阳间师傅），请来身前左右，隔山请印，请灵，急急如律令！

定卦。打卦定能否解决问卦人所问之事。阳卦多表示无法问出结果，得阴卦方可。

在日中打个卦，保卦保得家堂灵内，有酒同吃，有酒同喝，阴卦阴间做主，阳卦太阳高照。人吃白米，不知阴间阴事，请师保得要灵，急急如律令！恐防别人请去，我徒弟请来，隔山请印，请灵，请急要灵！初一十五我倒清茶供茶泡茶，使我徒弟求阴得阴，求阳得阳，求保得保。

下阴。杠童坐定，食指与拇指缠绕，小指与无名指缠绕，中指翘起。双臂自然托于膝上，双手双脚至全身开始颤抖，逐渐进入迷狂状态即"发杠"，全身猛烈摇动，表示阴人或神灵附身，开始与其对话，询问主家所问之事的缘由和解决办法。期间杠童说话均为断断续续或呓语。

回阳。阴人或神灵离身，旁人将少许碗中米撒在杠童头上，杠童从迷狂状态恢复正常。并念退卦退师决：

奉请直请直退，直退直灵，来东归东，来西归西，归到家堂灵内，香茶肉纸，万叫万灵。保卦保得公堂灵内，以后再请，找着阴间师傅，请急要来，请急要明，急急如律令！初一十五供茶，有急有信有灵！

杠童师傅不仅能下阴，未卜先知，而且有难以解释的令人咋舌的超人法力，如“跳天跳地”、拿烧红的铁三脚罩在头上谓之“戴铁帽”[①]、躺在树梢上等。这种能力是身体内的天生素质，能否在自身无意识的情况下“发杠”是成为杠童的首要条件。因此杠童一般是拥有敏感虚弱、情绪不稳定、易做梦和呓语、易亢奋和恍惚等特殊体质和经历变故等特殊命运者。

矮寨于1979年集体做了一次大型的挖野坟活动，历时三个月。在老人们的记忆里，山上山下被挖得到处都是坑，“简直就挖烂了的，阴魂散尽了”。矮寨人从金坑旧屋寨请来法力最厉害的杠童师傅潘田保，他在矮寨杠童家里摆好师坛，选出一部分青少年男性，看看谁能发杠，以甄选“生童”。有意做杠童的男子们躺在堂屋的板凳上一字排开，潘师傅化一碗法水，边念咒边向每个男子身上连喷三口水，如果有做杠童资质的人被喷第一口水的时候会手动，第二口脚动，喷第三口水时就会全身抖动蹦跳起来，进入“发杠”状态。“发杠”之人在杠童师傅的指挥下直蹦屋外，寻找埋有野坟的地方。他们自己完全没有意识，满山遍野搜寻，即使在漆黑的夜晚也能健步如飞，蹚水过河，能从非常高的陡坡上跳下而毫发无损，累了就爬到尖尖的树梢上休息。当时做过杠童的杨文能向我回忆了他的感受：

那时候我才24岁，还是后生家，刚开始是觉得好耍就

① 普通人说不相信杠童有超人法力时，他就会做如此举动证明。

去了，没想到自己能杠起来！往外面跑的时候，我的意识是模糊的，只觉得有一股力在后面推我，也不晓得自己跑了哪些地方。就是后来听别人讲我从好高的坎跳下来很吓人，但是我看我的脚一点事也没有！这个事情确实很神很怪，我师傅也讲不清楚的。我公（ko^{24}，爷爷）也做过杠童，可能有遗传关系吧，但是后来我巴（pa^{44}，奶奶）讲我越来越瘦了，不想要我再做，扯了一堆狗毛撒得我全身都是。狗有秽气啊，学法术的人最忌讳的，师傅就讲我身体也带秽了，再也做不了杠童。你讲也怪啵，我后来真的杠不起来了。[①]

生童找到埋野坟地点后，杠童师傅带领寨上的其他男性去挖，先用法刀插进地里，如果有野坟就会出现一根黑线，人们顺着往深处挖掘，挖出来一大团像蜂窝一样黑黑的东西，即是吸收地气后长大了的"阴魂"。马上泼煤油烧毁，或者丢到河里让水冲走。如果下面没有野坟，生童又得重新寻找，反反复复耗时耗力。野坟被挖出来后，放野坟的如果是寨内人会受到大家的鄙视和诅咒。矮寨人中一直流传这样一件事，当时在土地龙神坛下发现了野坟，杠童师傅的法刀刚插下去，寨上一家人的两百多斤的肥猪马上就惨叫起来，一会儿就断气了。矮寨的人们都相信这二者是有联系的，认为是这一家人放的野坟。

挖野坟仪式成功的首要条件是封寨，严格禁止生人进寨，即使是外出的本寨人也不能在仪式期间返回，以寨外南北向的两座山峰新坳和老寨包为界。也就是说挖野坟的仪式必须是在一个封闭的村寨空间里面进行，禁止"生气"的介入，强调寨内阴魂危险的"出"而禁忌

---

① 被访谈人：杨文能，男，1955 年出生，小学文化，访谈时间地点：2008 年 9 月 18 日带笔者去建新村江门口盘瑶寨途中。

寨外陌生力量的“人”。

埋野坟身体巫术的本质有二：一是人的遗骸吸收天地之气，能与后代发生神秘联系的风水观念，二是重要的身体物质在离开身体后仍与人有同感关系，并能代替本人的身体观。矮寨人对野坟能给埋之人带来好运，给被冲犯了家屋的人家带来厄运的结果深信不疑，但大多数人对这种巫术行为持否定态度。因为野坟的危害不仅针对家庭，还牵连到更大范围的村寨空间的安危，一些可能由太多野坟引起的灾难如村寨大火往往令他们措手不及。因此，破解身体巫术的挖野坟是对村寨超自然污染源的清除仪式，离开人体的身体物质变成了污秽和危险的“阴魂”，其驱逐过程象征了红瑶人的阴阳、内外等社会分类概念。

总之，矮寨人对空间的型构是以对人的身体结构的认知为基础的，身体、家屋、村寨、阴阳界几个空间层次既是包含与被包含的同心圆关系，又存在着象征、类比与感应的互动。红瑶人认为人是由物质身体与魂组成的生命体，家屋也是一个如身体般有生命、方位、性别的小宇宙，为生命体系中人的生命基点。在作为“物”的家屋的建造过程中，相屋场、相木如相人，主要由男性打造了有生命力和孕育特质的家屋。而家屋生命体的延续则有赖“有秽”女性对家屋空间的使用和婚后家屋位置的选择禁忌来完成。由家屋与土地、山峰、树木、河流等自然物组成的村寨空间被矮寨人想象为一个巨大的身体，不仅村寨空间与“人神”身体边界相重合，“富、贵”的获得也与人神身体姿势，以及聚落与人神身体部位的对应有因果关系。在野坟的风水实践中，身体物质变成了一种利弊兼有的巫术工具，并因为对村寨有害而被驱逐出境。这些身体的空间象征归结为一点就是“身体小宇宙”的观念，身体认知和经验建构了红瑶人对自然空间的认知和营造，再通过代代相传形成包含特定身体观和宇宙观的文化传统，融入日常和仪式生活。

从这个意义上讲，身体的空间性至少有两方面，一是身体本身的物理结构、生命活动和方位感；二是置身于生活环境和宇宙空间中，如梅洛－庞蒂所指出，身体的空间性是一种“处境的空间性”[①]，与感知到的周遭环境共生。红瑶以身体为基点营造和想象生活、宇宙空间并影响社会关系构成，正是出于对身体之两重空间性的理解，实现天人合一的理想；与此同时，在身体与家屋、村寨空间的象征互动中，社会秩序对身体进行了象征和权力建构，反映出“空间”并非仅仅是一种物理结构，更是社会属性的集合。空间既是社会关系的生产场所，也是文化信仰的营建网络。

① [法] 梅洛－庞蒂：《知觉现象学》，姜志辉译，北京：商务印书馆，2001，第137页。

第四章　身体的孕育：诞生与禁忌

在家屋和村寨空间的身体象征中，红瑶人以身体来构想宇宙空间和社会；相对地，他们也以社会来构想自己的身体，换言之，身体同时被社会文化所建构。要理解身体的本质离不开身体的时间性，它通过两条纵线来绵延：一是个体的生命过程，二是群体身体样态的历时性发展。本书所指的生命过程并不限定于人生礼仪，而是扩展到与孕育、生育、抚养、成熟、婚姻、疾病和死亡序列相关的身体象征与经验，关注红瑶人的仪式生活与日常生活中，生命孕育、循环、延续以及身体与社会文化继承和互动的方式。还将注意到这些内容在不同时代背景下的差异和变化。

本章将从"花"崇拜开始，描述红瑶人的孕育观念、孕产禁忌、诞生礼和新生儿从具自然属性向社会文化属性转变的一系列仪式。由于红瑶人对女性繁殖和孕育生命能力的强调，诸多身体孕育的身体象征、禁忌均与女性有关，因此本部分更多地以女性为讨论对象。

第一节　"花"崇拜与人的形成

"花"(fa^{45})是红瑶关于人的形成的一个重要概念。花婆，也称婆王、天婆、婆神、婆官，其是红瑶敬奉的生育女神。红瑶人有花为人魂的生命观，认为花婆居住在天上的花林里，掌管着大片的花树，每一个新生命的诞生都是她从花树上摘花送到人间投胎的结果，人死亡后灵魂再化为花，重归花林。送红花生女孩，送白花生男孩。尽管红瑶人知晓生育乃男女两性之创造，但同时又认为如命中无花婆所送的“花”，则难以有子嗣。农历二月二是花婆诞辰，妇女们在床头烧香供茶祭拜，久未生育的妇女请来“齐全”的妇女为她换头，从螺丝发髻换成已育妇女的椎髻，祈求花婆赐子。

生命之花在奔赴人间的过程中，会碰到许多阴路阴桥鬼精的阻碍或神灵的帮助，共有 6 座阴桥和 15 种鬼精，如五鬼精、虎精、暗山精、埋儿精等[①]。由于鬼精是花向人转化过程中所遇债愿，故而又被冠以“父母”的称谓，这种债愿和所欠花婆化生之德即为“花愿”，以各种病灾的方式反映在人身上，需以还愿的方式化解。地理先生通过“看父母”来测算每个人命带什么“父母”，依据是《看父母通书》。有不同的禳解方法，以“还花愿”仪式最为隆重。“还花愿”（也叫花堂会、花草会）是得子后或子女有病灾而酬谢和祈求花婆保佑的仪式，是红瑶人一生中最为重要和隆重的仪式之一。据各人生辰和在花树上的位置，花愿有“大堂”和“半堂”花愿之分，还愿时间亦有差别。半堂和大堂花愿的区别在于仪式的繁简和祭品的种类，半堂需要一天一夜，祭品是一只公鸡；大堂则持续两天两夜，需要一只鸡和一头肥猪做祭品。我们从仪式过程入手揭示“花”蕴含的意义。

一、还愿解灾：还花愿仪式

还花愿的时间一般选在农历腊月十八至二十五之间，因为花费比较多，尤其是大堂花愿需要一头肥猪祭祀。为了节省开支，仪式将就这几天杀过年猪的时间，一举两得。还花愿需要由三个师公配合进行，因矮寨一般只有杨、王家族的两个师公，做还花愿仪式通常会请金坑

---

① 详见第七章第二节。

山话红瑶老师公前来协助。[①] 主家整个房族的人都来帮忙和祝贺，提前一天请老人做好花楼、花龙船，准备祭品和宴席菜肴等。还花愿分为两大部分，一是模拟送花得子的过程，还恩花婆，二是为病人解除身体损害和病痛，下面简述主要仪式过程。

（一）模拟送花得子

1. 请家先和七十二鬼

师公们在火塘边的供桌上摆三碗酒，一瓢一斤的米，上面放红包。右手摇铜铃请主家的家先，通报家先来接花婆送子，接花愿。接着用大张的纸钱剪成人形状的纸牌，沿着香火下的三面墙壁一字排开贴好，代表需要请的七十二路鬼（神）。潘师公左手拿令旗，右手摇铃唱请神唱词。所请神灵有梅山祖师、上元先师、中元坛师、下元籍师、太上老君、九天玄女、龙水法师、前代后代婆神、五土龙神、天门金相、银殿飞山、南海观音老母等。包括了道教、梅山教、佛教和一些瑶族土俗神灵。请不同神灵要配合不同的唱词、鼓乐和舞蹈动作。

2. 请神坐阴，交牲保命

请神坐阴，附在香火下的七十二张纸牌上，不与阳人坐阳。红瑶人对人居住的阳间和神鬼的阴间世界有明确的划分，认为二者各得其所才不会对阳人造成伤害。定卦解灾难，打三卦，阴卦收灾，阳卦散灾，保卦保得灾难断根。之后就可以交牲了，师公在香火前摆好酒香

---

① 自从师公王永强的先师于 2005 年逝世之后，矮寨近几年不再做还花愿仪式。笔者于 2008 年农历腊月二十日和二十四日在和平乡金坑小寨参与了两次由潘德胜师公主持的还花愿仪式。这里以腊月二十四日的大堂花愿为例，原因是潘树安半岁的儿子感冒咳嗽，不思饮食一月有余，请地理先生推算出命带大堂花愿，年内必须还愿。

纸等祭品，向神灵家先“交牲”：“猪不是非凡猪，猪是太上老君猪。替某某头上灾脚下难，猪死某某生。”[①] 打得保卦后主家杀猪。在香火前的门楼摆一张高凳子，杀猪的人将猪按压在凳子上，头朝香火方向。师公拿病人的衣服放到凳子下，等杀猪见血马上拿衣服起来说：“某某人起来。”衣服代表的是病人的身体，意思是一命换一命，病人用此衣服做枕头睡三天，以保魂魄附身。

3. 架桥渡“头上灾脚下难”

师公将开山斧横放在地上，左边摆酒，右边摆饭，象征为病人架桥，将灾难渡到彼岸。红瑶人观念中的灾难都是围绕身体而展开的，师公拿剑刀转圈念：“前代架桥鲁班师傅，后代架桥鲁班大师，五方金木水火土，桥头伯公，桥尾伯婆，某人头上有灾脚下有难，请得梅山师傅为其架桥一渡，千年不动万年不移。”打阴卦接桥，保卦保灾。

4. 花婆送花，父母接花安花

花楼是用竹子扎的两层四方形架子，代表花婆住处。上层挂满红绿两色纸花，象征花树；下层用于供牺牲和收灾难。师公将花楼搬到香火前，取下一花枝唱《送花歌》，并摘一朵花递给站在旁边抱着病人的父母。三拜花楼后，师公一行人陪同夫妻将花送回卧室，插在床头的墙壁上，表示安花。潘师公扯下花楼上一花枝的叶子扔向花楼和四方，象征“散花父母”。师公手拿令旗告诉花婆接花完毕，下一步该是得子了，因为先开花后结果（子）。

---

① 本节引用的念唱词大部分为师公用红瑶山话（优诺语）念唱，汉文由仪式后请师公逐句翻译，笔者录音整理而成，少部分为手抄本。

5. 转花楼唱 36 坛父母

主家先杀鸡供花楼，徒弟中的一余姓师公和一歌娘边唱边围着花楼逆时针转 36 圈，象征红瑶生命起源神话中的 36 个迷魂包。[①] 女子背背篓，怀抱用布扎成的小孩，二人步履蹒跚，唱父母得子的辛劳，祈求花婆保佑，曲调忧伤。“一思二想三叹气，四闷五愁六担忧，七思八想九流泪，十在家乡难舍丢”是饱含幽怨的起兴句，唱词有《采茶歌》、《唱四海婆官》、《唱四季婆官》、《唱金花父母》、《唱渡花父母》、《十二月怀胎父母》。

6. 询问病灾原因

二人唱完之后，与坐在旁边扮演地理先生的潘师公对话，说得子后又遇病灾，父母千辛万苦找到地理先生询问孩子的病因，得知原因是命带花愿未还。潘师公接着做敬茶酒、烧纸等过渡性仪式动作，说明仪式将进入正式的替“花男花女花孙”解灾阶段。

敬茶唱：“吃杯茶，门前有杯茶，风吹又发芽。花男花女花孙直到八十八。”

敬酒唱：“一盅云雾酒，门前有坛酒，风吹叶绿绿。花男花女花孙直到九十九。”

拿卦唱：“夸夸响，验阴阳，千岁万岁五土龙神。第一阴卦门前收灾，第二阳卦灾难四散，第三保卦花孙太平。”

烧纸唱：“人钱财纸，请动千岁万岁五土龙神，求阴得阴，求阳得阳。”

丢火炭唱：“一朝堂前收灾难，今日花草会上收一转，人丁满堂，

---

① 详见附录一。

五谷满堂生。二转牛马财路，灾难一刀出外乡。”

（二）解除“灾病在身”

1. 上呈吉情文书

师公手拿写在红纸上的吉情文书，用文字形式向花婆上呈还花愿的原因，祈求花婆保佑病人病痛脱身，念完后放进花楼。表明了禳除“灾病在身”的仪式目的：

> 今据大明国广西桂林府义宁县管上金坑，四时建就兴安社官，家居金坑土地庙，受灾潘树安某同其妻潘氏为花男某某，人命生于某年某月某日建生行年半岁，因在某年某月某日得沾灾病在身，苦痛难当，一家大小心中忧虑，接将香火前去广西殿门占问，得出花孙前身命带大堂花愿一根，方知来因，因命请梅山三元弟子入床前，敬许七星花愿，花孙公婆父母计议上良收布香纸用向。今年某月某日某时天德吉星上良吉利，念请梅山三元弟子修写文书一封供就家堂，声动阳乐一部奉还花婆官，请神入位伏位，奉还花堂古愿。

2. 收“灾病”入花船，解六害怨结

花船用稻草扎成，船头扎成龙头模样，船身挂满纸花。龙船的功能是装载灾难，花婆和龙神将花男花女花孙的灾难顺着河海带向远方。然后是解六害怨结，师公拿病人的腰带打结又解开，重复十二次，打保卦保病人平安，病人拿腰带做枕头睡三天。“解了本身无冤债，三魂七魄便附身”后，病人身体才能恢复正常。师公再收一次灾，将病人灾病和家屋不干净的东西全都收进花船。

3. 宴席

“灾病”收完，主家宴请师公和房族亲戚，所有来祝贺的房族都要送5—10斤米，以示给主家添粮。“粮”是维持生命的基础，身体病痛即生命力的衰弱是命中缺“粮”的表现，需要至亲们的添粮。

4. 起花楼花船，带灾病出家屋

师公们在花船的龙头上插五支香，边唱《船郎歌》边踏船出门。同时房族帮忙的人抬花楼，一直送到寨脚下的水沟（河）边，烧毁花楼和花船。师公用符封门，主家的人不能出门。仪式完毕，病人家三天内不能出财（财物外流），也禁止生人进屋。病人三天内只能在家屋内及周围活动，以免受到其他鬼的新的侵害。

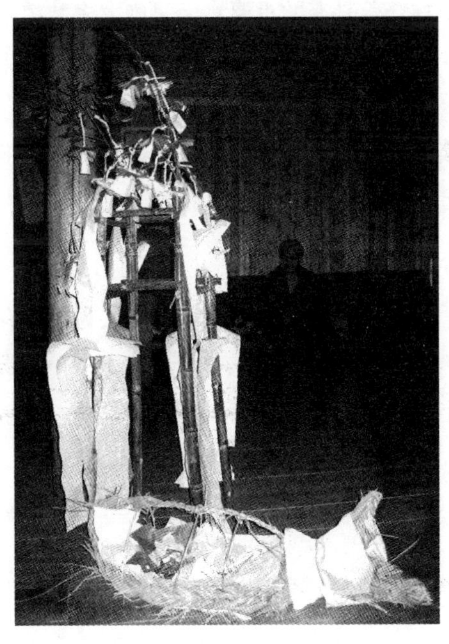

照片 4–1　花楼、花龙船

二、女阴象征与骨血延续

还花愿仪式是红瑶“花”崇拜的集中体现，诸多身体的文化表现和核心身体意象蕴含了“花”的身体象征与延续意义。

（一）“花”：女阴象征的衍化

“花”是贯穿仪式的核心意象，它在红瑶社会意味着什么？这是理解还花愿仪式的基础。对于“花”的内涵，学术界已多有讨论，公认对其的崇拜是一种生殖崇拜，由先民的自然崇拜演变而成。① 在“万物有灵”的原始哲学下，人们对人和植物的生长繁殖过程都缺乏科学认识之时，发现人与植物有相同的生殖过程和生命活动，同样具有可以相互感应的“灵”。“远古时代，人们……逐渐注意到花作为植物的生殖器官对于植物繁殖具有的重要意义：绝大多数植物是通过开花结果来进行下一代的繁殖的。因此，在原始先民的生殖崇拜中，植物的花也就被列入了思考的范畴。”②

“花”在红瑶社会的象征意涵有二：首先，植物与女性身体类比的表现，花朵象征女阴。从外形上看二者具有相似性，花瓣与阴户、花心与阴蒂相对。平话称女阴为“花”，阴蒂为“花蒂头”（fa^{45} te^{45} $təu^{21}$），子宫为“花宫”（fa^{45} ko^{24}）。矮寨人认为阴蒂有利于生育，旧社会无计划生育措施时，妇女们就用尖利竹棍捅破阴蒂以导致流产。花朵对于植物生殖的核心作用与女阴对于人类繁殖的重要作用使二者被等同类比起来。

---

① 参见赵国华：《生殖崇拜文化论》，北京：社会科学出版社，1990；廖明君：《生殖崇拜的文化解读》，南宁：广西人民出版社，2006；廖明君：《壮族自然崇拜文化》，南宁：广西人民出版社，2006。

② 廖明君：《生殖崇拜的文化解读》，南宁：广西人民出版社，2006，第 215 页。

其次，体现了花为人魂观的红瑶生命哲学，且隐含性别观念。在红瑶生育信仰中，花是人，人即花，花与人之间存在感应性的生命关联。人由花树上的花投胎而成，女孩为红花女，男孩为白花男，人们在花婆面前自称为花男、花女、花孙，形象地传达出以花类人的观念。红瑶人认为得“花”才会得子，《十二月怀胎父母》云：“小妹当昔得一梦，梦见南海金树红；小妹当昔摘一朵，戴起头上满头红；庆见摘花一个月，就是儿子上娘身；左手摘花是男子，右手摘花是女人……”歌中唱出了女子摘花怀孕的过程，并且用左右来区分花所属的性别，这是对花与男女性别关系的另一种解释，与红瑶人的身体观有关。

“花”和身体的神秘感应在于，花在花树上的位置和成色主宰着身体健康与否和命运好坏。命理先生可据生辰八字和《看父母通书》推算出人一生的病痛与灾难，如命带花愿、关煞、限度、拜寄、各种“父母”等。杠童也能通过下阴“看花”，查看听卦者所对应花婆掌管的花朵的成色，从而判断其病灾之根源。红瑶内部流传的《看父母通书》[①]上绘的花树图显示，不同月份出生的人分属于不同的花枝，年月日时组合的生辰又决定了在花枝上的不同位置，花朵的大小、状态是有差异的，每朵花转化成的人的命运也相应大有千秋，如：

> 正月生人欠六害，花愿未还，今生有灾，东方青帝父母隔食，宜寄花林。二月生人西郡府伍家君女，欠花堂大愿，宜寄香殿社坛，寄名保养大吉……六月生人前托生命带半堂花愿，用还可保养大吉……十月生人北海胡家托生男女，欠精灵暗山桥王父母，用还解送大吉……

① 矮寨地理先生杨文同、王仁道保存。

除了还花愿仪式与之有关外，“花”还涉及求育仪式。久婚不育的夫妻要请师公架花桥向花婆“求花”。花婆摘花给阴间的家先，再由家先送到阳间，女子迟迟不怀孕则是因为有“鬼板路”[①]在送花来的桥边路边阻拦，架桥后才可顺利到达。架花桥要架在宽而深的水沟上，同样用直而均匀、树根部带小杉苗的杉树架。同时在桥头放置一个竹编小拱桥，两根竹篾用彩纸分别包成红绿色，代表夫妻二人，竹篾交织表示夫妻双方的结合，挂在小拱桥上的红白颜色的花朵代表子女。在架花桥仪式中，不育妇女的外家人要挑着糯禾把和用布包成的小人从桥的对面走到桥头，为出嫁了的女儿踩桥送子。双方有问有答，外家人问：“你们在做什么？”主家答：“我们在求子求女”；主家问：“你们来做什么呀？”外家答：“我们来送子送女”；外家：“送子得对，送女得双”，主家：“接子得对，接女得双。”师公先在桥头杀鸡请家先接花，再到桥对面杀鸭。鸭会浮水，象征着外家人撑船过来送子，男方用会应答的公鸡去接。不育妇女再接过母亲手里的小人，回到家放在被窝里，象征子女。同时放一团糯米饭在床上，称为“怀胎饭”。外家母亲在仪式中其实就扮演了花婆送子的角色，架花桥与还花愿仪式共同的主题就是孕育生命。

“花”从最初的女阴象征逐步衍化为人的象征物，红瑶人在对“花”的生殖崇拜的基础上，又逐步创造出花婆这一主宰世间生育的神灵。通过还花愿仪式表现和传承这一身体象征意象，表现生命由“花”而人的过程，赋予自然的“花”——女阴以文化属性。红瑶人认为人有前世今生，生死就是在阴阳界轮回的结果，那么，花无疑是人的身体和生命力在阴阳界之间循环的连接物。

---

① 泛指鬼魂、精灵等超自然物。

（二）“骨血”的延续

“‘种’本来是生物学的一个核心概念，但在不同的文化背景下，它又被赋予了一定的文化意义，具有了文化的社会属性。在中国，‘种’的观念与祖宗观念相辅相成即为后代观念。”[①] 红瑶社会中“种”的地方性概念是“香火”与“亲骨血”（$tsh\partial n^{45}\ kua^{45}\ y^{2}$）。“亲骨血”与“香火”同样指后代，区别在于香火可以通过接养、招赘和两头顶来继承，“亲骨血”则与后两种形式有关，更强调父系血亲的延续，表达了红瑶人独特的身体观和亲属制度。

“骨血”观是红瑶对身体构造的认知：人的身体由骨头和肉组成，骨头来自父亲，肉由母亲的血转化而成。人的骨头来自于父系血亲的代代相传，父亲构造了后代身体的核心成分。骨、血肉和气联结了祖先和后代，骨和血肉组成人的躯体，气代表不可见但却至关重要的生命力。基于这种观念，矮寨人非常重视父亲与子女的连接。包裹新生儿（男孩）的第一块襁褓就是用父亲穿过的衣裤做成的。母子的关系更多地体现在抚育上，母亲的血构成胎儿的肉，并用血化成的奶供新生儿的身体成长。对于奶由血所化，《十二月怀胎父母》中有说明：“一日吃娘三度奶，三日吃娘九度浆；尽是吃娘肚内血，叫娘老来面皮黄；养得成人身长大，吃了三万三千血。”

还花愿仪式体现了红瑶人的“亲骨血”观念。花堂会的目的之一就是酬谢花婆送子之恩，父系骨血的延续通过“花”在阴阳两界的传递表现出来。仪式的前半部分再现花婆摘花直至得子的全过程，顺序是花婆摘花——送花到阴间——土地龙神接花——家先接花——父母

① 麻国庆：《从非洲到东亚：亲属研究的普遍性与特殊性》，《社会科学》，2005年第9期，第111—121页。

领花——安花——得子，花婆神摘花给掌管阴地风水和阳间人丁的土地龙神，再送到阴间的家先再到阳间的父母，“花”和一脉相承的“骨血”观念将祖宗与后代紧密联系在一起。出嫁女和上门郎都要回到自己的外家做仪式，即谓“从哪个香火出来就回哪个香火做”。

师公在花楼前唱的《送花歌》云：

> 当初姊妹有出处，姊妹出处有根源。病是哭男又哭女，哭男哭女船上行。山上山下仙花送，不比树上花落裙。妹是摘花仙花送，先送阴间后送阳。到堂受领香茶酒，领娘茶酒写因缘。……若有好意来送子，见了送子左门神右伏位。门神伏位领花树，先进前门后进位。若有好意来送子，见了送子五土龙神，五土龙神领花树，进宝龙君给凡人。若有好意来送子，见了送子潘氏门中三代先祖，三代先祖给花树，靠你送子又送女。若有好意不送子，见了送子是上楼花架下楼伯婆，花架伯婆领花树，退子又退子。若有好意不送子，门面娑罗大判官，娑罗判官领花树，棺木切断其他乡。送花女子来得水深路又远，穿烂几多鞋子双。打得阴卦保阴树，阳卦保阳人，保卦保得花孙命也长。送花婆女来的真灵又真灵，送个真花女子进娘房。

歌中展现了花婆送花“先送阴间后送阳”的过程和接花途中的艰难险阻。为了接到花，家先要与阴间的孤魂野鬼斗争，以防被抢。送子来的是三代之内的直系血亲家先，得子的家庭在新生儿满月后要去问卦，问出是葬于哪座坟墓的家先送来的，择吉日请师公去坟前杀鸡宰羊请其“吃气”，以恢复在阴间辛苦接花送花损耗的精力。

接到“真花”是保证“骨血”顺利延续的关键，真花的含义一是健康饱满的花朵，二是“同一兜树的花”。红瑶人认为命中是自家子女的才能长大成人，中途夭折的孩子是因为家先接错了花，让父母白辛苦一场。花婆身边的“渡花郎君”便是确保送真花之神，因此在转花楼模仿送花接花过程时，师公要唱《渡花父母》祈求送真花：

> 一渡东方寅卯辰，渡花郎君本姓陈，日里便在花林坐，渡朵真花真对真；二渡南方……，今夜祖师来为主，保你花孙得真花；三渡西方……，日里便在花林坐，渡花郎君正子孙；三渡北方……，日里便在花林坐，渡朵真花入房中。

信仰层面需要送花接花，现实中夫妻双方的结合，以自己的身体物质构成子女的身体也至关重要。仪式中扮演夫妻的师公和歌娘围着花楼转36圈，就是模拟生命起源神话中洪水后仅存的两兄妹张良张妹在经历一系列考验之后，不得不顺应天意结合为夫妻繁衍后代。36个迷魂包是兄妹俩经历的最难的考验，但二人还是碰到了一起。师公用身体语言重现生命起源神话中的人类繁衍的情景，强调了父母双方在骨血延续中的生物学意义。

（三）“命延长”：解除身体损害与病痛

除了“花”和“骨血”之外，还花愿仪式中另一核心的身体意象是身体病痛的解除。花堂会的目的之二是使做仪式之人“花根稳固”，身体健康少灾难。在此层面上，花婆不仅摘花送花，而且在人的成长过程中护花，主宰“花”即人一生的生命力。红瑶人所说的灾难包括人一生会遇到的各种鬼侵害、关煞、六害等，指对人的身体、生活和幸福造成危害的超自然因素。大部分灾难会直接呈现在身体上，对身体造成损害和导致病痛。仪式后半部分是解除的重心，但其实从头到尾都贯穿了解灾难的主题，师公大多用唱和念的方式来表达。

仪式起始请神坐阴，师公定卦为病人解灾难，打三卦意为收灾、散灾和断灾。交牲部分，师公用牺牲酬神以求得花愿的圆满和灾难的祛除："今日收一分，二今收二分，三今收起某人灾难，心中收他痧气，肚中收他鬼气。心中无气添气，肚中无力添力，左边右边收起，收上大命红猪带走。"这里的灾难就是病人心中肚中的痧气和鬼气，痧气是深山中的瘴气所致，鬼气是超自然力量的怨气施加在人身上的惩罚或报复，这是瑶人认为导致疾病的最主要的两大类病因。作为牺牲的猪带走身体疾病，放在猪下面的衣服代表病人身体，拿经过处理带有禳除意义的衣服做枕头睡三天后，魂魄会逐渐回到病人身上，恢复健康。接下来的用开山斧架桥也是为了渡病人"头上灾脚下难"，再一次证明红瑶人认知的灾难大部分与身体有关。

降落人世间的"花"闯关煞如同花树上的花需要避虫害，花根生得牢固才能生命长久，花婆能够"保你花孙命延长"。正如转花楼时唱到的《唱四季婆官》所言："霹雳一声天地动，赫（吓）得孩儿睡不眠。天婆床上偷失笑，是婆行灾莫怨天。叩愿天婆来赐福，保你花孙命延长……"歌中列举了小孩四季最容易得的几种疾病：春季痘疮、夏季惊吓不眠、秋季痢疾、冬季伤寒咳嗽，并说明病因可能是花婆降灾、六害和关煞，拜许婆官保佑花孙性命，"骨血"才得以延续。

六害鬼是人易遇到的恶鬼之一，结果也是导致身体损害与病痛，魂魄失散。师公用代表病人身体的腰带打结又解开，是象征将附在他身上的五方六害怨结全部解开，师公的念词清晰地体现了花婆和师公为病人解开怨结，追回失散的魂魄，使人鬼阴阳相隔的目的：

一解东方六害鬼，解散东方六害神，拜解穿心六害鬼，娘在房中捉邪神。第一解了同心结，天下同心结凡人。伏我三师当堂解，你归阴路我回阳。

二解南方六害鬼，解散南方六害神，解开怨结散怨结，娘在房中恼儿郎。长江大海抛丝绸，伯婆房中六害神。请个师人来解散，解散冤家水洗身。

三解西方六害鬼，解散西方六害神。解脱怨结散怨结，如今正是解怨时。五两钱财散不脱，三两三解全得归。伏我岳元当堂解，你归阴路我回阳。

四解北方六害鬼，解散北方六害神。解开怨结散怨结，正是伯婆解怨时。解了本身无冤债，三魂七魄便附身。

五解中宫六害鬼，解散中宫六害神。如今解脱无冤债，降落此花赐麒麟。六害婆官来解散，凶灾恶煞尽消除。今日祖师当堂解，金刀斩断不成冤。

父母安花得子后，师公向花婆上呈的吉情文书中也清楚地道出了花婆护花，替人解脱身体的病痛和人世横灾的功能：

虔备花船一只，装载千重，开煞护吾身。天婆有感，所保受灾花孙自身清吉，灾难轻好，热气消散，病痛离身，茶饭通进，颜容依旧，魂魄附身，花枝结绣，桥坐擎身。年成三百九十二岁，命延长寿，度托三行六害两不相缠，利于公婆易养成人，长大接载宗枝，三灾不见，非横不生。所保家门人口双全，做事无难。花在空中，全靠天婆庇护。

这段话是祈愿花婆将花孙的灾难收进花船，根本目的是庇佑花孙身体健康，摆脱关煞纠缠和身体疾病，长大成人“接载宗枝”。可见，自身的“命延长”也是为了下一代的骨血延续，隐含着代代继替的观念。所有有形和无形的灾难的承载物是花龙船。仪式的结尾也是高潮阶段，随着花龙船被焚烧后丢进水沟里，灾难也就乘船顺着河海一朝出外乡了。

“花”、“骨血”和身体疾病解除三个身体意象构成还花愿仪式的内在逻辑序列。花最初指代女阴，逐渐演化为人的象征，得花与生命诞生构成前因后果的关系。仪式中展现的摘花、送花、接花、孕育的过程也是父系“骨血”代代延续的过程。“花”即人的“命延长”又是“骨血”延续的基本保证，身体损害与疾病的仪式性解除成为必需。三个“自然”的身体概念在仪式实践中构成了统一的文化信仰。还花愿仪式兼具了生命转折仪式和困扰仪式[①]的特征，同时涵括孕育与解灾的两大主题。“花”信仰开始于女性身体与自然物类比的生殖崇拜，发展中又融入了祖先崇拜观念，与红瑶独特的三界划分、风水实践、信仰体系和亲属制度等因素错综交织。还花愿仪式揭示出人的生命通过花婆掌管的“花”在阴阳界之间轮回，并与“花”相互感应。人的身体又来源于父骨母血，“真花”的传递与“气”的凝结让一代代“骨血”得以延续，花与气代表的人的生命力通过身体在阴阳界、家先与后代间循环。身体疾病与超自然力量有关，仪式性解除是为了保证“花”的长久生命力。通过对“花”、“骨血”和身体疾病解除这三个身体意象的分析，我们可以认为在“花”信仰及仪式中，人的自然性的身体获得了精神价值与文化属性，体现出红瑶信仰层面的生命观，以及社会结构层面的亲属制度的关联和核心本质：延续。

---

① [英]维克多·特纳：《象征之林——恩登布人仪式散论》，赵玉燕等译，北京：商务印书馆，2006，第6—15页。

第二节　孕产禁忌及生育技术

日照东方日晒西，怀胎父母下坛场；小妹当昔得一梦……右手摘花是女人；小妹怀胎两个月，对花不见洗衣裳；背地思量成惶恐，只怕冤家来取娘；妹又怀胎三个月，小妹思量骨头酸；三月青柳吃三个，一心只受脚又酸；妹又怀胎四个月，看来身上像金光；记得少年身做女，路上逢人也难藏；妹又怀胎五个月，五尺罗裙也不长；六尺罗裙围不过，感言围过也不长；妹又怀胎六个月，不要移动火炉床；莫要犯着游胎鬼，先死儿子后死娘；妹又怀胎七个月，七个月里定阴阳；左边动者是男子，右边动者是女人；妹又怀胎八个月，八尺罗裙不满身；八副罗裙娘说短，空身行路脚飘摇；妹又怀胎九个月，看来身上像禾仓；妹又怀胎十个月，脚下丈夫不思量；我与阎王隔张纸，不知性命落何方；便请鬼师来许愿，观音门前许愿良；因为花枝叩先祖，草赐降生马上郎；许愿未罢娘肚痛，转身移步上牙床；自从花熟蒂子落，好日好时生下郎；各人得个金花子，一家大小尽欢喜；每人吃碗生姜酒，叩愿天长地久长；外婆三朝来洗补，安名叫做紫花郎；六月江边洗席子，日头晒得面皮黄；十二月江边洗被单，打开霜水洗衣裳；霜水冻手如刀割，食指提来口内含；夜里儿子多啼哭，点灯点到大天光；游[1]时游得手也软，抱时抱得手生疮；一日吃娘三度奶……养男养女多辛苦，受饥受

① 指抱着婴儿游走，哄其入睡。

饿多儿郎；父母叫声随声应，不许高声应爷娘；望得有男随儿贵，有男有女不凄惶；有爷有娘总是好，大树脚底好遮荫。[①]

这是师公在还花愿仪式上所唱的《十二月怀胎父母》，从女性的角度叙述了从接花受孕、怀胎十月到育子成人的过程。歌中浓缩性地展现出女性在孕期内的身体感受和行为禁忌，新生儿降生后的安名和庆贺活动，以及"带仔"（养育儿女）的辛劳。红瑶古言云："十二担柴火就是那一担重，十二步水就是那一步深。"生育是成为完整的红瑶女性的标志，神圣而艰难，从受孕的那一天起就因身体异常而与诸多禁忌相伴相随。

一、孕期饮食与行为禁忌

禁忌（taboo）是所有文化中的普遍现象，"它代表了两种不同方面的意境，首先是崇高的、神圣的，另一方面则是神秘的、危险的、禁止的、不洁的。意指某种含有被限制或禁止而不可触摸等性质的东西之存在。严格说来，禁忌包括：属于人或物的神圣不可侵犯的（或不洁的）性质、由这种性质所引起的禁制作用、经由禁制作用的破坏而产生的神圣性（或不洁性）"[②]。红瑶人的孕期禁忌主要有饮食禁忌和行为禁忌两种，后者还包括对孕妇的丈夫和家人行为的限制。

（一）"互渗律"思维：母子的身体联系

埃德蒙·利奇区分了对食物可食性判断的三个范畴："可食之物被视为食物，并成为日常进食的组成部分；可食之物被认作可能的食

①《十二月怀胎父母》，手抄本，矮寨师公王永强保存。省略号部分已在前一节还花愿仪式中述及。

②［奥］弗洛伊德：《图腾与禁忌》，杨庸一译，北京：中国民间文艺出版社，1986，第 31—32 页。

物，但却被禁止食用，或者只能在特定（仪式的）场合下才可食用，这些食物都是有意识地被禁止的；可食之物虽然可以食用，但却被文化地或语言地被视为完全不可食用的，这些食物都是无意识地被禁止的。”[①] 红瑶孕妇的饮食禁忌属于第三种情况，可食的食物由于被文化地规定了对孕妇和婴儿有害而禁止食用。

红瑶孕妇的饮食禁忌是针对能否顺利生产和日后产下小儿的外形、健康和秉性而言的。孕妇忌吃因孵蛋而死的母鸡母鸭、难产而死的母牛和母猪，否则会像它们一样难产。也禁食状态异常的鸡蛋，包括少钙的“软蛋”、被母鸡孵过后有少许血丝和腥味的蛋、杀母鸡时从肚子里取出的黄色小蛋，认为容易引起流产。尽量少吃辣椒，不然婴儿在肚内发育缓慢，生出来也会脾气火暴。不吃走山人（猎人）打回来的兔肉，害怕生出来的婴儿有兔一般的三瓣嘴。忌食蛇、乌龟、青蛙、山鼠、田螺等山上和水里的“不体面”（难看）的非家禽类动物，否则影响婴儿长相，田螺还会使他缩头缩脑。不能吃蜂蜜和蜂仔（蜂蛹），否则婴儿生出来有风气（扯风），易患缩阴病。不能吃太多酸豆角、酸白菜、酸萝卜等腌制品，因其腌酸后大多带黄色，害怕导致婴儿面色蜡黄。忌食生姜，因为生姜“手指”多，恐婴儿长出多余手指。忌食生冷食物，平日红瑶人习惯饮用山泉凉水，孕妇尤其应注意，她们认为喝下凉水后，肚内的婴儿怕冷不上来吃东西，长不大。因此也有些孕妇怕婴儿长得太大不好生产，就时不时喝一些冷水。

孕妇自身和家人的行为也会影响婴儿健全发育和生产。孕妇怀孕期间忌常洗头，因长发难干会使肚内婴儿受凉，易留下头痛病根。不能用力抓头和身体，否则婴儿身上会有疤痕。家人忌拿废弃的水

① E.H. 利奇：《语言的人类学：动物范畴和骂人的话》，载史宗主编：《20 世纪西方宗教人类学文选（上）》，上海：上海三联书店，1995，第 338 页。

枧（用于引水的竹块）来烧，否则婴儿会经常吐口水。孕妇不能打青蛙，否则婴儿生出来长得像它难看的模样。不能打蛇，否则婴儿会像蛇一样喜欢吐舌头。忌踩和跨过路上的牛屎，否则婴儿头上会长黑色的癞痢和疤痕。孕妇和丈夫都不能塞家屋里的老鼠洞，否则婴儿鼻孔出不了气，老鼻塞。孕妇不能跨过门楼通往楼底牛栏的牛栏门口，否则会像牛一样怀胎12个月。火塘里烧的柴火要顺着树的生长方向放，即树根朝里树梢朝外，不能倒着烧，不然婴儿出生时也会倒着出来，导致难产。

以上孕妇饮食禁忌和行为禁忌存在着一个基本的共同特征，即食物的外形和内在属性会传递给婴儿，孕妇身体异常、自身和家人接触到的有生命和无生命体的外形、内在属性和习性也会传递给胎儿，并对生育造成阻碍。红瑶人的这种因果联系逻辑根源于“互渗律”，列维·布留尔在研究原始思维时发现，在原始人思维的集体表象中，“客体、存在物、现象能够以我们不可思议的方式同时是它们自身，又是其他什么东西。它们也以差不多同样的方式发出和接受那些在它们之外被感觉的、继续留在它们里面的神秘的力量、能力、性质、作用。首先对人和物的神秘力量和属性感兴趣的原始人思维，是以互渗律的形式来想象它们之间的关系的，它处处见到的是属性的传授（通过转移、接触、远距离作用、传染、亵渎、占据），关于各类禁忌的信仰就可以归入这一类”[①]。“互渗律”是一种象征、联想的类比思维，在这种交感心理的驱使下，认为事物在外部形态上的可视性和内在属性上的可知性会通过接触、转移、感知而与其他事物“互渗”。

红瑶人避免对胎儿造成不良影响的饮食禁忌都是因食物外形和属性的可渗透性：吃辣椒使婴儿脾气火暴，吃兔肉对应婴儿的三瓣嘴，

① [法]列维·布留尔：《原始思维》，丁由译，北京：商务印书馆，1997，第69—98页。

吃黄色的酸菜使婴儿面色蜡黄，吃难产而死的动物肉会感染到它难产的结果等。饮食禁忌是避免食物通过在人身体内转化的方式与人产生互渗，行为禁忌则是避免通过近距离的接触或者模拟动作而使事物与婴儿和孕妇生产过程互渗。如烧引水的水枧与婴儿吐口水，打蛇与婴儿如蛇般吐舌头，踩到牛屎与婴儿头上长癞痢，塞老鼠洞的动作与婴儿鼻塞，倒着烧柴火与婴儿倒着出生等，都是将孕妇和家人接触之物的特性与婴儿身体特征或动作进行类比和因果联系的考虑。饮食上被文化地规定可食与不可食，行为上被文化地限定不可触或不可做，归根结底在于母与子的身体联系和对生育健康的追求。红瑶人认为孕妇吃进身体的食物直接影响胎儿的健康和外形，对自身身体的伤害也会反映在胎儿身上，如用力抓身体会使婴儿身上长疤痕。

还有一类行为禁忌与胎神信仰有关。红瑶人称胎神为“六甲胎星”或“游胎鬼”，对其极为敬畏，因为它掌管孕妇腹中胎儿的生命，既保护又能伤害胎儿。游胎鬼游走在孕妇周围和附着在家屋的物件上，没有固定的处所。因此有孕妇的家庭在家屋内的一切行动都要小心翼翼，以免冒犯了游胎鬼，导致孕妇早产或流产，如《十二月怀胎父母》中所唱“莫要犯着游胎鬼，先死儿子后死娘”。孕期内家里忌动土动工之事，如起屋、装屋、修葺猪圈牛栏，恐触动游胎鬼。忌翻动床板和更换新被褥，恐胎儿会在肚里翻滚而滑胎（流产）。忌随意搬动家屋内的大型家具和器物如衣柜、碗柜、床、桌子、打粑粑的臼、米桶等，会导致滑胎。忌家屋内钉钉子、劈柴、动剪刀针线和在家屋内随便弄出大的声响，恐伤及游胎鬼而感应到胎儿。对于游胎鬼的威力，矮寨很多妇女都有亲身体验：

我 17 岁嫁来王家，19 岁给儿 (ke^{24} i^{44}, 怀孕），四个月的时候，有一天屋头（里）谷仓有老鼠吃谷子，家婆（婆婆）

就拿棍子站在楼下拼命去捅谷仓的楼板，我第二天无缘无故地就滑胎了。家婆对我不好，讲不定是故意的，因为哪个都晓得怀孕时屋头什么都不能随便惊动的。①

我其实是不应该只有这两个（仔女）的，大仔前面还有一个，都已经怀七个月了才滑，都怪我在门楼晒衣服的时候，不小心把晒衣杆弄跌到楼底去了。②

（二）"不可触"的孕妇

孕妇在遵守保护自己和胎儿的禁忌之时，作为一种危险和破坏力量的象征，也成为他人忌接触的对象。红瑶孕妇因为"有秽"而具有了"不可触性"(untouchablity)。红瑶成年女性"有秽"，孕妇和其肚中未成形的孩子更是有秽气而危险的，孕妇和其丈夫必须遵守一定的行为和社交禁忌。红瑶人将孕妇称为"四眼人"（si^{53} an^{24} nin^{21}），暗含着身体的异常性带来的不吉意味。

在生产劳动方面，庄稼在播种和收获的时候都忌"四眼人"在场，尤其是播撒谷种和收割稻谷的时候，认为孕妇的秽气会导致"瘟芽黑谷"（谷物腐烂）。人们早上出门做活路、走山、捞鱼或外出办事的人都忌讳碰到孕妇，认为这一天会倒霉，做事情不顺利，在路上不小心碰到孕妇都会绕道而行。孕妇忌清早站在门口，出门碰到去做事的人时也不能与之交谈，更不能询问他们去干什么。红瑶妇女用蓝靛染衣裙是她们生活中的大事，做染料的过程中忌讳其他妇女尤其是孕妇过

---

① 被访谈人：杨凤妹，女，1966年生，文盲，嫁到寨上王家，育有一子一女。访谈时间地点：2009年6月18日于红薯地里。

② 被访谈人：王小秀，女，1967年生，文盲，在屋招郎，育有一子一女。访谈时间地点：2009年6月19日于其家中。

问，当往染缸中用蓝靛熬成的水中放石灰时，如果正好孕妇出现就会失败，最理想的紫红色会变成白色。因此孕妇走到家门口看到主人在染衣裙就不能踏进。

在与他人身体接触方面，矮寨人认为孕妇的“手很黑”，忌孕妇摸别的妇女的头发或者用其梳子梳头，否则对方头发会脱落。红瑶人有“换胎”和“走胎”的观念，认为胎儿在孕妇腹中是不稳定的，还没有形成身体实体，可能由于孕妇的互相接触而互换，因此忌两个孕妇过于亲近的接触，如同坐一张长凳。魂与身体同样是生命的重要部分，7 岁以下小孩的魂是脆弱而不完整的，极易在外力的作用下与主体的身体相分离。孕妇忌抱他人家的小孩，尤其忌摸其头顶，否则小孩可能会“走胎”去做她肚中的孩子而导致死亡。如果帮自家兄弟姐妹照顾小孩，不得已要抱的话，就要先给他（她）吃一些饭或者糖果。

在社会活动方面，红瑶孕妇被隔绝在婚丧嫁娶等公共仪式场合之外。孕妇不能参加庆贺新生儿的三朝酒，认为会把产妇的奶带走，自己也会延长怀孕时间。忌参加婚礼，不能进办结婚酒人家的家屋，接新娘进门的时候也忌在屋外观看，否则新婚夫妇生活会不顺利，最严重的会导致新娘不孕。葬礼更是孕妇不能靠近的，即使在自己亲人的葬礼上也要对尸体避而远之，忌触棺木、祭品、香纸等，以保护胎儿不受亡人煞气的危害。对孕妇的三朝酒和婚丧禁忌与“喜冲喜”和“凶冲喜”[①]的忌讳有关。在起屋过程和仪式中，女性尤其是孕妇不能触碰发墨柱和梁木。

孕妇有秽，与她关系最为密切的丈夫也被视为不洁。秽气会亵渎家先和神灵，所有成年女性包括孕妇都被区隔在祭祖和祭社的仪式之外，孕妇的丈夫也禁止参加社祭仪式，否则会有灾难性的后果。爷爷

① 任骋：《中国民间禁忌》，北京：作家出版社，1990，第 181—183 页。

曾经做过师公的杨周保告诉我说：

> 社王的忌是最犯不得的，不过讲也有人不信。听讲我们上一辈有个人（不愿透露他的姓名）就是正子（这样），屋里有四眼人，春社时偏要跟倒进庙去。五六月的时候，我们看着他田头的禾跟倒跟倒（慢慢地）就黄下去了。[①]

“有秽”的孕妇不仅在身体上被规定了直接接触他人的尺度，间接接触人和物的不祥性也通过被隔离在各种公共庆典和仪式之外表现出来。虽然不乏出于保护胎儿的考虑，但绝大多数是针对孕妇身体秽气对农业生产、家屋、他人身体等一切人事的毁灭性破坏力而言的。埃德蒙·利奇关于从分类的边界区产生禁忌的理论对红瑶孕妇行为的消极性规则同样具有解释力，他认为我们在统一的时间或空间范围内区分类别，界限都是最为重要的，着重于差异而非类似，“所有边界都是自然延续的人为中断，边界的不明确特性造成忧患。身体经历的生物性时间是持续性的，我们一直变老。但是我们发明了用以把这种持续的整体分割成秒、分、时、天的时钟和日历。如果我们把观念时间实施为社会时间，每一不具时间持续的间隔本身就占有时间。界限标志具有神圣的、禁忌的空间价值”。[②]“四眼人”的称谓形象地说明红瑶孕妇因为身体形态不同于一般人的异常性，以及处于转换到母亲的过渡阶段，从而携带着比普通妇女更大的秽气和危险而成为禁忌体。这与红瑶人的分类体系有关，任何身体表现异常如受孕、疾病、疯癫都在社会的分类系统之外，人生的过渡阶段也处于分类的边界

① 被访谈人：杨周保，男，1962年生，初中文化，访谈时间地点：2009年3月23日于杨姓长门楼长门口。

② [英]埃德蒙·利奇：《文化与交流》，郭凡译，广州：中山大学出版社，1990，第34—35页。

区，威胁着既成的社会秩序。这种危险在孕妇产下胎儿和坐月子的过程中表现得更为突出。

二、生育技术和禁忌

直到现在，矮寨妇女大部分都还是在家里“生儿”（生产），由家婆或母亲接生。1980年代初实行计划生育政策后，政府鼓励红瑶妇女去乡卫生院或龙胜县妇幼保健院生产，选择这种方式的产妇一般也会在三天后即返回家中，按传统习惯坐月子。生产和坐月子的过程有一套丰富而独特的生育技术和经验，同时，对产妇的身体禁忌又体现了红瑶人的信仰和亲属关系形态。

（一）生产和接生实践

临产之前，全家人如临大敌地做好各种准备，生产在不让外人知晓的封闭的家屋空间里进行。红瑶奶老个个都是接生能手，掌握接生技术是做好家婆和母亲的一大必备条件。先要在火塘上烧好一大锅开水，准备好盆子、剪刀[①]、草纸、褓褓等，将接生用具用开水消毒。为了保证产妇生产的顺利进行，阴间孤魂野鬼不来“问”（抓魂），产妇阵痛开始后要先做祭鬼的仪式。接生的家婆或母亲在门楼窗前的槽门口地上摆一碗饭菜和一碗水，边烧纸边说：“阴间的鬼啊，你好好的待在阴间管阴人吧，阳人的事情别来过问，我用好酒好菜答谢你。”供鬼的饭菜倒在屋外的路边或岔路口。

红瑶人有“添人添时”之说，认为多一个人知道就会使生产的时间延长，越保密越好，尽量不让外人知道，因此在生产前早早就关闭了家屋的大门。产妇在自己的卧室生产，除了接生者外，其他人包括

① 解放前用尖利竹片。

丈夫都不得入内。产妇在生产的过程中要忍痛，不能大喊让他人听到。这时，家屋就如同一个封闭、黑暗的子宫，与产妇体内孕育胎儿的状态形成类比。同时，一些助生的巫术也建立在将家屋的开口与胎儿从子宫中产出进行象征的观念上：家屋大门不要关得太紧，留一点缝隙；打开家屋里一切有盖子的器物，如米桶、水缸、酒缸、腌菜的坛子、鼎锅等，象征性地通过改变家屋及内部容器的密封状态而助产妇打开子宫。①

产妇采取跪倒的姿势在床前生产，地上铺稻草，用以接产下的婴儿和吸产血。矮寨妇女们说这是一个最利于生儿的姿势，不容易难产，现在去医院要躺着生让她们很害怕。在医药和现代医疗技术缺乏的瑶山，难产是人们最惧怕而又无可避免的现实，应对难产的办法一是用助生巫术，二是求助于寨上接生技术好的奶老帮手，严重的只能听天由命。如遇难产，家人首先想到的是如前述打开家屋器物的盖子，另外是用食物象征助生法，让产妇吃下一把黑芝麻，因俗以为芝麻具有润滑的功效。产妇产下胎儿后，胞衣（胎盘）不出来是最棘手和致命的问题，接生人会拿簸箕装水给产妇喝，谓之“推胎水”，因簸箕如胞衣都为圆形，希望浸满簸箕的水能“冲”出胞衣。或者放产妇的长发进其嘴里，装作呕吐的样子，用从里到外的动作喻意胞衣顺利产下。如此一番折腾胞衣还不出来，那就得赶紧请接生经验丰富的人来帮忙了。

矮寨没有专门的接生婆，从1960年代开始，政府开始培养接生

① 将家屋比拟为子宫在少数民族中很常见，如台湾排湾族产妇“临盆时，除产妇及协助者外，其他人一概回避，丈夫也得离开家屋在附近等候。这时家屋类似一个封闭的容器，如有亲友误闯入内，则需待在屋内等到小孩生完才能离开”。见吴燕和：《台东太麻里溪流域的东排湾人》，《“中央研究院”民族学研究所资料集编》第七期，台北：“中央研究院”民族学研究所，1993：343。矮寨红瑶人也有类似规矩，母亲如果为外嫁的女儿接生，需三朝（产后第三天）后才离开。

员，建新村在每个组选出一名妇女去江底乡卫生院和县医院接受接生知识培训。矮寨上下组先后选了两个妇女去学习，她们身上有不一般的接生经验。潘文英是矮寨的第一个接生员，近年来唯一一个死于胞衣难产的产妇就被她遇到了：

> 我17岁就做了土改代表，六几年村公所就找到我，动员我去做接生员，讲一年有65块钱的补贴。村里派我到江底卫生院学习，还到龙胜学过。发了一套工具给我，有衣服、手套、剪刀、消毒水、接生棍。我一共做了差不多20年的接生员，怕是八几年老了就不做了的。接了几十个（婴儿），就碰到一个我实在是救不活了。我记得大概是1985年5月天，就是杨焕华原来的伶家（妻子），那天我到她家的时候已经流了很多血了，好不容易帮她把儿生出来，胞衣又不下来了。我抱住她的腰，用医院发的接生棍从上往下压她的肚子，胞衣还是不出来，后来就只能看她血流干死了。那个仔也养不活，胞衣死了嘛。造孽（可怜）哦，明明要生了白天还在土头做活路，流血了才回来。加上没吃饭，又累又没得力气。[①]

杨焕华妻子的悲惨遭遇在矮寨并不新奇，由于红瑶人繁重的农活儿，很多孕妇都不能在家里待产，往往如她一样生产的当天还在地里干活，感觉到肚子痛后才急急忙忙赶回家，甚至把婴儿产在野外。大部分妇女都有因为意外等各种原因流产的经历，对于她们来说，生产最痛苦的是第一胎，就如过鬼门关，才会有“我与阎王隔张纸，不知性命落何方”的恐惧。

---

① 被访谈人：潘文英，女，1935年生，文盲，访谈时间地点：2009年6月22日于其家中。

另外一个接生员潘大妹也就是我的房东巴[①]（pa^{44}）的接生经历却有些不太一样，让她感受最深的是传统经验和现代医学崇尚的生产姿势和技术的区别：

> 我1982年做了矮寨队的妇女队长，乡里就叫我去做接生员，好接潘大姐（潘文英）的班。我慌张得很，怕万一接生碰到难产的就麻烦了。因为胆子小，只做了5年的接生员，每次去接生时最怕的就是用什么动作生的问题。我们瑶人习惯的生儿动作是跪在地上生，该死啵！我们去卫生院学的是睡倒生的接生技术，回来用就害怕了。睡倒生是不会把腿跪破，但是其实没有我们瑶人的办法好用力，一般她们也不愿意。每次接生我都像打仗一样，怕她们难产就难搞了，满头大汗的。[②]

房东奶奶的忧虑代表了矮寨妇女的普遍生育态度，她们习惯于传统的生产和接生方式，在一般情况下，传统经验比现代医学更让她们依赖和信任。传统的惯性如此之大，以至于乡计生站如今也只能鼓励而不强迫矮寨妇女去医院生育。

婴儿顺利产下后，接生人剪断脐带用布包好，胞衣与婴儿的身体和生命有感应关系，需小心处理和谨慎封存。将胞衣装进一个大竹筒内，按照其在孕妇身体内的位置即胞衣口连接婴儿身体的地方朝上放好，再用塑料纸密封竹筒，挂到谷仓屋檐下或者楼底香火下方的石头墙上。胞衣筒不能让雨打湿，否则婴儿会生病。胞衣的保存状况与婴

---

① 红瑶人对爷爷、奶奶和外公、外婆的称呼相同，都为公、巴，此处指笔者房东的岳母。

② 被访谈人：潘大妹，女，1943年生，初小文化，访谈时间地点：2009年6月22日于笔者房东家中。

儿进食有关，竹筒要尽量选择圆而宽大的，里面留一些空隙，喻意婴儿吃的奶不会被挤吐出来。如果婴儿吐奶，母亲就要去检查胞衣是否放稳和封好。脐带待三朝时干枯后从婴儿肚脐上脱出，即用厚厚的牛皮纸包裹严实后放进衣柜里，并在肚脐眼抹上桐油，助其长肉。脐带保存好了婴儿才不会轻易闹肚痛。红瑶人认为胎儿在腹中时是坐在胞衣里的，产出后虽与婴儿身体相分离，却还和作为婴儿与母亲身体纽带的脐带一起守护着主人的成长。

（二）产妇的身体变化与恢复

生下孩子后，产妇即转入厨房的火塘边“住月”（the^{45} nye^{33}，坐月子）。

月婆（产妇）在为期三十天的月子里的休养至关重要，一是要保证为婴儿提供充足的营养，二是自身身体的保养和恢复，不落下“月病”。矮寨人总结出了多种应对产妇奶水不足的饮食土方，捞回田里的虾米煮熟冲自制的甜酒，挖根部出白浆的白藤煲水，或者摘牛奶仔①给产妇吃下，都能起到下奶的作用。产妇产血（恶露）的完全排出和血气的恢复，以及产后不落下“风气”病（风湿）是产妇们最为关心的问题，通过自制草药、食物调养，以及饮食和行为宜忌来实现。

产妇的月子饮食以鸡、蛋和糯米为主，有甜酒炒鸡肉、糯米拌荷包蛋、火塘边烤熟的蛋等做法。米茶专门用于清除产后的恶露，从三朝开始一直吃到出月。米茶用上好糯米制成，先将糯米浸水一天，沥干后用猪油炒熟盛起，食用时可用水煮开或加入鸡汤，是矮寨人认为最补身的月子食品。矮寨人熟知山上的草药的性能和搭配原则，家里或房族的老人们弄回大量的草药给产妇食用或洗身。金银花根和伤寒

① 一种山上的椭圆形野果，取其像人奶形状的喻意。

籽（一种结红籽的灌木植物）和糯米、鸡肉同蒸，月子内给产妇吃三四次，有补血补体的功效。产妇和婴儿的身体都既凉又热，在补身的同时还注意为她们“改凉”（降火），用一种叫爬地虎的藤类根茎熬水饮用。产妇禁食生、冷、辣、酸类食物，尽量少吃青菜，因易致婴儿拉肚子。

产妇的住月行为宜忌集中体现在对冷和风的禁忌上。由于山地潮湿瘴气重，风气病是红瑶地区最为多发的疾病之一，主要为腰、腿和关节疼痛，难以治愈。除了自然环境的影响，红瑶人还认为女性的风气由月子带来，男性的风气则归咎于母亲的遗传，产妇遵守月子禁忌显得尤为重要。产妇躺在火塘边时要背对火塘，家人烧火烤其背部，烤干风气（湿气）。忌风吹，尤其是半个月之前尽量少出门楼。头部用旧的围裙、腰带或毛巾包裹厚厚的一层，防止风气的侵入，月子内不洗头。冷水也是绝对不能触碰的，产妇忌用冷水洗手、洗澡、刷牙等。然而，在生活艰苦的瑶山，能完好地遵守禁忌而出月的产妇寥寥无几，兄弟姊妹多或无老人照顾的产妇往往在产下孩子几天后就得照顾自己和下地干活，风气病也就无法杜绝了。潘发妹是个苦命的妇女，嫁到王家后建了三座房屋都相继倒塌，身体非常瘦弱，她说都怪生儿时吃了太大的亏：

> 生大仔的时候没经验，不晓得哪时候要生，生的那天还拼命地在种红薯。突然觉得肚子痛起来，把锄头丢在土头就跑回家，差一点点就生在门外头了。后面又生了个妹仔，生下来还顺利，但是我们结婚就分家了，和公婆闹翻没人照顾，都是我自己接生，自己洗好包好，现在想到当时的苦处还想哭。月子头风啊冷的都没忌好，三天就下床煮猪潲了，现在

风气大了。[①]

除了日后身体的健康问题，产妇最为关心的还有自己的身材恢复，她们虽然不以瘦为美，但也认为生产后下坠的小肚腩有损“体面”，月子中就要用一根九尺长的腰带勒住肚子，满月后赘肉自然就收回去了。

（三）“有秽”的产妇

1.“香火不爱”：产妇、家先与神灵

产血是最为“有秽”的物质，需在固定的村寨空间处清除，产妇在坐月子的阈限期内也要遵守家屋内的空间使用禁忌。在家屋外，产妇和丈夫同样是“不可触”的。

清洗婴儿身体血污的三盆水倒进产妇的床底，预计快要临产时就要用杉木糠（锯木头后留下的渣）塞好墙壁缝隙，避免血水四流，三朝时才清除干净。沾了产血的产妇的衣裙也不能拿出产房外，三朝时由家婆或母亲拿到寨门桥下面的水沟洗净回屋晾晒，且要清早出门，忌和路上行人搭话，恐秽气伤人。

产妇从产房至火塘要经过香火所在的“厅地”，为防秽气冲撞香火上的先祖和神灵，家人事先要用簸箕挡在香火神台中间。火塘里的火可以减弱产血的秽气的危害，因此矮寨人选择在火塘上方靠近窗户的地方为产妇和婴儿摊铺（床），用稻草和席子直接垫在地上，产妇头朝靠近香火的一方睡，用脚对着香火是大不敬的。“三朝”日，产妇外家女性亲属来探望，母亲专门送来一鼎锅鸡肉。产妇的外家嫂

① 被访谈人：潘发妹，女，1952年生，文盲，访谈时间地点：2008年8月24日于其家中。

子[①]为她和婴儿铺床，撤掉火塘边的稻草地铺，将血浸湿的稻草和席子连同产房地上的产血一同丢入寨脚的深坑内，不能丢在家屋周围或焚烧。新的床铺在家先桌旁的墙边，用砖头和木板垫约半米高的床架再铺被褥，矮寨人相信与家先桌毗邻而歇，脆弱的新生儿的身体和魂魄会得到桌上供奉家先的护佑。

产妇在月子内严禁从厨房的正门出香火前的“厅地”，原因与平日女性不能靠近香火相同——“有秽，香火不爱”，但程度更甚。厨房与门楼相隔的墙壁下方的两扇半人高的“下边门”专为产妇坐月子而设，产妇只能从其中“拱”进“拱”出，在门楼一边、偏厦和楼底活动。下边门还有一个称谓为“媳妇门”[②]，形象地说明了其与女性和生育有关的空间设置功能和象征。通往三楼的楼梯安在偏厦的人家，产妇不能上楼，因居于香火之上也是对香火的亵渎。产妇忌走进他人的家屋，尤其是在长门楼，不能超过连接处，否则会受到责骂。产妇的丈夫在这一个月内也不能进其他人家的家屋。

产妇告别月子是通过“蒸风药”来完成的。婴儿满月的前一天，房族老人采来俗称“风药”的草药为母子俩洗身，去除污秽。风药由二十多种生草药配制而成，具有驱风祛湿、舒筋活血的功效，如大皮风、董风、三角风、百叶背、辣藤、总风药、甜菜风、爬地虎、勾藤、三朝风、钻地风[③]等等。把这些风药放进大锅中加水煮两个小时，熬出浓黑的药汁即可。先装出一部分喝，然后将滚热的药汁倒入洗浴的庞桶[④]内，产妇坐在里面的板凳上，桶的顶部罩上棉被，家婆(或母亲)不断往里面添加热药汁，保持腾腾蒸气。蒸到产妇大汗淋漓全身发软

① 如果没有嫂子，外家的婶娘、伯娘也可以。

② 在屋招郎的女儿的坐月禁忌也与此处所述媳妇的禁忌相同。

③ 根据当地平话记音，一些风药的书名不详。

④ 红瑶人洗澡的大木桶，圆形，底部稍小，高约一米，直径约半米。

为止，婴儿蒸的时间则不宜过久。“蒸风药”是产妇与坐月子的阈限期相分离的一个仪式，之后产妇就可以回复到生活的正常状态。风药能“洗掉污秽的血，生新血”，减轻身体的病痛，更重要的是蒸除象征性的秽气。

需要指出的是，月子里对产妇母子在家屋内的空间区隔主要是以香火为中心，恐秽气冒犯香火上的神灵和先祖。而在月子房内，母子却与家先桌毗邻而居，并受其保护。如此看似矛盾的逻辑与红瑶人对远祖与近祖的划分和崇拜观念有关，香火上供奉的是“杨（王）氏门中历代先祖”，他们对于后人来说遥远而陌生，具有与神灵一样的神圣性；而家先桌上每餐与人们“共食”的家先则是新近逝者，与后人关系亲近熟稔，因此三朝之日，产妇和婴儿就要先用风药“洗三朝”后换到家先桌旁的新床，得到家先的承认。家先为后代送“花”，并从月子起陪伴“花”的茁壮成长。

2. 敞篷里的生育：产妇与兄弟

上一章家屋空间的身体象征部分曾讨论到，有兄弟的女子在家屋位置选择和家屋内部空间使用上的禁忌是为了避免秽气对兄弟的危害，从而保证外家香火的延续。出于同样的原因，习俗规定了她们的生产地点也是非常态的。不管是出嫁或是在屋招郎的女儿，如果兄弟的房屋在自家房屋旁边或是下面，都必须到野外偏僻之处用树枝和杉木皮搭一敞篷生育，来不及的就用布围着生产，三朝后才能回屋。外嫁的女儿不能在外家生育，如遇特殊情况的也采取敞篷里生产的方式，且三朝后必须回夫家坐月子。我的房东阿姨和其嫂子都曾在敞篷生育：

怀大妹的时候我大哥已经结婚分家，弟弟没结婚，跟爷老娘老（父母）住。有一天回外家，肚子突然痛了起来，怕是要生了，害怕要是生在外家就不好了，因为自己有弟在屋顶香火，大哥的屋也在旁边。当时已经是半夜了，怕大哥晓得后骂人，你巴就把我悄悄扶到菜地头，结果痛了半天又没生，回来天都要亮了。第二天早上，你公起来看到人不见了，晓得我肯定回来了，但到中午还没去报喜，就喊你巴来看，怪的是偏偏到夜晚就生了，她接生的，住了三天才回去。①

我是从泗水周家村水银嫁过来的，18岁生仔，好吃亏。那时是正月天回外家，家里的神经儿（傻子）耍火，从火塘边的墙壁就开始烧起来了。大家都赶忙泼水救火，往外面搬东西，我也忘记自己是个大肚婆了，从楼上搬了两大框黄豆到田里。夜晚肚子就开始痛，第二天早上就生了。回矮寨哪里来得及，走路要三四个钟头，只能在菜地头随便搭个敞篷生了。三朝后才回来的，老人家讲怕把火带回来。你大舅②请人抬轿去接，一路抖得血停不住，又没有卫生纸，只能用烂裙子铺倒。③

房东阿姨曲折的生产经历是唯恐同时触犯在外家生育和兄弟家屋旁生育的禁忌，由于外家与夫家不远，她可以及时回到夫家。而远嫁的大舅娘的遭遇就没有那么幸运了，在敞篷里产子后还得颠簸三四个小时回矮寨。在她们的故事中，"三朝"是一个具有分隔性的时间概念，产妇在野外生育后三朝才能回屋，在娘家生育后三朝回夫家，母亲为

---

① 被访谈人：杨文妹，女，1964年生，文盲，有一哥二弟，育有二女。访谈时间地点：2008年8月30日于房东家中。

② 笔者随房东女儿称呼。

③ 被访谈人：王树英，女，1961年生，文盲，育有一子一女。访谈时间地点：2008年8月30日于房东家中。

外嫁女儿接生在三朝日才离开，产后污物也是在三朝日才处理。因为产妇在产后三天之内恶露不止，和新生儿的秽气是最为严重的时期，参与接生之外的亲属应避免接触，接生的母亲回家也就把秽气带回了外家。通过“洗三朝”和污物的清理，产妇秽气的威力才得以稍事减弱。

敞篷生育是红瑶人产妇有秽的身体观和生育观念的极致表达，这种防止污染扩散的行为禁忌映射到亲属关系上，成为继嗣原则的表征。虽然存在着招郎上门和“两头顶”的婚姻形式，女子可以继承香火，但红瑶社会仍然是一个主要以男性为中心的父系继嗣群体，家庭以父与子的延续性为主轴。许烺光区分了几种不同文化家庭中代表性的成员人伦角色关系类型：以父子伦为主轴、以夫妻伦为主轴、以母子伦为主轴、以兄弟伦为主轴。中国（汉族）的父系制家庭为父子关系主轴，基本属性是延续性和包容性，每一组父子关系都是无尽的父子关系链中的一环，个人在血缘上的位置特定而不可让渡。[①] 这就可以解释为什么在屋招郎继承香火的红瑶女性还是要遵守不影响兄弟的生育禁忌了，其秽气同样对父系香火的延续不利。有一种情况例外，如在屋招郎或“两边走”的女性生育时如还与兄弟共居在父母的家屋内，则不需搭敞篷生育，因为与兄弟处于“平”的位置，共用一个香火。

作为物质的可感的身体，孕期的饮食和行为宜忌是为确保胎儿如期降临人间，及其身体外形和内在秉性的正常性，红瑶人积累了一套接生和应对难产的技术和巫术；月子里的饮食、忌风和风药蒸洗重在产妇身体血气的恢复上。同时，对孕产妇行为的诸多禁忌与红瑶人的信仰和社会结构紧密相连，通过限定孕产妇身体与他人接触的范围和方式来协调人与神明、人与家先、个体与亲属的关系，女性身体又是社会文化的和象征的。

---

① 许烺光：《宗族·种姓·俱乐部》，薛刚译，北京：华夏出版社，1990，第 58 页。

第三节　新生儿身体社会属性的获得

初降人世，新生儿只是一个“自然”性的身体生物体。从娘胎里的“儿”到出生后的“勒埃”再到一岁的“弟弟”和“妞”，通过一系列的礼仪和庆贺仪式，新生儿逐步获得亲属和社会的承认，身体在社会化过程中被赋予社会文化属性。

一、见身认亲：从“脱身”到满月

日头出山细纷纷，晒得郎门花树兜；看见哥家生贵子，朝朝代代有能人。

哪个时辰妹怀孕，哪个时辰妹脱身；甲子年辰妹怀孕，乙丑年辰妹脱身。

哪个之人先见面，哪个之人后见身；脚底夫妻先见面，爷娘父母后见身。

哪个仙人来洗起，哪个仙人来踩生；太白仙人来洗起，王母娘娘来踩生。

哪个仙人摘棉籽，哪个仙人纺成纱；黄花仙女摘棉籽，九章仙女纺成纱。

哪人拿衣身上着，哪人捧妹街上游；百合仙人来拿衣，广公仙女来捧妹。

寄信去报怀胎父，大男小女得宽心；寄信去报怀胎母，怀胎保弟万年新。

花对叶来叶对茎，落地三朝要安名；问你奶名哪样取，问你书名怎样安。

花对叶来叶对茎，落地三朝安了名；奶名喊做高利子，书名喊做高利生。

日头出山先晒你，晒得心平路也平；心平肚平好过海，皇帝保弟万年新。

铜打剪刀铁打银，铁打香炉银炼沿；金打金灯银打柱，红朱顶字万年新。①

这是在三朝酒上，客人恭贺主家喜得儿女所唱的《三朝歌》，主要目的是用吉祥语祝福新生“贵子”它日成“能人”，中间的铺垫歌词部分以孕育和新生儿出生后的大小仪式为线索：怀孕——脱身（生产）——见身（新生儿出世）——洗身——踩生——着衣——报信——安名——三朝酒，包含了从婴儿出生到满月礼仪的基本内容。

（一）洗三朝

新生儿“脱身”出世后，第一件大事就是报喜。三天之内，由主家年长的女性去通报外家和房族，请她们三朝时到家里喝“三朝茶”。生男孩就说生了个养牛的，生女孩则说生了个背猪菜的。“三朝”日，产妇的母亲、外家嫂子、弟妹、姑姑、婶娘以及丈夫房族的女性亲属前来探望，主家打油茶款待众人，谓之打“三朝茶”。母亲送来一鼎锅鸡肉，其他人拿十斤米茶、三十个鸡蛋和一瓶炒米茶的猪油。矮寨人有“男不打三朝，女不做红日（生日）”之说，即男性不能参加新生儿三朝之日的庆贺礼，女性不办生日酒。产妇有秽，男女需避嫌，同时也恐男性的阳气太重损伤属阴的虚弱的产妇和婴儿。生病的人也

① 矮寨歌师王永姣和杨文佩用山话唱，经二人翻译整理而成。

忌靠近婴儿，害怕疾病的煞气传染给他。

新生儿产下洗净后包进一块长方形的襁褓中，女孩的襁褓用母亲穿过的裙子制成，男孩的用父亲的裤子制成。三朝日众女性亲属帮母子"洗三朝"换床后，才为新生儿脱下襁褓，着白布缝成的新衣，并用两根小布带捆紧手腕处的袖子，认为婴儿长大才不会"手多"，即性格过于活泼或手脚不干净。如果谁家的小孩偷东西或者去别人家时胡乱动手动脚翻东西，大人们就会骂他："你爷老娘老三朝时没有帮你捆手吗？"可见为了成为一个符合传统文化性格要求的人，红瑶人从一生下来身体就要受到规训。

（二）踩生

红瑶人有"踩生"的习俗和信仰，指外人在婴儿出生后不期而至踏进家门的情况，第一个进门的人称为踩生人。踩生人与婴儿之间有一种神秘的感应和传递关系，通过踩生的接触行为，踩生人的相貌、性格、德行、智慧、运气等外在和内在的素质都会转移给婴儿，影响他的一生。踩生人的性别、良莠有异，产生的踩生结果也是截然不同的。首先是性别上的踩生宜忌，异性踩生对于双方来说都是皆大欢喜之事，女性踩上女孩也还无大碍，最忌的是男性踩上男孩，会给双方带来厄运，谁占上风就看谁的"八字大"了。红瑶古言有"男踩女，三年起；男踩男，三年难"。这是传统阴阳观念的表现，男人性属阳，女人性属阴，杨文同先生告诉我：

> 踩生当然是男踩女、女踩男好，男阳女阴，阳阳相冲，阳阴相合，没得阴阳世界啷子（怎么）转？女踩女也不好，不过都是阴气，冲煞不重，好生（好）招待踩生人就是了。

男踩男，三年难，更难的往往是踩生人，他克不过新生儿。一般人都忌讳做踩生人，与人相克不说，总归是把智慧和运气传送给了他人。一些人甚至会采取报复的黑巫术，使攫取了其好运的新生儿不得安生，如偷晒在屋外的婴儿的尿布丢到粪坑里，让婴儿大小便失禁，身上长疮；反复用竹筒装水后往外倒，使婴儿吐奶等。为了尽量减少这些恶意的破坏行为，主家对踩生人都会热情相待，一餐油茶和一只鸡是必不可少的。在踩生人良莠宜忌上，忌好吃懒做、无后代、残疾和品行不端的人，家人如看见类似的人在屋外就会赶紧关门，对于从屋外经过的陌生人也不敢主动搭理。

踩生的信仰以互相接触的同类相感相生的交感巫术思维为基础，认为踩生人与新生儿的未来存在交感作用，综合了弗雷泽归纳的巫术的两种思维原则：相似律与接触律。[①] 是红瑶人在认识身体与自然、人与外力关系的过程中产生的素朴哲思，既有对人生、自然难以驾驭的恐惧，又表现出顺应自然、改造自然的努力。

（三）三朝酒

三朝酒，又叫大三朝，并不是指新生儿出生后的第三天，而是在一个月之内择吉日办酒庆贺新生儿出世，大多数和父母的结婚酒合二为一。红瑶社会的结婚酒分为两种形式，一是“送大亲”，即按照普通婚嫁的过程，先办结婚酒，夫妻再共同生活组建家庭。二是先过门后办酒，现在一般采用此方式，即新娘过门时不大操大办，男方请两个“齐全”的妇女在天亮之前拿米、酒、肉去女方家接亲，女方也派两个姊妹相送，当晚请男方嫡亲房族吃饭就算承认了这门婚事。结婚酒等到第一个小孩子出生之后再与“三朝酒”合办，俗称“双喜酒”。

---

① [英] 弗雷泽：《金枝》，徐育新等译，北京：新世界出版社，2006。

缔结“两头顶”婚的夫妇所生第一个子女顶哪一方的香火，三朝酒或双喜酒就由哪方承办。

这种谓之为“偷人”的红瑶婚俗与费孝通先生调查的广西大瑶山花篮瑶相仿，费老提到，花篮瑶“在结婚到产生第一个孩子的这一个时期中，男女两造还是在试婚的状态中。产生第一个孩子是夫妇关系确定的表示，所以在第一个孩子满月那天才举行盛大的结婚宴，要到这时候婚姻的仪式才完成”[①]。不同的是花篮瑶的结婚酒与满月酒合办，红瑶则无满月酒，以三朝酒代替。费老认为结婚酒延期的意义不止经济而已，而是为了“建立社会结构中的基本三角，夫妇不只是男女间的两性关系，而且还是共同向儿女负责的合作关系。在这个婚姻的契约中同时缔结了两种相连的社会关系——夫妇和亲子。这两种关系不能分别独立，夫妇关系以亲子关系为前提，亲子关系也以夫妇关系为必要条件。这是三角形的三边，不能短缺”[②]。夫妻关系的稳定和三角形的完成以孩子的出生为标志，与花篮瑶一样，红瑶认为“没有生孩子的夫妇是靠不住的”。在没有生育孩子的“试婚期”，婚姻关系极不稳定，长期不育也往往成为离婚的理由之一。孩子的出世意味着家系的延续，才形成完整和真正意义上的家庭。

此处暂且不谈双喜酒有关婚礼的部分，我们来看三朝酒中有关新生儿的仪礼。新生儿的庆贺仪式有一个突出的表现——产妇外家的责任。外家亲戚不仅要给新生儿置办新衣、新帽、背带，而且要还送产妇在月子中食用的鸡、糯米和甜酒。从经济角度考虑，主家都希望地理先生能在婴儿出生后选个就近的好日子办三朝酒，“月婆才有鸡吃”。在王永军夫妇的双喜酒上，早上 9 点左右，男方家请两个齐全的女子

① 费孝通：《花篮瑶的社会组织》，载《六上瑶山》，北京：中央民族大学出版社，2006，第 67 页。

② 费孝通：《乡土中国 · 生育制度》，北京：北京大学出版社，1998，第 159—160 页。

去接亲，一个是生育了子女的妇女，一个是未婚的年轻姑娘，我也一同前往。她们说如果是去接大亲就轻松，回来的时候空手，但现在要“接三朝”，挑得肩膀都要断了。新娘父亲的兄弟姐妹、房族、母亲的兄弟等为新娘办嫁妆的亲戚都要送一担甜酒、两只母鸡和五至十斤不等的糯米。父母则送一担用竹笼装的鸡，一般为 6 或 8 只。在傍晚的送亲队伍中，我和“接三朝”挑担子的两个齐全人走在最前面，事实上她们不可能挑完所有的三朝礼，只是象征性地挑回父母送的鸡和甜酒。外家与主家的“送”与“接”三朝的礼物馈赠行为，第一次正式建立起了因新生命的诞生、血脉延续而稳固的姻亲关系。产妇的父母也在送亲的行列，他们的目的是“看孙仔”，而在没有生育之前的送大亲婚礼中，父亲是不为女儿送亲的。

虽然三朝酒为庆贺新生儿而办，但未满月之前其魂很柔弱，极易受到生气和恶鬼的侵扰惊吓而夭折，因此酒宴中不会抱新生儿出门楼，来吃酒的男性也照常忌进入产妇的月子房。客人们分享主家添丁的喜悦是通过月子食物的共享来体现的，在宴席上，主家会为客人们端上甜酒，并为每人分发一个红蛋，第二天清早吃一碗产妇坐月子吃的米茶鸡汤。通过这些共食行为，新生儿被亲属、寨上人知晓和接纳。

（四）满月

红瑶没有为新生儿办满月酒的传统，只是这一天母子要告别月子，走出家屋，先用背带背着婴儿在寨内转一圈，认为将来婴儿才不怕生人不怕风，身体茁壮。一家三口回外家走亲，外家杀鸡庆贺，当天内返回。

早上先由爷爷或父亲给婴儿剃头，只在“气门”（天灵盖）处留一小块。剃除的胎发用布包好和衣柜里的脐带放在一起，不可丢弃。

对于胎发的剃留，江绍原认为："胎发这件东西，一方面被认为是一种秽物，另一方面，婴儿又被认为与其胎发有同感关系。因第一层缘故，最好是把发全部除去；但又因第二层缘故，有一部分胎发竟没人敢剃，即使剃，也不敢不把所剃者加意珍藏。"[①] 胎发由于沾染有母亲的产血而"有秽"，剃除后婴儿才能彻底与秽气相分离。气门处留下一小块胎发则与人的"魂"有关。人的魂通过气门进入身体，维持人的生命活力。小孩的气门严禁触摸和拍打，此处的胎发自然不能剃除。魂脆弱而不完整的婴儿的头发应小心珍藏，丢胎发相当于"丢魂"，难长大成人。

二、卜志改运：从满月到对岁

在对岁（一周岁）之前，男女新生儿都被统称为无性别之分的勒埃，对岁庆贺仪式之后，他们才获得社会所赋予的性别化称谓：弟弟和妞，或娃娃仔和娃娃鬼，以及正式的姓名，开始性别社会化的历程。从满月到对岁的仪式重在占卜志向和改运去病灾。

（一）开画眉荤与抓周

红瑶小孩的哺乳期很长，最迟会持续到3岁左右。在6个月之前，勒埃只能吃奶和米糊等甜的食物，认为吃咸的食物会使其不消化、拉肚子。满6个月的那一天，父亲煮画眉粥为勒埃开荤，表示今后就可以吃咸荤的食物了。红瑶认为："画眉鸟是聪明活泼，巧舌善鸣，啄食害虫，有益农作物的吉祥鸟。小孩头一次吃荤多用画眉鸟肉为主食。父亲杀画眉和糯米煮'画眉粥'，说：小孩开荤，吃画眉粥，身体健壮，长相秀气；画眉爱跳，小孩日后手脚勤快；画眉爱叫，小孩日后口齿

① 江绍原：《发须爪——关于它们的迷信》，北京：中华书局，2007，第65—66页。

伶俐……”[①] 近年来由于走山的人少了，矮寨人一般都改用公鸡或猪肚开荤，取公鸡打鸣寓意小孩长大后声音响亮，猪肚肥大象征日后小孩大度（肚）之意。也是红瑶人在交感互渗思维的作用下，运用暗喻和谐音的类比方式，期望通过饮食的接触行为将动物的美好特性传递给成长中的勒埃。

勒埃周岁之日，家中办对岁酒庆贺。请房族和外家人吃酒，并为勒埃举行抓周和安名仪式。母亲的外家人为外孙送来新衣服、银子帽和一对手镯。银子帽用黑色土布缝制而成，上面配以绣花和银饰。额头帽檐处镶嵌 9 个观音像；后脑勺垂下 3 条蓝色的带子，其中两条尾部缀一枚铜钱，另外一条缀三个，一大二小，具有驱鬼保护小儿的作用。手镯也可辟邪，分别戴在勒埃的左右手腕上，成年后方才取下。对岁宴是“吃中午”，等客人都到来后，行抓周礼。在香火前地上放一筛子，内装小衣服、银子帽、手镯、两个红蛋、两团糯饭、书、笔、算盘、钱、树枝做成的小锄头（男）、绣花针线（女），任勒埃抓取，以测其志向。众人在旁围观，无论抓到什么都说彩话。先抓食物最理想的，不抓饭是不好的兆头，恐“没粮”长不大，因此糯饭总是放在最靠近勒埃的地方。抓周实在是一种寄托父母美好愿望的隐含接触巫术原理的仪式，孩子将来有出息是遥远的理想，命中有粮、好养好带是矮寨人最实际的愿望。

（二）拜寄：寄娘所赐之名

红瑶不具有严格意义上的隆重的安名仪式，并不是每一个人都在对岁这一天安名，而是依小孩的性别和八字而异。《三朝歌》中有“落地三朝要安名”，此处的名指由父母安的奶名。奶名多是依据村寨中

① 陈维刚：《瑶族的开画眉荤》，《南宁晚报》，1996 年 12 月 22 日。

常见的动植物、地名和物件而安，俗以为小孩名越贱越容易带大。我熟悉的奶名就有花牛、阿猫、水梁头、芋头屁股[1]、黑鼻、山羊、门背等。过去，男孩的正式名字即书名一般在对岁时安，女性则绝大部分没有正式名字，呼以奶名或依在家中排行称为大妹、二妹、满妹（小妹）[2]等。红瑶传统社会中对无名的女性的称呼往往以在家庭中社会角色的转变为依据。华琛曾探讨传统香港社会的男性与女性的命名现象，男性一生有多个名字（奶名、书名、字、号等），而女性则是无名的，这种差异塑造了不同的"人"。名字与新角色和权力相连，男性总是在成长、成为和积累新的责任和权利；而女性的变化则以亲属称谓转变为标志。华琛认为名字表达了个体、人和社会的关系，是个体成为完整的人的前提，可以说女性不是完全个体化或"人化"（personed）的。[3] 从红瑶社会男女性的命名差异也可看出，女性的一生被缠绕在家庭和亲属关系网络中。

安名仪式在抓周之前，选清晨的吉时，由主家和外家最亲的亲属参加。勒埃的父亲先在家先桌上放一碗煮熟的肉，通报家先安名一事，厨房门外的墙角也要用稀饭供野鬼，以求免受侵害。勒埃的公在香火前说出他想好的名字，舅爷可以提出异议协商，在香火前烧香纸就算确定了。这是一般情况下的安名，还有一种安名形式与拜寄的习俗有关。凡小儿体弱多病，或易哭多动，不好抚养，父母便请命理先生"看父母"，推算命中有无其他父母，按其生辰时日和五行所犯或所缺推算应该拜寄自然物或人做寄娘（爷）。

第一种情况是寄自然物，常见如石头、树、水井、桥等。小孩八

① 芋头根部容易挖断，费时，此名形容人做事很慢。

② 现在健在的矮寨妇女安这类名字的多达三十多个，她们都出生在 1970 年代以前，之后的女孩多数因有机会上学都取了书名。

③ Rubies Watson, "The Named and the Nameless:Gender and Person in Chinese Society", *American Ethnologist*, 3（4）: 619-631, 1986.

字中五行不完备，缺少了某一行，就用寄代表其属性的自然物的方式补足。父母择吉日携小孩，带米饭、碗筷、纸香拜祭自然物为寄娘，并取名或改名，姓名的中间一字为自然物之名，如杨石生、石保、水生、井保、树生、桥林等。寨上小孩多拜寨门石、风水树、寨门桥为寄娘，每年大年初一拿酒肉祭拜。

第二种情况是寄人，矮寨人认为“命中带父母”是因为前世欠债未还所致，今生要拜寄娘尽孝还债方可长大成人。命理先生将小孩生辰的年月日时及五行结合起来进行推算，看拜哪一姓人，男性（寄爷）或女性（寄娘），《看父母书》中写明了各人欠债和寄娘的姓氏：

> 庚子辛丑木命生人男女前托生借过冯龙婆父母，宜去寄名张赵，寄名保养；壬寅癸卯金命生人前托生少欠五郎父母，宜寄名黄余，寄名大吉；丙辰乙巳日土命生人命带男女前托生欠东王婆，宜去寄名洪王周姓，寄名保养……

确定了寄娘的姓氏之后，小孩的父母便去寻找这一姓人中的“齐全”之人，尤其要子女双全，民族和地域不限。先要征得对方的同意，问他要一斤米吃，如果答应给米，这门干亲就成功了一半。给米的时候寄爷或寄娘要讲几句彩话，祝寄子女吃了快快长大之类。并送一套新衣服，一副碗筷（洋瓷碗，红筷子），用红线套好。有些人不愿意做寄娘，因为怕克到自己和亲生子女，也要请命理先生先合八字才决定。这一年的春节初二到十五之间，寄子女选好日子去寄娘家拜年，才算是正式拜寄。寄爷在自家香火前为他取名，一种是姓名的中间一字用寄爷的姓氏，另外一种是跟寄爷姓。寄子女的责任是每年拿肉去拜年，寄爷办大生日和过世，要抬一头肥猪，以亲生父母相待。矮寨拜寄的人非常多，杨李成、杨秦艳、王李章、杨周保、杨赵保、王刘成等姓名都是拜寄后寄爷所赐，多数是寄周边村寨的新化汉人和盘瑶，扩大了红瑶的社会交往圈。

寻找子女多的“齐全”的第二父母、名字中加入寄娘或寄爷姓氏的行为，是希望能继承到寄娘（爷）旺盛的生育力，促进寄子的健康成长和其家庭的子嗣兴旺。不管是拜寄自然物还是人，寄娘（爷）赐予姓名在根本上都是依据八字中五行的配备状况而定的，这是红瑶以人的身体类比宇宙的身体小宇宙观念的延伸。姓名与人与生俱有的八字和命运有互相决定和牵制的关系，人身宇宙需五行俱备，先天八字若缺某一行或带克人的凶兆，必导致疾病或短命，姓名则可以起到调和与改运的作用。“以八字的干支符号为象征符号的人身宇宙，如果不是五行俱足而处于完满和谐状态的话，则可以在命名时，以名字的文字本身或类比意义（甲乙木等）来补充或修正，使人身宇宙所具有的干支符号达到五行俱足的和谐状况。”①

以上我们讨论了“花”生育信仰、还花愿仪式、孕产技术与禁忌，以及庆贺和保护新生儿成长的仪式，它们构成红瑶人求子、孕育、生产、抚育的完整的生与育的环节。还花愿仪式揭示出人的生命力通过花婆掌管的“花”在阴阳界之间轮回循环，并与“花”相互感应。家先送花给后代，并从月子里开始陪伴“真花”的成长，助其顺利度过危险的月子阈限期。“花”的诞生标志着家庭三角的完成，孕产妇身体接触和行为禁忌的遵守主要也是为了新生儿能有健康的外形与优秀的内在素质，并不使污秽冲犯神灵和危及兄弟，保障红瑶社会占主导的父系香火的兴旺。传统生产技术和产后护养术藉凭植物药性，与风、水、火等自然物相生相克的原理，最大限度地促进生产顺利进行和产

① 吕理政：《天、人、社会——试论中国传统的宇宙认知模型》，台北：“中央研究院”民族学研究所，1991，第154页。

妇的身体恢复。在提倡现代医学支持下而优生优育的今日，传统生产和身体养护经验在红瑶妇女的生育过程中仍发挥着最核心的作用。

维持父系骨血的延续，首先从保护新生儿脆弱的身体和魂开始。抚育婴幼儿的重心在身体病痛的祛除、脆弱魂灵的锁护和内外素质的期许上。围绕新生儿展开的踩生、身体装饰、食物、安名和庆贺仪式大多隐含万物相生相感的交感互渗思维，寄托了红瑶人对新生生命延续的期望和生命终止的恐惧。红瑶社会的家先崇拜、父系制的延续性，人与鬼神、命运等超自然力量的关系，都通过身体仪式、技术和禁忌体现在身体之上。

第五章　身体的成熟：成年与婚姻

度过了漫长的充满疾病与惊吓的婴幼儿期，红瑶孩子的身体逐渐发育成熟，性意识开始萌发。男女孩在青春期有不同的身体体验，但家庭和社会对红瑶女孩的身体转变给予更多的关注。通过婚姻的缔结，男女两性完成了人生角色的重要转换，从而开始履行自身社会再生产的子嗣延续义务。

第一节　月经的护理、禁忌与威力

红瑶女孩身体发育成熟、步入成年女性的行列以月经来潮为标志。女孩在青春期的身体发育特征比男孩受到更多的强调，初潮被认为是红瑶女性生命中第一个重要的转变时刻。初潮后女孩就要换装穿裙，告别儿童时代。月经对于矮寨红瑶妇女来说是件秘密而羞耻的事情。她们并不直接称呼月经，而是用隐讳的语言代替，如"来血"、"身上来了"、"身上不干净"指来月经，"干净了"、"身上走了"、"不来了"指月经完了，这些都是避免男性听懂的性别语言。月经是红瑶女性的一项特殊身体经验，经期的身体护理和行为禁忌都包含在内。

一、对月经的认知及身体护理

每一个红瑶女孩初次来血都会经历恐慌和不知所措的过程，因为母亲和家中的女性长辈很少教给相关的知识，自己也羞于询问，大部分的护理知识来源于对母亲月经期的观察和同伴之间的互相学习。在现在六七十岁的老年妇女那一代，生活艰苦，与外界的接触少，很多人对初潮的生理现象都缺乏基本的认识。6月的一个下雨天，我和一群来房东家“走家”（串门）的奶老们谈起了这个话题：

笔者：还记得你们第一次来血的时候吗？

众人：记得倒，好笑，讲出来不体面……

奶老A（79岁）：我身上来得早，可能是10岁，我也不记（得）。我是家里的老大，天天要带倒弟弟去摞（找）猪菜，血流出来我也不晓得是什么，还以为挨哪里碰出血了。那天裤子穿得薄，又抱倒弟弟，不小心把血弄在他裤子上了，回去我娘老骂得该死。才喊我去拿烂布垫着。

奶老B（65岁）：我12岁来的，那天我娘老和爷老都做活路去了。我看到裤子上有血，以为是什么怪病，又怕丑啵，就捆个鱼篓吊在屁股上挡倒，跑到姑娘（姑姑）家去问，她和我讲不是病，每个女人都有的，叫我莫害怕。还帮我回去换裤子，找布来剪成一条一条的垫。后来我姑娘把那个鱼篓埋了，讲来血了碰不得。

妇女C（44岁）：我们这代人比她们老辈子的要好些，有的人开始用月经带和卫生纸了。我来血的时候不敢告诉娘老，悄悄的和大姐讲，偷了娘老的卫生纸用。后来她发觉纸少了才晓得我来血了，教我用烂布缝了条月经带。

由于对月经的羞耻感，女孩很难在初潮前知晓来月经的原因和护理知识，在上面的个案中，奶老A来血后以为是受伤所致，把血弄到弟弟身上被母亲臭骂；奶老B以为自己得了怪病，还捆个鱼篓遮丑，无意中犯了忌；妇女C是从姐姐那学到处理经血的方法。虽然红瑶人对月经和妇女生育能力有模糊的认识，知道来血是正常的生理现象，来血之后才能生育，但同时又认为经血是污秽、不吉和见不得人的东西。妇女来血后必须尽力掩盖，更不能在男人面前提起。因此不管初潮时是如何的懵懂，之后学会谨慎处理经血却是每一个女人必须掌握的技能，否则会造成尴尬或冒犯的后果。由于生活在大山深处，过去的红瑶妇女缺乏基本的卫生用品，加上劳作的辛苦，她们在月经期承受了巨大的生理痛苦。

现代护理用品卫生纸和卫生巾进入矮寨的时间很晚，至少在二十世纪七八十年代以后，在这之前妇女们都是用烂布垫，脏了之后再换洗。但红瑶人自制的土布质料比较粗糙，吸水性能差，并不能吸收大量的经血。奶老们说来不及换的时候，经血经常顺着大腿就往下流，把里面的半截短裤浸湿，还会流到光光的小腿上。如果是在山上做活路或外面走时，怕被别人看见，只能用裙子擦，好在裙子是黑色的，流到小腿上裙子遮不到的地方就只能去水沟里洗了。冬天天冷的时候，粗烂布不仅摩擦皮肤，腿上被经血渗湿的地方也很干燥甚至开裂出血。去远的地方干农活儿，必须垫很厚一层烂布，“走路都不好走，磨得痛得该死”。尽管现在卫生巾已经普及，但中年以上的妇女还习惯用布，月经带和卫生纸也很少用，只是改用穿烂了的从圩场买回的细软棉布衫裤。

沾满经血的布必须每天清洗干净，不能用家中的水洗，认为会使家中的人得病，更不能舀井水在水井边洗。清洗血布有一个约定俗成的地点：老寨左边寨门桥下的小水沟，这条水沟流量很小，不流进田里和矮岭河中，从半山腰一直流到寨外的森林中就渐渐渗入地里，在其中清洗经血不会使河水和稻谷变坏。去的时候最好是傍晚无人之时，将布放在背篓底部，上面用衣服或草盖住，万一碰到人就说去背东西。洗净拿回家后晾在偏厦角落不起眼的地方，不能靠近男人的衣物和挂在墙上的农具。家中有公公和兄弟的，血布甚至要藏在自己晾晒的裤子下，否则视为对他们的不敬。如果是用卫生纸巾，不能乱扔和焚烧，扔在山上被蚂蚁等虫子爬过会使自己生病。最好的办法是天黑后在屋边的荒地或菜园里挖深坑掩埋，让其自然腐烂。挖得不深被鸡狗叼出来到处丢是倒霉的事情，会受到寨上人的耻笑。

红瑶妇女有丰富的经期身体保健知识，只是由于条件的限制，很多不能付诸实践，她们得不到应有的休息和照顾。饮食上，月经期间忌吃辣椒和酸菜，否则酸辣刺激的味道会延长流血的时间。忌触摸太冷的水和洗冷水澡，尤其不能洗头，认为受了冷水的刺激经血会倒回肚子里，形成死血，引起女人病（妇科病）。经期还忌太劳累，容易引起腰痛和风气病。来血的几天，她们不与家人共用洗浴的庞桶，而是在夜深人静之时，用自己的小盆子清洗下身，防止感染，并在无人时将水倒在屋后阳沟[①]角落里。这些经期行为宜忌都是红瑶妇女在长期的生活中总结出来的身体护理经验，忌洗头、劳累等都具有科学的医学根据。

然而，劳累和碰触生冷的大忌却往往是她们最不可避免的，人口多、劳力少而生活负担重的人家，妇女在经期也得和平常一样，“上山下田，挑肥送担，担水煮饭”！身体不适也羞于向丈夫和家人提起，做活路太累时，晚上回家就在火塘里烧起大火烘肚子和腰，暂时缓解疼痛。矮寨妇女们常自嘲又乐观地跟我说：“大肚（怀孕）要码（背）柴火，坐月子三朝都要下地煮猪潲，来血算什么？”

二、“有秽”经血的禁忌与威力

红瑶人没有严格的年龄组织划分，但在人的生命过程中，伴随着身体的发育，人生不同阶段和两性的区分却是实实在在的，各自扮演

① 屋檐下滴水和排水的小沟。

不同的社会角色，经受不同年龄阶段的生活历练。红瑶女孩的换装穿裙可以视为女性成年礼的一种形式。1980 年代以前，女孩在“娃娃鬼”时期穿普通的与汉族无异的衣裤，12 岁左右月经初潮后换装，穿上红瑶传统花衣花裙，并改变发式，统称为“穿裙”仪式。一旦穿裙过后，别人对她的称呼就要从“妞”变成“妹家”，以承认她已经是成年人，具有了“社会人”的身份。相应于成年人的身份，她就不能去香火边，不能再参加社祭。男孩一般在 13 岁左右蓄发结辫，17 岁即可成婚。男性年龄阶级有意思的划分是，36 岁为中年，一些事情必须 36 岁以上之人才可以做，大多数跟祭祀和葬礼有关。

月经及之后的穿裙代表红瑶妹家“有秽”的开始，来血意味着其一生都将与污秽的禁忌相伴。由于受认识水平的限制，红瑶人对月经期的流血现象持敬畏、神秘、恐惧和厌恶的的复杂态度，把经血及与之有关的人和物都视为不洁的，从而产生了对女性行为的种种限制。与孕产妇一样，行经期的妇女和经血的处理物都是会导致可怕后果的“不可触”的危险对象。

不仅清洗经血布的地点、晾晒方式和卫生用品的掩埋需谨慎而隐蔽，红瑶经期妇女的活动范围和行为方式则受到更大的制约。经期妇女忌去矮岭河里洗衣洗菜和捞鱼，恐经血滴入河中使河水变坏和毒死里面的鱼虾。初次来血的妹家不能去水井挑水，恐导致井水干枯或使寨上人生病。矮寨人有新年买新水的习俗，初一清早人们压一张红纸在水井边，舀一瓢或挑一担水回家食用，以求新的一年家中水源不断，来血的妇女和孕妇都不能去买新水。[①]来血时不能参加收割稻谷，也忌走进家屋中三楼和家屋旁的谷仓，否则会使种子发霉变质，影响来

① 提到买新水，矮寨人就会讲到一个嫁到金坑小寨去的丑女的故事，她的鼻子由于生毒疮严重变形，只剩下黑黑的两个鼻孔，人们都说是因为来血也去买新水，弄坏水了，龙王让虫子把她的鼻子啃烂。母亲在女孩初潮时都会以这个丑女的教训来告知经期禁忌的重要性。

年的收成。

表 5-1　红瑶人的生命过程及称谓表

年龄阶级	男性称谓	年龄	女性称谓	年龄
婴儿期	勒埃（ne^{53} ai^{21}）	1 岁以下	勒埃（ne^{53} ai^{21}）	1 岁以下
儿童期	娃娃仔（ua^{21}ua^{33} tsai^{21}） 弟弟（te^{21} te^{21}）	1—12 岁左右	娃娃鬼（ua^{21} ua^{33} kuei^{21}） 妞（niəu^{24}）	1—12 岁左右
少年期	弟家（te^{21} ka^{45}）	婚前	妹家（mi^{21} ka^{45}）	成年至婚前
青年期	后生弟（xəu^{21}sən^{45} ka^{21}） 后生家（xəu^{21} sən^{45} ka^{45}）	婚后（17 岁以上）	后生妹（xəu^{21}sən^{45} mi^{21}） 大妹家（tai^{21}mi^{21} ka^{45}）	婚后
中年期	男家（nan^{21} ka^{45}）	36 岁以上	红花妹（xoŋ^{21}fa^{45} mi^{21}） 半中年（pən^{21}tsoŋ^{45} nin^{21}）	生育前 生育后
老年期	公老（ko^{45}lao^{33} ɵi^{33}）	50 岁左右及以上有孙子	奶老（pa^{44} lao^{33} ɵi^{33}）	50 岁左右及以上有孙子

起屋仪式尤其是上梁时忌讳来血妇女参加，认为秽气会影响家屋生命力。用蓝靛染衣裙时忌来血妇女靠近，红白喜事和新年做豆腐点石膏时也忌其在旁观看，恐凝结不成功。经期妇女做的酒和粑粑等食物不能用来祭祀家先和神灵，否则会受到惩罚变成哑巴。妇女和家中男性的衣服在经期和日常生活中都要分开洗和晾晒，尤其不能与家公的靠近。妻子很少为丈夫洗衣服，丈夫也忌讳触碰经期妻子的衣物尤其是裙子。在家屋内部，来血妇女忌靠近香火和上三楼，忌从男性老人面前走过。忌跨过家中摆放的农具和渔具（捞鱼的鱼枪、捞绞和鱼篓）。赶山人的猎具如猎枪、猎夹、猎网都要收到三楼高处，被来血妇女碰后赶山时打不到猎物。赶山人供的梅山神坛通常放在房间隐蔽

之处或三楼，不能让来血妇女靠近。

丈夫严禁与妻子进行经期性行为，以5天为忌，认为这种非常态的不洁性交会冲犯家屋中的香火，也会使丈夫性功能减弱或患上各种身体虚弱的病症。最严重的一种是"扯风缩阴"，发病后生殖器往肚内缩进，危及生命。俗以为是小儿从娘胎中带出的疾病，经期性交则会使病症加剧。禁止经期性行为虽出于经血有秽和可致病的观念，但也包含为夫妇身体健康着想的合理因素。

与月经的生理现象有关，成年女性不仅在经期和孕产期禁忌缠身，日常生活中也被与男性区别对待。如矮寨人在大年初一有相互拜年的习惯，妇女不能早早去别人家里，必须丈夫或未成年的子女先去之后，自己才能踏进他人的家门，否则秽气会给主家带来一年的灾难。

经血在有秽和带来负面影响的同时又具有特殊的魔力，能起到吓鬼的作用。鬼怕邋遢之物，红瑶妇女的裙子尤其是沾有经血的裙子可用于驱鬼。矮寨人确信鬼魂是存在的，晚上出来游走，如果猪无缘无故大声嘶叫就是鬼来抓生人的魂，听到猪叫的人们都要起床大喊："快拿篮子来！快拿裙来！"胆小的鬼听到害怕就不敢上楼来了。篮子是上梁时装梁粑的，人们认为它有保护家屋的灵气，形状也好比天罗地网，可捕获鬼魂。妇女裙子的秽气比篮子更能吓退野鬼，一位奶老讲述了她的上门郎仔撞梅山鬼的故事：

就是今年正月天，我们全家人正围倒火塘吃饭喝酒。我郎仔突然眼珠子不动了，双手双脚开始乱舞，往高处跳，好像有绳子吊着往上拉一样的，差点就扑进正烧倒大火的火塘里。他伢（岳父）、弟弟和另外几个来喝酒的后生赶紧去抓他，但根本就抓不住。我娘没得办法了，脱下裙子罩在他头上，一会儿稍微平静一点，但马上又跳起来，反复几次才慢慢坐下来。第二天他伢去找先生掐掌问卦是啷子（怎么）回事，先生讲是运气不好撞见了梅山鬼，隔壁王石茂就是赶山人，家里供了梅山坛，可能是太久不供了，梅山鬼要出门找吃的。他伢回来用茶、酒、香纸在门口一供，郎仔果然就没得事了。尾后我们看他的双手全部都肿完了，你可以想象我们用好大的力气拉他，他自己一点不记（得）。[①]

在这个多人见证的个案中，不幸撞鬼的郎仔行为异常，家人正是用有秽的裙子暂时吓走了梅山鬼。赶山人杨焕乐告诉我，倒脚梅山鬼（神）太厉害，一点也不能犯，否则轻则大病，重则丧命。赶山的人不能吃狗肉和癞蛤蟆，倘若犯忌也会如郎仔般被梅山鬼吊起来惩罚，而自己又看不见绳子。

有关污秽观念的研究，玛丽·道格拉斯的“污染理论”（Pollution Theory）提供了一个非常具有启发性的解释进路。她将去除了病原学和卫生学因素的污秽概念定义为：位置不当的东西（matter out of place），代表社会分类中的无序状态和危险。“所有的边缘地带都有危险。身体上的孔隙就是其薄弱之处的象征，它们排出的东西是最明显的边缘事物，直接流出的唾液、血、乳汁、尿液、粪便或眼泪已经越过了身体的边界。从身体上剥落的东西——皮肤、指甲、剪下的头发和汗液也是一样。”[②] 再者，污染与社会结构有关，道格拉斯区分了社会污染的四种类型：“第一是在外部边界上施加的危险，第二是超出

① 被访谈人：杨小秀，女，1961年生，文盲，访谈时间地点：2009年6月17日于矮岭河边洗衣滩上。

② [英]玛丽·道格拉斯：《洁净与危险》，黄剑波等译，北京：民族出版社，2008，第150页。

系统内部界限的危险，第三是界限边缘的危险，第四是当一些基本的假设被其他基本假设否定，体系与自己纷争，即内部冲突的危险。”① 月经污染属于第四种污染类型，社会系统中存在着无法确定的边界与相互冲突的角色，如性别分类的秩序冲突。月经期女人不洁的禁忌即源自于社会内部性别角色之间的冲突，“污染的观念被用来将男人和女人约束在他们分内的角色中。”②

集中在巴布亚新几内亚的污秽研究早期也强调性别间的对抗，认为月经污染反映了性别关系的敌对或至少是等级制，是社会冲突紧张的标志，与宗族、战争和经济等因素有关。近二三十年间，这种研究的理论模式逐步得到修正，一些学者开始认识到对女性的隔离并不完全意味着性别对抗，相反可能指涉某种特殊的行为——社区的男女合作，提倡性别研究的“协作模式”（Collaborative Model）。③ 因为诸多田野材料证明，月经不仅仅是污染和危险的象征，也是创造性力量的象征，尤其是关于人类繁殖力和“丰饶”的概念，月经不是社会唯一的污染源。在伊丽莎白研究的巴布亚新几内亚 Kafe 人的个案中，女孩在月经初潮后换装，婚前经期被隔离在父母的房间，婚后经期被隔离在野外的月经棚里，并在月经棚里生育，产血与经血同样被视为污秽的身体物质。但男性的精液也是污秽和危险的，妻子拒绝为丈夫洗衣服以避免性交后残留的精液的危害。因此作者认为，女人不是唯一的污染者，男人也不是唯一的受害者，污秽并不仅与性禁忌有关。相反，人由父亲的精液和母亲的经血构成，“经血和精液是创造生命的力量，污染物同时也是有力量的物

① [英] 玛丽·道格拉斯：《洁净与危险》，黄剑波等译，北京：民族出版社，2008，第 152 页。

② 同上书，第 173 页。

③ Andrew Strathern, “Power and Placement in Blood Practices” , *Ethnology*, 41（4）: 349-363, 2002.

质”[①]。库柏也指出:“经血并不是破坏性的，而是生命象征或一种生命力量(life force)。”[②]如新几内亚的Hua人就认为经血可以净化女性身体，促进发育，男性则采取从肚脐、后背、臀部等处放血，以达到净化身体治疗疾病的目的。[③]协作模式的可行性在于，男性和女性的身体及伴随着的行为和象征价值，在他们的社会结合到一起，都是为了追求永恒的生殖。[④]

红瑶人经血“有秽”观念的起源首先如道格拉斯所言，经血是流出女性身体的位置不当的物质，由于越过了身体的边界而变得污秽和危险。即使不谈有秽的概念，在无法正确解释月经的医学原理的情况下，定期流出的大量经血也与其他意外身体损伤造成的流血事件一样让他们恐惧，因为在红瑶人的传统生活经验中，流血往往与伤害、疾病、衰弱和死亡联系在一起。流出体外和气味腥臭的特性使经血与粪便、尿液、唾液等物质同样被视为“污衰”(u^{44} $suei^{44}$，脏)的身体排泄物。平话中很容易分清实质与观念上的肮脏，“污衰”一词即指可见的垃圾、污渍、凌乱、潮黑、腐化、散发臭味的物体等，“有秽”一词则加入神秘的禁忌成分，强调对人、动植物和神鬼的危险性。经血“有秽”一部分因血的“污衰”感而来。

红瑶社会从月经开始的女性“有秽”观念和禁忌的本质内涵与成因类似于污秽研究的“协作模式”。红瑶对女性有秽的恐惧和区隔行为并不如道格拉斯所言总是围绕在性行为的矛盾周围，也与抑制和规

① Elizabeth Faithorn, “The Concept of Pollution among the Kafe of the Papua New Guinea Highlands” , in Rayna Reiter edited, *Toward an Anthropology of Women*, New York:Monthly Review Press, 1975, pp.127-140.

② Kuper, *An African Ristocracy:Rank among the Swazi*.London:Oxford University Press for the International African Institute, 1947, p.107.

③ Meigs, *Food, Sex, and Pollution:A New Guinea Religion, New Brunswick*, 1984, pp.55-58.

④ Andrew Strathern, “Power and Placement in Blood Practices” , *Ethnology*, 41(4): 349-363, 2002.

范两性性关系的道德情景有关。从上述诸多红瑶社会对经期妇女行为的限制可以看出，污秽并不仅仅与性禁忌有关，甚至只是禁忌体系中一个很小的部分。与其说性禁忌，不如说性的羞耻感的成分影响更大，来血和处理经血才成为偷偷摸摸的隐私行为。受经血污染的人不限于经期妇女的丈夫、家中和寨上其他男性，也包括女性和小孩。除了衣裙和污物的直接接触之外，经期禁忌大多数不是围绕来血的妇女与丈夫的关系和接触程度而设，对“有秽”的强调大部分是针对经血对人、劳动工具和自然物等的危险性和破坏力而言。在自然环境和生产资料方面，它会使全寨人赖以生存的河水、井水、稻田和维持家人生命的稻谷变坏或减产，也会使获取生活资源的农具、渔具和猎具失去效用；在重要事件和仪式场合，来血妇女的出现造成正在进行的事件的失败和不良后果；在自家家屋内部，月经禁忌主要表现在污秽对香火上的先祖和神灵以及梅山神的亵渎上。

与很多原始社会人群和少数民族对经血所持的双重认识相似，红瑶社会女性的经血具有污染之外的强大威力，女性具有一定的掌握和运用经血的自主性。新几内亚的 Mae Enga 人中的巫师帮助妇女用经血混入仇人的食物中导致其死亡，达到报复的目的。[①] 在佤族寨子里，女人的裙子兼有驱邪和治病两种神力，如孩子久病不愈，可用女人洗裙子的水（沾染有经血）给孩子喝，据说这样即可将侵入孩子体内的妖邪之气驱撵出来。[②] 红瑶妇女沾染过经血的裙子也可以驱逐企图进入家屋的孤魂野鬼和吓走附身的鬼，包括主管打猎的“厉害”的梅山鬼（神）。

月经是红瑶女性“自然”身体发育成熟的标志，也是被文化地加诸“有秽”、成为社会禁忌体的开始。在条件艰苦的过去，她们一方

---

① Meggitt, Mervyn J, “Male-Female Relationships in the Highlangd of Australian New Guinea”, *American Anthropologist*, 66（4）: 204-224, 1964.

② 邓启耀：《民族服饰：一种文化符号》，昆明：云南人民出版社，1991，第 402 页。

面承受着月经带来的生理痛苦，另一方面体验了月经的羞耻感和行为禁忌。经血“有秽”的观念起源于身体感官对其黏湿、腥臭的“污衰”（脏）感的厌恶，以及代表衰弱和死亡的流血事件的恐惧，也与对“位置不当”的无序状态的排斥有关。但与月经有关及因其而起的女性禁忌并不如西方学者所言是全然围绕性禁忌而生发，显示了红瑶社会两性的分工和合作，而非竞争性的对抗。经期、孕期、坐月和日常几种情景下的全部女性禁忌有共同的成因和功能，即通过对阈限期身体禁忌的遵守，既维持红瑶社会亲属关系和人神（鬼）秩序，也维持生命和父系血脉的延续。

第二节　恋爱方式与婚姻缔结

红瑶地区历史上普遍盛行早婚，结婚年龄逢单不逢双，以15、17、19岁为宜，男子17岁以上，女子15岁以上即可成婚。女子如19岁还未嫁就会遭人非议，被形容为“剩了”或“鬼老子要”。[①] 解放前婚姻多为父母包办，解放后逐步转变成以自由恋爱为主。由于矮寨历来普遍存在寨内通婚的现象，自由恋爱婚的成分较多。但无论是通过自由恋爱还是包办缔结的婚姻都需经过说媒、吃准、合八字、定亲、断媒、送亲、迎亲、婚酒、回门的程序。[②]“两头顶”婚和招赘婚则相对简单，尤其是少了隆重的送亲、迎亲等程序。1980年代以来，传统的“送大亲”婚礼逐渐简化，如今普遍办夫妻生育小孩后与三朝

① “剩了”指嫁不出去的老姑娘；“鬼老子要”是用反喻的方式指鬼都不要，何况人。

② 本节所述的婚姻缔结过程主要以没有生育小孩的“送大亲”为例。关于红瑶详细婚俗的记载见于二十世纪五十年代的少数民族历史调查报告，现在观察到的婚姻缔结和婚礼过程与当时大体相同，变化主要在于嫁妆和礼信。参见：广西壮族自治区编辑组编：《龙胜各族自治县潘内村瑶族社会历史调查》，《广西瑶族社会历史调查（第四册）》，南宁：广西民族出版社，1986，第181—234页。

酒合办的“双喜酒”[①]，而且缔结“两头顶”婚的人越来越多。这与实行计划生育后，红瑶家庭普遍只有一个或两个孩子有一定的关系。

一、手电照她窗：“耍伶双”

平话红瑶人将谈恋爱称为“耍伶双”（sua^{33} nin^{21} $suaŋ^{45}$），伶双即恋人之意。女性找恋人为“腾（找）郎”（$thən^{21}$ $lɔŋ^{21}$），男性找恋人为“腾（找）伶家”（$thən^{21}$ nin^{21} ka^{45}），恋爱关系确定后就是“耍得人”了。1980年代以前，红瑶耍伶双通常以花歌（情歌）为媒，劳动、传统节日、赶圩、赶会期、喜酒坐歌堂、走亲等场合为青年男女提供了相识的机会。与寨外红瑶青年在路上、圩场初次相会，有意者都会以歌相试，了解对方情况，如：

> 男：路上逢双不识伴，回家借问是哪人？
> 女：装音不识娘声气，男女相穿在里头。
> 男：路上逢双心想念，心中想念口难开。
> 女：只要郎心愿得到，郎心愿妹转郎边。[②]

弟家（te^{21} ka^{45}）试探性地问对方是何地何人，妹家（mi^{21} ka^{45}）巧妙地玩笑答曰不要装作听不出我的声音了，听到如此回答即表示有继续对歌的希望。双方你来我往，边歌边行，情投意合者就会告知自身和家庭情况，并商定下次会面地点。每逢寨上办喜酒和春节等大型节日，有外面的年轻客人来吃酒和走亲，寨里的青年男女们就会相邀

---

① 笔者在田野中参与的两次三朝酒都是双喜酒：2009年农历五月初一，王成梅之子的三朝酒及“两头住”在外家方的结婚酒；2009年农历五月二十三，王永军之女的三朝酒及与妻子杨氏的嫁娶婚结婚酒。

② 潘德庆：《红瑶礼仪歌集》（内部刊物），龙胜县图书馆藏，1992，第76页。

去欢迎和对歌，场面异常热闹欢腾。婚礼当晚，主家在堂屋和门楼摆起歌堂，新亲和老亲对歌，老人们在香火前坐歌堂恭贺，青年们就在门楼和屋宕头（偏厦门口）唱“要耍歌”[①]，寻找中意的对象。王永凤是矮寨的唱山歌能手，她说就这十几年来不怎么兴唱情歌了：

> 以前有客人来总是在寨门口就被我们挡倒了，我一开口唱：今早日头弯个弯，一对鸳鸯飞进来；左边坐对鸳鸯鸟，右边坐对祝英台。那些男客就晓得我们是去欢迎他们对歌耍的了，挑担子的就把担子放下来，先对一轮才进主家屋。[②]

这是与寨外青年的交往方式，矮寨内部的“耍伶双”表现为另外一种形态，有约定俗成的模式和场所，从男性青年集体的“找伶家”开始。耍伶双通常是在农闲时节，晚饭过后，弟家们三五成群来到他们相中的妹家们的屋前，用手电筒照射三楼妹家房间的窗户，一亮一灭两次，妹家就知晓是请求约会的信号了。妹家打开窗户向外张望，看有无自己熟悉的人，不关闭窗户表示接受了邀约，打开后又关闭则表示拒绝。大家会面后前往热闹的长门口，围坐在一起对歌或聊天，长门口的主人们往往会轮流打油茶招待来唱耍的众人。在长门口不能唱露骨的花歌（情歌），因有老人在场，恐对他们不尊重。时日一长，相互熟悉和增进了解之后，合意的男女就会转到长门口两边相对僻静的屋宕头或寨旁草坪上聊天。如确定了“伶双”关系，二人就可以离开集体单独“耍伶双”了，地点也不再限于长门口。一般是弟家先去妹家屋里，与其父母和家人见面，征得父母的同意。如双方父母没有明显的反对意见，二

---

① 指不如老人们唱得有章法，很多都是耍乐和玩笑话。

② 被访谈人：王永凤，女，1962 年生，初小文化，访谈时间地点：2009 年 7 月 4 日于其家中。

人便可开始过如费孝通先生所说的同居“试婚”生活。而没有耍到如意伶家的弟家们则要再重新寻找一起“找伶家”的同性伙伴。

红瑶青年男女在“耍伶双”阶段享有性自由的权利，“试婚”期也有一定程度的自主性，而一旦生育第一个子女之后，婚外性行为就被禁止，违规者会受到传统习俗的制裁。情节轻者，夫妇越轨的一方送鸡向对方父母赔罪，重者离婚，亲家双方不再走亲，断绝姻亲关系。

二、“自然”身体的社会身份获得：婚礼

从“耍伶双”到谈婚论嫁，第一步便是说媒。先由男方请媒人到女方家求婚说合，红瑶社会没有专职的媒婆，媒人也不分性别，男女均可，但一般不能是本家门的人。女方家人若同意婚事，便会将妹家的八字庚帖交媒人带回男方，命理先生为二人合八字，无相冲相克方可。[①] 男方择吉日请两个“齐全”的中年妇女拿一块猪肉（3 斤以上）、一竹筒米酒和一个封包（礼金几十元不等）到女方家“吃准”，女方以糯饭回礼表示婚事议定，双方不得再与其他人议婚。吃准酒后是重要的“下订”[②] 仪式，即订婚。男方请男性长辈 4 人挑米酒 1 筒、猪肉 10 斤、大米 10 斤、两个用 3 斤米做成的“糕粑”[③]、聘金（多少视贫富而定）前往女家。女方请家门、舅爷等族亲和姻亲来吃饭，告知婚事已定，请大家准备嫁妆。第二天吃过早饭后下定人返回，女方将糕

① 矮寨有句揶揄八字定姻缘的古言：“从前婚姻不合法，从小就把八字拿；只管他家是财主，不管掰（瘸）脚眼睛瞎”。现在大部分人都已将这一环节省去，合八字与否变成个人行为，习俗的约束力逐渐减弱。

② 生育小孩后办双喜酒的也得履行下订的仪式，只是与婚酒之间的距离被拉得很近，礼品和程序有所变化。如王永军的女儿 2009 年于农历五月初八（6 月 30 日）出生,7 月 5 日去妻子外家下订。下订的礼品包括糖、酒、礼炮糕粑和聘金。聘金现在一般都要 3000 元以上，视家庭经济情况而定，此次的聘金是 4000 元。傍晚，男方请来的四个家族男性长辈带着上述钱物去下订，另外每人还准备了 50 元封包给女方父母。吃完饭后双方商定三朝酒期辰，省掉了送大亲的断媒步骤。

③ 将糯米和水磨成浆加入红糖蒸制而成，脸盆大小，呈黄色，正中间用买回的染料“红粉”染成红色。

粑切成块平分给办嫁妆的亲戚。

婚事相商的最后一个步骤是“断媒”，男方请两位长辈拿一筒酒，一只鸭子去女方家中，商议落实办酒的日子，并就聘礼等问题做出了断。如果双方都没有异议，女方就当着媒人的面将男方带来的鸭子杀掉，表示以后不再劳烦媒人奔忙。断媒之后，男女双方分头准备婚礼事宜，男方筹集人员财物准备酒席，并亲自登门告知亲友婚酒吉日。女方置办嫁妆，父母办的嫁妆包括不带盖的鼎锅、扒锅（菜锅）[①]、火钳、一对水桶、扁担、脸盆、毛巾、衣裙、银饰等。舅公的礼信最重，一个方形衣柜、床上和洗漱用品一套（包括被子、床单、蚊帐、席子、枕头、枕巾、脸盆、毛巾、两把伞）必不可少。父亲的兄妹和母亲的姐妹所送嫁妆无规定，一般为床、席梦思、被子、打米机等，近几年嫁妆中开始出现电视机、摩托车、洗衣机等高档物品。[②] 嫁妆的多寡与娘家自身和亲戚的财力厚薄有关，也与婆家的聘金有关。矮寨人将嫁妆形象地分为三等，上等的情况一般发生在过去的地主和大户人家身上，普通民众大多采用中等嫁妆形式：

> 上等，贴钱卖女，送田送钱；中等，卖身装身（和男方的聘礼相平）；下等，卖子吃女（嫁妆是聘礼的一半）。

至此，婚姻的缔结就将进入重要的婚礼阶段。作为人生礼仪的环节之一，婚礼是一个典型的通过仪式（或称过渡礼仪）已成为学界的共识。在《过渡礼仪》一书中，范吉纳普阐述了他从各种仪式中归纳

---

① 人们对送鼎锅和菜锅的作用的解释是，女方的锅配男方的盖，象征二人共同组建一个新的火塘（家庭）。更重要的是防止二人婚后吵架时，夫家说媳妇出嫁时连锅都没有。

② 王永军妻子的嫁妆中甚至包括了消毒柜，由妻子杨氏的姑姑所送，这在矮寨史无前例，说明嫁妆的置办受到了现代性的渗透。在最近的婚礼中，除需办齐习俗规定的传统物品外，现代化家具和电器日益增多。

出来的统一理论模式，“无论是个体在一生中还是群体在生存发展中，在空间、时间以及社会地位上，都会伴随着从一境地到另一境地、从一个到另一个（宇宙或社会）世界的过渡仪式，这一过渡又大多与神圣世界和世俗世界的分野有关”①。这类仪式所欲表达的信息和功能是相似的，都是特殊的过渡行为 (rites de passage)，具有一个共同的仪式进程和三阶段模式，分隔礼仪（分离仪式）(rites de separation)、边缘（过渡）礼仪 (rites de marge) 以及聚合（结合）礼仪 (rites de agregation)，又称为前阈限、阈限和后阈限礼仪。② 前阈限指仪式主体（个人或群体）与先前所处的社会结构或文化情景相分离，进入过渡状态的阈限期，地位、身份和角色均模棱两可，到聚合仪式阶段，才又重新回到分类明确的社会结构和生活中（可能与之前所处的社会结构形态不同）。

“过渡礼仪”与“阈限”理论注意到了仪式的动态性，“对分析人在社会中的阶段性通过具有模式的意义。它将人的生理和生命阶段的物理性质社会化，人的生命过程与社会化在仪式理论中被整合到了一起”③。从个体的角度而言，婚礼的功能在于实现新娘和新郎生命过程中的重要过渡：从成年向已婚身份的转变。

红瑶传统嫁娶的婚礼以新娘的身份转换为重心，新娘经由仪式的过渡建构和进入新的社会关系中：夫妻关系、与婆家的关系、姻亲关系、与婚礼参与者的关系等。从成年到结婚，是女性生命过程中身体

---

① [法]阿诺尔德·范热内普：《过渡礼仪》，张举文译，北京：商务印书馆，2010，第1—10页。对于过渡礼仪的三阶段，学界有不同的翻译。如分离、过渡、组合(吴泽霖：《人类学词典》，上海：上海辞书出版社，1991)；分离、过渡、聚合（何星亮：《中西治学目的之差异》，《思想战线》，2005年第5期，第89—94页）；分离、过渡、整合（结合）（黄平等编：《当代西方社会学人类学新词典》，长春：吉林人民出版社，2003）等。笔者倾向于张举文教授的用法，将阈限期称为过渡或边缘仪式。

② [法]阿诺尔德·范热内普：《过渡礼仪》，张举文译，北京：商务印书馆，2010，第10页。

③ 彭兆荣：《人类学仪式的理论与实践》，北京：民族出版社，2007，第185—186页。

“自然性”变化的阶段之一，处于身体发育成熟到孕育新生命的循环性连接点和界限上。因此红瑶妹家变为媳妇（sn^{44} fu^{24}）的通过仪式也以模棱两可状态的新娘的身体及其引申出的象征意义为轴心，通过大量的身体符号和仪式行为来表达跨越社会界限的内涵。

（一）分离仪式：身不带走外家福气

红瑶婚礼中新娘与外家的分离仪式从断媒后开始。在准备嫁妆的同时，外家亲戚如伯爷、叔爷、堂叔伯等逐家请即将出嫁的新娘吃一餐饭，并送一个小封包和一双草鞋[①]，俗称“吃出嫁饭”。由母亲陪同，新娘在每家只吃一碗饭，并且不能吃完。表示新娘婚后与外家亲戚的关系细水长流，饭不吃完还有留下一半福气给外家之意。

结婚前一天的傍晚时分，男方请两个“齐全”的男青年（与新郎同辈）送礼去女方家接亲，晚饭后返回，路途遥远的可在女方亲友家借宿。礼品包括：一桌婚礼当晚酒席吃的菜，用箩筐装好，送给新娘的父亲和舅公吃。一块重 60 斤的猪肉，从脊背连肋骨砍下，寓意“骨肉相连”，意指男方知晓女方嫁女骨肉分离的心痛。一斤半的长条形猪肉数块（女方房族每家一块），另有 60 个大粑粑、60 斤米、60 斤酒。还要送一副猪内脏，这副内脏最讲究，不仅要舌头、喉咙、肺、肝、心、胆齐全，而且要完完整整的连在一起，不能有一丁点划破的痕迹，否则女方会翻脸不领情。矮寨人对猪内脏的意义的解释有二：一是完整的猪内脏象征着新郎会全心全意对待新娘，掏心掏肺，满心满意，有破损则是有什么意见；二是猪内脏其实就象征新娘的身体，割破猪舌头象征着新娘婚后在婆家无说话权；划破猪肺、胆象征新娘过门后说话做事无胆量，过没有地位的提心吊胆的日子；割破心、肝则象征男

① 现在改为黑色的布鞋。

方“坏心肝”，会恶毒的对待新娘。因此可以认为红瑶人对人身体结构的认知与对猪身的观察有关①。

结婚之日清晨，新娘在父母为她挑选好的一个伴娘（未婚少女）、两个送娘（齐全的中年妇女）和平日相好的姐妹们的陪伴下净身装身（更衣）。净身只是用毛巾沾水象征性地擦拭身体，擦身用水称为“离娘水”，由送姨用力泼到偏厦门外，表示新娘以洁净之身离别娘家，也如泼出去的水一旦分离就收不回了。新娘所着花衣花裙与普通妇女无异，但突出“多”与“新”。上身花衣尽可能多穿几件（要双不要单），每件花衣的底部用别针别好，一件比一件短，露出衣角锡质的梅花，层层叠叠地闪闪发光，花衣穿得越多越能显示其风光和家底。系四条红腰带，手镯也以多为吉，家境好的会重叠戴到臂弯，并佩戴银子梳、银耳环、银牌、银腰带等一整套银饰。

新娘装身妥当，男方的两男两女（接娘）也已挑着 10 斤米、1 块肉来接亲了。午饭后，庞大的送亲队伍出发，约摸在晚上婚酒开席前赶到男方家。送亲队伍包括抬嫁妆、新娘的母亲、姐妹、送嫁妆的亲戚和家门至亲（男女均可），女性在前，男性断后，唯父亲不为女儿送亲。新娘先由兄弟从门楼背出家屋百米开外再步行至婆家，出门时脚不沾地，恐新娘带走外家的财气。在王永军的婚礼上，由于是双喜酒，送亲队伍中没有新娘，王家的接娘遗憾地对我说：

> 可惜你看不到新娘出门那辰间（时候），都是眼泪长流的。大哥背出去的，真正不是娘家人了。②

---

① 矮寨人在向我描述身体各部位尤其是体内器官的分布和名称时，都说脑子里浮现的是猪身的形状，认为从孩童起就喜欢观察杀猪的经历为他们提供了这些知识。见第三章图 3-7。

② 被访谈人：杨文凤，女，1969 年生，文盲，访谈时间地点：2009 年 7 月 5 日于送亲途中。

接娘说的是由大哥背出门即真正外嫁的女儿日后回外家的行为禁忌[①]，首先表现在食物的烹煮上，可以切菜、炒菜，但不能洗菜和洗碗，不能进谷仓，装米的米桶也不能触碰。家务劳动方面，扫地和往外倒垃圾是绝对禁止的。这些禁忌行为有一个共同的特征，动作的结果都是家屋的粮食和物件由里向外流动，洗、扫和倒都是往外的。粮食和物件代表家屋的财富，即便垃圾也是，每年春节从除夕 12 点以后就不能扫垃圾，堆在门楼墙角的炮灰、糖纸越多越好，一直到初三开财门才能扫出门。垃圾是生活资料的剩余，也是财的象征。红瑶人认为女儿外嫁如泼出去的水，人财都属于夫家，回外家做这些向外的动作会将娘家的财富和福气带走，至少是会带到夫家，用他们的话说就是“泼出去的水没给管事的”。因此这种外家与夫家的区别观念在新娘出嫁时就得到特别的强调。

存在于众多民族中的哥哥背新娘出门习俗，因大多与新娘坐轿相连，普遍被认为是一种对新娘在过渡时期的隔离行为，为新娘提供身份转换的空间，轿子是社会公认的把新娘接到婆家的唯一合法运载工具。[②] 也是因新娘在过渡期的危险的边缘人和“禁忌人”特征，悬在天上和地下之间最为安全无害。红瑶新娘出门脚不沾地却代表身体和社会关系与外家的双重分离，走出外家门预示着即将成为婆家人，是一个由内向外的过程，包括身体和所携带的无形物（包括福气、运气、财气等），将其身体悬空可减少外家嫁女导致的损失。红瑶对新娘的边缘性和危险性的关注集中在婚礼的过渡仪式阶段，包括送亲途中和初入婆家。

① 缔结两头顶婚的女儿回娘家没有这些禁忌，婚酒在娘家与夫家分办，不需送大亲，不用哥哥背出门。

② 杨懋春：《一个中国村庄：山东台头》，张雄等译，南京：江苏人民出版社，2001，第 111 页。

（二）过渡仪式：身体和身份的边缘性

范热内普从一开始就指出了过渡礼仪的过渡阶段即阈限期的特殊性，利奇采纳范热内普的理论范式，结合二元分类的象征结构分析发展了他的时间与空间的界限概念：表明地位转变的通过仪式是社会“无时间范围”的间隔，界限（阈限）是神圣的，也是不正常、无时间范围、模糊、位于边缘的。[①] 维克多·特纳对阈限进行了更为详尽的阐述和发挥，他用 Communitas(交融)一词来描述阈限阶段的反结构和模棱两可的特征，认为阈限或阈限人的特征是不清晰的，常常与死亡、受孕、隐形、黑暗等联系在一起，对于没有被纳入阈限场景的人员来说，他们是危险、不吉利和有污染性的，表现出神秘的危险和弱者的力量。[②]

作为婚礼的阈限人，新娘在过渡仪式中是一个存在于非正常时间中的非正常的人，身体和身份都处于分类的边缘，既不属于外家也不属于婆家，状态危险而暧昧不清。身体的边缘性表现在两个方面，新娘被稳定的社会结构边缘化后变为弱势，自身处于危险中，同时又具有“陌生人”[③] 的超常力量和危及他人的危险。由于在阈限中不受外家家先和任何神灵的护佑，新娘受到的最大威胁来自于各种鬼精。无论天晴下雨，从娘家到婆家的途中始终打着一把娘家舅公送的青布伞，这把伞已经事先由师公画过“隔鬼”符咒，有保身之用，保护她在路上不会摔跤和跌落魂灵，不碰见野鬼等不祥之物。新娘要一口气走到

① [英]埃德蒙·利奇：《文化与交流》，郭凡译，广州：中山大学出版社，1990，第 34—35 页。

② [英]维克多·特纳：《仪式过程——结构与反结构》，黄剑波译，北京：中国人民大学出版社，2006，第 94—109 页。

③ 原始人认为陌生人拥有神圣和致命的“马纳”，在允许陌生的外地人进入本地区之前，要先举行仪式解除他们的魔术法力，抵制其散布的致命性危害或净化被他们污染的空气。见弗雷泽著：《金枝》，徐育新等译，北京：新世界出版社，2006，第 195 页。

婆家，忌中途坐地休息和回头张望，否则护身的隔鬼符就失去了效用。也有一说是新娘回头看娘家不吉利，婚姻不长久。伞本身就是遮风雨、挡太阳的工具，红瑶人又将实用性功能与驱邪避祸的观念相联系，赋予其能隔除鬼魅的象征意义。

送亲路上如遇桥、土地、庙、坟、古树，走在新娘身边的人在旁边用石头压一张红纸以示祭供，因为这些地方的神、鬼和精灵会对新娘造成侵害。过风雨桥和凉亭时所有人都要在路面朝山上的一方扯一把茅草丢在里面，说“为土地公土地婆添柴火，保佑我去得顺利回得安全”。红瑶人认为恶鬼是往坡坎下滚的，生在路面朝里和上方的茅草才具有震慑恶鬼的灵力。除了超自然力量，阈限人“同类相斥”的后果也不容忽视，途中忌碰见孕妇，如相遇，新娘照样要避到路面朝山上的一方，不与孕妇照面和搭话。两个送亲队伍迎面相遇也为不吉，新娘可互换一块随身携带的毛巾，以抵消彼此煞气对对方的伤害。并且两个队伍都要加紧赶路，以先赶到夫家者为吉，认为后到的婚姻不会长久。当然这种情况很少见，夫家在定日子前都会打听周边村寨有无人同一天办婚酒，有则改期。

送新娘的阈限阶段使参加送亲的人处于危险中，一是新娘神秘的煞气，二是出没于陌生之地沿途的鬼魂[①]，都对他们的人身安全构成威胁。因此所有人都要在身上放一根施过法的茅草，称为“插茅标”，男性放在衣裤左边的口袋里，女性系在右边耳朵上方的头发中，使“吃的不上口，凉的不上身”，即隔离造成身体伤害的两种危险力量。茅草由师公或会法术的男性从娘家家屋后山采回，切去头尾取中间部分扎成一束，拿在左手中念咒：

① 红瑶人在第一次去一个陌生的地方时都要在身上放辟邪之物，如茅草、白石头、稻谷等。

手拿大茅大将军，小茅小将军，生在高山脚下，借你弟子来护我身，插在江边鱼不上，插在路边鬼不行，插在郎娘身上百鬼走，凶神百鬼走纷纷。吾奉太上老君！

念完咒后在出门前亲自分发给送亲人，婚礼结束返回家中才可将茅草取下。保护新娘和送亲人的身体巫术行为如韦斯特·马克所说：“新娘不仅自身处境危险，而且还会给别人带来危险。那些直接涉及新娘的仪式，同时也可被看作一种防范措施，以确保与新娘关系稍远的一些人免受邪气的侵害。”[①]

送亲是过渡仪式的重要部分，整个送亲路途既是新娘身体从外家到婆家的空间处所位移，也象征着从妹家到媳妇身份的转变。过渡需要一定的时间和空间距离才能完成，嫁到矮寨内部的新娘，外家与婆家距离太近，很多都只是屋前屋后之隔，送亲行走的路线却不可以直接往下，而需尽量绕行一圈，为新娘营造足够的过渡空间。王永军的双喜酒即是如此，“下嫁”的妻子杨氏的外家就在屋后左侧稍高之处，中间只隔了两栋房屋，送亲时从杨家左边的田埂小路绕行经矮岭河边新挖的公路平台至王家，延长了过渡的路程。即使没有新娘在场的三朝双喜酒送亲，这种习惯也未能改变。送亲绕远路的行为也是为了避免出门就“往下”隐喻的衰败之意，因红瑶人观念中的“下”是与鬼、生命衰亡相对应的，对新娘和送亲人都是不吉之兆。韦斯特·马克就视出嫁时的环绕行走为一种驱邪措施，他认为：“通过绕行，外来人在进入某地之前即可将身上的邪气散发出去，这对该地居民就可起到保护作用；同时，通过绕行还可以抵消进入陌生之地可能遇到的危险，

① [芬兰] 韦斯特·马克：《人类婚姻史》(第2卷)，李彬译，北京：商务印书馆，2002，第879页。

这对外来人自己也是一种保护。”[①] 这与陌生人身上有神秘力量的信仰是一致的，新娘和送亲队伍是去陌生之地，而对于婆家人来说，他们也是危险的“陌生人”。

快到男方家门口，已有两个称为“引娘”的妇女在路边等候。她们和女方的“送娘”都事先准备了两个红蛋和两团糯饭，此时互换一个红蛋和一团糯饭，意思是送娘送亲的任务已经完成，接下去由引娘引新娘进屋。引娘接过新娘手中的伞，引其直接进入二楼香火右边的小房间，将伞放进床上的被子下，再到门楼与送亲的女性亲属同坐。这间房并不是新房，而是专为新娘而设，供她晚上在送娘和伴娘的陪同下歇息，第二天才与新郎入洞房。“新娘房”是实现新娘身份过渡的又一空间，其设置表明，红瑶婚礼的过渡仪式并非以新娘到达婆家为界限。在婚酒当晚，新娘和新郎都还处于身份的过渡阶段，婚礼以过渡仪式为主，但中间也会穿插一些结合仪式，通过仪式的三阶段不完全依时间先后而排列。

婚宴一般在晚上八点多才开始。酒席过后，主家和外家组织歌师在香火前摆歌堂，通宵达旦对瑶歌。坐歌堂对歌的内容主要是双方互赞婚酒、嫁妆、礼信和新人，有喜相会、唱惊动、唱酒食、唱嫁妆等唱段。“交亲”是歌堂中象征外家将女儿交付给婆家的重要步骤，对于新娘角色的过渡具有特殊的意义。“交亲”在唱酒食之后进行，大概凌晨两点左右。外家请来的交亲人必须是寨上德高望重的男性歌师，最好是房族长辈，与男方歌师中的长者对唱，用歌唱的形式表达交付之意，对方对以迎贺之词：

外家：大路蒙，大路蒙蒙无延休；妹不修路弟修路，给

---

① [芬兰] 韦斯特·马克：《人类婚姻史》（第 2 卷），李彬译，北京：商务印书馆，2002，第 893 页。

妹坐定等花圆。

婆家：大路不走两边宽，老路不走起青苔；老路不走石板在，金锁人弄钥匙开。

外家：连根八字交给弟，交给小弟肚里藏。

婆家：妹会交来弟会收，拿进新房柜里藏。

婆家：青丝上面排年纪，弟也十三妹十三，加个媒人也十三,三个十三三十九，好像芙蓉配牡丹。

外家：青丝上面排年纪，弟也十三妹十三，弟的时辰是半夜，妹的时辰是五更。

婆家：接亲紧紧接，紧紧和妹接裙头。紧接裙头莫放烂，千年古迹万年新。

这一段对歌的开头是礼貌的客套话，外家人说婆家把一切打点好，新娘嫁过去坐享其成。接着是交八字与合年庚，最后外家“接亲紧紧接，紧紧和妹接裙头”，用接新娘裙子的动作比喻会牢牢接下此门亲事。

新娘外家送亲的女性亲属和男方女性亲属在门楼坐歌堂，外家人对新娘唱《十送姊妹》，既是叮嘱其做媳妇要真心、勤快、忍耐，同时也让婆家人看到她们教女的举动，以减少今后可能发生的婆媳冲突中外家的过错：

一送姊妹去人村，做人媳妇要真心；早晨也要早早起，莫给[①]家婆喊半声。

二送姊妹去人村，做人媳妇要真心；各人面前轻放步，

① 给，平话，让的意思。

莫给别人讲半声。

三送姊妹去人村，做人媳妇要真心；早晨挑水轻轻过，莫来摇醒梦中人。

四送姊妹去人村，做人媳妇要真心；挑水要挑高井水，莫挑塘水臭泥腥。

五送姊妹去人村，做人媳妇要真心；扫房要把娘房扫，莫给娘房起灰尘。

六送姊妹去人村，做人媳妇要真心；煮饭也要真心煮，莫给面熟里又生。

七送姊妹去人村，做人媳妇要真心；洗菜也要真心洗，莫给黄泥巴[①]菜根。

八送姊妹去人村，做人媳妇要真心；洗碗也要真心洗，莫拿碗柜响连连。

九送姊妹去人村，做人媳妇要真心；要回外家三五夜，要对家婆讲半声。

十送姊妹去人村，做人媳妇要真心；丈夫骂你莫答嘴，莫给丈夫两样心。

外家人以十送姊妹为歌根，告诫新娘做媳妇后最应注意的十件事情，包括早起、挑水、打扫房间、煮饭、洗菜、洗碗的规矩，做每一件都需轻手轻脚、小心谨慎，并提醒新娘日后隐忍地妥善处理好与家婆和丈夫的关系。可见红瑶传统社会中的媳妇角色是弱势、被动的，一举一动都在家婆和丈夫的“监视”下，连走路的姿势也有规定，她们的身体受到无形的规范与控制，正如红瑶古言云：

① 巴，平话音译，粘住的意思。

男人上身要装登[①]，下身要装满。上身装不登，下身装不满，有妻好比无妻样，有天好比无太阳。吃郎饭穿郎衣听郎话，走路不能一脚三撇。

（三）结合仪式："前世置定两夫妻"

从上述接亲、送亲、迎亲到婚宴的过程中，我们看不到类似于汉族"结发"、"交杯"、"共牢"（共食一牲）等由新郎新娘共同完成的行为，二人甚至不会同时出现，新娘一直在伴娘等人的陪伴下度过，新郎则忙于招呼客人。红瑶婚礼象征结合的仪式大多伴以驱邪和新郎新娘"得置定"[②]的巫术，并且在新娘未到达婆家之前就已出现，与过渡仪式相交织。

婚酒即"正日子"的上午，男方家在房族中选一个齐全的妇女为新郎新娘铺床，换上全新的红色被单和帐帘。请师公做扫房和合床的仪式，扫除家屋中的鬼煞和婚床上的"犯神"，防止新郎新娘圆房时互相冲犯导致疾病、口舌，以保婚姻长久和子嗣兴旺。红瑶人认为新房中躲藏的鬼煞对新人的身体最为有害，师公围绕新房的四角转圈，一边挥舞剑刀做往外扫的动作，一边念符咒：

奉请时符化九州，未曾进屋鬼神汉。凶星鬼煞见我低头拜，关煞口舌尽消除，婚姻娶妇得安宁，吾奉太上老君！奉请玉皇大帝，八百金刚护我身，四头夜叉随我转，六丁六甲尽消除！

---

① 登，平话音译，满、充实之意。

② 使二人得以相配、恩爱，婚后定心不分离。

紧接着到香火前重复一次，最后到大门口烧纸，整座家屋黑暗处的“凶星鬼煞”都被师公逼出门外。然后为新人“合床”，师公用剑刀从左向右在帐帘和被面上拂过，念讨亲堂符咒：

奉请山头月出，小妹见我笑纷纷。弟子把法去迷娘，迷娘上山得同路，迷娘下水得同船。船捞水水捞船，船水相捞万万年。吾奉太上老君！奉请一摊[①]一席，一思一想，一更想郎不睡着，二更想弟不分明，三更思得心肠乱。东置太阳西置明月，晒转床头床尾，温温暖暖。置起风蓬[②]闹热，闹热陈陈。参[③]娘头，娘思愁，参娘腰，娘心焦。参起五男二女，九子团圆。吾奉太上老君！

仔细分析咒语，我们发现“合床”仪式是一个求爱和求子的巫术，师公为新郎作法“迷娘”，即迷惑将过门的新娘，让她对新郎“又思又想”。“参娘头，参娘腰”利用接触巫术原理，假借触碰新娘的身体使其处于思念的忧愁中，目的是希望二人婚后能如“船水相捞般相濡以沫，生儿育女，隐讳地传达了性巫术的信息。合床仪式虽与接亲送亲同时进行，但可视为直接针对新郎新娘的结合仪式之一，是用巫术形式将二人整合进夫妻关系中。

解放前，矮寨还有占卜新婚夫妻婚姻长短的“放鸡”习俗。婚礼晚歌堂坐到寅卯时分即凌晨四五点钟，主家在堂屋中间摆放两张四方桌，撒上一把米，将女方带来的一只母鸡和主家的一只公鸡放到桌子上，年长歌师暗念咒语：

---

① 平话称铺床为摊铺。

② 平话音译，热闹之意。

③ 平话音译，按、触摸的意思。

丝麻长，丝麻长，并把丝麻来缠娘，并把丝麻来缠妹。丝麻缠妹真想郎，不思家中亲父母，真思小弟断肝肠。奉请梁山伯祝英台，飞符报信报娘来，飞符报信报娘到，报娘报妹来，隔山隔水来。郎身化作金盆装白米，娘身化作饿鸡娘，饿鸡又来思量。娘见郎来笑眯眯，前世置定两夫妻。两鸡同心吃白米，白头到老两夫妻。吾奉太上老君急急如律令！①

众人围坐凝神静气观看，如果两只鸡同时吃米，并且和气地互相啄理羽毛，预示新婚夫妻会相亲相爱、白头到老；若两只鸡不吃米而离开或斗闹起来则为不吉之象，预示婚姻不能长久，众人沉默地离开，婚礼气氛进入低潮，通常是其他来吃酒的人散去，唯歌师继续对歌至天明。公鸡和母鸡实际上代表的就是新郎新娘，以鸡喻人，鸡合人合，鸡散人散。放鸡的占卜行为反映了红瑶人对未来生活的不确定性和姻缘命中注定的观念，为婚姻的缔结蒙上了一层神秘和宿命的色彩。“认亲”是新娘正式加入婆家的结合仪式，婚酒第二天吃早饭时，新郎带新娘认亲属。先从新郎母亲方的长辈如舅公开始，再认父亲方的亲戚。新郎装一支烟的同时，新娘筛一杯茶，伴娘在旁边为她端茶，给长辈筛茶时要双手捧上，他们会给新娘一个小封包作为“筛茶钱”。通过认亲，新娘被正式介绍给婆家亲属，给筛茶钱象征着婆家家庭成员和亲属对媳妇身份的肯定。新郎的身份也在这一结合仪式中得以转变。吃完早饭后，外家人起身准备启程，新娘痛哭不止，送出门口。男方按女方嫁妆价值的35%折合人民币退礼，每份大的嫁妆还外搭穿成一串的九个大粑粑作为回礼。另外还有一串特制的两大一小象征一家三口的粑粑是送给新娘父母的，她们又会将中间那个小的退回，表示

① 以上咒语均为矮寨师公王永强提供。

女儿已经交给婆家了。外家送亲人返回，结束过渡的危险状态。

完整的红瑶婚礼还包括回门。婚礼后第三天，外家派两个齐全的男性来接新娘新郎回娘家。二人在外家住一晚，第二天早上接新娘的父亲、叔伯等男性长辈一起回男方家吃“老人酒”。回门和吃老人酒是外家和婆家对新郎新娘夫妻关系和双方姻亲关系的再确认，至此，新娘脱离过渡期的反结构状态，结束身体和身份的边缘化，得到婆家及亲属的认同，具有了合法化的“伶家”和“媳妇”的新身份，也不再是一个散发秽气和危险的阈限人。新郎从也“弟家”变为“郎”（丈夫）和“郎仔”（女婿），他们带着明确的身份，恢复正常的既有生活秩序，并融入新的社会网络和秩序中。参与婚礼的人，尤其是双方的至亲，都通过婚礼的结合仪式进行了身份转换和新的关系连结。

从新娘的角度看，以她为中心的结合仪式有三个层次：一是扫房仪式，与新的家屋空间融合，避免新娘初到“陌生”的婆家受到鬼魅邪煞的伤害，这是从其身体和生命安危的角度来考虑；二是“合床”和放鸡巫术，是以新娘与新郎夫妻关系为核心的结合仪式，以床、鸡相合的“天意”寓意新婚夫妻互不冲犯，无口舌之忧，多子多福；三是认亲和回门，认亲是新娘身份转换向婆家亲戚的正式宣告，对媳妇身份的强调多于妻子身份，回门则使新身份重新获得外家人的认同。三个层次的结合表现了身份转换牵动的新娘身体与空间（鬼神）、新郎、婆家亲属、外家亲属的关系，对于新的角色和社会关系的建构，四者缺一不可。

生育小孩后办双喜酒的产妇兼有妻子、媳妇与母亲的多重身份，同样要经由坐月子的通过仪式实现“有秽”身体的净化和身份转换，不同的是其新娘的身份被减弱。生育的分离仪式表现为对产妇和新生儿的隔离，生产在黑暗封闭如子宫的家屋中进行，月子的活动范围限于火塘边、偏厦和楼底，只由媳妇门出入。这些规范将产妇与家屋外的空间和社群，即原先的生活环境分离开来。新生儿产下后用布包，洗三朝时方才着衣，产妇的产血和洗儿的三盆血水留待三朝日才清除，都具有婴儿与母体脱离的分离仪式的意味。坐月子对产妇和新生儿又具有过渡的意义，新生儿需度过一个月的脆弱生命期，产妇此时也既非单纯的妻子身份，也非母亲身份，因后者需经亲属、家先和神灵的承认而获得。一方面通过饮食和行为宜忌进行产后恢复，另一方面逐渐淡化产血的秽气和破坏力。阈限中的产妇不洗头、少换衣，是一种普遍性的过渡礼仪的主体暂时性的身体毁饰行为，以区别阈限人与身份明确者，所表现的正是特纳以二元对立区分方式构拟的阈限与地位体系的对比："赤身裸体或统一着装 / 着装彼此区别、不在乎个人外表 / 很在乎个人外表"。[①] 红瑶社会的特殊性在于，红瑶产妇的"身体毁饰行为"不是绝对地不修饰，为了恢复血气与减弱秽气，产妇和新生儿在月子中要不时用自制的风药洗浴，身份的转换是以洗去身体的秽气、恢复常态为前提的。

产妇和新生儿过渡礼仪的结合仪式有报喜、吃三朝茶、三朝酒、蒸风药和满月五个环节。三朝日包含了两个重要的结合仪式，首先是产妇和婴儿用风药洗三朝、换床到家先桌旁，取得家先的认同和保护；其次是婆家房族和外家女性亲属来探望，将添丁的信息扩散到婆家与外家亲族。三朝酒庆贺家庭三角的建立，仪式性地确认和稳固产妇在婆家的身份和地位，并正式确立两个家族的联姻。蒸风药和满月相连，是坐月子结合仪式的高潮部分，产妇由污秽"不可触"的对象转变为告别媳妇门、"重见天日"的人母。产妇的丈夫相当于送大亲婚礼中的新郎，也随着坐月子经历了一个月的被隔离在仪式和他人家屋外的阈限期。

---

① [英] 维克多 · 特纳：《仪式过程——结构与反结构》，黄剑波译，北京：中国人民大学出版社，2006，第 106—107 页。

第三节 体验身份和表达社会关系的身体

一、"自然"身体的文化转化

"自然—文化"是社会科学界的重要二分法之一，人类学的诸多理论出发点和研究命题都来自于对"自然—文化"或曰"生物性—文化（社会）性"关系的思考，如环境与社会、性别研究（男人/女人=文化/自然）等等。

人类学早期的理论源泉进化论就试图揭示人的生物性与社会性的内在关联。斯宾塞用生物学的观点来解释人类社会，提出著名的社会有机体论，用生物有机体的机构来比拟社会的结构，认为"生物有机体有一个营养系统，不断摄取营养，社会相应地也有一个营养系统——生产系统；生物有机体有一个循环系统，人类社会也有一个循环系统——分配系统；生物有机体有一个神经系统，人类社会也有一个神经系统——管理系统。"[①] 摩尔根正是从人的身体的基本需要——食物出发，才划分了以生存技术为基础的人类文化若干阶段进化模式：蒙昧、野蛮和文明。[②] 马林诺夫斯基的"文化需要说"更是对人的生物/文化（社会）二重性的最佳注解。他认为人类有机体的需要即社会的基本生物需要，是文化所由滋长、发展及绵续的条件，从而形成了基本的"文化迫力"，它强制了一切社区发生种种有组织的活动。由于需要形成迫力，这种迫力迫使人们靠着有组织的合作及经济的、

① [英]斯宾塞：《群学肄言》，严复译，北京：商务印书馆，1933。

② [美]路易斯·亨利·摩尔根：《古代社会》，杨东莼等译，北京：中央编译出版社，2007。

道德的观念而满足生理的需要，又产生新的文化迫力。①

对身体的自然属性即肉身意义的忽视造成了哲学领域贬抑身体而重视心灵（精神）的研究倾向，人类学则试图努力在自然和文化二者之间建立一种内在的关联。研究文化是文化人类学的本质特征，与医学、体质人类学对身体结构的解剖相反，重点探讨的是身体的文化属性和所承载的象征意义。对身体的研究也是如此，身体的文化意义是从其自然（生物）属性之上生发出来的，它们之间如何转化成为研究的重心。仪式尤其是生命转折仪式就展现了这一转化过程，具有界定人与非人的界限和文化赋予的社会角色的功能。对通过仪式的大量研究表明，“在传统社会里，出生事实并不能直接保证一个人取得社会成员的身份，他必须通过社会容纳仪式才能从自然转入文化。这些容纳性的宗教仪式中典型者包括洗礼、割礼和献祭”②。是通过仪式对身体产生文化塑造的作用，从出生到死亡，一步步将自然的身体转换成具有身份、权利、地位的社会实体。

在红瑶社会中，婴儿与母体的脱离并不代表一个有性别、有社会角色的人的诞生。“人”是一个文化的概念，也是一个在社会化过程和通过仪式中不断发展变化的实体。新生儿加入家庭和社群，获得“家人”的身份经过了从洗三朝到对岁的一系列仪式。在周岁和安名仪式之前，所有婴儿都被统称为无性别的“勒埃”，有名字和无名字第一次制度性地区分了文化观念中的男孩和女孩。在安名过程中，勒埃“接受了文化定位，通过得到具有严格位置规定的姓名符号系统中的某一

① [英]马林诺夫斯基：《文化论》，费孝通译，上海：中国民间文艺出版社，1987，第24页。马林诺夫斯基通过对巴布亚新几内亚群岛原始部落的大量田野调查，写就的《西太平洋的航海者》、《野蛮人的性生活》等著作中对乱伦禁忌、仪式、巫术和生殖制度等的功能进行了详尽的论述，从而用功能论这种研究工具探究人（人的生理机体）和文化（人的创造物）之间的互为因果的复杂关系，也隐含对人的自然/文化双重属性的理论认识。

② Robert, Brain, *The Decorated Body*, London: Harpercollins, 1983.

个，而被社会接纳为正式成员”[①]。身体发育成熟、第二性征的出现昭示着“弟弟”和“妞”告别童年，即将跨入成年人的门槛，转变成“弟家”和“妹家”。红瑶成年女性的身体因青春期月经生理现象的出现，被打上了比男性身体更受强调的文化烙印——有秽，穿裙之后成为文化观念中的污秽物和禁忌体。步入婚姻是个体成为社会人的关键步骤，对于注重父系骨血延续的红瑶社会来说，结婚生育的意义不言自明。

我们再回到婚礼这个通过仪式，新郎和新娘是仪式的主要阈限人，其中嫁娶婚又以新娘为中心。分离仪式在外家的空间场景里进行，包括吃出嫁饭、净身、装身、由兄弟背出门，藉这些身体的象征行为符号，新娘走出先前的社会结构——外家，并以不带走其福气和财气为原则。过渡仪式的场景转移到送亲、婚酒和歌堂，送亲途中的巫术为消解处于新我与旧我的生死交替关头、被边缘化的新娘自身的危险及其身上散发的秽气对他人的伤害。专为婚酒当晚设置的“新娘房”延长了新娘过渡的时间，一方面有利于新娘身体和心理的适应，另一方面为其从女儿到媳妇身份的转变提供空间和社会关系上的支持，歌堂中的交亲和外家人唱《十送姊妹》的教女行为即强化了这一身份转变对于姻亲的意义。结合仪式包括合床、放鸡等巫术，与姻亲关系有关的认亲和回门，以巫术中的象征性身体结合祈求或占卜夫妻的结合。最理想的关系是“船水相捞”和“九子团圆”，受到性巫术的积极因素和占卜的消极因素的影响。仪礼层面的结合仪式则强调新娘与婆家亲属关系的结合，媳妇的身份和新婚事实也在婚礼见证者即社群面前公开化。

以上婚礼三阶段仪式分析显示，新娘身份转换的过程是以身体为

① 纳日比碧力戈：《姓名：文化与符号的比较观察》，载王铭铭、潘忠党主编：《象征与社会——中国民间文化的探讨》，天津：天津人民出版社，1997，第 27—63 页。

主线和载体的，对新娘“自然”身体的仪式性隔离、保护、和合（合床、放鸡）都建立在红瑶人的鬼神信仰和姻亲关系模式之上。通过婚礼的过渡，新娘的“自然”身体进入新的社会网络——婆家和改变了的外家中，体验和承载新的身份、责任和文化规范。在实现身份转换之余，新娘的身体还连接了外家与婆家，自身与他人（亲属），背后交织着各种力量和谐与冲突下的社会秩序的有与无，力量对比下的姻亲的表面合作与隐性对抗就深藏其中。布莱恩·特纳视身体为我们实践的环境和手段："身体是进行巨大的象征工作和象征生产的场所，我们对身体的维护创造了社会纽带，表达了社会关系，重新肯定或否定了这些关系。"[①] 过渡仪式中的身体仪式和实践的运作方式与功能即是如此，巩固、加强或转变了仪式主体与参与者的社会纽带。

二、地位降低下的冲突与自主抉择

在一个有着稳定和谐的人际关系的社会结构中，通过仪式能将其帮助仪式主体度过人生关键转折点和建构新的社会网络的功能最大化。然而这只是一种理想类型，社会秩序并不总是按照仪式的设定按部就班地运行，通过仪式的主体和参与者之间也不能完全维持和谐的状态。活生生的人不只是仪式的执行者和附属，身体经验具有个体性和主动性，他们也会根据自己对仪式、所处社会关系和利益的理解做出自主的选择。

婚礼中的冲突表现为姻亲力量的制衡，以隐性的对抗为主。婚礼前一天，男方所送的象征新娘身体的猪内脏就表达了外家对女儿婚后生活幸福和地位的忧虑，对内脏完整无破损的要求是与婆家进行较量的策略之一，说明在这个姻亲关系的隐性对抗中，外家掌握了主动权。

---

① [英] 布莱恩·特纳：《身体与社会》，马海良等译，沈阳：春风文艺出版社，2000，第 278 页。

在外家举行的所有分离仪式都以女儿出嫁不带走外家福气和财气为目的，显明地表达了外家与婆家的竞争。出嫁的女儿如泼出家屋的“离娘水”，使外家的人力财力都蒙受损失，因此决不允许出门时身体再带走哪怕是看不见的福与财。坐歌堂对歌不仅是双方唱歌水平、智识和反应能力的一场比赛，也涉及财力和礼信的对比。[①]

外家与婆家的隐性对抗存在于婚礼的各个环节，是双方为争取联姻引起的社会关系变更后的自身利益所做出的积极努力，尚受社会规则的制约，对社会秩序的直接破坏力不大。公开的对抗则有可能造成不可挽回的后果，“斗法”是婚礼上姻亲双方冲突最为紧张的表现。在女方送亲队伍进门之前，男方请会法术的人在门槛下“放禁”，即放一些施了咒语符法的物体，如白石头、草棍、扫把，如果谁不小心踩到就会使所有送亲的人恶心呕吐，吃不下饭，喝不下酒，唱不好歌，身体弱的人甚至会大病一场；女方也会有备而来，用“画龙画虎”的符咒相抗，大肆吃酒吃肉，使碗碟莫名其妙摔碎。双方用符法较量，以表现自身力量的强大，取得姻亲关系中的优胜地位。1986 年的一场婚礼是“放禁”在矮寨绝迹的一条分水岭：

> 我伶家是金坑旧屋人，姓潘，我们结婚时送的是大亲。那时候大家都喜欢放禁，讲不放对自己不好，不放他们(外家)也要放啊。那回是请师公放的，没晓得是不是符法下得太重了，吃酒夜晚，潘家死了一个小娃娃仔，才 6 岁，后来是背回旧屋的。我们都觉得家里死外人很倒霉，潘家人也因为这

① 在王永军的双喜酒上，笔者跟随歌师杨文佩一起坐歌堂，由于外家请不到其他合适的人选，由他一人对王家的三个歌师，这个矮寨唱歌资格最老的“歌师傅”也感觉到了力不从心，中间常无歌以对，最后连新娘的父亲杨文通也不得不上场助阵了。这就打破了规矩，因为双方父母一般是不参与对歌的，歌堂只摆到了第二天清晨六点多，而正常情况下的歌堂要坐到中午。

个事情不和我们走亲了。[①]

矮寨人深信这个无辜死于婚礼上的小孩是放禁巫术的牺牲品，在那之后，再也没有人敢再明目张胆的用此符法伤人。断媒时，媒人的一项任务就是疏通男女双方，保证不做这种无谓的较量，如媒人疏忽不说清楚，出了事故由媒人负责。潘氏由于事故的发生陷入极大的尴尬境地，不仅在婆家生活艰难，更是娘家的罪人，即使组建的新家（夫妻）并没有受到太大的影响。对于潘氏来说，她在婚礼中的身份转换是不周全的，丧失了社会网络的重要支撑——外家，她与外家的联系被生生隔断，意味着人生剩下的通过仪式如生育和终老都不再依常规的仪式形态进行。

不管是从新娘自身感受还是仪式过程来看，红瑶婚礼都强调了新娘身份从未婚向媳妇而非人妻的过渡，后者处于次要的位置。在注重长幼尊卑的红瑶传统社会里，家婆的权力和地位大大高于媳妇这个外来人，媳妇往往在婆家扮演一个被动的角色。《十送姊妹》里的十条做媳妇的规矩有九条都是关于如何取得家婆欢心的，红瑶妹家出嫁前最恐惧的也是家婆的权力，每个成年女性都会唱的《苦媳妇》最为贴切地传达了她们的心声：

在屋做女好不由[②]，三两头发四两油；一今做了人媳妇，冷水梳头两边流。

在屋做女好不雄，早晨睡到日头红；一今做了人媳妇，

① 被访谈人：王永力，男，1958年生，小学文化，访谈时间地点：2009年7月15日于王永军双喜酒上。

② 平话音译，自由的意思。

早晨起案[1]话不同。

在屋做女好不饥，哪时肚饿哪时吃；一今做了人媳妇，肚皮贴背不得吃。

在屋做女好不姣，麻蓝束带几多条；一今做了人媳妇，手扯麻藤来捆腰。

在屋做女听娘喊，做人媳妇听鸡啼；鸡啼三声就要起，不比当初做女时。

在屋做女好快乐，做人媳妇受人磨；出门一担烟包火，进屋一担火烧柴。

在屋做女有千般好处，做人媳妇却万般凄惨，“好快乐”和“受人磨”概括了女儿和媳妇两种不同角色的生活境况和地位的本质差异。我的房东巴常跟我说，旧社会媳妇不能上桌吃饭，尤其有客人的时候，自己一个人在火塘边闷闷地吃。碰到心狠的家婆，媳妇冬天也不能穿鞋子，不然被家婆骂拉架子。她1941年从金坑嫁来矮寨，是家里的大媳妇，也曾有过这样的苦日子。“头上金钗取一只，给你面前娶后妻”这句苦情歌就来源于一个苦媳妇的故事：

以前有一家人很穷，人又多，看倒看倒就快没得米下锅了。有一天家婆拿出一斤米给媳妇煮，讲这一斤米要吃三餐，还要让家里的七个大人和五个小的都吃饱。苦命媳妇愁啰，唧子（怎么）做啊？七个大人七个碗，五个妹仔抓五坨，想不出个办法来，做不好又要挨家婆打骂了。这个媳妇越想越伤心，越想越怕，想到在这个家的生活实在是过不下去，走

① 平话音译，晚的意思。

了算了。走到半路碰到当兵回来的郎（丈夫），她郎跪下来求她莫走。但是不管哪子也劝不回她了，她怕看到家婆，怕过吃不饱的日子，取下头上的金钗送给郎，喊他再找一个能干的后伶家。唱了一句“头上金钗取一只，给你面前娶后妻”就回外家了。[①]

这个红瑶苦媳妇的故事可以说是“巧妇难为无米之炊”的翻版，她逃离婆家的勇气恐怕寄托了所有红瑶媳妇走出传统藩篱的梦想，可外家也不是永久的避风港。可见，经过婚礼之后，从女儿转换为媳妇的红瑶女性的社会地位呈下降之势，这又与通过仪式的功能相悖。特纳将生命危机仪式和就职仪式归为地位提升的仪式，“生命危机的阈限使有抱负的人降卑，并且会一并使之具有获得结构中较高地位的可能”[②]。红瑶传统婚礼不能归为这类地位提升的仪式，生育之后，媳妇身份在婆家才真正得以稳固，并且地位也不会随着有子嗣而提高。1980年代以后出生的矮寨女性，有了较大的婚姻自主权，她们普遍不再遵从男婚女嫁的婚姻模式，不管婆家的距离远近，绝大部分缔结“两头顶”婚。她们对婚姻形式的选择与传统的“两头顶”婚的原因有一定差异。

传统两头顶婚与两可制继嗣制度有关，大多出于劳力、经济和顶香火的考虑，现在的年轻女性选择两头住还加入了情感因素和建构有利于己的社会网络的策略。如前面提到的办三朝酒的王成梅，家里已有大哥顶香火，但她也不愿意出嫁，丈夫是家中唯一的儿子，不可能来上门，于是二人两头住。婚礼分别在两边办，在外家坐月子。婆家

① 被访谈人：杨小妹，女，1969年生，初小文化，访谈时间地点：2008年8月31日于长门楼。

② [英]维克多·特纳：《仪式过程——结构与反结构》，黄剑波译，北京：中国人民大学出版社，2006，第170—172页。

人没有参与在矮寨办的双喜酒，儿子的满月酒则到婆家办，由外家母亲送回。她的身份转换在相对独立和平等的外家和婆家两个空间里进行，代表了通过仪式在新一代人中的变迁和再造。王成梅觉得自己的选择很实际：

反正他（丈夫）家也不是很远，走一个多小时就到，我们两头住也方便。我们在外面打工，家里的活路顾不了，不像以前的人两边跑很累。家里不用我顶，但是不嫁少受点家婆的气，他们要我去那边（婆家）坐月子，我不去，自己的娘肯定照顾得好些，少吃点苦。[①]

翁玲玲用通过仪式的视角研究汉人的坐月子仪式，展示了相似的现象，她认为通过仪式的功能在于提升通过者的地位这一看法“从成年礼来看，是可以得到支持的，但从坐月子仪式来看，在关系正常和谐的状态下，产妇的地位固然是被提升了；然而在一个不和谐的状态下，地位却不升反降。西方学者偏好以成年礼作为讨论通过仪式的数据，是不够周延的”。如她所言，通过仪式具有不确定性与操弄性，“行动者以其选择或对仪式的操弄，在身份转换的关口，展演了人们的情感欲求”[②]。意即通过仪式是活态的，具有可操作性，我们在理解其象征意义和功能时还应看到社会结构的差异和人的能动性。

身体是经验（体验）身份和表达社会关系的主体，身体的成熟使红瑶两性步入恋爱和婚姻阶段。婚礼是仪式主体从未婚过渡到已婚的通过仪式，传统嫁娶婚以新娘为中心，实现了其身份转换和“自然”

---

① 被访谈人：王成梅，女，1987年生，初中文化，访谈时间地点：2009年5月16日于月子房中。

② 翁玲玲：《从外人到自己人：通过仪式的转换性意义》，《广西民族学院学报》，2004年第6期，第10—17页。

身体的文化转化，并创造新的社会关系。由于生育才标志着红瑶家庭三角的建立、强势的家婆权力以及仪式行动者对仪式的操控，从女儿到媳妇的身份转换并不具有“通过仪式”的普遍性功能——完满和使地位得以提升，而是呈下降态势。身体不只是被动的仪式执行者和实施场所，做人媳妇的苦、累、饿、困、不由（不自由）、磨（折磨）等感受是新娘最为恐惧的身体体验，因此一些人能动地选择了“在屋做女好快乐”的两头住婚姻模式。尤其是1980年代以后出生的红瑶青年，有了更自由的婚姻自主抉择空间和条件，即使不为“顶香火”也宁愿缔结不嫁不娶的两头住婚。

第六章　身体的表征：装饰与表达

人赤条条地呱呱坠地，生而“自然”的身体并无本质的不同，洗浴包裹身体的方式却因文化而千差万别。在人的生命过程中，通过仪式使“自然人”一步步转化为“社会人”，对身体的遮盖、装饰和改造同样确立起了自然与文化的边界。身体装饰（body decoration）指附于身体之上的可移动的服装和佩饰，以及对身体裸露部位如颜面的修饰和改造，通常为永久而固定的。装饰是身体的延伸或曰第二皮肤，不仅是个体表达自我的媒介，也是一种装于身的指示性象征符号，与宗教信仰、历史记忆和社会构成产生联系，对身体实施话语建构。红瑶人的身体表征与红瑶社会文化情境密切相关，同时贯穿人的生命活动，在诞生、成年、婚姻、生育、丧葬几大人生阶段都有突出的表现。故单列一章进行解析，以如今仍保留了传统性和民族性的红瑶女性身体装饰为主。

第一节　作为社会身份标记的身体装饰

身体装饰历来被视为承载个体体验、群体认同和社会政治的方式。特伦斯·特纳的“社会皮肤”（social skin）概念，就是用来表示社会形态在身体—自我上的刻写。他认为“身体的修饰是一种中介……身体的外观代表了一种象征性的社会边界，服饰和其他形式的身体装饰成为表达文化认同的话语”[①]。红瑶传统身体装饰表达的文化认同的第一个层面是人的社会身份认同，装饰不仅仅是对身体外表的修饰，深层功能还在于将身体社会化并赋予其象征意义和身份。在探讨人生数次换装的文化意义之前，有必要先介绍红瑶人的传统装饰类型和结构。

一、传统装饰类型

红瑶现存传统服饰以妇女服饰为代表，矮寨35岁以上的妇女较完整地保持着传统的红瑶装束，包括盘头发、垂耳环、包头巾、花衣、花裙、打赤脚等。男性则在解放后逐步改穿汉装，只有少数老人还着青黑色对襟便衣。儿童一直以来都穿从圩场买回的汉装，成年后方换穿民族服饰。

（一）失落的男性传统装饰

红瑶男性服饰比较简单，分为中青年和老年服饰两种，都称“便衣”。民国以前，中青年男子穿及膝的白色和淡蓝色的“包肚衣”，从右向左包肚，系布纽扣。外束长七尺的青色腰带，两头缀有丝线流苏。腰带上吊一个手绣的玫红色荷包，放在肚脐下端的位置，既可装银元等小物件，又有“护阴”的象征功能。下着青布大脚裤，系红、白、黄、绿、紫五色交织的丝质裤带，在左胯边打结，红色的带须垂于左腿。成年男性留长发，留头顶上的一圈，披散于肩头或结辫子。包白色头包布（头巾），形状与腰带相似，长三尺，宽一尺，包头时留出一边的丝质流苏吊于前额左边，取男左女右之意。男子成年后即在左耳垂穿耳洞，但不吊耳环，时不时插进麦秸秆或茶叶梗使耳洞不至于长合，

---

① Turner, Terrence, “The Social Skin” .In *Not Work Alone, A Cross-cultural view of activities superfluous to survival*, R.Lewin, eds.London:Temple Press, 1980, pp.112-140.

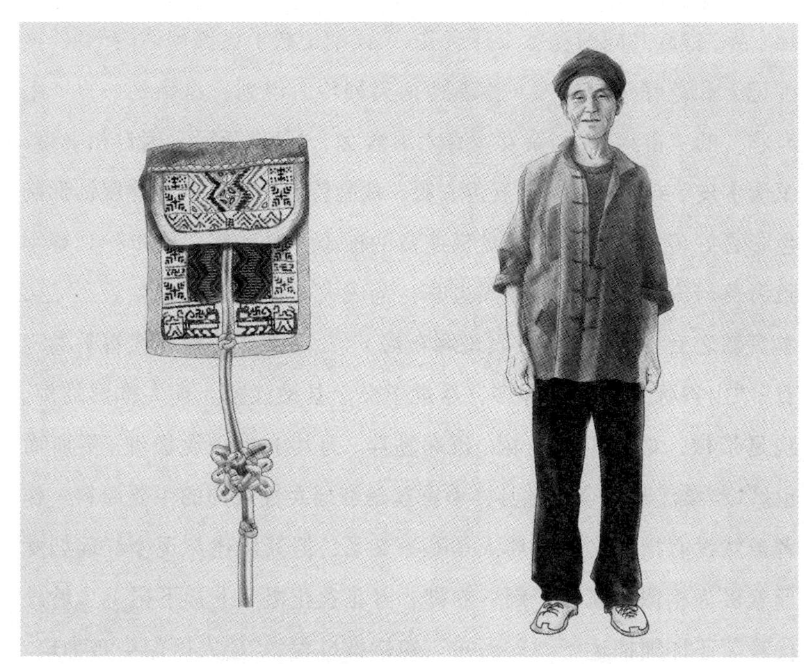

图 6-1　荷包　　图 6-2　男性老年服饰

他们认为“穿单耳”一是不同于两耳垂银环的女性，二可与其他族的男性“客人”相区别，起到性别区分和民族认同的标志作用。成年后只在左手腕佩戴光面无纹的银手镯。

有了孙子的老年人需换装穿青色“包肚衣”，裤装与青年无异，只是不佩戴荷包，头上包青色头巾，流苏垂于后颈或全部扎进头巾里。解放后逐渐将大裤脚改为直筒裤，上衣也改成七颗布扣的立领对襟便衣，中青年穿白色，老年人穿青色，不再束腰带。

（二）“斑斓”的女性传统服饰

瑶族自古就有好五色衣服的传统，女性服饰“斑斓”的典型特征在古文献中多有记载。学界多认为“好五色”服饰特征的形成与瑶、苗、畲族共同的盘瓠崇拜有关。[①] 详细记载了盘瓠神话的干宝《搜神记》和范晔《后汉书·南蛮西南夷列传》说到，盘瓠是一只“毛五彩”的“畜狗”，与帝女生育六男六女，“盘瓠死后，因自相夫妻，织湈木皮，染以草实，好五色衣服，裁制皆有尾形”[②]。此服饰形制色彩喜好传承至今，成为盘瓠遗裔的标志。对瑶族“斑布”观察细致者莫若宋代的范成大和周去非，范成大《桂海虞衡志》云：“瑶，本盘瓠之后。椎髻跣足，衣斑斓布褐。”[③] 周去非《岭外代答》卷三有：“山谷弥远，瑶人弥多，尽隶于义宁县桑江寨。瑶人椎髻临额，跣足带械，妇人上衫下裙，斑斓勃琗，为其上衣斑纹极细，俗所尚也。”[④] 桑江寨即今龙胜县，桑蚕丝是红瑶女性服饰的主要原料。作者虽然没有指出文中的瑶人是哪一支系，但其所述与现今红瑶妇女形象极为相似：盘髻于额、赤脚、着花衣花裙（上衫下裙）。《岭外代答》还详细描述了“瑶斑布”的蜡染过程：“瑶人以蓝染布为斑，其纹极细，其法以木板二片镂成细花，用以夹布，而融蜡灌入镂中，而后乃释板取布，投入蓝中，布即受蓝，则取布以去其蜡，故能成极细斑花，炳然可观，故夫染斑之法，莫瑶人若也。”[⑤] 红瑶人做衣服的青色布料就是用种植的蓝靛做染料，将白布在染缸中染制成，做花裙则须加入蜡染的工艺印刻花纹。

红瑶女性传统“上衫”有饰衣、花衣、扣衣（便衣）、夹衣（双衣）四种。扣衣单薄，为春夏装，从农历四月八开始穿，故又有“四月八衣”

---

① 参见张有隽：《瑶族传统文化变迁》，南宁：广西民族出版社，1992；杨鹃国：《苗族服饰：符号与象征》，贵阳：贵州人民出版社，1997；唐羽：《好五色衣服——早期民族融合的象征》，《民俗研究》，1995年第1期，第42—44页等。

②（宋）范晔：《后汉书·南蛮西南夷列传》，北京：中华书局标点本，1962，第2830页。

③（宋）范成大：《桂海虞衡志》，严沛校注，南宁：广西人民出版社，1986，第153页。

④（宋）周去非：《岭外代答（卷三 瑶人）》，北京：中华书局，1996，第66页。

⑤（宋）周去非：《岭外代答（卷六 布）》，北京：中华书局，1996，第127页。

之称；花衣、饰衣和夹衣为秋冬装，农历九月九之后穿。中青年女性穿花衣、饰衣和扣衣，老年妇女穿扣衣和夹衣，扣衣又是劳动服。

饰衣用棉线在织布机上织成，对襟无领无扣，七分袖，两边衣角开叉少许。穿时右襟在上交叉包肚，以腰带系之。以大红色或玫红色为主色，配搭黑、白、黄、绿四色。衣身上半部分挑织菱形大花，有双嘴鸟、蝙蝠等动物；下半部分（包括袖子下半截）花纹排列成各色相间、对比鲜明的横条形，有卐字纹、梅花、螃蟹等图案。前襟和后背衣尾先滚一道花布边，再镶上三行锡质梅花。花衣款式、大小与饰衣相同，以自染的青布打底，用红、绿、黄、蓝、白、黑、紫七色丝线挑花刺绣而成，工艺非常复杂，是婚嫁、节日和走亲访友所着的盛装。挑绣的纹样集中在前胸片和后背片，前后相接呈一个正方形，袖子缝上一块机织花布，与饰衣同，长度稍短。

扣衣用单层青布制成，衣身无花纹，只在衣领上用红、绿、白、蓝、黑五色绣七个寿字，衣襟上钉九个（左四右五）用丝线打[①]成的小布条做装饰的假纽扣。中青年扣衣的假纽扣用玫红色，比老年扣衣纽扣鲜艳，布条也稍宽。夹衣多缝一层厚棉布作为里子，无假纽扣。现在矮寨人做夹衣都是从县城买涤纶布料，酷暑时大多也改穿买回的短袖上衣了。成年女性以前胸前戴围布做内衣，挡住脖子和胸口。围布由两部分组成，上面一截用青布做底，上绣五色花纹，呈 V 形贴合脖子的形状，用一根银链挂在脖子上；下半截用白色棉布裁成三角形，两边缝绳子系在腰上，类似于现在的肚兜。市场上生产的棉毛衫和内衣传进当地后，就很少有人再戴围布了。

女性传统“下裙”即百褶裙，有青裙和花裙两种。用七尺白棉布裁成七块布料拼接而成，长度及膝，裙身全部捻成褶皱状，上细下粗，上半截褶为下半截的两倍，呈微喇叭状。青裙系劳动裙和老年妇女着装。花

---

① 平话称用丝线织锦为“打”。

裙和花衣一样，最能代表红瑶女性服饰的特色和工艺，因颜色和花纹差异分为上中下三截，上截染成青色，中截为白、蓝色花纹，用蜡染工艺[①]制成，下截为红、绿色丝绸布相间缝制。穿花裙时一般在前面配以青布围裙。

百褶裙展开为长方形片状，不缝合，在裙头两端安布带，上面各系一片东把（to ^{44} pa^{44}），穿裙时交叉系合，垂于臀部两边。东把是长五寸、宽一寸的小绣片，红、绿、黄、蓝、白、紫六色相配，以红色为主，尾端有丝线流苏。解放前少数富贵人家着盛装时还要在东把中间吊两把“珠带”，长一尺二寸，由36根穿满玻璃珠的黄色丝带组成。[②]腰带分为内腰带和外腰带两种，平话以“tei^{21}”和“tei^{53}”的不同音调来区分。“tei^{21}”是长七尺，宽约一尺的白色或蓝色棉布。“tei^{53}”用腰织机打制，青年妇女的以红色为主，老年妇女的以绿色、黑色为主，长七尺或九尺。纹路竖直，两端编结蜂窝眼，吊流苏。穿衣时先将“tei^{21}”缠绕在腰间束紧上衣，罩上围裙，再系“tei^{53}”，在后腰上打活结，流苏垂在东把上。

天冷时，红瑶妇女还会在小腿上包三角形青布“脚绑”（绑腿）御寒。除冬天外，妇女们常年赤脚，无论是上山做活路还是在家操持家务。虽然不似范成大描述之“儿始能行，烧铁石烙其跟庶，使顽木

① 首先是用蓝靛染裁好的青布，农历八月收回蓝靛，将叶子泡在水中，腐烂之后捞出，放进适量石灰，用木棍搅拌直至泛起红色的水泡。等石灰沉淀后将水倒出，剩下的就是蓝靛粉。染裙要选入冬以后的亥日，先烧两个禾草，灰烬装入箩筐中。从山上采回茶叶、辣藤、酸童根等放进装有蓝靛粉的染缸中，滤进禾草灰开水，放置七八天后如起蓝色泡，就表示灰水已“熟”，可以染布了。先将白布在开水中稍煮，放进染缸中两小时后捞出，然后磨黄豆浆染布后晒干，第二天再重复染三次左右，直到白布变成青中泛红色即可。青布未干时捻褶皱，用柴刀压成型后晾干，无花纹的青裙就算大功告成了。染花裙时先做蜡，将牛油放进烧热的锅中化开，加入从枫树干上割出的黑浆，用棕树皮滤去杂质即成蜡。拿竹片蘸蜡在白布上勾画图案，放染缸中染成青色晾干后放好。等到天气炎热的六月天，涂蓝靛灰水在有蜡之处，待蜡松动后放入水中漂洗，“斑花”即现，有鸟、鸡、蝴蝶、八步桥、寿字、卐字等纹样。

② 遗憾的是我在田野中没有找到这种显示贵气的盛装珠带。

不仁”。但也久之成习，能耐寒耐痛，“履棘茨根卉而不伤”①。头上包四方形青布头巾，故有“瑶冷头，客冷脚”一说，意思是红瑶人怕头冷，客人怕脚冷。1980年代以来，妇女们逐渐开始穿解放鞋、布鞋和凉鞋。

银饰是红瑶女性身体装饰不可或缺的部分，有银子梳、嘎尼（ka^{44} ni^{44}，耳环）、银带、银链、银牌、银戒指、银手镯（八宝镯和銮镯），现在常戴的只有嘎尼和銮镯，其他为昔日盛装配饰，尤其是银带难得一见了。吊丝银子梳和银戒指为新娘装身饰物。银牌佩戴于胸前，分为可折叠的两截，上面一截呈围脖形状，用银链穿好挂在脖子上。八宝镯中空，宽约1.5厘米，内平外凸，刻黄绿色花瓣纹，并钉一圈圆形银粒。銮镯即实心的圆形手镯，表面光滑无花纹，每个小孩和妇女都必须佩戴。

照片6-1　穿扣衣的少女②

图6-3　吊丝银子梳

①（宋）范成大：《桂海虞衡志》，严沛校注，南宁：广西人民出版社，1986，第154页。

② 这是笔者在矮寨找到的老照片，现在已无少女着传统服装。

照片 6-2　穿饰衣花衣的妇女

照片 6-3　穿夹衣的奶老

二、装身寓“通过”

“自从人离开他与生俱来的胎衣的第一刻起，就被包裹进不同的衣装里去了。这不同的衣装，便是不同的文化规定。经由成年礼、婚礼直至葬礼，人生在不断的换装中变换角色，换装仪式是他所属群体赋予的一种象征化标记。”[①] 在旨在度过生命关口的红瑶人生礼仪中，装身一新象征着仪式主体的“通过”和新生。

（一）保身锁魂：婴幼儿的身体装饰

每一个红瑶人都是花婆从花树上摘下的花朵，且在阴间走了一遭，才由家先送往阳间投胎。新生儿身上还带着阴气和鬼气，三魂七魄在他（她）体内尚不固定，很容易被恶鬼拉回阴间，有病之人和生人的煞气也都可能使他日夜哭闹，重返阴间。因此红瑶人对婴儿身体

---

① 邓启耀：《衣装秘语——中国民族服饰文化象征》，成都：四川人民出版社，2005，第 73 页。

的照料和装饰小心谨慎，煞费苦心。

我们在第四章已经介绍了部分新生儿的身体装饰，一是强调血脉延续，二是套住新生儿脆弱的魂灵，以保身护魂为根本目标。红瑶人称用父亲的旧裤子包裹男孩，母亲的旧裙子包裹女孩为“接气”，象征衣带相连，表明了男孩与父亲、女孩与母亲的身体和血脉联系，将来才不会有相反的性别倾向。另外，旧的布料有“人的阳气”，不会伤害到初脱胞衣的新生儿的魂，使其尽快在阳间衣物的包裹下安定下来。捆住袖子的“三朝衣”不仅是对婴儿身体的规训，也可视为一种占卜未来心性的白巫术。穿纯白色的三朝衣，婴儿长大后会清白做人、心好。红瑶人常用过海来形容人的生命历程，古言道“心好好过海”、“有钱君子平平过，无钱君子奈不何”，只有心地善良、心态乐观才可平平安安地度过人生坎坷，到达生命的彼岸。

为了使新生儿的三魂七魄安固下来，红瑶人采取了两种措施，一是向内的，保护魂不从身体内跌落；二是往外的，阻挡鬼魅、煞气等外界力量的侵入。在办三朝酒之前，父亲请来家族中身体健康、子孙满堂的老年妇女为婴儿锁魂，在其手脚（男左女右）和脖子上套上一根妇女绣花用的红丝线，曰“锁魂线”，认为可以锁套住婴儿易跌的魂。另外用红线穿一枚旧铜钱或桃核挂在脖子上或套在脚踝上。铜钱和桃核是民间常见的辟邪和驱鬼之物，身体不好的红瑶成年人也有在脚踝上系铜钱的习惯。头发有“寄魂”的作用，给满月的小孩剃胎发时要留下魂魄出入的“气门发”；七岁以前的小孩也要留寄魂发式，男孩留头顶的一圈头发，后面剃成光头，称“大梳装”（tai^{21}su^{45} tsuaŋ^{45}）；女孩在头的左右两边即两耳之上分别留两块圆形的头发，称“阿吉苟”（a^{24} ki^{45} kəu^{21}）。

襁褓、尿布与婴儿的生命有神秘的感应关系，晒在屋外的尿布必须在天黑之前收回，因为鬼是在夜间活动的；并且尽量晒在不显眼的地方，防止被他人如“倒霉”的踩生人偷去施法术。对岁酒上，外家送来的银子帽是红瑶小孩度过周岁、初步具备“社会人”资格的象征，同时有定魂驱鬼的功能。寄爷娘给寄子女的礼物中有一套新衣服，最好是亲手缝制[①]，和寄娘所赐姓名一样，沾有福气的新衣能免灾去病，调节八字行运。

（二）穿裙换头：成年女性的三种装束

穿裤与穿裙是未成年与成年的首要区别，红瑶女孩月经初潮来临后，家里就要择吉日为她举行穿裙仪式，告别穿裤子的儿童时代。穿裙仪式在火塘边进行，邀请家族女性亲戚参加，家中男性回避。先烧起火塘里的火，母亲在家先桌上放酒肉供品，通报家先家里又将增添一个成年人。太阳初升之时，家族中的一位“齐全”的妇女为女孩脱下旧衣裤，从头到脚换上母亲为她缝制好的全套传统服饰，讲几句祝福的彩话。亲戚们赠予女孩东把、腰带、头巾以示祝贺，主家杀鸡设宴款待众人。

换装穿裙是象征性开禁的成年礼，“在幼儿特别是幼女身上的服饰，慑邪避鬼的功能相当突出，在某种程度上也为人间邪恶者起到了明示‘禁区’的符号作用；那么，一旦附在幼女身上的禁忌放开，不管现实中的她生理上是否成熟，她自己及其亲人便会急切地通过一切约定俗成的公开或隐喻的方式，为她沟通与男性的联系，以引起异性和社会的注意”[②]。月经初潮代表的身体成熟大部分指性的成熟，穿裙后变成“妹家”的红瑶女孩就可以“耍伶双”了。在红瑶文化逻辑里，月经、穿裙、性、有秽四者构成因果关系，花裙是女孩身份转换的标

① 由于民族差异，款式并无一致。

② 杨鹏国：《符号与象征——中国少数民族服饰文化》，北京：北京出版社，2000，第138页。

记，无疑也是一种标明性征和吸引异性之物。穿裙仪式通过身体装饰的改变，穿上隐含了性意象的裙，昭示女孩的性成熟和性开禁。成为了成年的“社会人”，不再如婴幼儿期的身体装饰突出护魂的主题，而重在两性的区别与吸引。普列汉诺夫指出：“在原始氏族中间存在着一定两性间相互关系的复杂的规矩，要是破坏了这些规矩，就要进行严格的追究，如为了避免婚配的错误，就在达到性成熟时期的人的皮肤上做一定记号。”[①] 穿裙就是红瑶女孩的第二皮肤记号，没举行穿裙仪式之前是绝对不能涉足性的。

“大多数人（不管是文明人还是野蛮人）都倾向于装饰头部胜于任何部位。”[②] 从出生到死亡的生命过程中，个体以相应的身体装饰来适应新的身份，塑造新的身体形象和自我，头面装饰有着强烈的角色区示性和行为规范功能。红瑶女性以穿裙为成年的标志，并用发型来区别女性一生中最重要的未婚、已婚和已育三种社会角色，每一阶段的通过仪式都包括“换头”——改变发式。成年女性的服饰变化不大，尤其是青年与中年，因此发式是身份信息的显明身体表征。

红瑶女孩在成年前梳短发，穿裙后开始留长发。穿裙仪式还包括为女孩换头，用方形头巾把头发全部包在里面，只在前额上露出头巾正中的菱形图案。这种发式叫“观叠”（$kuan^{24}$ $tø^{45}$），外观务必高而圆，头发不够多和长的可加入毛巾和布块填充。婚礼上为新娘装身时，把高高的“观叠”放下来，与头顶齐平，称为“銮（圆）头”（$luan^{21}$ $təu^{21}$），不包头巾，在头顶插上银子梳和金钗做装饰。“銮头”的发束以粗、平和圆为佳，而结婚时女孩留头发时间不长，因此一般都要加

① [俄]普列汉诺夫：《论艺术》，曹葆华译，北京：人民出版社，1985，第115页。

② [美]伊丽莎白·赫洛克：《服饰心理学——兼析赶时髦及其冬季》，孔凡军译，北京：中国人民大学出版社，1990，第128页。

入一束假发。[①] 先“偷人”后办三朝酒的，男方家两位妇女接新娘去婆家之日，也要梳“銮头”，表示已有夫家。为人母是女性一生的重要转折点，身体和身份都经历了一次脱胎换骨的蜕变，身体表征也有较大的改变。坐月子的三朝之日，产妇和新生儿用风药“洗三朝”之后，夫方的女性长辈如伯娘、婶娘或姑姑为产妇换头，将头发盘成硕大的发髻，即“椎髻临额”，称为“盘头”（pən^{21} təu^{21}）。梳“盘头”比较复杂，先将头发梳拢到额前成一束，从右往左绕头顶盘圈，然后将平时收集好的掉落的头发或买回的假发接在真头发末端，从额前打结处穿过，再自下往上绕发结包一圈，拳头大的椎髻就成型了，最后在头顶插木梳固定发梢。椎髻应盘在额头中部稍低之处，忌盘得太高，包头巾时要露出前额的椎髻。

眉毛也是区分已育与未育妇女的标志，为产妇换头还包括修眉，将眉毛修成一根细细弯弯的柳叶眉，还要拔干净额头和两鬓的绒毛发，使椎髻保持整洁。拔毛发时用手沾上火塘里的地灰（柴灰），利用其黏性拔扯。

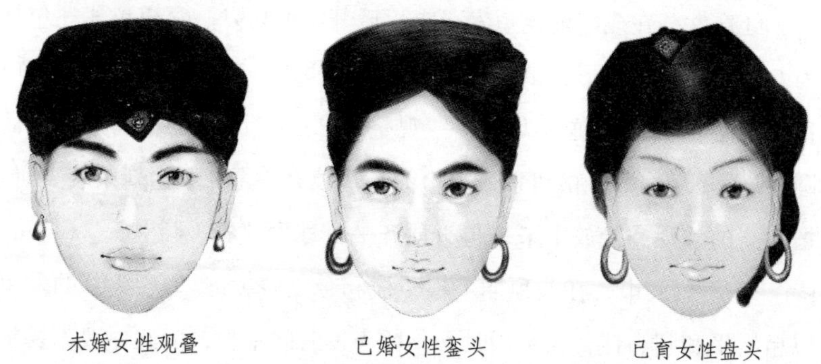

图 6-4　红瑶女性一生的三种头饰

---

① 不是指用化纤等材料制作的假发，而是从县城买回或周边汉族人进山兜售的从他人头上剪下的真发。

耳饰是头面装饰的重要部分，与不同阶段的发式相配，伴随红瑶女性一生，至死也不取下。穿耳洞的时间因人而异，一般在未成年之前，须在大年三十晚上请寨上有经验的奶老帮忙穿。先将女孩的耳垂捻麻木，在两面各贴一块生姜片，把穿上红线的绣花针放火上消毒，再迅速穿过耳垂。红线就留在耳洞里，等伤口愈合后拉出红线，换上一根稻草秆。成年穿裙时戴菱形的“瓜子环”，结婚时戴用两块光洋打制成的圆形实心银耳环，直径三至四厘米，重约一两多。生育第一个子女后，加两块光洋进原来的耳环里重新打制，直径增大到六至八厘米，重量也加重一倍。随着耳环的增大，需要不断扩大耳洞：用水浸湿耳洞里的禾秆，使其发胀，再加入禾秆，如此往复，过程漫长而痛苦。中老年妇女由于长期戴沉重的耳环，耳垂被拉得薄而长，最长的垂到肩膀，必须用一根线套住耳环挂在耳轮上，有些人的耳垂甚至被坠破，导致颜面变形。

红瑶女性的耳饰类似于其他民族的文身、穿鼻、凿齿、环颈等装饰形式，是一种身体毁伤装饰，通过破坏身体肌肤或器官的自然状态达到特定的装饰效果。图腾崇拜、宗教信仰和文化认同是实施这些身体毁伤行为的主要原因。[①] 红瑶人相信人死后要返回故土去寻找家先们，和他们一块生活方能投胎转世。只有佩戴耳环，被阴间的家先认出，才不会变成孤魂野鬼。而且大小不一的耳环要与不同发式搭配，否则就“配不起”，不仅有损视觉效果，更与身份不相符。祖先崇拜与前生后世的信仰让红瑶女性甘愿忍受穿耳的痛苦，对于她们来说，身体是生命的具象，为了生命的延续与轮回，作为力行工具的身体，当然不吝毁伤。女性在未婚——已婚——已育的身份转换过程中，

① 可参见[法]埃米尔·涂尔干：《宗教生活的基本形式》，渠东译，上海：上海人民出版社，2006；弗雷泽：《金枝》，徐育新等译，北京：新世界出版社，2006；岑家梧：《图腾艺术史》，上海：学林出版社，1986；等。

身负的责任渐趋沉重，身体上承受的痛苦随之甚于前者。就如研究毁伤装饰者的身体意识的学者所看到的，身体的疼痛感是不断绵延扩散的，必须以极大的耐力来取得，穿耳“或许还具备着见证个人卓绝意志力的仪式性作用”[①]。

（三）认祖归宗：阴阳之隔的寿衣

着寿衣（丧服）是人生的最后一种身体装饰，阴阳之隔的“装身”比生前的任何一次换装都更为讲究和庄重。红瑶人为死者着寿衣十分注重阴间与阳间、阴人与阳人的差异。首先是穿衣的方式，阳人是从头穿到脚，亡人[②]却要从脚穿上头，先鞋后裤（裙）再上衣，鞋子也只是松松地套在脚上，方便亡人走路。其次是服饰的套数，不能只穿一套，要重叠着穿，但数量须穿单不穿双，红瑶人认为“阳人要双，阴人要单”，一般为五或七套。生死殊途，阴间与阳间是对立的两个生存空间，着衣顺序和数字喜好也正好相反，丧服这层最后的社会皮肤使从自然到文化的身体，在文化物的包裹下再回归自然。

图 6-5 寿衣

去阴间寻找家先，认祖归宗的亡人，与成年妇女必须佩戴耳环一样，要穿上完整的红瑶传统服饰，否则不被家先认可，认不出其身体。死者的至亲为其洗尸装身，男性死者要剃光头发，穿寿衣，戴帽子，外包头巾。寿衣为黑色连体及地长袍，外罩一件朱红色

① 陈元朋：《身体与花纹——唐宋时期的文身风尚初探》，台北：《新史学》，第十一卷第一期，2000，第 1—37 页。

② 红瑶人称新逝者为亡人，下葬后改称阴人。

马甲，上面印满深红色圆形寿字。矮寨已经没有人制作寿衣，近年来都是从圩场或龙胜县城买回。寿衣是老人六十岁“红日”时由子女置办，只在三种特殊场合穿，一是做大红日，即六十岁以上的整寿；二是全村寨的喜事如建桥完工时，长寿老人穿寿衣去踩桥说彩话；再就是辞别阳间赴阴间之时。寿衣是长寿、儿孙满堂的红瑶老人的特定服饰，穿着它去面见家先，表明已经完成了自身的人生责任，“寿终正寝”，具备了往后成为家先的条件。女性死者要着全套红瑶盛装服饰，大女儿[1]重新为她盘好发髻，穿上几套花衣花裙，围裙、腰带、绑腿等配饰一样也不能少。改(汉)装了的女性也要按照传统服饰要求装身。

汉语中的“身体”与西方的“body”一样，发展到今天，也是一个难以定义的复杂概念。在原初汉语思想中，“身”至少有三个层面的含义：“第一层面的‘身’为肉体、身躯；第二层面的‘身’是躯体，它是受到内驱力（情感、潜意识）作用的躯体；第三层面的‘身’是身份，它是受到外在驱力（社会道德、文明意识等）作用的身体。汉语始原思想首先认识到人是肉身实体，是肉身实践者；其次，它也认识到此一肉身实体是包含着实践驱力的实践者——躯体和身份。”[2]在红瑶通过仪式的身体装饰情境中，身体的含义主要表现为第三层面的“身份”之意。装上“社会皮肤”的身体是个人社会身份的标记，显见的外在驱力是人的社会化、鬼神崇拜及与之有关的生命轮回信仰。红瑶人的身体装饰在生命过程的各个阶段有不同的表现形式，随着社会情境和社会角色的改变而各有侧重，核心的精神因素意义和指向却是相同的，即如何保身护命，身体力行各尽所责，塑造得到神灵、家先承认的合格红瑶人。红瑶人身体的文化定位和人生数次换装的文化意义即在于此。

---

① 无女儿的则由成年孙女或大媳妇为其装身。

② 葛红兵、宋耕：《身体政治》，上海：三联书店，2005，第16—17页。

第二节　体现记忆、情感和自我的身体装饰

从作为社会身份标记的功能来说，红瑶人的身体装饰是一种超越个体的社会经验、期待和规范。少数民族妇女服饰往往被称为“无声的史书”、“无文字史书”、“穿在身上的历史”等，身体对民族历史记忆的再现（representation）、记述和传递也得到强调。但这种社会身份和历史记忆是群体的而非个体的，个体“装身”的体验、个性和私密性被隐匿。贝尔·昆丁认为：“服装对于我们大多数人来说都已是我们的一部分了，穿在身上的那些纺织品就像是我们的身体乃至灵魂的自然延伸。”[①] 他看到了身体与服装的相互生成关系，这恰恰是既往研究将服饰抽离人的身体，仅就服饰史、结构和艺术细节而言服饰时所忽略的问题。因为任何服饰脱离了人的身体和文化规范下的着衣行为，都将变得了无生趣，对它的研究亦如隔靴搔痒。

一、历史记忆的身体体现

服饰是一种物化的象征符号，通过穿戴在身体上的行为表达或暗示意义，通常是文化价值和集体意识。服饰的起源有多种说法，有御寒说、遮羞说（羞耻感）、装饰说、显示财富说等[②]，这些说法各有千秋，但都只局限于服饰某一方面的功能。比较易于为研究者普遍接受的是装饰说，如果人是符号和追求意义的动物，那么装饰欲就出于人利用身体和象征物进行交流和表达的一种天性，并作为历史记忆的符号积

① Bell Q, *On Human Finery*, London:Hogarth Press, 1976, p.19.

② 参见［德］格罗塞：《艺术的起源》，蔡慕晖译，北京：商务印书馆，1998，第 42—89 页。

淀下来。

(一)"盘瑶先走有角，红瑶后走有尾"：盘瓠崇拜及其转型

瑶族的盘瓠神话详细记载在民间汉文文献《评皇券牒》中，很多瑶族支系（主要是瑶语支）均有保存。各版本内容虽有出入，但都比较完整地叙述了瑶族出身、十二姓、史上不纳税的根源以及部分迁徙路线，故事情节与《后汉书》中助高辛氏与犬戎之争的盘瓠神话相似："瑶人根骨即系龙犬出身，评王得龙犬一只，毛色斑黄。因咬杀高王有功，评王赐其与三公主成婚。将盘瓠一身遮盖，绣结五色斑衣一件遮身，绣花带一条缚腰，绣花帕一幅束额，绣花裤一条藏股。夫妻居于会稽山深山，生育六男六女，评王册封盘瓠为始祖盘王，并赐盘、沈、黄、李、邓、周、赵、胡、郑、冯、雷、蒋[①]十二姓。盘瓠于游猎中被羚羊角刺死，评王发给十二姓王瑶管山券牒，赐予会稽山万顷山场，永免徭役。"[②]矮寨红瑶有一个盘瓠神话的异文，但情节已有较大改变：

> 从前有个寨子和敌人为争土地山场打仗，后来因为人少，打不过对方了。寨老有三个漂亮的女儿，讲要是哪个能取回敌人寨老的头，就把最好看的三女儿嫁给他。没有人敢答应，没想到寨老养的神狗听到了，飞走到敌寨里，敌方的寨老正当醉大酒不省人事，神狗趁没人在，乘机一口咬下他的头，回去交给寨老。讲话算话，三女儿主动提出和神狗配夫（婚配），但又觉得没有脸面，于是就要求一起隐居深山安家。过

① 各地《评皇券牒》中的十二姓稍有不同，另有包、唐、蓝等姓。

② 见广西壮族自治区编辑组编：《广西瑶族社会历史调查（第八册）〈评皇券牒专辑〉》，南宁：广西民族出版社，1985。

了几年后，他们生养了六男六女，一家人回寨子看父母，母亲看到女儿生的仔女是人，觉得很奇怪。半夜趁他们睡觉时偷偷到窗外偷看，看见郎仔脱下狗皮挂在墙上，变成一个体面的后生。母亲害怕了，怕他是什么妖怪，想办法悄悄把狗皮偷出来烧了。神狗没得了皮壳，再也回不了原就死了（还有一说是神狗为人种禾种树，被大树压死）。仔女们自己配夫，置出十二姓大瑶，七十四姓小瑶。盘瑶是大瑶，红瑶是小瑶。盘瑶先走有角，红瑶后走有尾。[①]

这个古年同时流传于平话红瑶和山话红瑶中，说的是为什么会有盘瑶和红瑶的区别，两个支系同是神狗之后，系大瑶与小瑶的关系。瑶族根源故事原型大抵与《评皇券牒》相似，只是以寨老代替高王评王，无名字的神狗代替盘瓠。后半部分则有相当大的差别，神狗白天是犬，晚上变为人形，终因秘密被发现而丢失了赖以活身的皮囊。神狗生育的子女不单是盘瑶十二姓的祖先，还分派出七十四姓小瑶，传说中也无评王赐姓氏、山场和免税赋的内容。与洋洋洒洒的《评皇券牒》相比，简短的红瑶古年不能算是一个完整的盘瓠传说，其核心线索是红瑶与盘瑶的联系和区别，并突出后者。我们似乎可视其为红瑶为维持与周边盘瑶人的族际边界和族群内部认同，对盘瓠传说进行了利用和改造，以服务于红瑶与其他瑶族支系的“同”与“异”的认同意识。与“勉”系统的瑶族支系不同，红瑶姓氏与典型的瑶族十二姓有很大区别，“七十四姓小瑶”的说法似乎提供了一个十二姓之外的苗语支和平话瑶人也有盘瓠崇拜现象的民间解释。张有隽先生认为苗

---

① 被访谈人：王仁文，男，1926 年生，文盲，访谈时间地点：2007 年 8 月 5 日于其家中。山话红瑶也有相似的传说，黄洛寨潘龙太讲述。

语支瑶族有类似盘瓠传说，“说明苗语支瑶族与瑶语支瑶族有同源关系，与盘瑶等瑶语支瑶族最初源出自相同或相邻的氏族，只是后来随着氏族不断分化，在历史发展过程中，才发生了语言、姓氏、习俗与信仰等方面的变异”①。

红瑶《过山文》中记载："天下十二姓大瑶，七十四姓小瑶，同是正命天子。大瑶小瑶、上瑶下瑶坐落天下，五湖四海山头，五湖山中。"② 大瑶小瑶系同根分支，因此盘瑶与红瑶既同宗，又是“非我族类”，至今仍无通婚之例。这又与红瑶《大公爷》中称是后走六兄弟的后代的说法相符。为了纪念共同的始祖神狗，盘瑶记头和红瑶记尾很好地体现了这一合与分的族群关系。盘瑶人主要聚居在江底乡建新村等地，成年妇女要剃光头发，在外面包上多层花毛巾。新娘出嫁戴的帽子做成狗头形状，用牛肋骨制成的三角形黑色帽架高耸，额上支架代表狗嘴，另外两根平行支架代表狗耳，好似一只昂首之犬，这就是“先走有角”。如《后汉书》中记载盘瓠之后服饰“裁制有尾形”，吊在红瑶妇女臀部的东把和珠带就是“后走有尾”的红瑶人对狗尾的模仿，不论穿便装还是盛装，象征狗尾巴的东把都必不可少，以不忘本族之根。

瑶族盘瓠崇拜有浓厚的犬图腾崇拜色彩，身体装饰对图腾形象的模仿是一种图腾同体化（Assimilation of Totem）现象："图腾部族的成员，为使其自身受到图腾的保护，就有同化自己于图腾的习惯，或穿着图腾动物的皮毛或其他部分，或编结毛发，割伤身体，使其类似图腾，或取切痕、涂色的方法，描写图腾于身体之上。"③ 红瑶服饰记尾是通过将身体的部分扮拟犬祖的外形，不仅使自身受到盘瓠的保

① 张有隽：《瑶族远祖盘瓠传说再研究》，《广西民族研究》，2004 年第 4 期，第 50—57 页。

② 红瑶《过山文》，详见附录三。

③ 岑家梧：《图腾艺术史》，上海：学林出版社，1986，第 31 页。

图 6-6 盘瑶狗头帽、红瑶东把

护，同时将“瑶人根骨乃龙犬出身”的民族历史记忆以固化的象征符号和着衣的身体实践形式代代相传。身体装饰承载的历史记忆可归为保罗·康纳顿所称之“习惯记忆”，不刻意追溯历史，但却以现在的身体举止重演过去，“过去积淀在身体中，体化实践提供了一个极为有效的记忆系统”①。从服饰的物质属性方面看，对犬尾的模仿是无文字的刻写记忆方式，但是这种记忆的操演和传递只有通过着衣的身体实践才变得有永恒价值和记忆效果。

红瑶以神狗为图腾，身体“同化”于狗还因一个狗取谷种的古年：

> 红瑶出身山东青州大巷，为逃避战乱被迫离开家乡。坐木船漂洋过海，遇着狂风大雨打翻船，人和狗都拼命游到了

① [美]保罗·康纳顿：《社会如何记忆》，纳日碧力戈译，上海：上海人民出版社，2000，第90、124页。

对岸，大家这才发现随身带的东西全都没有了，最可惜的是保命的谷种。聪明的狗通人性，晓得主人的难处，冒险去海对面取谷种。狗在海中游了好久好久，终于游到了海对面，看到晒谷场上堆满稻谷，趁全身毛湿透的，在谷堆上打了个滚，谷子就全部沾在身上了。游回去的时候，狗身上的大部分谷子都被海水冲走了，只剩下翘着的尾巴上的几颗谷子。就是这几颗谷子救了红瑶人的命，才又有了谷种种阳春。所以现在的稻谷都是结在稻秆尾（梢）上。[①]

狗用尾巴沾回了谷种，因此人间的稻谷都结在禾秆尾上。为了纪念狗取回谷种的恩情，红瑶人不伤害狗，家中畜养的狗死后要择地掩埋。忌吃狗肉，吃了狗肉的人不能参加祭社活动，且 7 天之内不能靠近香火和祭家先。最为隆重的是每年除夕夜举行的抬狗游寨仪式。白天先在寨上挑选出一只纯色的肥壮公狗，清洗干净后用染料红粉在其身上涂若干红色斑点。矮寨抬狗仪式在年夜饭后约 8 点左右开始，抬狗队伍由一个“齐全”、会讲彩话的中年男子和 6 个十几岁的男孩组成，一人打鼓，两人打锣，两人用扁担抬装在箩筐中的狗，一人挑木桶。一行人敲锣打鼓先到老寨的土地龙神坛祭拜，然后从师公王永强家开始逐家游寨。每到一家，主家先放鞭炮迎接，后生抬狗绕香火前转三圈，中年男子同时向主家说彩话：

---

① 被访谈人：王仁举，男，1928 年生，文盲，访谈时间地点：2009 年 3 月 22 日于其家中。狗取谷种的故事还有一个异文：取回谷种的狗上了岸，情不自禁地抖抖身上的水，一不小心尾巴上沾的几颗谷子就落进石头缝里了。旁边的猫和老鼠看见了都得意地笑话它，狗生气地说：“看你们哪个有本事捡得到那些谷种，以后谷子熟了给它先吃！”老鼠身体小，用爪子和长长的尾巴东弄西弄把谷子拨出来了。后来真的兑现了狗讲的话，稻谷没收回家的时候，老鼠总爱去偷吃，猫不服气，专门吃老鼠。狗也见到老鼠就乱咬，人就说狗咬耗子多管闲事。

贵门开，今夜金狗来到你贵家门。左边立起摇钱树，右边立起聚宝盆，早落黄金夜落银。金狗一踩东，你家儿孙出先生公；金狗二踩南，你家儿孙出状元郎；金狗三踩西，你家儿孙喜登基；金狗四踩北，一路求财十路得；金狗五踩中，踩进中堂生玉土。来时和你安香火，去时和你送瘟神，七十二瘟都带走，带到长江青草坪，带去洞庭大鱼吞。

新中国成立前，主家要放饭菜在木槽中，蹲地模仿狗吃食动作，与粤北瑶人“负狗环行炉灶三圈，然后举家男女，向狗膜拜，是日就餐，必叩头蹲地而食，以为尽礼”[①]的行为相似。现在简化为主家放一块肉和一团糯饭进木桶中，给抬狗人一个装有两到五元钱的红包和一包香纸。游完全寨各家各户后，再回龙神坛祭拜，将收得的香纸放在坛下，供接下来师公安龙用，然后将狗放出喂食木桶中的肉食，剩下的才由大家分享。人与狗同辞旧岁迎新年，祝愿来年丰收。矮寨人又称抬狗游寨为“赶秽”，狗带走家屋中一年的瘟病与秽气才是该仪式的深层象征意义。

除了王仁文老人和师公，矮寨其他熟悉红瑶历史掌故的老人都对神狗生人的传说一知半解。与盘瓠传说相比，狗取谷种的故事在平话红瑶中更为深入人心。应当说，红瑶人的狗崇拜和敬狗习俗已经逐渐丧失了盘瓠崇拜的原始意义，狗传说的母题也发生了变化。范宏贵认为“红瑶敬狗，是当成保护神。盘瑶敬狗，是当成图腾。从作用和性质看，二者不相同”[②]。岑家梧先生对瑶族盘瓠崇拜有深入

① 刘伟民：《广东北江瑶人的传说与歌谣》，载杨成志等著：《瑶族调查报告文集》，北京：民族出版社，2007，第398页。

② 范宏贵、陈维刚：《红瑶历史、语言及其他》，《中央民族大学学报》，1991年第1期，第60—63页。

研究，总结了盘瓠神话的两种类型，第一型为狗女婚配而生其族的传说，第二型是狗有功于其族的传说。[①]红瑶狗取谷种的传说是为第二型的盘瓠传说，是广泛流传在瑶语支瑶族中第一型盘瓠传说的流变。岑家梧进一步指出这是一种图腾转型现象，图腾制随物质基础而进化，“原始社会的图腾制出现在旧石器时代后期，在氏族制确立之后，就有许多图腾文化转型变质而构成氏族制文化。转型图腾文化与原生图腾文化就有质的区别，前者较后者原始性为浅，后者的本质是朴素的，前者是夸大的，后者是具体的，前者是幻想的”[②]。红瑶的类似盘瓠传说和狗取谷种传说是《评皇券牒》中原生盘瓠神话的转型，盘瓠的形象已被淡化，代之以“具体”、“朴素”的寨老神狗、取谷种的英雄和驱赶秽气的祥物。红瑶的犬图腾崇拜遗俗除上述敬狗、忌食狗肉行为之外，大部分就保留在身体装饰中了，如岑家梧言之：“转型期对动物的描写变为减省性的象征性的，逐渐成为艺术上的模样而应用于装饰。”[③]

“裁制有尾形”是从服饰组件构成和身体模仿角度表现狗图腾崇拜，服饰细部也有诸多与狗传说有关的纹样。首先是神狗的英勇牺牲，在抬狗游寨中已经有所体现，狗身上涂红色斑点象征神狗被大树压死时的遍体鲜血，与盘瓠“毛色斑黄”、“身有二十四斑点”[④]的外形相似。红瑶记尾的东把上绣有两棵绿色的树和紫色的狗头，银牌上的图案更为直观，下截刻有双龙抢宝，上截方框里雕刻对称的两条狗和两棵树，狗昂首直立而坐，树枝下垂压在它的头顶，形象地再现了传说

① 岑家梧：《盘瓠传说与瑶畲的图腾制度》，载岑家梧：《民族研究文集》，北京：民族出版社，1992，第 63 页。

② 岑家梧：《图腾艺术史》，上海：学林出版社，1986，第 143 页。

③ 同上书，第 153 页。

④ 广西壮族自治区编辑组编：《广西瑶族社会历史调查（第八册）〈评皇券牒专辑〉》，南宁：广西民族出版社，1985，第 38 页。

图 6-7 银牌、东把上的狗纹

中辛勤劳作的神狗死于树下的事迹。花衣上也绣有狗的部分器官形象，背片左右两角各绣一个颜色稍有不同的狗爪，胸片和背片与衣襟青布交接之处则绣上一排排细密的白色花纹，称为狗牙齿花。

（二）“抛乡抛地抛山，千万不抛江”：漂洋过海纹

在瑶族的盘瓠神话中，盘瓠亦犬亦人，对其的崇拜后来逐渐转化为祖先神“盘王”崇拜，发展出跳盘王、还盘王愿等祭祀仪式。新中国成立前金坑立有盘古庙，山话红瑶十年还一次大愿，大寨叫“做大将”，小寨叫“十年香会”。还愿缘于一个漂洋过海的传说：“红瑶祖先乘木船漂洋过海，途中遇狂风大浪，无法靠岸。在这紧要关头，祖先们想到只有盘古王才能搭救我们。一位师公记起以前祭盘古王用的三节竹子，马上设坛安神位，向盘古王许愿，盘古王果然显灵，顿时海风大浪平静。从此红瑶民间世代流传‘大田大地均可抛，神灵千万不能丢；三节竹子随身带，走遍天下保平安’。每迁到一个地方都要建盘王庙还愿。”① 这里描述的许愿、还愿与其他瑶族支系中流传的漂

① 龙胜各族自治县民族局编：《龙胜红瑶》，北京：民族出版社，2002，第 80 页。

洋过海传说[1]相同，而祭祀神灵是盘古还是盘王则显含混，是研究者错记还是当地的“初期的盘瓠信仰变质为盘古信仰”[2]还有待研究。

矮寨不存在祭祀盘王（盘瓠）的庙宇和仪式，但平话红瑶人也有先祖漂洋过海的记忆，狗渡海取谷种是其一。瑶歌中常见“长江”、“洞庭”字样，除夕抬狗赶秽仪式中，金狗将一年的秽气赶到“长江大鱼吞”。红瑶古言有云：“抛乡抛里千万不抛话，抛乡抛地抛山，千万不抛江。”意思是离开家乡故土，千万不能忘记自己的语言；抛弃家乡土地山林，千万不能离开江河。红瑶各姓《大公爷》和《过山文》记载的迁徙路线有一个显著的特征，即沿江而行，或顺江而下，或逆江而上。不管“过海”是否为洞庭湖，江河湖海在红瑶人的迁徙中都具有重要意义。

在红瑶妇女花衣胸背绣片上，有三条非常明显的用白色丝线挑成的大方框，矮寨人称其为“钱线”，象征带来富贵的钱财，认为“千断万断不给它断”，绣花时要先从这两根钱线绣起，再往方框内填充图案。纹样布局的规律是每个方框内分别有三组平行的独立图案，其中左右两组相同，多为鹿、牛、蜈蚣、双嘴鸟、鸡、狮子、龙凤等吉

---

① 关于漂洋过海传说、还盘王愿和盘王节的记录很多，参见吕大吉、张有隽主编：《中国少数民族原始宗教资料集成·瑶族卷》，北京：中国社会科学文献出版社，1985 等。大部分瑶族史研究者认为漂洋过海的传说有据可依，只是对其发生的年代看法不一。《瑶族简史》首先提出：“瑶族先民主要集中在湖南的湘江、资江、沅江流域的中下游和洞庭湖一带地区。进入南北朝时期，沅江流域的部分少数民族向北迁徙至长江淮河之间的广大地区，后来因封建统治阶级不断压迫，又逐步往南返迁。瑶族民间流传着漂洋过海的传说，可能是人们对这一次迁徙时渡越长江、洞庭湖的追忆。”（《瑶族简史》编写组：《瑶族简史》，南宁：广西民族出版社，1983，第 13 页）后来学者普遍肯定这一说法：“瑶语中‘海’与‘湖’发音相近，古代瑶族先民的主要活动地区是湖南洞庭湖周围的武陵山区，‘过海’即是‘过洞庭湖’一说是较为可信的。”（李学钧、马建钊：《瑶族盘瓠神话与渡海神话的象征意义》，《广西民族学院学报》，1996 年第 1 期，第 75—80 页）也有学者认为瑶族族源是多元的，漂洋过海是否和长江洞庭有关有待商榷，但它为“民族的文化共识，起着巨大的民族凝聚力作用”则是毋庸置疑的。（李默：《关于瑶族迁徙和漂洋过海史事的探讨》，《广东社会科学》，2005 第 5 期，第 138—142 页）

② [法] 勒穆瓦纳：《盘瓠是否盘古》，《中央民族学院学报》，1989 年第 2 期，第 5—7 页。

祥动物纹。连接这些动物纹的是以蓝色为主的波浪纹，有的夹杂八角花，大部分则在称为“泥鳅路”的波浪纹上方绣八字形短直线，两根一排，矮寨妇女说这是以前过海时划船的船桨。“泥鳅路”也就是泛着波纹的“海”（江河）的象征。背片第二层也是最宽的方框正中绣着花衣上最大的组图，外层是两条头朝下的蛟龙，中间绣一圆形龙宝，称为“双龙抢宝”；蛟龙之间挑绣一只龙船，船上有五个“坐船人”，船边放着船桨，周围的纯蓝色块代表载船的水。这组图案和遍布花衣各处的“泥鳅路”结合在一起，构成一幅漂洋过海图，是花衣中面积最大、象征意义最为浓厚的符号，绣出了红瑶先祖“抛乡抛地抛山不抛江”的迁徙路线选择。可见，漂洋过海的历史在红瑶人的迁徙记忆中是不可磨灭的。

照片 6-4　花衣背片

（三）“朝绣私章头上戴，夜绣大印身上穿”：佑身瑶王印

每当回忆起红瑶历史时，矮寨老人常会提到一句古言：“盘古置天，蚂蝗置地，张良张妹置凡人。先有瑶来后有朝。”意为自从盘古开天辟地，世上就有了人烟，先有瑶人后有朝廷。如《评皇券牒》言：

“当初原有盘古王，置天地人民，先有猺人，后有朝廷。”“先有瑶后有朝，无瑶无有朝。瑶人自古不当差，见官不下礼，过渡不使钱。”[①]

> 红瑶先祖当皇帝，开始坐京城（南京），只有一个女，招回个郎仔，这个郎仔很招人爱（喜欢），瑶王就把大印交给他保管。有一天，几个客人（外族人）骗他打开装大印的箱子给他们看一下，郎仔没考虑就拿出了大印，没想着被他们抢走。客人抢了瑶人的天下，坐朝当了皇帝。京城生活不下去了，红瑶祖先们才一路逃难到山东青州大巷。[②]

然而，没有了保障权力的大印，在那兵荒马乱的年代里，青州大巷也不是红瑶人的安身之地：

> 因为真因为，因为兵荒马乱，难得安身在处，抛乡离土，抛土离地，走土离乡。因为真因为，男人因为争天，女人因为争地。省事日子多，做工日子少。吾母长思想东，朝日长思夜想，东走无路，西走无门，便把正命天子收即，手用关星符印，小章保见。盖知大男小女，子孙儿女，父母古念点心。朝绣私章头上戴，夜绣大印身上穿。人也不知祖宗何面，鬼也不知祖母何音。[③]

红瑶先祖从山东青州四处逃难，流离失所，母亲于是在大家的头

---

① 广西壮族自治区编辑组编：《广西瑶族社会历史调查（第八册）〈评皇券牒专辑〉》，南宁：广西民族出版社，1985，第 9、30 页。

② 被访谈人：王仁文，男，1926 年生，文盲，访谈时间地点：2007 年 8 月 5 日于其家中。

③ 红瑶《过山文》，详见附录三。矮寨王姓人也有类似的文本，但已严重损坏。

巾和衣服上绣上念了符咒的大印，求得祖宗神鬼保佑，日后相见也能认出自己的同胞。红瑶妇女的四方头巾用一尺五青布做成，四周滚红色花边，一边斜对角和正中绣红、紫、白、绿、黄五色配成的正方形图案，形似一颗印章，包头时露于前额，这就是“朝绣私章头上戴”的瑶王印。花衣后背正中挑绣一对“大虫爪”（老虎爪），平行置于左右，矮寨妇女说花衣中有些纹样可以根据自己的喜好增减，唯有大虫爪不可缺少，位置更不能变。大虫爪也为正方形，中间用红白两色线分成均等的四部分，每块再绣一个相同的四色方形纹。如照片 6–5 所示，头巾和花衣上的方形纹很相似，只是“小私章”和“大印”的区别，都代表红瑶迁徙途中用以保身的瑶王印。

照片 6–5　大虫爪

“大虫爪”的来历还有另外一个动人的古年：

很久以前，有一个皇帝和他的随从赶山打猎，骑着马跑得飞快，一会儿就把其他人都丢在后面了，一个人进到青山里。突然一个（只）凶恶的大虫（老虎）从青山里蹿出来，吓得马都跪倒在地上，皇帝赶快下马朝老虎射去一箭。但是太快了，箭射到一边的草里头，老虎已经扑过来了，皇帝拼命往回跑，背后衣服都挨扯烂一块。看着就要落进虎口了，就在这时，有个在赶山的红瑶姑娘看见了，马上放箭射中大虫，救了皇帝的性命。为了感谢她的救命之恩，皇帝顺手砍下两只大虫爪，沾上大虫的鲜血盖在姑娘的衣背上，讲："今天没有什么赏给你，就用这大虫爪当我的玉印，今后凡是衣服上有这个大虫爪印的人，见我不用下跪。"后来，红瑶妇女就把大虫爪花绣在花衣上，走到哪里都不用给朝廷交税。①

大虫爪花与瑶王大印保身符的传说情节虽有差别，但大虫爪代表皇帝印，两个传说的主题是一致的，即瑶不同于客，或瑶有功于客。有印为瑶人，不用向皇帝下跪，更不用向朝廷纳税，也可视为一个身份和保身的标志。红瑶妇女将瑶王印戴在头上、穿在身上保留了对"先有瑶后有朝"，后遭国朝更替、天灾人祸，瑶人被迫往南迁徙的历史记忆，亦佐证了瑶族先民的一支"莫徭蛮"名称的由来：有功于朝而免徭役。《梁书·张缅传》有："州界零陵、衡阳等郡有莫徭蛮者，依山险而居，历政不宾服，因此向化。"②《隋书·地理志下》也云："长沙郡又杂有夷蜒，名曰莫徭，自云其先祖有功，常免徭役，故以为

① 被访谈人：潘大妹，女，1943年生，初小文化，访谈时间地点：2009年7月20日于笔者房东家中。

②（唐）姚思廉：《梁书（卷三十四·列传第二十八）》，卢振华等点校，北京：中华书局，1973，第502页。

名。”[①] 在迁徙离乱途中，瑶王印是红瑶“大男小女”与祖灵沟通的媒介，以物化的象征符号镌绣于身体上。如今，瑶王印保身的功能已经淡化，但其透露出来的红瑶辗转迁徙的历史信息却清晰可见，成为服饰中犬图腾之外的又一族群认同符号。这里的瑶王虽未明指盘王（盘瓠），但也隐含了瑶人自管一方、有功于朝的盘瓠神话主题，可看做盘瓠神话的流变和转型。

上述服饰象征都与红瑶起源和迁徙过程的历史记忆有关，迁徙生涯造就随身携带的民族文化样式，民族古史都沉淀在了口头神话传说和复杂的服饰纹样中。服饰形制和纹样都有其独特的象征意义，或记载历史，或标明身份，或寓意吉祥，或驱邪护身。

二、生命与自我的身体体现

展开红瑶妇女服饰，就如翻开一本红瑶史书，每一个配件和纹样都是有意味的象征符号，叙说着远古的历史记忆，我们这里只是描述了沧海中之一粟。然而，身体装饰不只是附加的身体外观和承载集体表象的象征符号，同样是人主动地用以维护生命、表达社会关系和自我的媒介。

（一）留长发之“谜”：寄阳魂

头饰可标记社会身份和民族认同，多重象征源于头发本身对于红瑶人的特殊意义。红瑶女性以头发多、黑和长为美，人人都有一头乌黑浓密的长发，长度一般都在一米以上，过膝及地。女性从成年穿裙时开始蓄发，一辈子再也不能剪发，平日梳头掉下来的发丝也要捡

① （唐）魏征等：《隋书（卷三十一·地理志下）》，汪绍楹、阴法鲁点校，北京：中华书局，1973，第898页。

起好好保存在一个小木盒或袋子里，清理整齐后捆成假发盘在头上。

图 6-8 红瑶女性的及地长发

红瑶妇女留长发习俗是龙胜县重点开发的特色民俗旅游资源，广告标识为“天下第一长发村”的和平乡黄洛瑶寨，即因长发妇女众多，申获了世界吉尼斯集体长发之最的纪录。“1999 年，县旅游局派人去黄洛寨测量寨上妇女的头发，测得全寨有 60 个妇女的头发在一米以上，最长的达 1.7 米，然后把测量数据和拍摄的长发表演录像片及公证处开示的证明，一并寄到上海吉尼斯总部。2002 年，龙脊景区被桂林旅游总公司收购后，决定以具有特殊民俗风情的‘长发村’意象为吸引，推出这一旅游产品，领回了‘群体长发之最’证书。”[①] 龙胜县地方文化精英吴金敏还创作了一曲《长发谣》供红瑶妇女在黄洛歌舞场表演梳头节目时演唱：

① 徐赣丽：《民俗旅游与民族文化变迁——桂北壮瑶三村考察》，北京：民族出版社，2006，第 91—92 页。

一梳长发黑又亮，梳妆打扮为情郎；二梳长发粗又亮，夫妻恩爱情意长；三梳长发长又亮，父母恩情永不忘；丝丝长发亮堂堂，幸福生活久久长。[①]

红瑶长发旅游产品一经推出，的确引起了不凡的反响。在网络搜索引擎中输入“红瑶”二字，结果最多的就是红瑶村寨旅游攻略和妇女表演梳长发的视频。“神秘、奇特、惊艳、原始、保养秘方”等评价红瑶女性长发的字眼随处可见，而留长发的原因在旅游者眼中却是一个谜，龙胜官方旅游网站龙胜旅游网在介绍黄洛红瑶寨一文中制造了悬念：

红瑶妇女为什么有蓄长发的习俗？她们到底用什么来养护那令人羡慕的青丝？因为喝的是纯净的山泉？吃的是纯绿色的粗粮和山菜？因为洗头用的是简单而不能再简单的淘米水？至今没有明确的答案。[②]

于是，一些对长发习俗似是而非的介绍和评论开始出现，大部分的宣传都说长发是长命富贵的象征，红瑶女人一生只剪一次发。刘芝凤在游记中写道：“红瑶女一生只在16岁时剪一次头发，以后至死都蓄发。老辈的老辈说头发是人的精血，尤其是妇女的头发更是生命的象征。到了16岁便可以参加社交，谈情说爱了，剪发象征着成人礼。”[③]

① 吴金敏，男，1955年生，侗族，龙胜县银水侗寨第101代寨主，龙胜县旅游公司副经理。笔者于2008年8月13日至18日随桂林理工大学吴忠军老师及其学生在和平乡金坑大寨和黄洛瑶寨做短期调查，观看了长发村红瑶妇女的歌舞和梳头表演。

② http://www.guilin.com.cn/cn/Travel360/HTML/1567.html.

③《刘芝凤，长发盘出典故来——访广西红瑶寨》http://www.people.com.cn/GB/paper81/9841/904612.html。

《红瑶历史与文化》中也有："红瑶女从小开始留长发，到18岁成年时第一次剪下长发珍藏。"① 他们的说法都有本质的偏差：对红瑶女性成年和留长发时间的混淆。殊不知，女童留"阿吉苟"和短发，剪发无禁忌，成年换装穿裙时和之后则断然不可剪发。成年也并非以16岁、18岁的生理年龄为标志。

一般认为，瑶族妇女普遍留长发与盘瓠崇拜有关。在红瑶社会，留长发还是一种独特的灵魂信仰。"魂"是红瑶人信仰中的一个重要概念，他们认为万物都有魂（灵），人是由身（$sən^{45}$）和魂（$uən^{21}$）两部分组成的。身体来源于父亲的骨头和母亲的血肉，魂由花婆掌管的花投胎而成，"魂"和"气"（khi^{53}）与身体的活力和生命机能紧密相关。魂有阳魂（生魂）和阴魂（死魂）之分，人生为阳，死为阴，阳为人，阴为鬼。红瑶人认为人有三魂七魄②，三魂平日分别附在人的头上、腰中和脚下，如师公咒语所言："头上三魂、腰中三魂、脚下三魂。"同时三魂又不是一个身体里的固定存在，可与身体分离。当人睡觉停止活动时，三魂就会分开，一魂在家守家屋，一魂在人身上，一魂为游魂四处游玩，早上游魂回来进屋摔了一跤人就醒过来了。三魂附属于身体，但也是游走的，有可能跌落、投胎和被"阴人"抓走。人最重要的阳魂——三魂中的头魂就寄存在头发中，或通过头顶的气门进入身体。魂与头发互为依存，有阳魂才有生命，因此头发是身之精华和寄魂之所，象征人的生命，不可毁损与丢弃。婴儿和儿童的头发虽可以剪，但需留保留气门发的"寄魂"发式，成年后就不能剪发了。男性在新中国成立前也是留长发的，女性留长发的传统则延续至今。剪头发是"背时"③ 的行为，会"见鬼"。因为附在被剪下的头发上的阳魂很

① 粟卫宏等：《红瑶历史与文化》，北京：民族出版社，2008，第123页。

② 红瑶虽然有三魂七魄一说，但连师公也不知晓七魄的内容，只强调三魂。

③ 平话和桂林话的说法，倒霉的意思。

容易被野鬼抓住，导致主人生病或意外身体损伤。鬼无处不在，但只有倒霉、运气不好的人才会撞到。如若无缘无故大把脱头发，人们就以为是跌魂了，严重则是撞鬼，要请师公做赎魂（招魂）或送鬼的仪式。

红瑶认为每个阳人都是由阴魂投胎而生，还花愿仪式和“看父母”拜寄娘等习俗都包含着这种灵魂转世的观念。“手黑”的孕妇摸小孩的头顶会导致其“走胎”到自己腹中，也是因为秽气污染到了寄在小孩头发中的魂，已经“走胎”的须请师公做赎胎魂或破胎的仪式解救。关于人有阴魂来投胎的古年也不少：

> 以前有三姊妹，分别嫁给了姓王的、姓李的和姓肖的。三女嫁的肖家最穷，外家人看不起她们。有一天三姊妹约好一起回外家，大女有一个仔，二女有一个妹仔，三女正当怀着。娘给大妹和二妹的仔女吃粑粑，只给三妹一个烂萝卜。三妹躲到门外去哭，不明白娘为什么这样对她。正好天上的太白金星路过看见了，觉得她可怜，就叫门神投胎做她的仔，让她过上好日子。三妹回婆家刚进门就生了，门神投胎的仔长大后当了大官，外家人都要靠他养了。[①]

来投胎的阴魂可能是花婆送来的真花，也可能是捉弄人的鬼魂和使人富贵的善良的神。前世今生、阴阳转换和寄魂信仰是红瑶成年女性不剪发和不丢发的根本原因。与用头发埋野坟的接触巫术原理相同，丢弃头发不仅让人跌魂见鬼，被屋檐水滴到和牲畜踩到还会使主人肚子痛，掉下的头发与身体永远有同感关系。

---

① 被访谈人：杨焕能，男，1934 年生，文盲，访谈时间地点：2009 年 3 月 28 日于矮岭河边。

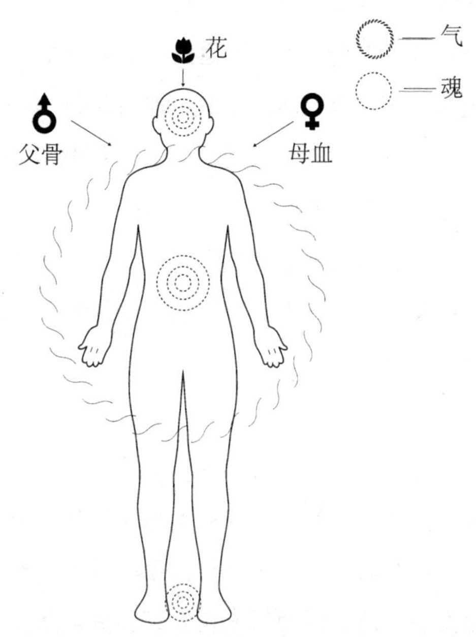

图 6-9　红瑶“人的观念”示意图

关于红瑶女性为何留长发，还有一个美丽的古年：

好久好久以前的事了，有个长得蛮好看的红瑶大妹家（妇女），头发又多又长，盘在头上高高的。有个外地进来换东西做生意的客人想骗她回去做妻子，她郎生气地和他打了起来，那个客人蛮狠，拿出刀来砍人。大妹家急得就用头撞过去，刀正好砍在她的厚厚的头发上，头发断了，人没得事，客人也被吓走了。勇敢的大妹家用头发救郎的事慢慢地传开了，大家都学她留长头发。[①]

① 被访谈人：杨焕能，男，1934 年生，文盲，访谈时间地点：2009 年 3 月 28 日于矮岭河边。

这是从实用角度来解释为何留长发，赞美和纪念红瑶妇女勇敢救夫的壮举，传说虽不是历史，但往往真实地寄托了人们的美好愿望和情感。正因为上述多种因素，红瑶女性才会珍爱自己的头发如生命，爱护备至，更不许旁人随意侵犯。妇女之间打架争斗忌扯对方头发，否则视为理亏；夫妻闹矛盾，丈夫不能抓扯妻子头发，否则如不亲自去外家登门道歉，岳父母会理直气壮地邀家族亲戚去他家杀猪杀羊，妻子有权利回外家，聘礼不退回。笔者在黄洛寨调查时还了解到了一则因长发而起的纠纷：

> 黄洛有个妇女去平安[①]卖工艺品，为了抢生意和平安的一个壮族妇女吵起来，红瑶妇女的长发挨打散下来了，她也不服气，把壮族妇女的头打出血了。后来壮族妇女就告到平安派出所去，派出所的下来调查，要黄洛妇女赔医药费。她讲是壮族妇女晓不得规矩，先弄散我的头发的。派出所的人认为弄散头发只是小事，红瑶妇女讲："这是我们瑶人的习惯，头发随便扯不得的，要不然嘟子你们管犯人还要给他们剃头呢？"派出所的人说不出话了，医药费也没用她赔。[②]

这个红瑶妇女辩驳的逻辑之清晰着实让人惊讶，她用一个恰当的比喻证明了头发的珍贵和不可冒犯，头发被他人打散是一种耻辱，不得不拼命反抗。因为给犯人剃光头发就是表示惩罚和剥夺其政治权利的象征，"头发是自由的象征，古代的俘虏和今天的囚犯常常剃光头

① 龙胜县最早开发的民族村寨之一，全部为壮族，平安梯田是著名的龙脊梯田景区的中心。

② 被访谈人：潘龙太，男，1933年生，文盲，访谈时间地点：2008年8月16日于黄洛瑶寨。因为当事人不愿透露事件过程，只能从侧面了解。

发，意味着他们丧失了自由”[①]。

既然长发如此珍贵，对它的清洁和保养自然马虎不得了。红瑶妇女的长发乌黑油亮，绝无毛糙和分叉，到六七十岁才会有少许白发，拥有如此好的发质确实有“养护秘方”。清洁和保养头发的“秘方”就是再简单不过的淘米水和天然的凉水。矮寨每家人的火塘边都放着一个圆形的铁罐，煮饭时把淘米水倒进里面保存，有米糠壳的更好。在火的高温炙烤下，时间一长淘米水就会发酵变酸，这时就可以倒出来洗头了。每个妇女都有专门用于洗头的木盆或塑料盆，家中其他人不会混用。先把浓浓的淘米水抹在头发上，用毛巾包好固定，等大约半个小时估计全部吸收以后，再去水井边或河中冲洗干净。现在山泉水已引到家中，很多人也会选择在家洗，不再去水井或河里。妇女们说这种洗头方式有两个好处：一是淘米水黏性大，可使头发柔软顺直，盘头发的时候才不会有毛糙乱翘之感；二是用冷水洗头能保持头发乌黑的光泽，热水会使头发变黄变干。即使在寒冷的冬天，她们也会等到天气晴朗的日子，用冷水洗净长发后到太阳下晒干。由于梳洗长发耗时又耗力，并且会掉很多发丝，珍惜头发的红瑶妇女洗头的间隔时间较长，洗头倒成了她们日常生活中的一件大事。假发由于脱离了人的身体，缺乏血的滋养，很容易就变得干枯易断，妇女们也爱护有加，经常拿到门楼围栏上晾晒以保持其干爽不发霉。因为她们认为假发变质也如丢发是丢魂般会让自己生病。

如何洗头发只是运用了最自然的清洁护理方式，且淘米水和冷水是否为保持头发黑直的唯一原因，我们不得而知，可以肯定的是，何时洗头发则包含了深刻的情感和意义。红瑶人对洗头时日有严格的禁忌，所有成年人包括现在已经不再蓄长发的男性均须遵守。首先，一

① 萧春雷：《我们住在皮肤里——人类身体的人文细节》，天津：百花文艺出版社，2006，第26页。

天中的洗头时辰有规定，只在上午洗头，下午和晚上不能洗，以日头过正天为界，人站在太阳下影子开始西斜就为下午。从对自身不利影响的角度来说，中午以后洗头“催老”，意即使人加速衰老。这种时间和生命的神秘关联意识在起屋上梁时间的选择上已经出现过，初升的太阳象征着希望、青春和旺盛的生命力，下午影子西斜、太阳落山，与衰败、黑暗和孱弱的生命力联系在一起。头发寄阳魂，就是寄存着人的生命力。尤其是有父母健在的人如违反此禁忌，会让自己折寿，这和红瑶人常强调的尽完责任才能见家先的说法有关。人生任务未完成，绝对不能在父母之前而未老先衰。

其次，不能在任何“节气”[①]洗头，包括春节、清明、端午等年度节庆和农历二十四节气，该禁忌也与中年人的父母有关，就似一个恶毒的诅咒，无人敢违犯。在节气洗头的后果是父母“对着节气回老家”，意思是会让年老的父母今后在节气之日死亡，这些时候去见家先是得不到很好的照顾的，因为他们都在忙着接收阳间的供品，和野鬼争斗。不管头发如何珍贵，洗头毕竟是洗去污垢，而红瑶人所有的节日都包括祭祖或者祭神鬼的内容，二十四节气也直接关系到农作丰收，污秽之物污染神祖会使其降罪于父母。因此，节气忌洗头是一种表达红瑶人的孝道的身体禁忌，有关身体之孝的内容在后文改装部分有更明显的表现。

（二）“体面”装身：表达自我

恩特维斯特尔反思了服饰和时尚研究勿言身体、过于静态和脱离情境的方法弊端，在吸取福柯、梅洛－庞蒂和莫斯等人的身体理论的基础上，提出了“情境身体实践”（a situated bodily practice）的衣着社

① 红瑶平话称所有的节日和农历节气都为“节气”。

会学。她认为“衣着是不能从活生生的、由它所修饰的身体中分离出来的。它是自我经验和自我呈现的一个密切的方面，衣装、身体和自我是作为一个整体同时被想象到的”。因此，衣着社会学“不能仅仅把衣着当做观看的对象来考虑，着衣是一个被嵌入各种社会关系中的具体的活动”。情境身体实践的研究进路要求“将身体把握为社会的实体，而将衣着把握为社会因素和个体行为的双重结果。不仅要理解身体怎样被呈现于时尚系统以及身体的主人关于衣着的话语，还要理解身体怎样被经验到、身体怎样存活以及服装在身体 / 自我的呈现中扮演怎样的角色”①。作者深刻的洞见虽然是在时尚话语的衣着研究中提炼出来的，但她阐述的是一个普适性的衣着研究视角问题，民族传统身体装饰研究概莫能外。由于民族传统身体装饰的群体性和无差别性特征，身体与装饰的关系、个体着衣的感受和体验很容易就被忽略了。诚然，承载社会文化符号是身体装饰的主要意义和功能，但它同样是群体中的成员表达情感、自我和适应社会关系的途径。

一岁两岁吃娘奶，三岁四岁穿娘衣，五岁六岁慢慢大，七岁八岁学布织，九岁十岁人来定，十一十二别人妻，做人妻子好辛苦，一年穿烂三年衣。

这是流传在红瑶地区的一首苦情歌，述说着红瑶女性辛苦的一生，天真的童年未过就要为人媳妇为人妻了。歌中自然有夸张的成分，而从小学会织布挑花的确是成为一个合格红瑶女性的基本要求。绣花手艺的好坏是评价红瑶女性能力的重要方面，甚至成为择偶的标准

① [英] 乔安妮 · 恩特维斯特尔：《时髦的身体：时尚、衣着和现代社会理论》，郜元宝译，桂林：广西师范大学出版社，2005，第 5—7、43 页。

之一。新中国成立前，一些人家的女孩下定后三年才出嫁，在这三年中要专门绣齐自己的一套嫁衣，苦练绣花技艺。不会绣花的女孩到婆家后往往会被冠以“懒媳妇”之名，直接影响其在婆家的地位。切磋做衣裙和绣花的技艺也是妇女们建立和扩大家庭外社会关系网的渠道。对于男女打发闲暇之别，矮寨妇女常笑言：“男人打牌，女人绣花；男人坐代销，女人去走家。”每逢下雨天和下半年的农闲时节，矮岭河边的代销店（小卖部）门口是矮寨中青年男性打牌、闲谈的主要公共活动空间，妇女们则相邀去伙伴家走家串门，绣片不离手。

传统服饰在视觉外观上呈群体性和统一性，而个体是鲜活而有个性的，她们的差异一是在制作衣裙手艺和服饰细部花纹的选择与创造上，二是通过具体的着衣“装身”行为来显现。装身“体面”与否关系着人们对自我的体验和评价。“体面”是我经常听到的一个词语，在平话中有漂亮之意，每到一家，如果我要找的妇女恰好没有盘头发，她会非常尴尬，说“一点也没体面”，赶紧进卧室盘好头发后再出来与我谈话。妇女在家时一般不盘假发和发髻，随便将头发绾在头上，但是出门时一定要盘好发髻，走亲戚、串门甚至是上山干活儿，她们都会体面装身，盘好头发，休整眉毛，穿戴整齐。盘头的光滑度、眉毛的粗细（以细而弯为美）、腰带的系法（内腰带尽量绑得高而厚，造成丰满“臃肿”的视觉效果）和服饰的整洁度等都是他人评价和自我突出形象的标准。我的房东阿姨甚至认为从着衣装身行为能看出人的性格：

古言都讲“出门看天象，在家看面相”，从面相可以看出一个人的命运。我们红瑶人讲：男人嘴大吃四方，女人嘴大败家王。从装身也能看出一个人的性格，额头（毛发）扯得越干净，长得越宽的人呢，脾气越好，寿命也越长。耳环黑的肯定是懒人，或者有病……

为了证明其所言非虚，杨阿姨翻箱倒柜找出了她活了九十多岁的奶奶生前的照片，老太太两鬓毛发干净，显出光洁而宽阔的额头。从科学的角度来说，额头宽与寿命长这一因果联系当然不成立，但耐心装身与性格和气是有关联的。耳环是头部最引人注目的装饰品，银饰容易氧化变黑，勤快的妇女常用火塘里的草木灰或者石灰搓洗以保持亮度。疏于清洗的自然是懒人，且会被他人误解为生病。因为在红瑶人的生活经验中，身体不好会使戴在身上的银饰变色。

“体面”有漂亮、好看之意，又不仅此而已，因为平话有专门形容好看的词语“塞”（se^{53}）。“体面”还包括装身得体，符合性别、身份和场合，注重男女长幼伦常秩序。红瑶女性穿裙子是祖先传下来的习惯，也有遮挡身体缺陷的好处：

穿裤子难看死了，稍微胖点就显得屁股好大的。穿裙子才是可以挡到点啊，还要挡到膝盖呢。整整齐齐的才是体面。[①]

矮寨妇女们认为白白的大腿任何时候都是绝对不能显露出来的，否则有失体面，青裙和花裙的长度都盖过了膝盖。如果有男性长辈在场，还要在里面穿一条短的紧身青裤，天气炎热的夏天亦然，否则是对老人的不尊重。由于瑶山地形所致，矮寨山地开辟为层层梯田，红瑶妇女下田下地干活儿时尤其注意在青裙里面穿一条贴身中裤，否则“人家在下面一台（块）地里什么都看得到，讲出去不体面”。在红白喜事等公众场合上，花裙外则一定要配上青布围裙才算体面。

① 被访谈人：杨小英，女，1966 年生，文盲，访谈时间地点：2008 年 8 月 27 日于其家中。

吉登斯认为身体的整体性感受与他人的规则性评价相关，“身体不仅仅是我们拥有的物理实体，它也是一个行动系统，一种实践模式，在日常生活的互动中，身体的实际嵌入，是维持连贯的自我认同感的基本途径”。“穿着很大程度上不仅仅是身体保护的手段，它明显地也是符号表演的手段，即赋予自我认同叙事特定外在形式的手段。”[①] 身体的外在表现是社会身份和文化认同的象征，也是自我的表达。不注重打理身体外表和装饰的人被斥为懒人，红瑶人的自我表达受制于文化环境，是一种“情境身体实践”，不同的装身行为表达个体的个性，但个性又须与社会伦理道德和行为规范相一致。“人们对衣着的看法各有不同，有以之作为蔽体者，有以之作为美观品或装饰品而彰身者。”[②] 这一彰与一蔽之间，便是红瑶妇女“体面”的身体表现：好看、得体。

第三节　改装的历史与现实

“身体的生成不单牵涉一个生物性的存在，还牵涉文化性的区辨和认定时，各种政治和社会的任意就可能渗入身体的建构过程中，使它成为一个无始无终的生成过程。”[③] 黄金麟对清末民初历史发展格局里中国人身体生成的考察，勾画了一个清晰的图像：身体的生成是一个非常政治性的过程和结果。身体表征体现了族群历史记忆和文化认同，具有相当的稳定性；但红瑶人的身体从来就不是一个固着不变的

---

① [英] 安东尼·吉登斯：《现代性与自我认同》，赵旭东等译，北京：生活·读书·新知三联书店，1998，第111、68页。

② 广西省政府统计处编：《广西衣着问题之研究》，中华民国三十七年十二月印。

③ 黄金麟：《历史·身体·国家——近代中国的身体形成》，北京：新星出版社，2006，第5页。

存在，它的生成和发展受制于社会和历史情境，在其周围交织着政治、经济、军事等多种力量和权力。

一、污秽古怪：对特种部族的身体想象

“男人不分老少，一律黑衣黑裤。女人不分老少，一律上着对开襟黑色短衣，下着（黑）裙。目前着用（花裙）这样裙子的人不多。红绣衣很少着用了。”[①] 这是1956年少数民族社会历史调查组在泗水乡潘内村看到的情形：红瑶妇女服饰色调以黑为主，“斑斓”衣裙搁置不用。“好五色”的传统为什么会在这一时期消失？红瑶人的身体遭遇了怎样的变化？

近代中国历史可以说是一段另类的身体史，中国人的身体经历了前所未有的激烈打造。“从19世纪以来，身体被现代国家纳入政治的轨道内。现代国家从功能的角度积极地强化身体、训练身体、投资身体和管理身体。”[②] 从清初的剃发（蓄辫）易服到清末的剪辫易服，19世纪末20世纪初清廷和维新派知识分子为雪“东亚病夫”之耻的塑造国民、军国民和新民等运动，无一不涉及身体改造的面向，国人的身体被卷入改朝换代的民族主义和现代民族国家的建构话语中。作为清末变革思潮的延续，辛亥革命之后，风俗改良的潮流蔚然兴起，移风易俗成为政治变革的一部分，“南京临时政府成立后，为了尽快革除封建社会遗留下来的种种弊端，造成有利于资产阶级统治的新的社会风气，将改良风俗作为一项重要的政治任务来抓，先后颁布‘废除贱民身份’、‘晓示人民一律剪辫’等法令”[③]。

---

① 《龙胜各族自治县潘内村瑶族社会历史调查》，载广西壮族自治区编辑组：《广西瑶族社会历史调查（第四册）》，南宁：广西民族出版社，1986，第218页。

② 汪民安：《身体的双重技术：权力和景观》，《花城》，2006年第1期，第177—184页。

③ 万建中：《民国的风俗变革和变革风俗》，《西北民族研究》，2002年第2期，第119—128页。

在广西，统称为“特种部族”的少数民族一向被想象为落后、愚昧、彪悍、野蛮、污秽、奇异的“他者”，他们的传统生活习惯和显见的身体表征成为改良的重中之重。杨煊在《广西风俗概述》中如是说：

乡村里面，种族复杂，习尚因之各异，尤其是妇女更有显著差别。有的衫长袖宽，有的衫短裙长，猺苗妇女便服通通如此。而银质耳环手镯戒指颈链颈圈皆为妇女的装饰品，这种陈旧的习尚真是可笑。妇女受过新文化的洗礼才剪发，其余不髻则辫。总之过于古怪，但是她们都保持着不肯改变哩。开胸露乳，不裤而裙，尤其过于鄙陋了。（二、服饰）

（干栏）楼上秽气熏蒸，令人难耐，居中人世代居此，嗅觉失掉作用，亦恬不为怪……他们并不知道什么叫做清洁，什么叫做卫生，所以居室的前后两旁，垃圾污水随便堆积倾泻。苗猺侗壮喜山居……各村不设厕所，随处作践，排出的粪，任由群豕争吃。（四、居室）[①]

在杨煊的描述里，以“新文化”的标准观之，瑶苗族妇女拥有古怪可笑的身体，着裙装令她们的行为粗俗而鄙陋。她们还是污秽的，长居山中，连嗅觉也失掉了，人畜共居的干栏建筑即是藏污纳垢之所。直到解放前，还有人认为特种部族“过着原始时代的生活”，《苗、傜、侗、壮奇装异服》一文对广西苗、瑶、侗、壮族的性格、体质和服饰极尽渲染之能事：

占广西省全部人口百分之六十的特种民族，直到如今，

① 杨煊：《广西风俗概述》，《广西政府公报》，1934年第8期。

对这些近乎野蛮的人民生活和风俗习惯，似乎还是一个谜。在大体上他们约分为四大族，即苗、猺、侗、獞……住在崇山峻岭中，性格彪悍强蛮……体貌：猺人与苗人相仿佛，不过面部略平，颧骨较高，身材也较长，惟整个身体长满了长而密的毛。在这苗猺当中的妇女，年幼的时候也长得很漂亮，个个活泼健康，而且力气很大，但她们因年轻的色欲过度，生产太多，以致不到三十岁便衰老了。苗猺类多富虚荣心，女子尤甚，故其服饰稀奇古怪。

一、猺装。猺民的男子，头发都留得很长……无论男女终年赤足。妇女下体不着裙裤，只以布幅围住前后。头发绾成螺丝形状，用芭蕉叶裹住发髻。她们的头发是终年不洗的，每月约梳理一次，梳的时候，仅涂些黄蜡猪油，让发胶住。因此她们的头上除了令人作呕的臭味外，便是大批的虫虱与积垢。猺女的衣服，是没有纽扣的，只是一条布束腰，代替了纽扣。所以到了夏秋之间，两个健康而结实的乳峰便很显然的袒露于外。虽在男子面前，也不觉得羞耻。[①]

该文作者比杨煊有过之而无不及，言辞中夸张和虚构的成分一目了然，他的言论代表了当时的主流社会对特种部族的印象。苗瑶相比侗壮人更为原始野蛮，瑶人竟然被想象成周身“长满长而密的毛”的进化未全的人群！苗瑶服饰是“奇装异服”之至，瑶族妇女袒胸露乳，终年不洗头发，爬满虱虫，种种描述都太过猎奇而不合常理。这种对特种部族的身体想象和偏见成为风俗改良运动的普遍而“合理”的舆论基础。

①《苗、傜、侗、壮奇装异服》，《广西日报》（桂林版），1949年7月21日。

二、剪发易服：去差异化的身体政治

民国元年，龙胜县第三任知事（县长）黄祖瑜上任三把火之一就是改良苗瑶侗壮伶人风俗，颁布了《署龙胜县知事黄祖瑜喧告》：

> 窃以为世界日进于文明，风俗难容夫蓢陋。人何生今而反古，器非求旧而维新。从未闻官室既兴，反以巢居穴处为乐。亦未有衣裳备制，犹以裘皮衣羽为荣。最可恨者：女流顽固，混沌不开。溯我省自秦汉以来，人物衣冠，早擅同轨同文之治。乃龙胜亦桂林分府，苗瑶侗壮犹甘异言异服之讥，甚无谓也，殊不取焉！本知事有治理人民之责，即有维持风化之权。为此出示晓谕，尔苗瑶侗壮伶五种妇女人等，女听其父，妇听其夫，试借客装而比较。尔乃竹罟罩头，藏污秽而常年有臭。铜银圈颈，戴枷锁而今世何辜。一幅短裙，下体则空空如也。几双重镯，妇工则断断无他。甚至左右银链拽耳而垂于两肩，前后背心当暑而露其二乳。成何模样，真不雅观。轻薄者，因而非笑。强暴者，起而欺凌。在长者，则以为古道犹存；在哲者，则以为王化不被。自示之后，从速改良。革苗俗为唐装，变土装为汉装。一道同风，均遵民国之法服。彰身被体，无忝皇帝之遗黎……此谕。[①]

黄祖瑜的目的很明显，效仿古代“衣冠之治”，把讲异言着异服的苗瑶侗壮人改造成符合“文明”进程之人，下令妇女改装，与汉族“一

① 谭云开、潘宝昌：《民国时间龙胜县政始末见闻》，载中国人民政治协商会议龙胜各族自治县委员会编印，《龙胜文史（第二辑）（内部刊物）》，1986。

道同风”。他派专人“组织‘自治改良策进会’，对少数民族实行反动的汉化政策。少数民族人民身上所有各种不同汉族的装饰，一律强迫改为汉装。主要是不准戴耳环、手圈，不准穿裙、穿刺绣衣，戴颈圈，瑶族（盘瑶）还不准戴尖角帽。至于头发，则男剃光头，女剪为短发。平日派喽啰上街巡查，只要见到就强迫改装，致使许多人不敢上街”[①]。更有甚者，“如遇妇女穿裙子的，用铁钩挂破”[②]。由于黄祖瑜只在任一年零七个月，其“革旧维新”的宏图收效不大，改装未能深入到五族内部，但“改良”二字却成为不可变更的时代话语。

民国六年（1917），龙胜平等乡侗族举人石成山再次发起改良，要求少数民族改装及破除旧俗。龙胜、兴安两县红瑶寨老和知识分子成立了改良会，制定改良章程，立碑公布执行。风俗改良章程以乡约石碑的形式立于金坑和潘内，包括潘内杨梅寨《永古遵依》、金坑大寨《永古遵依》和《兴龙两隘公立禁约》碑，前两块碑相同。内容涉及服饰、婚嫁、丧葬、送礼等方面，红瑶妇女服饰为改良“旧染污俗”的源起和重心，《永古遵依》碑文开宗明义：

> 窃思古此彰身无赖，以羽皮为之蔽体无露，法于羲黄以下，衣裳之制始兴，历代相传久已。及至如今，巧女更换，执其五彩为服，败坏绒丝，奢华过费。今有兴、龙两邑，爰集知事之士，书缄颁递各寨，举其四民雷同会议，保护团体稽查，户之共乐升平。将思圣人云：殷因于夏礼，周因于殷礼，胥有损益，旧染污俗，故有维新之念，从兹文明时代，岂不百道同风。章程议定，万无一失，永不朽败耳。

---

①《一九三三年龙胜、龙脊、庙坪、白水等地瑶民起义情况》，载广西壮族自治区编辑组：《广西瑶族社会历史调查（第四册）》，南宁：广西民族出版社，1986，第 74 页。

② 龙胜县志编撰委员会编：《龙胜县志》，上海：汉语大词典出版社，1992，第 116 页。

一凡妇人喉圈、银炮（牌）、银带、银树（梳）四件。议决改除旧服，准限三年禁绝，如有不遵，公罚不恕。

一凡古风服制五彩，从今改除，以青为服，不许编织彩衣，若不遵禁，鸣团公罚不恕。……

中华民国六年丁巳岁孟东月望日，兴龙二邑团长

《兴龙两隘公立禁约》同样以红瑶妇女服饰从奢为引子：

我境自先人以来，衣食尚俭。迄今人心不古，服饰从奢，着五彩以为衣，制百绝而成服，使妇女做无益之衣裳，而男子费有用之财货，成功不惮年久，费钱何惜奢空。吾等目睹心伤，爰集同仁，公立禁约。妇女咸令着青……

一、妇女衣饰不准仍绣五彩，只宜穿青一色，前置五彩者衬内，仍以青服盖之。首饰只许穿戴耳环，银牌手镯余俱不用。……

以上数条禁约，各次依次遵行，但愿同人猛醒，方知节用于民。

中华民国六年丁巳孟东月浣日，兴龙两隘公立[①]

两种风俗改良碑文关于服饰的禁令相同，一是弃“五彩”，“以青为服”，即以便衣青裙代替花衣、饰衣和花裙；二是禁“奢侈”银饰。如若不遵，“罚钱十二千文”。此次改良虽然没有使红瑶妇女们完全废除五彩衣裙，却在很长一段时期内将其压于箱底，由于缺乏文献记载，我们很难推测红瑶妇女的便衣青裙是古已有之还是创制于此时，可以

① 碑文由笔者在潘内杨梅寨和金坑大寨抄录。

肯定的是青色服的着用率增加，所以才会有1950年代少数民族社会历史调查组记载的一律着黑的情形。喉圈、银牌、银带、银梳四大件平日也绝少佩戴了，据矮寨老年妇女们回忆，因为怕罚款，一些人家就悄悄找银匠把费银子最多的喉圈和银腰带打成小件的耳环和手镯，上世纪三四十年代出生的人都很少得见。“提倡服装改革的原因之一，是瑶族女人的裙子短，走路时东摇西摆，被客家看见笑话。”[①] 风俗改良矛头直指红瑶妇女服饰尤其是裙子，但运动的最终结果并没有禁绝妇女穿裙，改良发起人之一粟满廷说：“碑是立了，大家不执行，也就算了。”[②] 可见，红瑶社会内部改良与政府的强制性改装有质的区别，只提倡去奢从简，并无强迫改穿汉装之举。

从1931年开始，以李宗仁、白崇禧为首的新桂系开始致力于广西建设，在“建设广西，复兴中国”的口号下，掀起新一波全省范围内的风俗改良运动。先后颁布《广西各县市取缔婚丧生寿及陋俗规则》和《广西省风俗改良规则》，规定少数民族不得穿耳束胸，不得留长发，并购置国货、改装易服。[③] “龙胜有的瑶民被捆绑罚款，有的瑶民妇女还遭奸污，瑶民一下到街上，就被辱骂为‘瑶古老’、‘死瑶婆’、‘笨瑶人’等。使瑶民在人格上受尽侮辱，致使瑶民不敢下街。龙脊壮民头人廖绍祥反抗易俗改装，竟被县府传讯，人员闻讯逃脱，但家财被抢劫一空。”[④] 民族同化政策引起少数民族不满，龙胜龙脊（壮瑶聚居区）寨老侯会庭等人被迫召集十三寨群众大会，宣布龙胜县改良风俗委员会禁令，强迫壮、瑶族群众改装易俗，遭到与会者

---

①《龙胜各族自治县潘内村瑶族社会历史调查》，载广西壮族自治区编辑组编：《广西瑶族社会历史调查（第四册）》，南宁：广西民族出版社，1986，第183页。

② 同上。

③ 中华民国二十二年七月十九日，《广西省风俗改良规则》，《广西公报》，1933年第78期。

④ 陈维刚、苏良辉：《龙胜瑶民起义》，载政协龙胜县委员会编印：《龙胜文史（第四辑）》，1989，第64—79页。

的强烈反对。[①]

长期的强硬民族开化和沉重的苛捐杂税使阶级矛盾激化，1932年底至1933年初，桂北爆发了声势浩大的瑶民起义。参加起义的有广西桂林市灌阳、全县、兴安、龙胜及临桂等县的瑶民，波及桂江上游以及湖南江华、永明等瑶区，人口约15万。[②] 龙胜盘瑶、红瑶、壮族和部分汉族参与了战斗，以江底乡梨子根盘瑶寨为总部，编制9团义军，矮寨被编在第二团猪婆团中，包括建新村的猪婆、矮寨、黄家寨、黄毛坪、洪水洞、江门口、金竹等寨，共400人。[③] 在新桂系王牌军第七军的镇压下，起义只坚持了一个多月便告失败。当局对起义大为震惊，为了杜绝"瑶乱"，在军事打击的同时制定了一系列善后政策，加强对瑶民的控制和同化。新桂系认为"瑶乱"的最主要因素在于瑶族顽强的民族意识："瑶族虽文化落后，而民族之意识特强。'先有瑶后有朝'为彼族最普遍而坚确之信念，虽历代叛乱，迭受惩创，然卒不能使之易服色，通婚娘，供徭役，泯除此判若鸿沟的种族界限"[④]，以至于官府以其为"化外之人"，以怀柔政策使其同化势在必行。在统治阶级眼中，"瑶民风俗，自有其传统习惯，与汉人不同，故形成两种民族"[⑤]。"原始"服饰为罪魁之一，因"令一律剪发改装，服从政府法令，汉瑶互通婚嫁，使汉瑶逐渐同化，打成一片"[⑥]。在1932年末灌阳县第一次瑶民暴动后制定的善后政策八项中，其中一项就是"劝导剃发易服"；1933年大规模起义后又规定"全省瑶族，

① 黄钰：《龙脊壮族调查》，载覃乃昌：《壮侗语民族论集》，南宁：广西民族出版社，1995，第283页。

② 南跃（黄钰），《一九三三年桂北瑶民起义》，《民族研究》，1959年第7期，第42—48页。

③ 龙胜瑶民起义（未刊稿），龙胜县档案局局长潘鸿祥提供。

④ 谢祖莘：《绥靖兴全灌龙瑶变始末》，广西省政府民政厅秘书处，1946。

⑤ 马桐：《兴全灌龙瑶乱经过》，《政训旬刊》，1934年第22期。

⑥ 同上。

用宣传教育方法，使其归化，逐渐改易其服装”[1]。

桂林区民团军和龙胜县政府成立“龙胜县平定瑶乱善后委员会”，桂林区民团指挥部参谋长虞世熙任委员长，县长张培芬任副委员长，在龙胜瑶区进行清乡、宣传、发自新票、查义军家产等。虞世熙认为：“要使瑶民今后不再反叛，除了办学校破解迷信之外，还必须改易服装，使他们与汉人同化，以消灭汉瑶的区别，免解瑶汉两民族的矛盾。”[2]据他回忆：“我曾电请省政府饬桂林民团指挥部，缝制汉人农村妇女服装一百套，运送龙胜作为示范之用。每进剿一个地方，发给自新证时，我就勒令他们按照式样陆续缝制，随即改装。当我率队回桂林路过义宁宛田圩时，见到许多瑶民还是穿着自己的服装，我就认定他们违抗政府命令，我就派兵把该圩所有的出口守住，将圩场内所有的瑶民，一律捉到一个广场内，勒令他们出具限结，改穿汉人的服装，并把他们训诫了一顿才释放。”[3] 88岁高龄的王广山老人是矮寨唯一对瑶民起义还有深刻印象的人：

瑶胞起义，我记得是民国二十一年啊，我才十几岁，刚刚懂点事。讲起义失败了，梨子根的房子都挨烧完，又隔得近啵，大家都怕得很。上头（政府）派良子（军队）来清乡，把一寨的人都赶到河边宽敞的平坝，大大小小全部都要背着去，看哪个是头头，就抓去杀头，还有的人去点水（告密）。我的伯公（爷爷的哥哥）就是头头，被抓去打死了，家里还挨罚钱，罚了一百多吊，卖了两头牛。上头还认为我们瑶人

① 谢祖莘：《绥靖兴全灌龙瑶变始末》，广西省政府民政厅秘书处，1946。

② 瑶民起义之初用打醮祭祀的方式召集群众，杠童起了巨大的作用。

③ 虞世熙：《镇压龙胜瑶民起义的经过》，载《广西文史资料选辑（第28辑）》，1988，第209—218页。

闹事，落后没得文化，要男人女人都改装，那个乱哦！上头的良子一下来看见男人就按住扯头巾、剪头发，看到妇女也是剪头发，脱裙子，不改穿裤子就把裙子扯烂，还要挨鞭子打！从那以后，男人都留成短头发了，穿汉族的对襟衣，女人有几年也不敢穿裙子。不改不行啊，良子不来寨子里也在江底（圩）守到，看到没改装的抓过去就剪衣服，罚款，抢戴在身上的东西（银饰），害得想买肥料都不敢去（上）街。我伶家（妻子）她们学乖了，后来良子不来了也在里头穿条短裤，讲万一裙子挨扯烂了不至于光屁股回来！[①]

瑶民起义是红瑶人身体装饰变化的分水岭，虽然红瑶人誓死捍卫民族传统服饰，但在虞世熙等如天罗地网般的“勒令”、“训诫”之下，红瑶男性大部分彻底改装，剪去长发，穿上了汉族对襟衣。矮寨地理位置相对偏僻，最晚的坚持到了二十世纪四十年代。妇女“改装了两年，就又偷偷地改回了原来的装束”[②]。但此“原来”打了折扣，80岁的大姑婆[③]回忆说：

花衣花裙很少穿，特别是去街不敢穿，穿去街客人跟到后头笑，小把爷（小孩）还要喊：快看哦，瑶婆子，烂裙子！从我们这代人起都要在裙子里头穿裤子了，又穿裤子又包脚绑（绑腿），不体面得很。我娘她们以前坐下来就要把腿合拢，改装了动作还是改不去（掉）。

① 被访谈人：王广山，男，1921年生，文盲，访谈时间地点：2009年6月17日于其家中。

② 广西壮族自治区编辑组编：《广西瑶族社会历史调查（第四册）》，南宁：广西民族出版社，1986，第84页。

③ 被访谈人：余忠妹，女，1929年生，文盲，访谈时间地点：2009年6月18日于其家中。

正因如此，红瑶妇女“体面”的标准才由穿裙不穿裤变成穿裙又穿裤，以遮挡随时可能被扯去裙子暴露于外的下体。多尔衮在颁布剃发令时说到：“因归顺之民，无所分别，故令其剃发，以别顺逆。”①同样地，新桂系也以瑶装与汉装认定反叛的“化外之民”和“归化之民”，剃发、蓄发和剪发易服不是简单的风俗变迁，而是民族文化冲突与政治态度的象征。从民国初期的改良风俗到平定瑶乱的武力改装，红瑶人的身体一直处于权力的监控之下，统治者妄图打造各民族无差异的身体，以适应现代化“文明”发展和社会和谐的需要。

身体刻写了规训与惩罚的历史痕迹，福柯的身体政治学将身体视作是被动性的，这是为了更有效地表明权力的主动性。他认为如果说身体是一个等待判决的对象，那么，权力则是一个主动而积极的生产者，身体和权力展示了被动和主动的对偶关系。②在时代主流话语之下，红瑶人无权自主保持传统身体装饰，因为在统治者眼中，男女的长发和妇女斑斓的衣裙都是野蛮和危险的身体信号，身体时刻被权力网络包围、管制和甄别，从而被赋予去差异化和国家化的属性。在福柯的身体—权力理论框架下，身体是权力实施的目标，国家权力充盈于身体，改造、控制和规训身体，个人身体必须保持规范而合于国家权威与秩序，否则便可能成为施加惩罚的对象。身体表征是政治和社会力量综合作用的产物，红瑶妇女的裙子还关乎道德评判，穿裙与穿裤是行为检点与否的标志，而政府“良子”公然扯下她们的裙子，肆意羞辱与鞭打却被视作理所当然。

然而权力是一种力量的关系，在身体方面为某种权力所控制的人

①（清）《清世祖实录（卷5）》，顺治元年五月辛亥条，北京：中华书局，1986。

②［法］米歇尔·福柯：《规训与惩罚》，刘北成译，北京：生活·读书·新知三联书店，1999，第349页。

们也会用抗拒和颠覆的方式颠覆这种权力。[①] 桂北瑶民起义的爆发，以及红瑶人在政府强权间隙又穿上民族服饰即是如此。

三、“良心反转背”：自发改装与身体之孝

历史上，红瑶人为坚持自己的传统付出了血的代价；在现代化不可逆转的今天，改革之风吹进瑶寨，许多妇女却主动地选择了改装。随着信息的流通和与外界接触的增多，越来越多的中年妇女摒弃红瑶传统装束，她们改装的原因一是因为外出打工，害怕他人揶揄的眼光，另外是嫌自己做衣裙和穿传统服饰太麻烦，改汉装省去不少工夫。改装分两种情况，一种是完全改装，即剪短长发，摘下耳环，改穿汉族衣裤；一种是局部改装，改穿市面流行的上衣，其他装束不变。第二种情况已经相当普遍。1980 年代以后出生的人从一开始就不着传统服饰，因而不叫改装。

王树英是矮寨第一个完全改装的妇女，她的额头和耳洞都已经看不出昔日传统装束的痕迹：

> 我 1998 年出去打工，想到小的（儿女）都大了，没负担，家里又没经济收入，外家有个表姐叫我跟她出去，我就讲先去看看。我们去了阳朔的一家竹席厂，专门编竹席，刚开始也没想到要改装，只是觉得裙子有点不方便。没想到那些工友一天来扯到我耳朵看，有些人还在背后指指点点的，讲那么大的耳洞吓死人。表姐就帮我把耳环取了，剪了头发，你莫讲，当时看到剪下来的头发都哭了的。后来我又到（龙胜）

---

① [英] 乔安妮·恩特维斯特尔：《时髦的身体：时尚、衣着和现代社会理论》，郜元宝译，桂林：广西师范大学出版社，2005，第 16 页。

温泉开了个米粉店，2006年亏本了才回来，这装好久才习惯，但是现在想改也改不回去了。[①]

外出打工是中年妇女们改装的主要原因，他人猎奇和不解的态度令她们感觉不便，改装时也不全然义无反顾。与汉人通婚也是促使改装的因素之一，如37岁的王永高，丈夫是新化人(汉族)，二人两头住，结婚后便改装了，她说和汉族人接触多了，大家都劝她改，慢慢地自己也就真的觉得红瑶服饰不方便了。有些妇女采取了变通的改装方式，外出打工时改装，回到寨子里又恢复传统装束。我第一次到矮寨的时候，村民就介绍我认识了寨子里头发最长的妇女杨文英，2008年10月再次见到她时，我诧异地发现她剪成了齐肩短发，但又着传统衣裙。她说去广东打工之前改装了，现在不打算再去就准备再改回瑶装，所以才会有短发配裙子的不协调之样。

改装的妇女处于进退两难的境地，她们的身体和心理都要经受尴尬的改装适应期，一个矮寨人公认的敢说敢做的妇女说：

改装要有胆子，我是2001年去平乐（桂林的一个县）打工改装的，刚改下来难看得该死，耳洞又大啵，额头白白的又不长头发。寨上老人家个个讲我不体面，同班（同辈）的也讲闲话，回来好久都不敢出门。只好把烟头的棉花撕开来塞住耳洞，头发剪短了捆起还觉得头冷，经常感冒。坐着的时候总还习惯用手去弄好裙子，啷子（怎么）是空的呢？一看是裤子，自己也好笑。过了好几年耳洞才慢慢缩小，现在戴个小的耳环，基本上看不出了。[②]

---

① 被访谈人：王树英，女，1961年生，文盲，访谈时间地点：2008年8月30日于其家中。

② 被访谈人：杨二妹，女，1966年生，文盲，访谈时间地点：2009年6月18日于红薯地里。

一旦选择改装，新的身体表征就要经历红瑶人传统审美观里由美到丑的转换。她们刚开始时感觉“羞耻”、“自卑”和“怕丑”，害怕他人的议论，对自身身体形象改变有强烈的不适和惧怕感，尤其是硕大的耳洞、长期被椎髻挡住的白额头和拔得光光的两鬓，改装后反倒对传统服饰和装身习惯生出一些留恋之情。适应新形象需要漫长的时间，但为了外出“方便”，融入新的人群，很多人变得“有胆子”。

时间会让改装后的身体变得了无痕迹，传统身体象征的道德伦常却再也找不回了。矮寨老人们用“良心反转背”来形容改装的妇女：

> 以前人都是往前梳头发啊，在额头上捆起再盘在头上，你看现在改装了的人都是往背后梳头发，这不是良心反转背是什么？现在的人没得良心，不修阴功，不孝顺老人。头发剪了，良心也大不如老辈子的人了。①

“良心反转背”不单是改装前后梳头动作改变的形象比喻，其核心意涵还指涉妇女改装的“不修阴功”行为。修阴功即修功德之意，为红瑶人做人意义的根本和道德修为的基本要求。称为“阴功”是因为个人所修之功德在冥冥中主宰人的生存境遇，前世今生来世都如影随形。红瑶传统观念认为父母健在的妇女不能改装，否则对不起他们，是不修阴功的表现，会受到社会舆论的谴责和祖灵的惩罚。因为至亲过世时，女儿必须着传统服饰为其守孝，改装视这一道德规范于不顾，与孝道背道而驰。衣裙可以再重新穿上，剪去的头发却无法还原，改装的身体与传统的身体有了本质差异。红瑶妇女洗头的时日选择已经体现了这一孝道观念，忌在下午和节日洗头，都强调对父母的影响，

---

① 被访谈人：杨焕兵，男，1938年生，文盲，访谈时间地点：2008年8月25日于长门楼。

与他们死后能否顺利找到家先有关，而父母在阴间的境遇又间接影响着后代的生活状况。因此，遵守身体养护规则，保持原初的传统身体表征，对于父母而言是一种身体之孝，对于自己而言是修阴功，以助圆满地走过人生之路。

《孝经》有云："身体发肤，受之父母，不敢毁伤，孝之始也。立身行道，扬名于后世，以显父母，孝之终也。"[①]孔子以孝为德行之本，主张将"孝"贯穿于人的一切行为之中，孝始于对父母给予的身体的珍惜和维护。红瑶父母健在不改装、改装之人"良心反转背"的观念与孔子对孝的倡导殊途同归。传统的毁伤身体进行装饰如穿耳洞和拔眉毛是为了更好地与祖灵建立沟通之径，着传统装束的身体对于红瑶人来说就是完整的身体，自发的剪发易服则破坏了身体发肤的完整性，是为不孝之举。红瑶人认为身体是孝道的践行工具，本身也是体现孝道的场所。

总之，红瑶人身体装饰的象征意义同时为宗教的、历史的和社会的。首先，微观的服饰色彩、形制和图案纹样是红瑶历史的另类书写。其次，人生的数次换装是人以身体为媒介进行社会化的象征行为，表达人与人、人与神鬼的关系，并且在生命延续的目标下，保身彰身。身体是一个复杂多维的行动体，个体有运用身体表达自我形象和情感的权利，但须符合传统伦常规范。红瑶人身体的生成和变化没有脱离历史和国家的发展轨道，在权力的笼罩下，身体被符码化、国家化，把持何种身体姿态，象征着政治态度和文化制度的选择。在身体装束不再具有强烈政治性的今天，自发的改装凸显了个性，但也被视为孝道的沦丧，不能全然自主。由此看来，红瑶人的身体是文化、道德和权力的综合体，真正契合了身体"体现"这一术语之所指。身体是一

---

① 胡平生译注：《孝经译注》，北京：中华书局，1999，第1页。

个整体概念，“区分身体和心灵是不合理的，身体不是与文化相关的客体，而是文化的主体，是文化存在的土壤”①。

① Csordas, Thomas, “Embodiment as a paradigm for anthropology”, *Ethos* 18 : 5-47, 1990.

第七章　身体的失序：疾病与医疗

活生生的身体经历的生命过程是一个时间性的变化周期，有变和无序则疾病生。“身体是人首要的与最自然的工具”，莫斯称人们了解使用身体的有效的传统行为为身体技术，随着人的不同年龄段和个人生平而有不同。对健康、疾病认知的身体经验是病因观和医疗行为的基础。但身体技术并不只是“物理的、机械的、化学的”，它们“受制于一种清醒的意识”[①]，该意识就是社会。社会规定了分娩、喂养、站坐、清洁身体的方式，对所有的身体外在表现如身体的表面装饰——服饰做出规范。社会无法控制身体内部复杂的奇正常变，但影响着人们对疾病这种身体的内在装饰和失序状态的认知和疗治。民俗医疗实践同样是传统的、有效的身体技术。

第一节　“神药两解”的民俗医疗观

疾病不仅是医学的，也是社会、文化意义上的。各种文化中的人群对身体和疾病有不同的理解，导致求医行为和治疗方式的多样性。医学人类学把疾病看成是在一定的政治、道德和文化背景下，处于人际交往和社会控制网络中的现象，“医学知识的产生和教育受到其所处的文化模式的影响，疾病的诊疗受社会环境制约，具有社会性”[②]。

---

① [法]马塞尔·毛斯：《各种身体的技术》，载《社会学与人类学》，佘碧平译，上海：上海译文出版社，2003，第301—319页。

② Arthur Kleiman，《医学人类学——一门新兴的社会医学学科》，《医学与哲学》，1995年第5期，第275页。

现代医学将疾病解释为机体因免疫、代谢等弱化引起的结构或功能障碍不能概括大多数的疾病类型，因很多疾病与文化行为和宗教信仰有关。

一、病、痛、伤：疾病认知和病因论

对于什么是健康，什么是疾病，矮寨人并不能给出医学意义上的严整定义。在他们看来，健康包括两个方面的指标，一是“有身体”，即身体好，身体内外无病痛和损伤，能吃能睡；二是“有神气、有真神”，即精神好，表现在脸上的气色和说话做事情的劲头上，精力充沛不易累。红瑶没有绝对的健康概念，一般认为身体作息正常，行动自如，生活劳作能力如常便可算是健康，可见他们是以身体表现出来的状态和感觉来认知健康的。

较之难把握的健康定义和尺度，疾病更容易被人们体认到。矮寨人与身体异常相关的身体感受主要有三类：病、痛和伤。身体不舒服，不思饮食，伴有痛、痒、晕、心慌、累等不适感就是生病的症状，常指体内生发的慢性或急性毛病，对日常生活会造成很大影响。皮肤口舌生疮、易发的轻微感冒、发痧（中暑）等情况严格来说不算是病，或至少不是对人造成大的困扰之病。疼痛感是所有身体感受中与疾病的关联最为紧密的一种，不明就里、难以忍受的痛多被人们视为生病。伤则是因意外和外力所致，如摔伤、压伤、刀伤、咬伤等，有外伤和内伤之分，外伤有显见的身体损害和流血现象，内伤有可能转化为病，需要长时间恢复。一些受伤还引起“真神”不好，如心慌、恐惧等，这类严重的伤的治疗期和养病具有同一性质，都用“睡床”一词表示，指在家卧床休息。病、痛和伤不是截然三分的概念，三者互有交叉，但一般来说，严重者才是病。小病小伤可以靠自己或家人的经验解决，一些病则需用特定的治疗方法才能治愈。

对疾病的认知和分类是求医问药行为的基础，病人自我诊断是否有病和属于哪一类病之后才会对症下药。矮寨人对各种疾病无明确分类，有两类症状差别较大的病，一是行为异常，慌、怕、噩梦、累、甚至疯癫等是主要的判别指标；二是身体病痛，以具体可感的痛、不适和身体外部可见的病变为主要判别指标。身体外部的病痛以身体部位来区分，如头痛、眼痛、腰痛等，对身体内器官除心、肝、肠等“大件”外并无清晰认识，因此身体内部病痛常被分为胸病和肚病，胸病包括心脏疾病、胸闷等，肚病包括了各种肠胃病和妇科病。总的来说，红瑶人的疾病认知和分类遵循整体观，某种疾病症状不是完全独立的，身体各部位（器官）、身体和“真神”都是相互影响和牵制的整体。

病因观念是造成不同社会文化中医疗行为和医疗体系差异的核心因素，“所有病因体系都是合理而符合逻辑的，各种医疗技术都以独特的病因学体系为基础而发挥作用”[①]。传统病因论有“自然”和“非自然”论，“自然”论“从物质的层面理解健康和不适，强调人体的平衡以及人与自然界的和谐。认为人体内的各种元素如阴阳、寒热、体液和五行等顺应自然的变化，保持动态平衡，人的健康状态就良好。如果平衡受到干扰就会出现不适”。[②]“非自然”论也称拟人论，从超自然层面理解健康和疾病，“不适被认为是由超自然的神、鬼、祖先的灵魂、恶灵或者是具有超自然能力的巫师或女巫、恶魔有目的的干扰引起的。医治者通常采用宗教仪式或巫术来治疗不适，有时也会用草药做辅助治疗”[③]。

矮寨人的病因观兼有先天、“自然”与“非自然”论，除先天性

① [美]乔治·福斯特、安德森：《医学人类学》，陈华、黄新美译，台北：桂冠图书股份有限公司，1992，第55页。

② 席焕久：《医学人类学》，北京：人民卫生出版社，2004，第35页。

③ 同上。

疾病如风气、智障、侏儒之外，其他疾病因自然或非自然原因而起。“自然”的致病原因包括体内痧气（瘴气）、热气（上火）、热寒毒气、虫蛇毒、饮食不当、血气弱或不通畅等，多用以解释发痧、毒疮、肚痛肚泻、月子病等常见病。“非自然”的致病原因指超自然力量的连带和侵犯，由三界秩序的打破引发身体秩序的混乱，大致分为四种：一是与生俱来，由生辰八字所带，即命带某病，如花愿、关煞、前世父母、拜寄均属于命中难逃之劫；二是招惹鬼魂或触犯神灵和祖灵，导致魂魄跌落、身体损害和非常行为；三是“犯忌”，即冲犯，又称“犯着某某”，指无意中违反禁忌，冒犯家屋空间如香火、门和神圣之地神庙、神坛、风水树、神树林所遭受的惩罚；四是阳宅和阴宅风水，家屋和家先坟墓风水对人的身体、运势和富贵的影响重要而深远，因择地不当与家人八字相冲相克、命轻承受不起，或风水遭到自然和人为的破坏，如第三章所述的蚂蚁啃噬尸骨和放野坟巫术，都会反映到家人的身体上。自然和非自然病因彼此并不排斥和矛盾，一种疾病可能是这两种因素综合作用的结果，一个病因也可能引起多种疾病。“非自然”论在红瑶人的病因观中占主导地位，严重或久治不愈的病、伤往往与“灾”相连，超乎人力和医药控制范围。

二、“神药两解”：信神神灵在，不信也无神

矮寨人接触到的医疗体系是多元的，传统民俗医疗体系和现代医疗体系共存。现代医疗体系基本上辐射到了矮寨，寨里从2007年起开始推行农村合作医疗，村民得了重病到江底乡卫生院或龙胜县医院住院治疗，可享受30%到40%的费用减免优惠。江底乡计生站和卫生院每年农历六月六会期在圩场做一次免费的妇女健康检查，还有下村服务活动。为了省事，感冒、发烧、发热、肚痛等常发小病，人们也会选择吃西药、中成药和打针，打针一般到山外龙胜温泉门口的诊

所，药则可就近在寨上小卖部购买。河边的4个小卖部都有药品出售，从龙胜县医药公司进回，据我观察，有止血贴、消毒双氧水、板蓝根冲剂、感冒通胶囊、银翘片、退热散、保济丸、土霉素片、泻立停、黄霉素眼膏、无极膏等常用药。店主说销量最好的要数板蓝根冲剂和退热散，因为板蓝根冲剂有预防感冒的作用，大家又都知道板蓝根这种草药，一般都会放心服用。老年人发热头疼最喜买退热散，“便宜方便，用冷水也可以吃”。除了有文化和与外界接触较多的年轻人之外，大多数人对于外来药品药性和药效的认知还处于模糊状态，少量的药物知识来源于“久病成医”的经验、电视广告或他人的介绍，购买比较盲目。

民俗医疗是更为普遍的医疗行为选择。由于用自然与非自然两种病因论解释疾病，矮寨的民俗医疗包括本土的草药土方疗法和巫术巫医超自然疗法，两种治疗手段并行，病人初步自我判断疾病后选择不同的治疗方法，再进一步诊断和治疗。矮寨人对运用这两种医疗行为的看法是“神药两解”（或神药两医）：

> 得病了药要吃，要敷，神鬼也要做，神药两解嘛，两种办法恐怕都有作用。有些病光吃药不行，有些病光做鬼也做不倒。古言讲“信神神灵在，不信也无神”，话是讲了，哪个敢不信？你是那个有病的命，改不脱（掉）的。[①]

（一）草药和物理医疗实践

首先来看“神药两解”的“药”方面。红瑶人充分利用自然资源，

---

① 被访谈人：杨焕兵，男，1938年生，文盲，访谈时间地点：2008年8月24日于其家中。

在生产生活和防病治病实践中，积累了大量的草药识别利用知识和物理治疗土方，一般的小病、外伤、痛痒均自行采用这种民俗疗法。矮寨处于深山之中，周围山体植被覆盖率高，青山里野生药材资源丰富，人们善于将不同草药相配治疗各种疾病，大部分中年和老年人都有基本的草药利用能力。矮寨人注重气与风，将常见疾病分为由风气、痧气、毒气、热寒气、湿气等所致，因此风药、疮药、除痧、跌打损伤药（法）是“神药两解”中“药”解的主要内容。

“风”在矮寨人的医疗理念中是一个非常核心的概念，风无孔不入，身体在虚弱的时候被风破坏就会引发风气。风气是慢性病，很难一时治愈，主要有风湿骨痛、扯风和阴风，认为多因妇女在月子中忌风不彻底或不当而落下的病根，并可遗传给子女。事实上日常生活中与冷、冰、湿环境的接触也是导致风气的重要原因。“上矮下矮都是风”[①]的笑言说明风气病在矮寨人中的普遍性，尤其是风湿骨痛往往伴随很多人一生，药物只可缓解疼痛而不能治愈。一种医治方法是采草药配成风药洗泡手脚等疼痛处，或似产妇般药浴，常洗药浴还有舒筋活络的身体保健功效。烧艾火也是常见的疗法，比风药见效快，方法是将野艾草晒干，摘下叶子搓成圆球状，点燃后紧贴在有风气的地方，主要是腿、膝盖、腰和后背等，炙烧皮肤至艾草熄灭，烧过之处会留下令人触目惊心的凹洞，如此忍住一时皮肉之痛方能吸出骨头里的风气。烧艾火还可治疗不明肌肉疼痛、牙痛、眼眉风等。扯风（猛风）表现为发病时口吐白沫、四肢抽搐。需杀一只小公鸡，剖开肚子，和鸡血贴在病人肚脐上，小鸡在挣扎之时便能吸走风气，然后再把鸡扔掉，病人的症状就会有所减轻。这一治疗方法一方面利用了温热鸡

① 矮寨人习惯将古寨子以最长的杨氏长门楼为界划分为上片和下片，现在分上组下组也是依据这一传统。

血吸风吸湿的原理，同时也有“神”解的巫术意味，被杀死的小鸡为“替罪鸡”。阴风即缩阴，下阴痛、往里缩进，多发于男性，急性缩阴若得不到及时解救可致命。慢性阴风用三年以上的鸭鞭烧成灰冲水喝，急性阴风则用艾火烧，但要烧对穴道，矮寨能治此病的只有草医杨焕兵和社老王仁忠。王仁忠系祖传，杨焕兵跟金坑潘姓师傅得学。

疮由热毒、虫毒等毒气所致，清热化毒是消疮的关键，有多种方法。如头上长疮，可将黄花草捶烂后擦于患处，愈后不留疤痕。嘴角长疮可能是碗虫所致，需将一只碗在火边烤烫后贴在疮上，反复几次将虫烫死，同时将清热的茶油倒在布上，烤热后擦拭。无破损创面的疮如水泡用鸡屎藤根熬药水洗患处，严重者还可采长在田埂边的细百叶，用一张大叶子包好放在火边烘烤，待软化后挤出黑色的药汁，擦于长疮之处，有“退凉”（清热）的疗效。

住在潮湿的深山密林中，极易感染风寒和瘴气，发痧是常事。矮寨人将中暑、感冒、咳嗽、肚疼等小病归为不同的痧气，创造出一系列除痧法：

杨梅痧，症状为身上长出形似杨梅的红色颗粒，咳嗽不止。用火塘上方的绿霉加黄泥和成团，在火边烤干，拿泥团滚背，折断后中间见白丝即为痧气。感冒痧，即夏季中暑，喝太多冷水所致。可用刮痧之法祛除，用牛骨片、碗或木片蘸茶油或桐油使劲朝一个方向刮手、背部，直至刮成紫红色。出现似泥鳅的条纹突起则为泥鳅痧。乌痧表现为上吐下泻（走肚），手脚冰凉。可用放血疗法，先按摩病人全身至发热，将手上的血往手指方向束，用针刺破中指，排乌血毒，流出的血越黑说明痧气越重。除痧的方法还有：

提痧。症见轻微头疼，可用大拇指和食指提鼻梁至紫红色。

银饰刮痧。用煮熟的蛋白包红瑶妇女的银耳环或手镯，外包纱布，在烧开的土茶叶水里浸泡透之后擦拭额头等不适之处，银饰变红变黑，或者纱布中间出现一根长长的线就表示已经刮出痧了。矮寨的土茶叶尤其是谷雨前后摘回的谷雨茶[①]具有提神消滞解毒的功效，常喝防肚痛、解虫毒，用于打油茶还可中和米花、花生等炒制食物的热气。

生姜除痧。专制小孩头痛，盐水浸泡姜块半小时，用姜刮头部、手肘和脚踝，吸湿气。

饮食除痧。茶籽渣冲火塘里的地灰水喝，治感冒痧、肚痛和拉肚子。如果喝水感觉味甜就会有效，发苦则有其他病因。

拔火罐除痧祛风。适用于背部，取直径5厘米、长约10厘米的竹筒，用草纸沾煤油点火入罐，将罐迅速压在患处，捂紧罐口，10分钟后拔出。竹筒中较强的真空吸拔力使皮肤充血，可疏通经络、调整气血。

草药和物理疗法都是利用与身体疾病相生相克的原理，将从外而来的风、毒和痧气逼出体外，以达到拔除病灶的目的。另外，矮寨人非常注重病人的饮食禁忌，恢复期间不能吃易使疾病复发的魔芋、生鸡公、鲤鱼、牛肉等热性“发物”，强调身体温性平衡的保持。与中医理论相似，在红瑶人“自然”病因观里，风为百病之始，与各种入侵人体的自然之气共同影响和制约人身体内气血的运行，反映了身体法乎自然、应四时而变的身体观：“人身处于上下之位，气交之中，体质的转化病变与气的交通息息相关。身体对自然的开展，不仅表现在生成化育的仰给关系上，同时也蕴含了两者相互对应的紧张性。”[②]

伤痛方面，青蒿叶可止血，将杜棕叶或皮捶烂后敷于伤口处，助

---

① 关于谷雨茶的治病功效有一个传说：以前有一个人赶山打猎，不小心被老虎咬伤，好不容易脱离虎口，拼命往前跑，后来疼痛难忍只能爬行了，爬到一棵茶树底下实在没有力气再动。这时还是清早，树上挂满了露珠，不断有露珠滴到他的脸上、嘴边，他太渴了就喝了一些下去。后来发现竟然又有了力气，慢慢挣扎着走回家。逢人便说是茶叶救了他的命。

② 蔡璧名：《身体与自然——以〈黄帝内经·素问〉为中心论古代思想传统中的身体观》，台北：台湾大学出版社，1997，第276—277页。

生肉。严重损伤如骨折需请草药医生治疗，杨焕兵是寨上专治跌打损伤的草医，他的治疗以草药为主，但也融合了“神解”的做法。

（二）药与法术：一位草医的行医实践

时年 70 岁的杨焕兵是祖传第四代草医，从 8 岁开始跟着爷爷杨盛生学医，最擅长治外伤和接骨。目睹他的行医实践纯属偶然，2008 年 8 月 24 日，我刚进矮寨不久，到老寨子上串门熟悉情况，路过杨焕兵家，她媳妇热情地招呼我进去坐。刚聊了几句，忽见一年轻女子急匆匆地走进来，请杨师傅去她家看看。说她的母亲潘氏上山背柴火时不小心翻下路坎，扭伤了腰，动弹不得，在家休息了几天还是不见起色。杨师傅先去菜园里采来自己种植的草药，捶烂后带到潘氏家，我随他前往。潘氏的病床铺在火塘边，见我第一次去她家，想起身打招呼，歉意地说翻身也难。杨师傅看过后认为只是伤到筋脉，让家人将草药放锅中加热后敷到腰上，并冲白酒喝。同时，主人用量米筒装一筒米，上面插三支香，杨师傅拿到门楼窗边供奉，这是医治的前奏——请师。然后端一碗水，口念咒语化法水，喝一口水喷吐在病人患处，稍做拍打。吩咐家人隔半小时拍一次，直到将水用完。法水可为病人腰部降温，使其不发热，更关键的是请太上老君出来医病。后来杨师傅向我透露了化法水的咒语：

> 此水不是凡尘水，是冷冷又冷冷，冷冷又加霜，是观音送神水！如来和我接起跌打损伤，皮断皮相接，骨断骨相接，痛是要凉，血是要凉，若还不相接，太上老君帮我接！吾奉太上老君急急如律令！

咒语中出现了观音、如来佛，最后起决定作用的是太上老君，从中可见佛教和道教的双重影响。太上老君是道教三清之一（玉清元始天尊、上清灵宝天尊、太清道德天尊）[①]，被红瑶人采借后成为主管法术之人，包括神符和咒语。杨师傅讲述了一个关于太上老君法力的古年：

从前有几个小鬼去找太上老君，但是不晓得他的住处，路上遇到一个小把爷，找他问路，小把爷随便指了一个地方说就是那里啊，小鬼们顺着他指的方向看去却什么也没看到，好奇怪地问到底在哪里？小把爷马上化出一碗水，喷一口水就变出房子的一角，等一碗水喷完，一座崭新完整的房子出现在眼前。小鬼们走进屋里，果然看见太上老君在里面睡觉，其实是归阴学法去了。喜欢搞玩笑的小把爷把厕所里的屎蛆抹在他的身上就走了，太上老君妻子回家看见，以为他已经死了尸体腐烂了，讲既然死了就拉去埋了吧。太上老君没得躯壳，回不了阳了，所以他的法术只学到了一半。

太上老君在红瑶信仰体系中已经不似道教中为最高神灵之一，他并非法力无边，而是由于躯体被恶作剧破坏，魂回不了阳而只学到了一半的法术。杨师傅说这就是“神药两解”的原因，治病时一半要请太上老君，一半要请自己真正的医师傅，草药也不可缺少。矮寨很多成年男性都会咒语类法术，用于治病、吓鬼护身，36岁以上的人在特定时刻习得咒语即可。学法术要在大年二十九、三十晚学才灵，因为所有神灵、家先都上天去了，在天上传授（所谓“阴教”），有法的人此时才能将咒语传给他人。学得法术后不代表终身拥有这项能力，需

① 马书田：《中国道教诸神》，北京：团结出版社，1996，第3页。

遵守两个基本的禁忌：一是不得在日常中将咒语泄露，二是忌吃狗肉，狗既是红瑶人崇拜的对象，又因有五爪为“大秽”和有超常神力之物，会使误食之人法力失灵，且再也不能与法术沾边。在马林诺夫斯基研究的巫术盛行的土著中，“咒语永远是巫术行为的核心”，他认为“巫术的力量结晶于咒语里，并被人安放在身体内。身体是过去最有价值的遗产的承载器。巫术的法力并不在物品里，而是收藏在人的身体里，只有通过人的声音才能释放出来”[①]。从杨焕兵的行医实践可以看到，化祛痛接骨法水的巫术行为完全依赖于咒语，作为身体的一种技术收藏，因此对学法之人的年龄、饮食和行为都作出了规定。

在用草药敷药的同时，当天晚上潘氏家人请来师公为她送鬼。潘氏的身体一直不太好，前几年额头上长瘤折腾了很长时间，现在又摔伤，她坚信这一次摔跤是自己运气不好，撞见什么不干净的东西了，因为背的柴火根本就不重。第二天我再去看她，她说草药7天才一个疗程，还是要先送鬼，送过鬼之后自己没有那么怕了，睡得着觉，感觉腰痛也减轻了一些。大约一个月后，我又在寨子里见到她背着孙女串门的身影，连她自己也不知道，是草药、法术还是送鬼仪式治好了她的伤。

第二节　命带病灾：“看父母”与架桥

草药和物理治疗经验疗法是长期积累的非系统的地方性知识。治疗“非自然”病因的疗法依比拟、交感的原理而产生，属于宗教和巫术范畴，解决经验不能理解和解答的疾病，解释权虽掌握在少

---

① [英]马林诺夫斯基：《巫术、科学与宗教》，李安宅译，北京：中国民间文艺出版社，1986，第56、351页。

数宗教职业者和巫医手中，对于普通民众来说也是一种无需深究的传统和常识。“非自然”病因论便是宗教信仰和宇宙观的表达，“以同一法则来理解宇宙自然界不同事物，以相同的应对人（巫师），相同的应对法（宗教仪式）来处理各种个人的、社会的事物。与其他人生旅程中的困危灾难，或社会内人群间的冲突不幸相同，并不把疾病视为特别的遭遇”[①]。疾病是矮寨人观念中灾难的一种，因人与超自然的矛盾而生。

在红瑶的巫医治疗体系中，师公、杠童和地理先生是红瑶社会的三种核心宗教职业者，是沟通阴阳界的使者，各司其职又密不可分。在人生礼仪、风水实践方面，三者各司其职，通力合作；更显明的职能合作是在酬神还愿、病灾推算和消解的处理人与自然的关系方面，地理先生和杠童是占卜者和“诊断者”，师公则更多地充当运用祭祀和巫术仪式的“治疗者”和“禳解者”。红瑶地区的地理先生又称“先生”，兼具地理和命理先生的角色，承担占卜、测算超自然力量影响的任务。除了堪舆和择吉外，先生还为人测算命理，俗称看相算命。最有特色的是“看父母”测算命带花愿，测算关煞、限度以及看运气。杠童的主要职能是挖阴坟、通灵问卦和看花。听卦者所求解事由包括丢东西、疾病、丢魂、问太平（家中不顺）、问亡人等。杠童下阴的基本过程如第三章所述，与萨满和乩童不同的是，只有极少部分红瑶杠童懂得当地传统药理知识即“药功”，可以同时给病人用草药进行辅助治疗，但一般只指出病因和禳解方式。有些可由病人家庭自行解决，如忽略了对家先的祭祀等，大部分则需请师公行治疗仪式。

红瑶师公自称“师人”或“梅山弟子”，他称又为“鬼师”。师公

① 张珣：《疾病与文化——台湾民间医疗人类学研究论集》，台北：稻香出版社，2001，第 18 页。

的技艺传习分家传和师传两种，传男不传女。矮寨杨、王两姓的师公只能传给本房支的男性，泗水、和平乡一带的师公则可在家族外招收徒弟。新入弟子需举行严格的传渡或称“戒卦”（度戒）仪式，方具备独立从业的资格。师公既主持村寨的集体祭祀仪式如祭盘古庙、社祭、安龙等，又为家庭和个人做维护家屋兴旺和禳灾祛病的法事，包括葬礼、还花愿、送鬼、赎魂、架桥、抽犯、收惊、安香火等仪式。因此师公兼有祭司、巫师和巫医三者的角色属性，通过仪式治疗“非自然”疾病。

一、“看父母”：前世欠债今生还

红瑶人通过“看父母”来测算命带的病灾，命理先生以《看父母通书》为依据。“父母”是所欠债愿和关煞的意思，系命中注定。这一信仰与红瑶的“花为人魂”的生命观有关。如第四章所述，红瑶认为生命由花所投生，人死亡后灵魂再化为花，重归花林。生命之花在奔赴人间的过程中，会碰到许多阴路、阴桥、鬼精的阻碍或神灵的帮助，共有6座阴桥和15种鬼精。由于鬼精是花向人转化过程中所遇债愿，故而又被冠以“父母”的称谓，这种债愿和所欠花婆化生之德即为“花愿”，以各种病灾的方式反映在人身上，需以还愿的方式化解。小孩命带不同的“父母”，表现出各种各样的身体异常症状，禳解方法也各有不同，以“还花愿”仪式最为隆重。前面已经述及了还花愿和拜寄，此处主要介绍“桥生”和鬼精父母。

在《看父母通书》上，桥生和鬼精父母均用图画的方式演示出来，二者互有交叉。命理先生用病人出生之年的金木水火土五行属性和农历月份匹配进行推算。桥生指人从某座阴桥上托生，今生要架桥命根才稳固，轻者也要献祭，共有6种：

照片 7–1　桥生

第一光钱桥生人，病人夜哭惊啼、吐泻、风气、痢疾，谢天吊地吊父母花车，父母用酒肉解送大吉。

第二朝镜桥生人，魂取命风邪，夜哭，冷、热交替，父母用鸡一只、鱼一个解送大吉。

第三福德桥生人，吐泻、伤寒、惊哭，父母用架桥保养吉。

第四天（添）德桥生人，嗝食惊哭，寒热吐泻，夜哭，父母用鸡鸭祭者吉。

第五天虎桥生人，瘴泻，夜哭，父母用生血（鸡血）酒解送大吉。

第六大安桥托生，背犯婆王花车，寒热哭，取魂取命，父母每月架桥一度保佑大吉。

除了第三桥和第六桥需要请师公做架桥仪式之外，其余四桥都用鸡鸭鱼血祭祀即可。对于这 6 座阴桥名称的来源，命理先生杨文通也是知其然不知其所以然，他的解释是命中注定今生要还的债和必走的路。鬼精父母也叫煞星，指投生过程中所遇动物、恶鬼、精灵或克人克命的"父母"，导致家庭不和吵嘴，小孩厌食、夜晚惊哭不止或伤寒肚痛等病症。家人在偏厦门口杀公鸡供奉，滴鸡血于纸钱上烧祭可送走。鬼精父母共有 15 种，但现在只保存下来前 7 种：五鬼精父母（俗称五鬼搞六鬼，最为致人口舌）、蛤蟆精父母、虎精父母、天吊地吊父母（吊死鬼，小孩惊哭）、七里暗山父母（黄泉路上不明朗，病人发烧、糊涂）、埋儿精父母（克子女，带不起子女）、鸦精父母[1]的图示：

① 另外还有犬精父母、雷公父母、龙精父母、猿猴精父母、蛇精父母、枯树精父母、朱雀父母、犯黑煞父母。

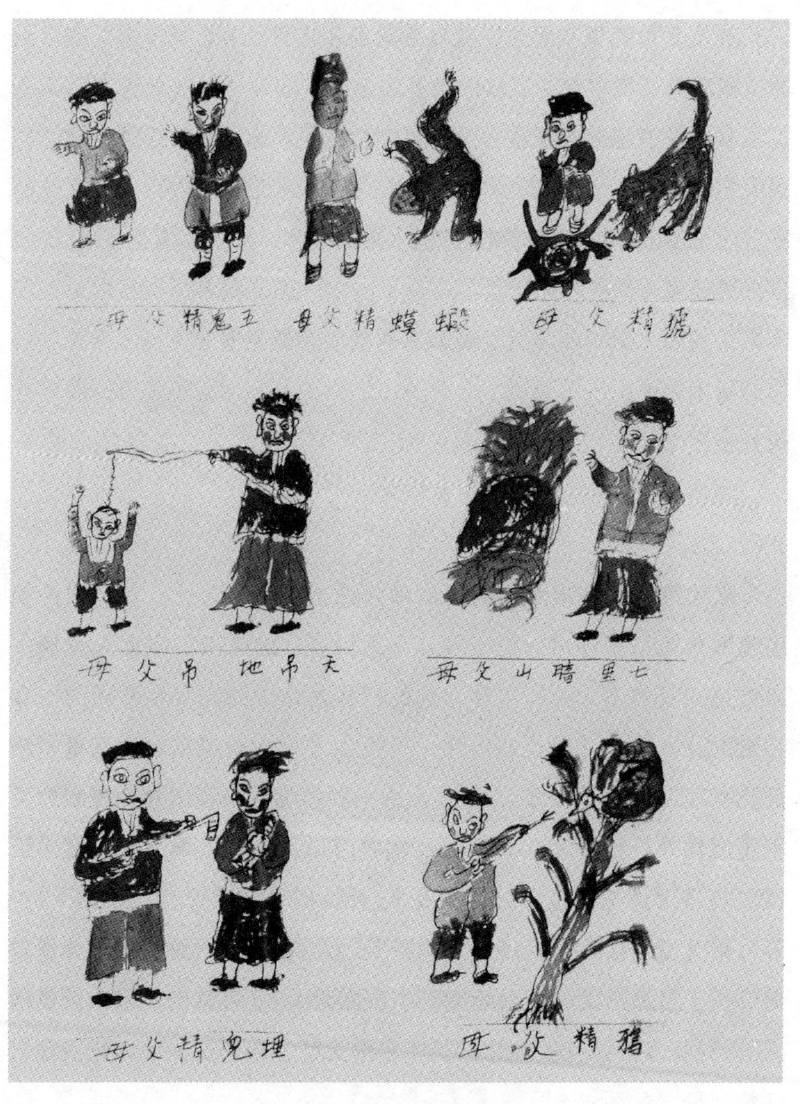

照片 7–2　鬼精父母

命带“父母”的病因观和治疗仪式体现了红瑶人前世今生的轮回观念，一是接续前世的缘分，二是还前世欠下的父母冤债，禳除病人身体的病痛，延续生命。人们采取对各种鬼精馈赠以礼物、献媚祈求的献祭方式，实现人与超自然世界的交流，达到互惠的结果，送走象征冤债的前世父母，解除病人转世托生过程中所带的煞与灾，闯过人生的这道关煞，了无债愿才能继续今生的生活。

二、架桥："修阴功"

红瑶人把人的一生理解为过海（河、江），认为从阴间转世，最终再回归阴间的轮回，是一个从彼岸到此岸再到彼岸的生命过程。连接海的两岸的是桥梁，人要顺利通过人生之海也需凭借桥。身体有病灾就是走到某处，桥路不通了。根据命理先生的推算，由师公做架桥仪式为人消灾祛病，具有通过仪式的象征意义。因个人病情、命理和年龄的不同，分为花桥、保安桥、福德桥、保命桥、添粮桥、千步桥、七星桥几种。

（一）几种架桥仪式

架桥有时日规定，每年的农历十二月不架桥，因为"完年完月"不吉利，架求子的花桥还要特别选在农历二月万物复苏之时。架桥的日子也要看有"桥墩"的，即无冲无犯的好日子，架的桥才稳。架桥的时辰也很重要，家人于命理先生看好的凌晨三四点钟之"贵人时"去砍架桥的树木，此时碰到他人的机会少，春夏忌碰到拿锄头的人，秋冬忌碰到拿锹的人。因为锄头和锹都是下葬挖坟墓所用之物，彩头不好。

架各种桥的仪式过程大致相同。架花桥和添粮桥为架大桥，主家需办酒宴请姻亲和家门至亲，其他桥为小桥，属私下的家庭行为。矮寨人架桥的地点是老寨左边寨门桥旁的水沟和矮岭河边通往对门山的对门桥，因二者都正对东方。架桥的树木有杉树、四季青树和棕树三种，均需直、圆、根部带有小树苗，主家砍回后将树干削平整，取红布包一块铜钱和一串谷穗，用红线固定在树干中央，或用红线套好吊在树干上方。在水沟边摆好供品：五碗茶，五杯酒，香纸，一个糯禾把，一只公鸡（鸭），一个鸡蛋。师公定好架桥的方向，将树干架在水沟上或原有的桥梁边，蹲于桥头摇铃请神：

在现某年，有花男（花女）某某，背到脚累，守到脚软，带起保命金桥（或其他桥名），桥王父母，转步回家。虔备金珠米粮禾把，浮水万鸭，凤凰金鸡，选得某月某日天保时，上门三请前代架桥师公，后代架桥师傅；关请桥头门神伏位，桥尾五土龙神；关请东、南、西、北、五方桥王父母，桥头千岁伯公，桥尾千岁伯婆，桥头树木判官。架起桥一度，架回家中，不动不移，将年中月中日中时中灾难，推到别宕(处)。

请得架桥神灵后，师公为病人改限度：

太岁关煞限度，天罗地网限度，五鬼关煞限度，年关煞、月关煞、日关煞、时关煞、千年关煞，万年大利，一转一请。天有八面，地有十方，前代改煞师人下代改，改过扬州十里。

人无桥行路时生病是人生关煞的一种，师公把所有关煞一并请出，再请先师助自己一臂之力，将致人病灾的关煞改送至扬州大地。关煞改过之后就是交牲，酬神替灾。师公请桥王父母等神灵领牲："交起凤凰金鸡，五方桥王父母、桥头千岁伯公……个个开口来吃，百口来尝。"打得阴卦后，主家助手在桥头割断鸡的喉咙，师公拎鸡滴血过桥木和纸钱上，念道：

杀鸡替人头上灾，脚下难，鸡死人生。某某头脚三灾八难临面，便要离门，门要离水，统统离散，凤凰金鸡随身带走。鸡不是非凡鸡，鸡是替某某死，不替师公死，不替寨上人死，是替某人死。

随即丢鸡于地上扑腾，杀鸡力道要适中，使其尚留一丝气息，滴过桥木的鸡血是生血，才能起到献祭的作用。拔毛破肚煮熟以后，师公再在桥头交熟，拿内脏去桥尾供奉："凤凰金鸡春冬作为，解灾无难，解水无凉，全部改掉。阴是改阴，阳是归还。"鸡不仅是献给神灵的祭品，也是病人身体病痛的"替罪鸡"，鸡死之时便将病灾"随身带走"了。

交牲后是定卦退灾（病），灾能否退去凭卦象确定，最后一卦要打出保卦。师公在桥头边打卦边念道：

便随三卦，第一阴卦，第二阳卦，第三保卦，收灾有门，阳灾四散。一更退它一分，二更退它二分，三更退它三分，心中无气添气，肚中无力加力，保他（病人）吃茶得肚，吃饭得养。保卦保倒三朝两天，行起飞虎，坐起飞龙。

阴阳卦为病人退灾，保卦保得其身体病痛消退，行动自如。最后退神退师，请神还须退神才对仪式主持者自身无害："先退阴官，后退阳官，退了师人子弟，天无禁忌，地无禁忌。"同时在桥头和桥尾贴符，神符安桥头千岁伯公，安桥尾千岁伯婆，烧纸结束仪式。由于病人病因和年龄不同，架各种桥时师公的念词和供奉祭品稍有差异：

保安桥、福德桥，即"看父母"中的第三、第六桥，也称水涧桥，是最小的桥。半岁以上、12岁以下小孩架。只要有小水沟的地方就可以，用四季青树架。不需鸡鸭，只用一个蛋做祭品。

千步桥。12到35岁的成年人架。用棕树架桥，棕树皮可层层剥开，象征病灾步步退去，所谓“一步一灾”。

保命桥。36岁以上人架，命根不牢，病灾重重的人，架桥解灾保命。

添粮桥。50岁以上或有孙子的老人架。粮在红瑶人心中象征生命和财富，起屋上梁仪式已充分表现了粮的象征意义，人有粮才有生命。凡老人身体瘦弱多病，经命理先生算出是因为命中缺粮，须架桥添些粮才能延续寿命。架桥之前先征齐外姓三姓人的米粮（稻米），第一是问病人前世父母讨，因为投胎时带的粮不够；前世父母帮找第二姓；花婆问第三姓。架桥当天家里摆宴席，家门送米、酒来为老人添粮。架桥时在桥头杀鸡，桥尾杀鸭，象征鸭从海的对岸送粮来。三姓人的米粮装进竹筒里，放在桥尾，师公用剑刀插进去拿过桥头交给主家，回家后给病人煮食。

七星桥。这种桥很少人架，专门给做了亏心事而得病灾的人架，即坏了阴功的人，架桥补修阴功。供品同样是“替罪鸡”，其仪式功能更为明显：“杀鸡替凶，借土养苗”。

（二）“千崩有人补”：桥的渡身和道德修为意义

“桥本身即有实际的过渡功能，在现实中充当过渡的工具，因而在人们的意识中很自然地成为连通生死两界的象征物，仪式性的过桥也成为一种有意义的象征行为。”[①] 周星对各民族有关桥的民俗做了比较民俗学的研究，揭示出桥及其境界的象征，桥象征着从一种状态、场景或境域向另一种状态、场景或境域的转换。桥在使人获得新的身份及状态的礼仪中发挥着重要的作用。桥及桥场空间构成了所有二元

---

① 郭于华：《生命的续存与过渡：传统丧葬礼仪的意识结构分析》，载王铭铭编：《象征与社会——中国民间文化的探讨》，天津：天津人民出版社，1997，第171页。

框架之间的中介：疾病·厄难—康复·平安、内部（安全）—外部（危险）、鬼神—人、死—生、彼岸世界—此岸世界……[①] 红瑶人的架桥是一种求生仪式，桥为连接人的生命过程和阴阳两界的象征物，有渡身的内在意义。架花桥为接花婆和家先从阴间送来的花朵，迎接新生命；其他大小桥均因祈福保命而架，助人过关煞，引渡身体病灾。桥木本身也是一个象征意象，蕴含着强烈的生命意识。如家屋的梁木和发墨柱，桥木也被类比为人这一生命体，按照"齐全"人拥有的身体外形、生命力和繁殖力来选择。四季青树如其名，枝叶四季常青，不言而喻代表着旺盛的生命力；带小杉苗的杉木是生命延续的象征；棕树不仅枝繁叶茂常青不败，层层棕皮还象征着人一生要行的千步路，遇到的万种灾。包裹在桥木上的铜钱和稻穗代表钱财和米粮，是病人恢复身体和延续生命的物质资料，铜钱又有驱鬼、安（镇）桥之用。求生意识与病、灾、鬼、阴间、危险构成二元对立的符号。

图 7–1　架桥

① 周星：《境界与象征：桥和民俗》，上海：上海文艺出版社，1998，第 348—349 页。

架桥的终极意义在于“修阴功”，通过象征性地架桥做善事为自己积德，从而达到治病消灾的目的。命中注定的疾病大多是八字所带，也可能因为“阴功”不够带不起命根或坏了“阴功”而遭受超自然力量的惩罚。修阴功的好处是本人一生好走好过，并泽被来世和后人。古言“千崩有人补”就是形容修阴功之人无论遇到多大的病灾都能闯过，有阴人相助。对于什么是修阴功，王仁光公老如此解释：

> 第一肯定要心好，做人要有良心，不做害人的事，做亏心事的人白天都要碰到鬼。不和别个结仇，凡事让到点，平平好过海嘛。多做好事，修路扯草，但是讲出口就要做到，做不了的事情千万不要天天提在嘴上。讲得粗点，修阴功和修路是一样的道理，修好路了方便别个走，自己也好走。[①]

无孝道和心术不正是最为不修阴功之举，会遭到神鬼的惩罚，结果自然是伤身或丧命：

> 去年石寨有个人去山上放柴火，不确意（小心）柴火滚下山压死了别家的一头牛。主家来找他赔，他家有大、中、小三头牛，主家想要不大不小那头。但那头牛正怀倒崽，长得很肥，他舍不得，商量换一头，对方不愿意就吵了一架。晚上悄悄用一根棍子捅进母牛阴部，母牛流产死了。一死两命，不修阴功啊，你讲灵不灵，没过多久那主家去青山背柴火，落大雨躲到岩头底下，挨雷打死了。[②]

---

① 被访谈人：王仁光，男，1937 年生，文盲，访谈时间地点：2008 年 9 月 18 日于其家中。

② 同上。

这是一个传遍周边村寨的真实事件，人们都认为索赔主家的意外死亡是他不修阴功行为的报应。被雷劈与遭报应是民间常见的一组因果联想意象，与雷公崇拜有关。王仁光公老说人做什么事“天上人看得很清楚”，“天上雷公大，地上舅公大”，不修阴功的人会惹怒雷公。修阴功不具有社会强制性，却与人生之路上的财、运、病、灾息息相关，阴功不够尚且可通过仪式补足，坏了阴功的人则于事无补了。

“男人心好好过海，女人心好好生仔。”这一古言道出了修阴功对于红瑶人的道德修为意义，人生诚如过海，积德修道是济渡生命的前提。生命是循环的，人处在不断的轮回转世中，修阴功不仅是为顺利渡过此生的种种危险关口，还是为了死后在彼岸世界的幸福生活，做受后人尊敬和供奉的家先而不是无所归依的野鬼，早日投胎转世。今生的做功德修阴功也是为自己的来世积德，使命中多阴功少灾难。今生阴功少就注定来世要还更多的冤债和承受更多的身体苦痛。因此，疾病由先天命定，也因后天行为催化。修阴功等于修路，利于他人行走的同时也方便自己，那么架桥即可理解为仪式性的修路行为，主动地增加“阴功”以减少身体病痛，稳固命根。

第三节　有序无序：赎魂、送鬼与“犯”

社会的正常运行得益于内部各种元素的有序与和谐状态，也就是类别的各得其所。在涂尔干的社会学中，宗教是社会性的，逻辑思维起源于社会，而人类制度和社会得以构成的基础就是分类，“只有当构成社会的个体和事物都被划分成某些明确的群体，只有当这些群体按照其相互关系被分类以后，社会才可能形成。为了避免发生冲突，社会必须为每个特定群体指定一部分空间：换句话说，就是对一般空间进行划分、区分和安排，而这些划分和安排必须让每个人都知道”①。在他看来，社会是一个包容一切的总体，“宇宙存在于社会之中，变成社会内在生活的一部分”。② 那么，与社会的构成相同，只有宇宙内的不同群体的活动空间和生存秩序被明确分类，宇宙才得以形成。一旦失序，就会造成混乱、病态和危机，仪式具有整合宇宙的秩序与失序的象征功能。

命中债愿可致病灾，通过献祭解送和架桥修阴功的仪式调和矛盾，弥补八字中的米粮缺憾，恢复身体秩序和健康。人是分类的动物，生活在秩序中。红瑶人既以身体类比世界，那么魂、神、鬼、人的错位以及宇宙三界的失序必然跟身体的无序和失调相对应。

一、赎魂：魂灵归身

上一章我们曾述及红瑶的灵魂观念，魂与身体是可以分离的。魂代表生命的活力和身体行为的正常状态，失去任何一魂都会导致身体的虚弱、病痛、疲累、疯狂等无序状况，游魂是最容易跌落的。人摔跤后脸色发青、心神不宁、紧张害怕，夜里做噩梦总梦见一个地方或吃坟墓上的东西；受到惊吓后觉得累，寝食难安，人形消瘦；不正常掉发。这些都是“跌魂”的表现，要找回魂才能恢复身体健康。小孩跌魂情况轻微的可由家人捞魂，请会法术的人烧惊，严重的或捞魂不成功则要请师公做赎魂仪式。

捞魂在天黑以后进行，因为跌落的魂天黑后才敢出来到处飘游，寻找自己的身体。由病人的母亲或祖母捞，另找一身体健康的家人陪

① [法]埃米尔·涂尔干：《宗教生活的基本形式》，渠东译，上海：上海人民出版社，2006，第420页。

② 同上书，第419页。

同，因为小孩对她们的身影和声音最熟悉，捞回魂魄的成功率最高。捞魂时需装半碗饭，上面加一个油煎荷包蛋，放进捞鱼的小“捞绞”里，带到小孩摔跤的地方，捞魂人手拿捞绞做捞鱼的动作，并喊道：“×××（小孩的名字），回来哦，快回来哦，巴（娘）来喊你回去，快起来回去哦！”陪同的人应声道：“哦，来了。”接着二人一口气往前走，不能回头，回到家让病人吃下饭和蛋，说：“好了，魂回来了。”这一简单仪式最重要的是要呼喊病人的名字，并有人代替他随声应答，这样才能捞回本人的真魂。

因不同缘由、在不同地方跌落的魂分为4种：胎魂，孕妇摸7岁以下小孩头后使其魂灵走胎；河伯魂，在河水里跌落；城界魂，在山中、地里、树上或受人鬼惊吓跌落；棺木魂，在葬礼中被新逝亡人抓走的魂。后三种魂都为游魂。赎魂时请的神灵不一样。赎河伯魂请水师：上元、中元、下元河伯水师，东、南、西、北、五方河伯水师；赎城界魂请山上、山下、山中城界，即山肖（山神）和土地；赎棺木魂请棺木神（鬼）、土地龙神和历代先祖。

（一）赎游魂

我在田野中多次观看到赎魂仪式，2009年3月4日下午，我跟随师公王永强翻山越岭来到矮寨背山的横江寨做安龙和赎魂仪式。女主人是师公的远房姑姑，男主人从泗水周家村来上门。家中诸事不顺，女儿在年前砍柴被压死，疯癫的大儿子失踪，认为可能是龙神和家先不安；小儿子摔伤腿后精神萎靡、总梦见死去的姐姐，认为摔掉了魂魄。师公在家屋安龙后，到其小儿子摔跤的路坎边赎魂。先在地上摆好祭品：5碗酒、一筒米、一个煎蛋，米上插5支香。师公将主人准备好的一枝四季青树枝抖干净，确定上面没有任何小虫子后，挂上一串纸钱，插在米上。右手摇剑刀请师请神，通报病人的姓名和仪式缘由："啊……我来到 ×× 路口，为 ××× 赎回阳魂。关请前代赎魂师傅，后代赎魂师傅，关请山上山下山中城界，有车下车，有马下马。"祈求先师和各路神灵为病人关魂归身，他们奔赴五方各地追寻病人丢失的魂，一个旮旯也不放过：

东方跌落，东方关来；南方跌落，南方关来；西方跌落，西方关来；北方跌落，北方关来；五方跌落，五方关来。房门、火塘、牛栏、楼底、屋宕头（屋边）、路口、山中、水中、街头路尾跌落，……（前面的地名）关来。

在先师神灵找魂的当口，师公为病人退灾，念安龙仪式中"正月到九月"的一段念词，借稻米的成熟和丰收隐喻病人命有米粮，"寿命年长"，"推走年中、月中、时中灾难"，退灾退病。魂是否找回，以卦象卜定，照样要打三卦，阴卦"添财进手，蜘蛛过海"；阳卦"开笼放鸟，解网放鱼"，即令抓到病人魂魄的神鬼放魂回归；最后的保卦起决定作用：

××× 跌落三魂七魄，七魄三魂，魂散魂退，魄散魄退，退回身前左右。跌落头魂退头魂，跌落腰魂退腰魂，跌落脚魂退脚魂。打得保卦保上金铜花树，保得阳人眼中得见，手中得拿。

打得保卦表示赎回了病人的真魂，抖动树枝，如果有蜘蛛掉下来即赶紧捉住装进小纸筒里，包好放在病人身上三天。但这一次找了很久也没有找到蜘蛛，直到树枝叶子都差不多掉光还是一无所获。以卦为凭，打得保卦说明阳魂已归，于是师公决定再赎一次，言辞明显比第一次大声和严厉，语速大为加快，有喝令之感，终于掉下了一只米粒大小的红色蜘蛛。师公说蜘蛛小说明病人的魂跌落时间太久，本身也病了，正常的魂（蜘蛛）是大而带褐色的。

葬礼后第三天，师公也要为死者亲人赎棺木魂，赎魂仪式过程同上，最后一卦以阴卦为准，因为人死为阴，打阴卦逼迫阴人退出阳人魂魄。用剑刀在坟墓上插三个洞，认为从洞里爬出来的蜘蛛才是病人的真魂。

（二）赎胎魂

小孩走胎的迹象是：晚上和父母睡觉时脸转向背对父母的一边；身体特征异常，耳朵背后长出一个肉瘤，头顶心的一撮头发直直地往上长，或者顶心周围的头发脱落。出现这几种迹象就可以判断小孩是要去投胎了，得马上请师公做法收胎。师公先做“下雪山法”占卜胎魂能否赎回，拿红线缠绕在一个鸡蛋上，放在火上烧 10 分钟，念降温的雪山咒，如果线不断可在病人家中门楼做一般的赎魂仪式，线烧断了就要用比较绝的方法：破胎。雪山咒为：

> 奉请雪山一姑雪山二姑雪山三姑雪山四姑雪山五姑，大罗山上去关雪，洞庭里内去关霜，关得千年存雪，万年存霜。一更落浓雪，二更落浓霜，三更狗牙炼（冰冻），四更狗牙霜，五更金鸡来报晓，门前冻得响铮铮。龙来龙脱爪，虎来虎脱皮，大山百鸟脱毛衣。吾奉太上老君急急如律令！

红线被烧断表示法术失灵，小孩的魂灵已经走胎到了孕妇肚中，必须做破胎法事才能将魂抢回来。到水沟边或河边杀鸡祭赎魂师傅后，师公用镰刀将一个用稻草做成人样的“鬼仔”从中间砍开，丢入河中。

鬼仔代表孕妇肚里的胎儿，破开之后病人魂灵就还阳归身了，但是未出生的小孩也会胎死腹中。这是比较危险的黑巫术，利用了模拟的巫术思维，"救一命杀一命"，师公很少愿意做，说会坏了自己的阴功，与帮人修阴功、解灾祛厄的宗旨相违背。

阳魂可游走于体外，又寄存在身体某部位如头发中。红瑶人的这种灵魂信仰包含了寄魂观："一，灵魂可以游走；二，其寄居之处便是灵魂、生命之所在；三，寄居于体内或体外之灵魂如受损、受惊、受伤，人便会失神、生病甚至死亡。人为了保护自己的灵魂便形成了各种禁忌；为了召唤各类受惊受伤而不归之灵魂，出现了形形色色的招魂之俗。"[①] 阳人须时刻小心保护自己的魂魄，特别是寄魂的头发，捞魂和赎魂仪式则是一种追回魂灵的巫术手段。魂从身体跌落后也要寻找寄存之所，赎魂师傅和神灵关来的蜘蛛[②]是魂在体外的寄物和化身，师公在包蜘蛛的纸筒上掐一个小洞，放病人口袋三天后打开发现蜘蛛不见踪影，象征魂已回还附体。褐色的大蜘蛛代表正常的魂，离开身体太久无所归依的魂也会不健康，寄身的蜘蛛变得小而红。这说明红瑶人并不把身体视为魂灵的被动的附体，魂不是凌驾于可腐朽的肉体之上的精神聚合，二者相互依存和牵制，身体失去魂会失神生病，阳魂离开身体同样会变得羸弱无主。

弗雷泽在对比巫术与宗教时说到，巫术对待神灵的方式是"强迫或压制这些神灵，巫术断定，一切具有人格的对象，无论是人或神，最终总是从属于那些控制着一切的超人力量。任何人只要懂得用适当

---

① 马昌仪：《中国灵魂信仰》，上海：上海文艺出版社，2000，第 174—175 页。

② 有学者认为蜘蛛为灵魂化身的信仰与蜘蛛是圣物，蜘蛛网似八卦有关："蜘蛛的灵敏性极强，它伏于大网之中仅凭那八条腿的敏感，任何昆虫在任何方向触网，它都能快速判断出来；八卦组成的圆形图案极像蜘蛛网。"蜘蛛于是被披上了神秘外衣，成为魂的象征物。参见杨保愿：《蜘蛛神话与民俗遗存》，《民族文学研究》，1988 年第 3 期，第 72—78 页。

的仪式和咒语来巧妙地控制这些力量，他就能够继续利用它”[①]。赎魂有师公用祭品赎买和言语祈求神灵从五方关回病人魂灵之意，同时又有如弗雷泽所言的“强迫或压制”行为，声色俱厉地令阴人（鬼）退还阳魂，各路神灵速速关来赎魂树上，破胎更表现出师公利用巫术控制超自然力的意图。从师公所用道具也可看出，在酬神祈神的祭社、安龙、架桥等仪式中，师公用铜铃请神请师，赎魂仪式则换用匕首形状的剑刀，上面刻有镇鬼符，为与阴人和恶鬼打交道之物，带有强制意义。

二、送鬼：鬼魂出身

人与神鬼生活在不同的空间和世界，又相互联系，神鬼靠人的供奉而存在，人也藉神鬼的护佑而获益。然而，这一供享、施报的宇宙秩序并不总是处于理想状态，人鬼一不注意便越过彼此的边界，侵犯对方。

鬼神总是站在优胜的一方，对人世间的一切进行干预，致人灾难，它们既有善的一面，也有恶的一面。只有师公、杠童之类宗教职业者是沟通人鬼的使者，普通人无法与鬼取得直接的联系，不巧“见鬼”必然被鬼侵入身体或抓走魂灵，导致身体损害和疾病。夭折、非正常死亡而尸体不全、死在家屋外和寨外的人会变成野鬼和凶鬼，因死状不同有吊死鬼、饿死鬼、跌死鬼、污衰（脏）鬼（难产而死的产妇）等，因为不能成为家先上香火享受后代的供奉，常到阳间“找食”害人，是最为凶恶的鬼，带有强烈的煞气。

其他最常伤害人的鬼是社王、雷王、六甲鬼、山肖、梅山、棺木鬼、百口鬼和家先鬼等，它们作祟于人的原因不外乎两个：一是人违

① [英] 弗雷泽：《金枝（上）》，徐育新等译，北京：新世界出版社，2006，第 53 页。

反禁忌，做出冒犯鬼神的行为；二是人的祭祀不足，使鬼神缺乏生活资料而越界“找食”。恶鬼和家先鬼伤害人多属第二种情况，恶鬼时常飘忽在阳间各处，寻找可以纠缠的对象，运气不好的人就会撞见，而所谓运气不好的也多是天生胆小、身体瘦弱多病和阴功不够的人。家先鬼当然不是索取无度的恶鬼，但当后人供养不周全时，也会变得“六亲不认”。人们不仅每天要牢记在家先桌上摆放祭品，逢年节更不能忽略神龛上的祭祀和墓祭。人按照与家先鬼的亲疏远近关系采取不同的祭祀频度，家先鬼寻找供养对象依据的也是这一原则。最易伤害后人的是新逝的家先鬼，它们首先会找到自己的至亲，尤其是生前与其关系最亲密的人，其次才到家门或家族的其他成员。三代以上的远祖因为与人的关系比较疏远，且得到本身家庭、有继嗣关系的家门和家族人的供奉，产生怨气的几率较小。野鬼和祖先鬼之外的鬼神伤害人的直接原因大多是人的冒犯，当然也有祭祀不足到人间寻觅食物者。

被鬼缠身称为“鬼找着某人”，表现出的症状有如跌魂后的种种，大病不起、突然的神志不清、疯癫和行为异常更被矮寨人视为是“被鬼找着”的后果，除六甲胎神可用保胎符和镇煞符安镇之外，其他都必须请师公做送鬼仪式将鬼赶出病人的身体，送回它所属的世界。判断是否撞鬼需请命理先生或杠童查看，一是看病人自己的身体症状、感受和最近到过的地方，二是下阴询问阴人。

送各种鬼的仪式稍有差异，共同点是要为病人赎魂，杀牲祭祀，将鬼送到水边以象征流向阴间，有的还用龙船做装鬼和病灾的运输工具。以差别较大的送山肖鬼和送棺木鬼为例：

山肖鬼管山，人撞见时耳边仿佛听到山崩地裂似的响声，树叶刷刷掉、石头满山滚。师公首先在病人家的门楼赎魂，最后打保卦时的念词与专门的赎魂仪式不同：“保卦保得某某七天脱难”，蜘蛛装进纸筒后用病人的衣服包好，做枕头睡3天，穿7天才能脱下换洗。拿祭祀的牺牲和病人睡半个小时（合牲），如果牺牲踩在病人的身上，表示鬼难送走，如踩到心口上即放弃做仪式，踩到脚还可以从头做一遍。如果牺牲挣扎着下床，就表示鬼可以送走，仪式继续。

请五方山肖鬼，师公右手摇剑刀念道："关请潘弟丑师公先师名带得高山峒主，东方城界一郎，南、西、北、五方城界一郎。东岭山肖、南、西、北、五方五岭三肖。东方青面山肖，南方赤面山肖，西方白面山肖，北方黑面山肖，五方黄面山肖。地头地主山肖，寨场寨内山肖。"打阴卦后师公带鬼出门至河边，病人家中3个身体健康的成年男性亲属陪同。用符封大门，3天退完病，7天后扯下。师公手拿剑刀做捧东西状，象征已控制鬼于掌心，边走边念化身送鬼咒：

> 我身不是身，我身化作盘古大王金身，化作半天浮朵云，长风吹去不见踪，化作半天一点雨，走去深山不见踪，走去五湖四海。师郎送你一步一千里，送你两步两千里，送你三步三千里……送你七步七千里，三千七步断踪由。人来有路，鬼来无踪。黄杨岭上哥腾头，十字路口分路头。涌河岔路分路口，千年万代不回头。奉请太上老君！

化身咒为保护师公身体不受鬼侵害，增强自身与鬼较量的力量。送鬼咒是告知山肖鬼，人鬼殊途，河边和岔路口就是人鬼分道扬镳之地，师公押送它飞速离开，永不回头。鬼既对人有所索求，当然不能心甘情愿地被师公送走，主家要在河边杀牲献祭，师公对它进行一番劝说。鬼的地位高低决定祭品的丰简，三肖鬼用鸡鸭，社王、庙王等大鬼用猪羊，师公交牲给鬼享用后，主家陪同的3人架锅将肉煮熟，众人分食，如有剩余则倾入河中或路口。仪式结束后主人在门口“挂青”，即挂一把茅草，3 天不让生人进门。师公画“隔山肖鬼走”神符，放几粒米，用红布包成三角形缝合，挂在病人衣服上，直至疾病痊愈。神符和米具有隔鬼的作用，使鬼不再近身。

棺木鬼又称车马鬼，指掌管棺木和运送亡人尸身的鬼，煞气很重，尤其是亡人入殓之后。送棺木鬼是针对有新丧的家庭，由于葬礼中没有将棺木鬼送干净，附身于人，攫取魂魄，致使家人生病或家中不太平。主家用杉树皮钉一个简易的小棺材，放在香火前的堂屋中间。师公先请先师将主家人、财、米、魂系在香炉里，不随棺木鬼去阴间，念词与送百口鬼的系魂词同。请出五方棺木鬼，杀鸡以祭。然后师公围绕棺材转 36 圈，重做一次葬礼上的 36 起 72 送起丧仪式[①]，彻底将棺木神赶出家屋。最后念“起上东、南、西、北、五方棺木鬼，一步一千里七步七千里”，一镰刀砍破棺木：“棺木鬼，棺木鬼，砍烂五方棺木鬼，棺木鬼来替凡人！”破坏棺木鬼栖身之地，象征阴阳隔断，鬼死阳人生。将砍碎的棺木拿到岔路口烧毁，主家 3 天不出财，忌生人生气进屋。送棺木鬼以家屋为单位，家人的疾病和家庭的灾难都在重新整合之列。

赎魂是将跌落走失的魂灵找回，回归病人身体内；送鬼虽也包含了逼迫鬼退出阳人魂魄、系魂于家屋香炉上的内容，但其最终意图是将鬼赶出病人身体、家屋和人的生活世界之外，退回它自身的生存空间。向内和向外、进与出的仪式目的表明，魂是己身，鬼则出于异己。送鬼仪式比赎魂复杂得多，一些难缠的鬼很难送走，师公往往施展浑身解数，汗流浃背，多次重复仪式。

---

① 详见下一章。

三、抽犯：“犯”病离身

不慎的“犯忌”行为会招致神鬼的惩罚，引发个体的身体病痛，红瑶人称之为“犯”病。常见的三类“犯忌”是犯家屋、犯庙林和犯阴人，疾病症状各有不同。

（一）犯家屋

家屋既是日常起居的地方，也是一个关系家的兴衰的生命体，有一定的禁忌。家屋的建造就是一个神圣而谨慎的过程，屋场选择，发墨柱、梁木的砍伐和祭祀，上梁时日、装门时日、进火时日和装香火仪式等都有严格的规定。家屋中处处是不可触犯之神，火塘有火神、三脚神，灶台有灶神，门有门神，香火上更积聚了众多神鬼。平日不能随便搬动大型家具和钉钉子，只有大年三十晚神灵都上天去了，才百无禁忌。堂屋尤其不能乱堆东西，连燕子窝也忌正对香火。

人身上如眼睛、腰等地方无缘无故疼痛，特别是在吃饭的时候痛得厉害，人们就怀疑是“犯着”家屋，于是请先生查看是犯着家屋何处，请木匠或师公“抽犯”。最常见症状为眼睛痛，先生可见瞳孔里的一团黑雾，上下左右分别对应家屋的各个方位。找准地方之后，病人采来地里的苦菜切碎熬水装在碗里，木匠念咒化法水：“不犯祖公家先、土地龙神、香火鬼板、门神土地、灶王父母、六甲胎鬼”，用斧头在犯着的地方敲三下，同时洒上苦菜水，破除病人的忌犯。苦菜是降火的野菜，借其“消鬼（神）的火气”。如果是家屋内物件摆放有犯或犯着门等易移动之物，可自行调整。

个案 1，2008 年 9 月，房东杨阿姨眼睛痛，先生查看说是犯着香火，原来是打背工的亲戚们把刚收回来的谷子全部堆在堂屋，有一些就堆到了香火下面。认为得罪了香火上的神鬼，搬开之后，她说眼睛不痛了。

个案 2，70 岁的杨焕余老人眼睛痛，先是请杠童师傅查算，说犯着家屋，最好拆掉重建，但是他舍不得拆。杠童又细问，才看出是偏厦边对着大路开的一个小门出了问题，装门的时辰没有看好，冲犯了门神，把门取开择时重新装上去，眼睛就好了。

个案 3，2008 年农历五月，杨树风的妻子莫名心口胀痛，买了很多药吃不见效，抱着试一试的心态去找马堤乡的杠童问卦。发杠后说生病的原因出在犯家屋中的火塘上，模模糊糊看见好像在楼底。他半信半疑地回到家，到楼底找是否真的有不合适的东西。果然发现一个大木桶里装满火塘里的地灰，上面放了稻草和箩筐，母鸡在里面下蛋。妻子说以前请了湖南的桶匠打水桶，后来漏水了就拿到楼底去装火塘灰，又让鸡筑窝下蛋，想来是鸡屎"污衰"犯着火塘。杨树风把鸡窝取开，拿病人的洗脸水喷洒在周围，在家先桌和香火烧香纸供奉，不久不治而愈。

以上个案是病人犯家屋后，在先生和杠童师傅的指点下进行调整和补救，所犯之处都是家屋中神圣之地：香火、门和火塘。因为火塘中的三脚不能随意践踏，地灰也一样不得冒犯和沾染污物。犯香火是家屋中最大的"犯忌"，严重的犯香火行为需请师公做安香火仪式。安香火有三种情况，一是起新屋装香火或分家分香火；二是家中办红白喜事之后，因人多吵动恐有犯香火上的神鬼；三是平日的严重犯忌行为，如拆旧屋建新屋的过程中弃置香火板不顾、有秽的女人不经意靠近香火、外人在家中发生性行为和"香火背"（家屋外）被他人或牲畜碰撞等，矮寨人认为这些行为都会使个体或家人生病“不旺”。

王永西两年前拆掉了已是危房的老屋，由于没有资金另起新屋，暂时寄居在其大哥家。自2008年6月以来腰腿一直疼痛，去医院检查不出什么大问题，花了1800元也不见疗效。于是想到找先生问原因，知道是他家的香火出了问题，香火板被丢弃在废弃的老屋场两年，相当于两年不理家先，受到了他们的惩罚。9月26日晚，王永西将已经长满杂草的香火板扛回，暂时安放到大哥家屋的门楼，请王师公安香火。先在香火板前点燃油灯，摆五碗酒、三碗各五个的汤圆、一瓢稻谷、一瓢米和一瓢糠做祭品。安香火仪式的程序包括请神鬼、请家先、解秽、交牲、交熟、退灾、交纸、倒坛，即王师公归纳的“三请三排三坐三劝交牲交熟退灾交钱辞别”。

首先，王师公请出香火上所有的神鬼，但并不一一点出他们的名字，以类别笼统带过。有上元中元下元、盘古大王、庙王、鬼板上的鬼名、星君、山肖、土地龙神、土公土母、门神、火神、历代先祖、三代先祖等：“鬼名多众，家先多众，大不点名，小不点岁，请动便到，请鬼便来，请回家堂。”

解秽是治疗疾病的安香火仪式的重点，意为解去因犯忌行为带给香火的秽气和惊动，以安香火上的神鬼，保家堂安定，病人灾脱。王师公左手端一碗水，请先师神灵解秽，化神水洗净秽气：

奉请天地神照，我念一遍小鬼万千心，今天用水来洗净，照到净水洗干净，吾奉太上老君！奉请太上老君、三元神照、多水神照、散水神照、解秽神照。解秽迎神，传秽迎灵，香火在前，弟子在后。请来先师……我师取水就在眼前，江中取来长流之水，田中取来禾苗之水，我师取得龙神坛水，解得秽散。

解哪人秽？先解师人秽，来时头带秽，眼见秽，脚秽手秽身再秽。东方有秽化成木，南方有秽化成火，西方有秽化成金，北方有秽化成水，中宫有秽化成土。凡人有秽，猪狗有秽，牛马有秽，三十六秽，生秽送天，死秽入地。

神水为先师从江河田峒中取得，又是呼风唤雨的龙神赐予，具有洗净、解散一切秽气的神力。首先从师人自己身体的“秽”解起，然后解五方之秽、人和牲畜之秽。师公用解秽植物柚子叶蘸神水洒向香火板周围：“神水落地，百无禁忌，天大利方，逍遥自在。”冒犯香火的秽随着神水的抛洒而“送天入地”，消散无踪。

解秽后是安家宅，安龙仪式中“正月到九月”的一段念词照样必不可少，目的是“保得一家人口，一宅人丁，老的多添甲子，小的寿命年长。衣粮五谷，吃得交年度月，交日度时”。安香火不仅为解除病人个体的身体病痛，同时祈求全家丰衣足食、香火兴旺。王师公打阴卦交牲后，王永西的家人在香火板前杀雄鸡祭香火，扯下鸡脖子上的一撮毛沾血粘在香火板中央，再在鬼板和下方的龙神位各涂一圈血，并滴一些血到纸钱上。王师公说，鸡的魂和气就存在于鸡血中，在香火板上涂鸡血表示神鬼们享用到了鸡的“气”，接受了主家的献祭。[①] 最后，师公打保卦焚烧纸钱，所保“家门清洁太平”。

安香火仪式后，王永西没有再去医院看病，据他说，腰腿慢慢地也不影响做活路了。

① 关于生命、气与血的关系，我国古代思想中有丰富的论述，王充《论衡．论死篇》云：“人之所以生者，精气也，死而精气灭。能为精气者，血脉也。”参见王充：《论衡》，上海：上海人民出版社，1974，第315页。动物的生气和魂也凝结在血液中，因此所有仪式中牺牲的血都要滴在纸钱上交付神鬼。

（二）犯庙林

庙有庙神庙王，古树有树精灵，都是不可冒犯的神圣之地。村寨社庙所在的山林为神山，任其自然生长，所有人禁止在有庙之处大小便。因神喜洁净，污秽的身体排泄物会冲犯神灵。忌砍伐古寨青龙边和白虎边的古树，尤其是青龙边的风水树，是为村寨守护林，也忌秽气的污物。

矮寨人视犯庙王、社王为最大的犯忌行为，导致的身体损害和疾病往往难以恢复，请师公做祭祀仪式也只能稍有减轻。因此触犯这一禁忌的人非常少，大姑婆的丈夫就遭遇了此种不幸：

> 我郎是个能讲会道的人，那时候我屋里穷，娘老爷老不给我嫁给他，要我嫁去马堤，太远了我死活都不去，只能把我嫁给他了。哪想到嫁给他就一辈子的苦瓜命，养了五个仔女！他走了二十几年了，可能只有那么短的寿年。唧子（怎么）走的？他去马堤做工，帮别个起房子，回来后人傻傻的不爱讲话。去找杠童听卦呢，讲是犯着庙王的忌了，问他才讲回来的路上在大青山里解手了。一家人慌得该死，魂也赎了，鬼也送了，草药也吃了好多，还是没救得回来，越来越瘦，一年多就去（死）了。我还记倒他落气的时候对我讲，我早就晓得这个病没得救的。①

大姑婆深信丈夫从马堤回来后一病不起是因为犯了庙王神山，病人自己也一早就心知肚明，自己的秽气冲犯了神灵，这种犯难以抽掉。

① 被访谈人：余（杨）忠妹，女，1929年生，文盲，访谈时间地点：2009年6月18日于其家中。

而事实上，也许正因为这种负罪心理加重了他的病情。

（三）犯阴人

“阴是阴，阳是阳”，阴间和阳间是两个对立的世界，阴人和阳人也不可同日而语。红瑶人非常忌讳在葬礼场合之外谈论死亡和丧事，尤其是在家屋里。师公也只在葬礼上和百无禁忌的大年二十九、三十两天才向我解释了葬礼中一些细节的意义。平日任何人在家屋里都不能随意提起死去家先的名字，认为提到又不及时去祭祀的话，这个家先就会出来找到他，伤害他或家人。寨子里其他家族的家先鬼就更不能在家屋里提起了，否则就会承担不必要的供奉那些“外鬼”的义务。

2009年农历五月初一，正值王成梅办三朝酒，我路过王家姑婆家，只见她媳妇一个人在家，说她前一天晚上突然腿痛得厉害，在楼上睡觉。忙完了三朝酒已是3天后了，由于王家姑婆一向对我很好，我便惦记着去看她。见到她坐在门楼剥玉米粒，看见我来了说正好打油茶呢，一副精神抖擞的样子。我诧异地问她前几天是怎么回事，她压低了声音神神秘秘地对我说，不是什么其他病，是犯着阴间的人了：

> 那天去寨头看田水，回来时路过外家的屋，你晓得我大哥过世后那屋就是空的了啊，看到有人在下面的地里种红薯，我就过去和她们谈白（聊天）。我也不晓得我怎么就讲到爷老娘老、哥子都过世了，留下一座空房子没人等（守）好冷清啊。回来后第二天早上，就是孙女成梅办三朝酒那天，脚突然就像抽筋样的痛，床都起不来了，慢慢起来了呢，拖都拖不动。我一直也没得风气啊，觉得不对劲，你叔爷（她的儿子）就去帮我问卦。问出原因来了，讲是犯着过世的外家人，怕是我太久不去供他们了。那天吃夜饭的时候，你叔爷在门口的

凳子上摆酒肉，倒酒烧纸，请我爷老和大哥来吃。夜晚我早早地就睡着了，前面那几天都睡不好，这两天都可以下地活动了，你看我现在不是好好的？[①]

红瑶人把名字视为己身的重要部分，名字和身体是构成一个社会人的基本要件。名字不仅赋予人个体性和人生不同阶段的社会身份，与人的健康和一生的运势也有莫大的关联，贱名有利于长大成人，改名可调节人身宇宙至完满状态。名字为人的代号，呼唤病人的名字能将跌落的魂魄喊回家，掌握他人身体的部分如头发、牙齿和名字能施行致命的“切法”（黑巫术）。过世的人魂归阴间，作为他的标记的名字也跟随而去，阳人说到他的名字或以亲属称谓呼之，就会将他的阴魂叫出来。弗雷泽的《金枝》中列举了诸多类似观念的例子，澳大利亚土人、美洲印第安人等都绝不许提起一个死者的名字，否则是对他们最神圣观念的极端触犯，会被死者困扰或罚以死罪。弗雷泽认为这一习俗的主要动机是“害怕触怒鬼魂，害怕这些熟悉的名字的声音会把漂泊的游魂引诱回来。因为根据原始人的哲学原理，一个人的名字，即使不等于人的灵魂的话，也是人的生命的一部分”[②]。

在仪式占据了大部分生活的布须曼人、丁卡人及其他原始文明中，“象征行动的区域只有一个，他们分隔和整理得到的一致和统一是一个宇宙，在那里所有的经历都是有序的”[③]。因此，强调结构和分类的道格拉斯认为，“原始仪式创造了和谐的世界。不同等级和次序的人在这个世界中扮演着自己被指定的角色”[④]。疾病对于恩登布人来

① 被访谈人：杨美秀，女，1945 年生，文盲，访谈时间地点：2009 年 6 月 26 日于长门楼。

② [英] 弗雷泽：《金枝（上）》，徐育新等译，北京：新世界出版社，2006，第 246—249 页。

③ [英] 玛丽·道格拉斯：《洁净与危险》，黄剑波等译，北京：民族出版社，2008，第 88 页。

④ 同上书，第 93 页。

说也是一个表明暗藏的对规范偏离的标志，巫医的责任就在于治疗个人和社群的病变。疾病治疗中规范与秩序的意义浓缩在颜色的象征中，白色表示力量、生命、健康、纯洁、繁荣，黑色代表有病、没运气、不纯洁、苦难、歹运和黑暗，治疗的目的是“使病人自黑色的状态中重返白色的状态（其中一个方面是净化）”。特纳认为这些巫术治疗得以延续的原因是“它们属于一个宗教体系，这个体系自身形成了对宇宙的解释，并保障了那些为社会的有序安排提供了基础的规范与价值”[①]。

象征人类学和建构论的身体研究视角把身体看做一种社会的象征，玛丽·道格拉斯、路易·迪蒙、维克多·特纳等均视身体为社会分类的再现场所，身体的秩序与社会、宇宙的秩序相对应。社会观念中的污秽和危险源于失序，人身宇宙的失调也与社会宇宙的紊乱呈类比关系。Emily 通过在台北三峡镇的调查，分析了台湾汉人的身体观和疾病观。身体和社会都有阴阳之分，阳间的身体与阴间的身体相互影响，乩童可落阴查看阴间身体的状况以治疗阳间身体的疾病。但同时社会的阴阳面又水火不容，阴间的鬼是危险的力量，冲到鬼而得的疾病要做驱邪仪式，将鬼赶出身体，赶回阴间。她认为治病的原理在于，宇宙失调（cosmological disorders）调整好了，人体的秩序也就恢复了。[②]

红瑶人病因观中的“非自然”病因说表现的正是其社会中的宇宙秩序论，命定的病灾为前世冤债和后天阴功不够的结果，“命”是红瑶人无法控制和超越的超自然力。红瑶人还有一个阴间身体即“花”，

---

① [英] 维克多·特纳：《象征之林》，赵玉燕等译，北京：商务印书馆，2006，第 306—363 页。

② Emily Ahern, “Scared and Secular Medicine in a Taiwan Village:a Study on Cosmological Disorders” , in Cleinman ed. *Medicine in Chinese Cultures*.WashingtonD.C. National Institutes of Health Dhew Publish ed, 1975, pp. 91-113.

花树的生长状态会影响阳间身体的健康。长在阴间花树上各个位置的“花”有不同的命运和欠债，修阴功是为了积聚弥补自身先天八字缺憾的力量，以看不见的“阴功”解灾保身，行渡阳世生命。不修阴功之人必遭报应和神鬼惩罚，命途多舛。跌魂与见鬼是人的世界与鬼的世界、阴间与阳间的错位，魂与鬼越离了自己的生存空间而致人疾病。红瑶认为“阴阳一理”，鬼的世界同样需要衣食住行，人与神鬼之间有供养关系，鬼的恶意侵犯也是事出有因——无所归依或供养不足，此时家先鬼可找到熟悉的后人，野鬼和其他群体膜拜的神鬼则会找到“运气不好”、不修阴功之人。

“犯忌”就是对社会规范的偏离，“犯”来的种种身体疾病都因冒犯神圣之地和神鬼而起，“禁止（禁忌）描画了宇宙的轮廓和理想的社会秩序”。[①]“犯忌”行为恰恰打破了红瑶社会理想的三界秩序，引发冲突，最直接的承受者也是人的身体。在先生杠童的指点下自行献祭和师公所做的治疗仪式，目的就在于重建宇宙秩序，使人鬼归位，从而恢复身体小宇宙的秩序，重获健康。正如医学人类学者凯博文所言：“对非西方社会的人员来说，身体是一个开放的系统，把社会关系和自我连结起来，是一个大宇宙中相关元素的大平衡。身体本身不是世俗化的个人领域，而是一个神圣的社会中心世界的一部分，一个与别人交换信息的沟通系统（包括神）。”[②]

“医学由于涉及人的生活和生命，它的基本理论往往也简化为人们的日常观念，塑造成一般人的心态。人自然会面临生老病死的问题，处理这些问题的不同方法便形成特殊的文化。人类历史上因生老病死

① [英]玛丽·道格拉斯：《洁净与危险》，黄剑波等译，北京：民族出版社，2008，第93页。

② [美]凯博文：《谈病说痛——人类的受苦经验与痊愈之道》，陈新绿译，广州：广州出版社，1998，第9页。

而缔造的除文化、宗教之外，医疗毋宁占绝大的分量。”[1]红瑶社会的医疗、文化与宗教都因身体和疾病结合成一个思想系统，身体观和疾病观是他们宇宙观的一部分。传统民俗医疗不具备精密的医学理论，而是内化为被社会认可的常识和“社会心态”，这是“神药两解”医疗体系产生和流传的根本原因，是巫医治疗体系至今仍发挥巨大效用的前提。而宗教职业者师公、地理先生、杠童、草医等人的合作方能使得借助超自然力量禳灾解惑的流程得以顺利实施，祛灾除厄，从而调节宇宙秩序，维护红瑶社会中人与自然、人与人、人与神鬼（超自然）的既有秩序。

治疗仪式的作用机制是一种心理暗示，由于红瑶人相信一些疾病因命、神鬼而起，在仪式过程中，病人本身就含有效果的期待和自我心理暗示，治疗仪式提供了一个超越经验和身体苦痛的解释，使病人能心境平和地接受疾病，化解焦虑，转移身体病痛和不适感。即使疾病可能是本身逐渐恢复的，病人都认为是仪式的作用，心理包袱的卸除在一定程度上促进了身体的康复。宗教和巫术治疗仪式都是“一件具体而实用的心理工具，使人度过一切重要的迫急关头、所有的危险缺口。使人的乐观仪式化，提高希望胜过恐惧的信仰。”[2]

民众对治疗仪式的需要和依赖是巫医治疗体系存在的关键，反映了宗教信仰在红瑶社会生活中的位置和红瑶人对传统知识的认同。师公、地理先生和杠童等的职能实践，以及红瑶民众的需要和信任构成了红瑶社会对传统的无条件继承，代代强化了这种集体力量。宗教信仰是社会成员共同信仰和情感的集体表象，每一个社会人都处于其控

---

① 杜正胜：《作为社会史的医疗史——兼介绍“疾病、医疗与文化”研讨小组的成果》，台北：《新史学》，第六卷第一期，1995，第 113—149 页。

② [英]马林诺夫斯基：《巫术、科学、宗教与神话》，李安宅译，北京：中国民间文艺出版社，1986，第 70 页。

制之下，疾病解释和巫医治疗便是其文化规定的一项。马林诺夫斯基用细致入微的土著人的巫术实践描述反驳了弗雷泽的“巫术是伪科学和无效的技艺”[①]论调，莫斯更进一步，他认为巫术是一种技术，或者说现代技术的前身。对于巫术而言，知识极其重要。巫师利用他们的知识，“带来那些相互并不协调或者苍白无力但却表达了个人需求的姿势，而且由于它是在仪式过程中表现的这些姿势，所以它使它们具有了效力”[②]。疾病治疗巫术对于有着共同信念的人群来说，就是一种有效的医疗技术，它与草药医疗技术并存，逐步积淀为了解和调节身心健康的身体技术，融入红瑶人的生活方式中。

① [英] 弗雷泽：《金枝（上）》，徐育新等译，北京：新世界出版社，2006，第 15 页。

② [法] 马塞尔 · 毛斯：《巫术的一般理论、献祭的性质与功能》，杨渝东等译，桂林：广西师范大学出版社，2007，第 166 页。

第八章　身体的终结：污染与阴魂

死亡是物质身体的终结。通过一个个的人生容纳仪式，“自然”的身体转入文化而得以社会化，而排斥性的葬礼使个人被仪式解构，“再次回归自然”。[①] 回归自然不意味着身体的意义的消散，而是骨骸与魂以另一种形式生存，对后代产生不可磨灭的影响，福佑或滋扰。死亡是社会性的，其破坏性比疾病等任何一类灾难都更能引起个体和社会的恐惧、无序与危机。个体生命的终结性与社会的延续性构成最大的一对矛盾。“有机体的最终灭绝——起码是在肉体意义上的灭绝——构成了其整个生命过程中永远是迫在眉睫的一个部分。配偶或至亲的死亡又常常会扰乱一个人的社会关系，使其家庭关系、经济活动、情感交流以及其他许多曾经与死者生前的生活息息相关的事情，因此而发生某些微妙的变化。死亡可能产生波及整个社会结构的压力点。”[②] 在矮寨这样一个鸡犬之声相闻的小型社会里更是如此，红瑶人的丧葬仪式克服这一混乱和“压力点”的重点是重置死者与生者的秩序、二者之间的接续，以及尽力控制死者带给生者的秽气和危险，妥善安置死者尸身和永生的魂灵。

① [英] 布莱恩 · 特纳：《身体与社会》，马海良等译，沈阳：春风文艺出版社，2000，第 295 页。

② 史宗主编：《20 世纪西方宗教人类学文选（下）》，金泽等译，上海：三联书店，1995，第 819 页。

第一节　保护尸身：控制死亡污染

由于避讳观念，红瑶人并不直接称道“死亡”二字，而是称死亡为“回老家”、“回去了”，称葬礼为“白事”、“白喜”、“当大事”。死亡既是终结又是新生，死者结束今生的生活向彼岸进发，归宗转世。魂灵与身体的彻底分离导致生命体的终结，活生生的身体变成僵硬的尸体（Gi^{44} thi^{33}），散发出最为致命的秽气和危险；没有了身体承载和依托的生魂变成死魂，飘无定所，强烈的煞气（sa^{44} khi^{53}）令人惊惧。“当大事”的任务是采取规避和排斥的方式使尸体和死魂归位，驱除死亡不洁与社群焦虑。

Waston 通过对香港新界汉人村落的调查，探究了葬礼中死亡污染的社会含义。他将死亡污染划分为由腐烂肉体散发出的消极污染和亡灵散发出的主动污染，认为从死亡到吊丧结束的葬礼阶段，死者的力量极大，也最不可预知，亡灵脱离了肉体没有得到安置，是对自然秩序的破坏，亡灵“错位”（out of place）后还未得其所，死亡污染最为强烈。因此在死者从一具危险的尸体转变成一位被安葬的祖先之前，他的后代必须要采取措施来沾染或控制其死亡污染。[①] 我在矮寨参与了 4 次葬礼[②]，仪式过程包括铺冷床、买水洗尸、入棺、报丧、停丧、看坟地、亲朋吊丧、宴席、开路起丧、送葬、下葬、安龙、三朝解秽进财、三七上台等。在葬礼的最初阶段，下葬之前尤其是停殓阶段，

① [美]James L.Waston（屈佑天），《骨肉相关：广东社会中对死亡污染的控制》，沈宇斌译，《广西民族大学学报》，2008 年第 6 期，第 38—49 页。

② 2008 年 9 月 10 日，王仁清，78 岁，在外吊死；10 月 9 日，杨焕友，71 岁，病逝；10 月 20 日，潘三妹，80 岁（山话红瑶），病逝；2009 年 1 月 25 日，王仁光，71 岁，病逝。

仪式的重点是处理尸体和控制死亡污染，即“死秽”。

一、“头戴莲花、脚踩莲花”：洗尸入殓

病人弥留之际，其身上携带的危险就已经开始显现。如果判断病情已无起色，就会马上将垂死者抬到火塘房，在靠近门楼的墙壁边用稻草铺“冷床”。最理想的是在火塘房落气，死在卧室为不吉，尤其是死在高于香火的三楼，对香火不敬，影响家屋的生命力。新建房屋3年内如有家人在火塘房外的任一房间死亡，视为最不吉之事，必须拆房重建，拆下的木板也不能用于起新屋。火有净化秽气的作用，火塘房是唯一可暂时抵挡死者秽气和煞气之地。亲人们守在冷床边，人一断气，马上放三声铁炮和一串鞭炮，向寨上人传递死亡的讯息，家族亲戚们闻声就会主动前来帮忙。整个寨子也进入紧张和警戒状态，人们开始议论纷纷，不相干的人赶紧远离亡人的家屋，告诫脆弱的孕妇和12岁以下的小孩不要走出家门，以免靠近或误入其家，受煞气所伤，魂跟亡人走。

丧家内部，亲属开始谨慎地处理尸体。师公带孝子携纸钱去水井找水井公公买水，用一块石头将纸钱压在水井边，舀一瓢水。取回水后加热，倒进死者用过的盆子里，放入几片柑子叶，由孝子或孝女为死者洗尸装身，用毛巾沾水从脚抹到头，穿上单数套寿衣。洗尸的意义是洗去尘世污垢，清清白白、一身净好地去阴间见家先。由孝子或孙子放一枚银元到亡人口中最里面的大牙旁，称为“含银”，这块银元是亡人上路途中的茶饭钱，以免他（她）空着肚子和手去阴间受罪，同时也保护后代“上得去”——有财。然后分别拿5张大纸钱垫在死者头下和盖在脸上，用一张白布遮盖住尸身。洗尸的水和器具净化死者，但却沾染了秽气，对生者有害，需小心处置。尸水倒在家屋内外的任何地方都非常危险，师公在香火前通报土地龙神后，孝子（女）

将尸水倾入“香火底”，由土地龙神将危险带往地下。盆和毛巾则要在葬礼后21天即“三七”后拿到远离村寨的野外烧毁，并掩埋灰烬。

丧家请地理先生看吉时日入殓。红瑶人称棺木为“千年屋”，有“黄茅岭上千年屋，三间大屋过凉亭”之说，体现出红瑶人豁达的生死观和人生哲学。他们认为人的生死是必然的，生诚可贵，死不足惜，阳间的几十年不过是生命千年循环旅程中的一小段，家屋就如驿站，一个如凉亭般的歇脚之地。身葬黄茅山岭上，魂灵到达彼岸的扬州修养千年，回归祖地。因此，凡有子有孙、在家病逝者都为寿终正寝，70岁以上死者的葬礼当做喜事操办。

棺木用上好杉木的根部一截制成，头大尾小，外漆黑色油漆，一般老人都会早早备好放在楼底。入殓之日，将棺木停放到堂屋的正中，棺木头朝外，棺木将要沾染秽气，因此不能沾地，须放在全寨人公用的两个特制的木架上。用簸箕挡住香火，葬礼之后才可以打开，目的是在亡人没下葬之前“不让家先、鬼（神）看见”，恐尸体的秽气和未归位的亡灵冒犯香火上的神灵家先。师公开棺，在棺材底部放置死者头之处放5张纸，从屋顶取来5块瓦做枕头，两头摆两块朝下，中间一块朝上，用于固定死者头部。大儿子抬头、小儿子抬脚将死者放入棺木[①]。然后盖上新置办的寿被，要一层比一层低，好让躺着的死者一眼都能看见。盖棺后再罩上绣有寿字的红色棺罩，由出嫁的女儿或出去上门的儿子送来。入殓时所有亲人忌哭，认为眼泪滴在尸体上会加速其腐化。

死者入殓的方式有两种，王姓人是“脚踩莲花”，头枕棺木尾，脚踩棺木头。即将尸体按照树的生长方向安放，头朝树梢，脚朝树根，这样死者在“千年屋”里才能睡得安稳，抬上山下葬时棺木头在前面，

① 没有儿子的则由女婿或孙子抬。

死者走路去阴间才不会打跟头。杨姓人正好相反，死者“头戴莲花”，头朝棺木头（树根）方向，但抬棺木出门时要调转方向，让棺木尾即死者的脚走在前面，喻意阴路好走。莲花在红瑶人心目中是洁净、圣洁的象征，棺材头做成莲花瓣形状，有净化尸体秽气的意义，“头戴莲花”和“脚踩莲花”都是寓意死者的尸身和亡魂在“莲花”的包裹下，一尘不染地踏上阴路，去阴间与家先团聚，回归故土。上山路中，无论如何要让死者的脚走在前面，事死如生。

照片 8-1 千年屋

孝子在棺材头放一祭桌，点一盏油灯和一把香，供酒、茶、煮熟的猪肉和一碗米饭（竖插筷子），米饭里掺少许水，“水饭”是专门供奉鬼魂的食物，也是亡人的“招魂饭”。油灯为死者的魂照明引路。在大门口用矮方凳另摆半碗饭菜供门外的野鬼，不让它们进灵堂捣乱，抢亡人的水饭吃。

二、“收臭”：完整“体面”的尸体

入殓完毕后，地理先生看好下葬的日子，择坟地，两个家门青年男性去远方的亲戚家“报亲”(报丧),请他们在下葬的前一晚即“齐客”日奔丧赴宴。下葬日据死者命理和死亡时日推算，一般不超过死亡之日后的7天。其间的几天人们准备丧葬事宜，师公在香火左边的墙角设一小坛，点油灯，请师到坛，一日在此三餐陪伴，全天为死者“等灵”(守灵)。一是守住未归位的死魂，防止它祸害阳人，二是做“收臭”法术干预尸体，使尸体血肉保持完整洁净，不在下葬前腐化发出臭味。

收臭仪式有男女之别，男性死者在棺木左边做，女性死者在棺木右边做，每天3次。师公站在棺木旁，先默念收臭咒:“收起亡人脚臭、手臭、身臭、口臭、眼臭、鼻臭、屎臭、尿臭，百等臭气收在清凉树下。”接着左手端一碗水，口中快速念道：

> 新故亡人，你身是自身，吾身是你身，五湖四海去藏身。亡人化做散溪七条，路下黄河，黄河水东流。青石板，石板青，石板头上生亡人。此门不是亡人门，化做香纸是永香，边晒边干。不生不死，不没不亡，颜容依旧转几魂。青石板，石板青，石板头上生亡人。此门不是亡人门，化做青笋一根，边烧边香。

再念雪山咒后，师公往棺木上猛喷三口法水，象征为尸体降温，使其冻结不腐烂。“臭”的嗅觉感的对立面是“香”，师公不仅要收起亡人全身和排泄物的臭气，而且要将亡人尸身“藏”、“化”，维持“不生不死”的中间状态。青笋是瑶山里常见的野生细竹笋，食用时可连笋壳放在火塘边烤至熟，随着壳叶爆开的声音流溢出清甜的香味，咒语中棺木门化成青笋和祭祀用的香、纸，燃烧时都能散发出抵消臭气的香味。血肉腐烂给人造成的视觉和嗅觉冲击最为强烈，亡人装在棺木中，气味成为关注的焦点。人对腐烂的观感大多是湿、黏，因此咒语用干燥的、越晒越干的香和纸与之相对，以干克湿。

“死秽”与身体嗅觉感知到的臭味有莫大关联，尸体发臭是极为糟糕的情况，使亡人本身的秽气和煞气的危险性扩大到极致。红瑶人非常忌讳这样的现象，师公等灵的几天，所有人都小心谨慎行事。师公对自己收臭的法力笃信不疑，说其是三伏天尸体停五、七天才下葬也不腐烂的保证，事实似乎确实如此，尸体发臭的现象很少见，一旦发生类似情况，师公和普通民众都会将原因归咎于丧家冒犯了禁忌。

我的房东爷爷杨焕友的葬礼就很不幸地遭遇此种状况。正是十月初割禾打谷的农忙时节，他一个人在家晒稻谷时突发心脏病去世。下葬日选在 5 天后，停殓“等灵”的第四天，在场帮忙的人包括在一旁写对联的我都隐约闻到了令人作呕的异味。第五天也就是“齐客”日的深夜，三个孝子不得不在师公的指挥下，在棺木外裹了一层透明的塑料膜，稍隔气味，并防止最可怕的尸水外流。爷爷的屋在老寨中部，出殡时需先往下走到寨脚的岔路口再上坟山，刚转出大门，尸水就开始往下滴，速度之快出人意料，抬棺的男人们不断用大张黄纸去吸，尸水还是滴满了寨上的石板路。送葬的队伍一片惊惧和混乱，断后的师公不得已烧了一路的纸钱。送葬归来时大家都绕道而行，尽管丧家马上用清水冲洗了路面，但人们还是纷纷叮嘱我三天之内不要走这截“污衰”的路。

尸水外漏之所以引起巨大的恐慌，是因为其对丧家、外人和公共空间的破坏力。亡人本身身体遭到破坏，难以被家先认出，影响其阴间归宗之路倒位居其次。直接受害者自然是亡人的直系亲属，矮寨人认为尸水漏出棺木等于“漏财”，对后代不利，视为亡人有怨气，故意如此惩罚后人。最可能的原因是子女所尽孝道不够，所以亡人也不为他们修阴功。旁人的恐惧则来自于尸体的“死秽”，认为比女人经血、产血等的“生秽”更致命和让人厌恶，可致人病灾，甚至极大地影响个人和家庭运势。抬棺人在葬礼后马上就扔或烧掉沾染了尸水的衣服，送葬经过的道路成为众人躲避的对象，紧靠道路两旁的人家也认为不吉，心存芥蒂，都在门口烧纸送鬼。葬礼后，寨上人对这一事件的原因议论不止，师公道出了原委。他说本来前几天是好好的，后来帮忙的妇女们在丧家做红薯酒，从偏厦将装红薯汤的大缸搬到门楼。因房东奶奶熬好红薯汤后没有及时熬酒，放得太久有些发酸，妇女们纷纷掩鼻说好臭。她们不知道师公做收臭法术时忌讳别人说"臭"字，一说就不灵了，怎么收也收不住。师公的解释明显是出于一种声音与现象的互渗律思维。

红瑶人非常重视尸体的完整和"体面"，对非自然病逝的非正常死亡之人采取特殊葬式和积极的污染控制仪式。凡遇得传染病、黄肿（肺气肿）等病症死亡，尸身变形之人，不能立即下葬，要入薄皮棺放在寨外的老寨包山顶三年，用长钉钉紧棺木，防止野猫、黄鼠狼等动物入棺挖走死者的眼睛，破坏尸身，使其变成凶鬼。届时师公开棺，烧一把黄纸火，从脚烧到头，扫尽病人的秽气，"烧断根"不传染，方能择地下葬，并需深埋。在寨外死亡、难产死、上吊、自杀、摔死、被虫蛇咬死等凶死的人，尸体不能抬回寨内和家屋。只能停放在老寨包即村寨空间之外，"不能让亡人看见寨子"，葬礼从简，尽快埋葬到离寨子约6公里外的乱坟岗，不立碑。因此老人们有了重病大多不愿意去医院，害怕万一死在医院回不了寨子，变成冤枉的野鬼。

无独有偶，已经78岁高龄的王仁清公老偏偏选择了上吊的"不抵钱"（不值得）行为，被排斥在村寨和家先之外。2008年9月9日下午，王仁清父女因琐事发生争执。第二天早上家人发现他不在家，觉得事情不妙，于是挨家挨户地问，找遍寨子附近也不见踪影。第三天不得已求助全寨人出动寻找，每户出一个青壮年，一群人浩浩荡荡，兵分几路敲锣打鼓[①]漫山遍野搜寻。晌午时分，天空突然下起倾盆大雨，雷电交加，人们万分艰苦地在凉亭外的路面树丛中发现死者的尸体，吊死在一棵树上。众人赶紧通知家人，找来长期在寨子里帮工的外地人树生将尸体从树上取下来。由家门的青壮年男性抬不漆油的薄皮棺木到出事地点，就地入棺，用树枝搭一敞篷停殓。

四十多岁的树生单身无后，平日专为人干力气活儿，不修边幅，行事乖张，矮寨人都说他“天不怕地不怕，只有他才能做这种事情”。人们怕的也就是凶死者的煞气和秽气，便把沾染死亡污染和危险的任务转嫁给他。树保虽然非职业性的丧夫，红瑶社会也没有形成如印度卡斯特体系那样严格的阶序和隔离原则，但洁净与不洁之间的对立是存在的。职业的受污染度是印度婆罗门与匠人、乳品工、清道夫等贱民的分工和身份阶序的基础，并上升为社会意识形态，衍生出食物、身体接触、婚姻的可触或隔离之规定。普通人不愿意直接接触尸体，而树生上无老下无小，在矮寨人眼中既是一个外来人，也是身带秽气、受人鄙夷的对象。农活儿帮工时，主家会为他单独准备饭菜；在红白喜事的帮工上，主家和总管也通常安排他干杀猪的活，清理猪肠、刮猪毛等，但烹煮食物万万不会让他沾边，因为生食变成熟食是一个从自然到文化的过程，“煮过的食物最易受污染”[②]。

凶死之人不能抬回寨内，是为了控制死亡污染的蔓延，保证家屋和村寨空间的洁净，以保生境安泰。家屋内如有凶死者，不仅要拆屋，屋场也被弃之不用，没有人敢在沾染了凶鬼污染的家屋里居住。在野外的停尸棚前，孝子升起一堆大火“等灵”，驱赶凶鬼的秽气。死者的女儿也自责莫名，本应是白喜事的葬礼办得很凄清，所有人

---

① 平时不能随便敲锣打鼓，一敲就知是寨子里发生了大事。

② [美]杜蒙:《阶序人——卡斯特及其衍生现象》，王志明译，台北：远流出版事业股份有限公司，1992，第225页。

都对一向性格温和开朗的王仁清公老结束生命的方式表示惋惜和不理解。

第二节　开路仪式：送魂归阴

红瑶人对死亡的认识，主要体现在对阴阳界的关系、亡魂以何种形式存在、肉体与魂的关系、亡魂对阳人的影响的体认上。身体的终结不是死亡，而是魂的永生。泰勒把灵魂看做是独立于身体而存在的另一个“自我”。万物有灵观的理论分为两个主要的信条，它们构成一个完整学说：一条是包括着各个生物的灵魂，在肉体死亡或消灭之后能够继续存在；另一条包含着各个精灵本身，上升到威力强大的诸神系列。[①] 恩格斯也有关于灵魂不死的论断：“在远古时代，人们还不完全知道自己身体的构造，并且受梦中景象的影响，于是就产生一种观念：他们的思维和感觉不是身体的活动，而是一种独特的、寓于这个身体之中而在人死亡时就离开身体的灵魂的活动。从这个时候起，人们不得不思考这种灵魂对外部世界的关系。既然灵魂在人死时离开肉体而继续活着，我们就没有任何理由去设想它本身还会死亡，这就产生了灵魂不死的观念。”[②] 因此，人们认为，死亡只是生魂变成死魂，阳魂变成阴魂的过渡，人的三魂七魄会到阴间继续生存。阴阳有别，重视和善待死者的尸体是魂继续存在的基础，开通阴路、送魂归阴也是亡灵归位的关键。红瑶人对阴魂持欲拒还迎的矛盾心态，既排斥又

① [英]爱德华·泰勒：《原始文化——神话、哲学、宗教、语言、艺术和习俗发展之研究》，连树声译，上海：上海文艺出版社，1992，第414页。

② [俄]马克思、恩格斯：《马克思恩格斯选集（第四卷）》，中共中央马克思恩格斯列宁斯大林编译局编译，北京：人民出版社，1997，第219—220页。

膜拜，既注重隔离又强调延续。

一、阳魂与阴魂

控制死亡污染的另一个层面是安置“错位”的亡灵，使阳人和阴人各得其所，秩序井然。积极控制或消极规避，都是出于隔离阴阳、排斥阴魂、保护阳人的意图。

死者入殓前，师公先“打扮”棺木，做扫棺仪式。做棺木时都要在里面特意残留一些杉木渣，师公用剑刀将木渣扫出，象征“阳魂扫出，阴魂扫进”，棺木里只装死者的阴魂，不装阳人的阳魂，隔离二者的生存空间。

师公在棺木旁设的坛也有收魂护魂的作用。将丧家和全寨人的魂收拢到一起，收于师公坛的香炉中，由先师和师公保管，防止阳人魂魄在葬礼中受损或跟随死者而去。师公在师坛的香炉里插一把香，念道：

> 收起一家人丁、一家人口，一寨人丁、一寨人口，男男女女、大大小小，头上三魂、腰中三魂、脚下三魂，三魂七魄，收在香炉头上，不动不移。老君送我金钟铁罩，真魂罩在香炉头上。

点燃香，代表阳人的真魂已收进香炉中，香要随时更换，不能熄灭，禁止师公之外的人触碰。同时将丧家的钱财米粮也安置在香炉上，防止亡人“散财”——生命的消亡本身是一个损失事件，又连带地象征着家屋的衰败、黑暗和不祥。积聚在香炉上，“阴魂带不走”，减少了保障家屋兴旺的钱财米粮的流失。亡人下葬完毕后，师公回坛撤坛时才将阳魂放出：“有（矮寨）一寨人丁、一寨人口……

三魂七魄，全部放回，回到身前左右，保得他左身右几。”将香炉中的香取出猛甩三次，丢在地上，表示放魂归身，阳魂不再受到阴魂的威胁。

为了避免受到阴魂煞气的伤害，吊丧者还使用辟邪物护身。参加葬礼的每个人衣服上都别一根穿了一截红线的绣花针（男左女右），由师公和会法术的男性念过咒语发生效力。念咒者首先要漱口去除自身污秽，再念针咒：

> 千口针万口针，插在我身，不插天王地主，不插土王地主，不论哪口插在弟（妹）身边，步步插起凶煞恶鬼走纷纷。吾奉太上老君！

绣花针的尖利形状被红瑶人引申为刺鬼的武器，使亡人飘浮的阴魂不得近身。专门对付凶煞恶鬼，不插其他天上和地上的鬼。在王仁清公老的葬礼上，树芬爸还在我衣服口袋里塞了一把谷粒和一团糯饭，他说放谷粒会得到五谷大王的保佑，比其他避鬼方式都厉害。糯饭是祭凶鬼的，鬼吃了身上的糯饭就不会再索要阳人的魂了。

二、“死去痛心也枉然”：走阴路不走阳路

红瑶葬礼何以“当大事”？死亡是生命过程“迫在眉睫”的部分，又是完满人生的过渡。人们吹起鸣响哀乐、唱起挽歌、诵起祭文，为亡灵开通阴路，葬礼氛围并非全然哀怨，而是喜忧参半，悲壮而旷达。

（一）“祭帐”竖灵位

“等灵”期间，丧家的家门们料理葬礼事宜，准备宴席食物、桌凳等器具，布置灵堂，妇女从自家背来柴火，每户至少要一捆，为主

家“进财”。除了灵柩、弥漫的烟雾和香灰，最能体现灵堂气氛的是贴在堂屋柱头和门楣上的挽联，绿底黑字。挽联数量不限，但要求贴单不贴双。有“严父已乘仙鹤去，芳名流世永长留”，“树老枯枝万人愁，水流夕阳千古恨”，“太水生寒远存去，但留儿孙发满堂”等，横批有“沉痛哀悼”“泪洒空庭”“颜容宛在”“日落西山”“一别千古”等悼念词。正对香火的横梁上书的“当大事”，是灵堂最醒目的标识，表明葬礼是社区最大的危机事件。死亡不仅是死者家庭的不幸，也是生活在共同空间里的社群的不幸，全寨人需共同经历悲痛和操办死者的身后事，化解危机。

家祭文写在“祭帐”上，代表亡人灵位。祭帐布是一块长约两米，宽约 70 厘米的白布，两端用细木棍固定，中间再绑上一根稍长的竹杆。祭文写在红、绿色方块形彩纸上，相间贴于祭帐布上，竖立在棺木旁。房东爷爷杨焕友的祭文为：

想吾父一身俭朴勤持家业，原命生于戊寅年岁次十月十一日吉时，缔结潘氏生育三子一女，父恩深重，儿孙难偿，未觉大限来临，阳寿七旬，一别千古！

公元新故稀寿祖考杨公　讳　焕友老大人之位

思今日梦断黄粱父归西，儿孙堂上血泪泣，肝肠寸断，欲闻教诲杳无音。南柯一梦，阴阳两隔离，想见父面容，儿孙泪淋泣，呜呼哀哉也！

祭文以孝子的口吻，表达了孝道未尽、与死者阴阳两隔的悲痛。“祭帐”在出殡时由孝子扛至墓地，下葬后又扛回挂在香火左侧，三年守孝结束后取下，媳妇或招郎的女儿可用来做裙子。如果家屋是新起的，则只挂 3 天或 7 天就取下收存，以保不冲犯新屋。

（二）悲喜《大路歌》

“齐客”日中午，寨内外亲朋陆续前来吊丧。男性死者[①]的姐妹（或其子女）、外嫁的女儿、出外上门的儿子各为其抬一头肥猪、送一床寿被，还恩舅爷和父亲。丧家在送葬之前将送来的猪全部杀掉，交给亡人享用，最多留一头“留财”，生猪头放在棺木前的祭桌上供奉，其他做成菜肴。所有猪肉都要在葬礼上吃完，收到祭猪多的往往造成极大的浪费。凡有寨外奔丧的至亲到来，丧家女眷都迎出门口跪接痛哭。

从“鸣响”[②]吹打起哀乐的一刻起，开路送亡灵的气氛就弥漫在丧家了。从远方抬猪来的亲戚会自带鸣响班，与丧家鸣响班对接，鸣响的作用是“闹闹热热送亡人回老家”。尼达姆把敲打与通过仪式联系起来，认为敲打声传送了社会生活中有意义的过渡信息，用于与另一世界包括精灵等交往。敲打是最原始的身体与环境的共振，是由听觉产生的情绪的基础，也是一种表现身份转换情境的制度化行为方式。[③]“闹热”噪声的鸣响声不仅仅是为激起亦悲亦喜的情绪，也象征着亡人从阳间到阴间的过渡，以及所有奔丧人在葬礼中的阈限人角色。

酒席一般在晚上 8 点左右开席，鸣响和来奔丧的至亲被安排在丧家门楼的位置，丧家人不上桌，其他亲朋到邻居家门楼落座。孝子身捆寿被，拿一张祭祀的黄纸铺在膝下，从师公坛开始，逐桌下跪感谢

---

① 女性死者的姐妹不用为她抬猪。

② 鸣响是红瑶人对乐手的称呼，鸣响班由 5 个人组成，吹唢呐两个，打鼓一个，打锣一个，打钹一个。矮寨杨姓有三套工具，王姓有一套，家族公用，分别在吃晚饭前后、迎接客人和送葬时吹奏。唢呐吹奏的曲子有《娘送女》《女送娘》《大开门》《渡江河》《绿纸》，节奏缓慢忧伤，催人泪下。在高龄老人的白喜上也可吹奏《小开门》《过江河》《仙女下凡》等节奏欢快的曲子。

③ 罗德尼·尼达姆：《敲打与过渡》，载史宗主编：《20 世纪西方宗教人类学文选（下）》，金泽等译，上海：三联书店，1995，第 672—685 页。

亲朋的关爱，众人扶起劝慰节哀，无不动容。

在房东爷爷的葬礼上，酒宴散席后的午夜，杨文同先生组织寨上来吊丧的男人们唱起《大路歌》，为亡人开路送行。唱《大路歌》的人必须是36岁以上的中年人。孝子先用柚子叶水洗手拍身，祛除身上污秽后跪于棺木前磕头3次，站到一边。十几个男子手拉手从左至右边绕棺边唱，每唱完一句用力往上挥舞一次手臂，绕36圈，旁人不时为他们灌酒肉逗笑，气氛热烈。《大路歌》为对仗七言体，曲调分高低两声，每一句末尾都附带“林郎呢，林郎呢”的拖音，用山话唱：

野鸡下蛋十三双，十三姊妹十三郎；大女嫁到流离岸，小女嫁去九渠塘。

路远听爷（娘）得着病，五龙江口欲撑船；船篙扒烂千来柱，船桨扒烂万来双。

来到床前借问爷，问爷头痛是伤寒；开口问爷吃口水，一口茶饭一口汤。

开口问爷哪处痛，十二骨头条条酸；衣襟装米去问卦，问出江边大野鬼。

江边野鬼要什么，要个白猪和白羊；白猪白羊我也舍，眼前难舍好心人。

鸡仔杀了千无数，鸭子杀了万来双；羽毛堆满双江口，鸭毛堆满九渠塘。

半夜子时爷断气，大哭三声心慌忙；小哭三声到寨中，三声铁炮报亲房。

头山符竹来作木，平地石牛作棺木；装钱上寨去买木，买得一根黄杉树。

上寨借锯借不出，两头裁断要中间；拿钱上寨请木匠，木匠到来开六梁。

劈烂三千七百块，又无哪块就爷长。拿钱上井去买水，拿得水回洗爷身。

生时从头洗下脚，死去从脚洗上身。手把钥匙来开房，钥匙开房才开箱。

第一开出绫罗缎，第二开出龙凤双；第三开出金丝带，第四开出路线钱。

开出爷衣十一件，开出爷裤十一条；生时把头穿下脚，死去从脚穿上身。

死去痛心也枉然，白纸盖面进棺木；要看爷娘今时看，不是禾仓早夜开。

黄毛岭上千年屋，三间大屋过凉亭；抬人便从前门出，后门气坏小姑娘[①]。

抬人便过李家门，踩坏李家一厢秧；李家后生出来骂，家家屋里有爷娘。

哪个先生来踩地，踩得一桩是龙口；亓在左边出富贵，亓在右边出大员。

借个撮箕借不出，衣脚捧泥去埋爷；借把泥锹借不出，两手捧泥来埋爷。

大仔挑石砌坟脚，小仔挑石砌门前；门前栽根黄杉树，砍下雕起爷金身。

台前烧香供奉爷，一口茶饭一口汤；孝得爷娘得田地，孝顺父母得田庄。

门前栽根摇钱树，早摇黄金夜摇银；早摇黄金用桶带，

① 姑娘，姑姑的意思。

夜摇银子用秤称。[①]

《大路歌》的歌词有一个清晰的线索，从死者得病开始唱到下葬，成为受子孙供奉的家先的过程：得病——子女探望——问卦——送鬼——送鬼无效辞世——报亲——赶做棺木——洗尸装身——入殓——踩地（择地）——下葬——供奉。孝子女难舍爷娘父母，伤心慌乱，本是悲痛、凄婉的词句，却用高亢明快的歌声和豪迈粗犷的身体语言来表达。因为"死去痛心也枉然"，不如"烧香供奉爷"，"孝得爷娘得田地"。既然死亡是人生必然的归宿，无可挽回，那么在痛心之余，也为逝者即将跻身家先行列而由衷欣慰。活着的人的责任是依礼厚葬，载歌载舞送亡魂归阴，让他不再留恋尘世，并祈祷返回故里的途中是大路通途，少一些磕绊险阻。唱不唱《大路歌》是评判一个葬礼办得"闹热"与否的标志之一，并不依死者寿龄而定，只有儿孙满堂、家庭和睦、与人为善，也就是生前功德圆满之人，才会得到亲朋的祝福，为他唱响开路的《大路歌》。矮寨人常说"活着修阴功，回去（死亡）也风光"，生前的修行在来世会得到酬报，是死后声望和来世幸福的基础。相反，非寿终正寝或阴功不够之人，阴魂只能凄清地上路了。这种转世观念和功德观在葬礼的视域下，愈加凸显出以身体为纽带和媒介的延续性社会的形成过程。

（三）开路下葬

歌声毕，子时已过，该为"上山"出殡做准备了。搓捆棺绳是继唱《大路歌》后的又一个高潮。捆棺绳用稻草搓成，直径约 10 厘米，长度和丧家家屋的三间房子长度相等，正应了阳人住 3 间大屋，阴人

① 2008 年 10 月 13 日杨焕友葬礼上录音，杨文同翻译。

住“千年屋”的说法。由3个男性配合完成，搓之前每人要喝一碗酒“壮胆”，搓的过程中还要有人不停地灌酒逗乐。搓完之后放在棺木下，女眷跪在旁边痛哭失声，“搓起绳子得一世”，亡人即刻就要告别众亲、踏上阴路了。

“上山”时辰选在天色拂晓之际。凌晨四点半，众人回避，师公开棺，孝子将亲朋送来的寿被全部盖在亡人身上，至亲最后一次瞻仰遗容，围棺痛哭。总管在门楼外放鞭炮，提醒帮忙和奔丧的人们聚集准备“上山”，吃过简单的早饭后，地理先生带领7个青壮年先去挖墓穴。

接下来是起丧开路仪式，将亡灵彻底送离家屋。因为亡灵可能留恋人间，师公要强行将他送走，在这阴与阳较劲的时刻，亡灵的危险性再一次使在场人的恐惧达到极致。棺木鬼和其他徘徊在丧家家屋周围的野鬼也对阳人虎视眈眈，因此均要一并起送“干净”。师公为所有人分发避鬼护身的茅草（与婚礼送亲人佩戴的茅草同符咒），并作法藏身护身：头上包一块拖至地上的白布，后脑勺用一根穿了红线的针别好，边包布边念咒道：“头上插针真插针，插下深塘万丈深，东边鲤鱼是我兄弟，海里黄龙是我金身。见我嘴不见我身。奉请太上老君！”针可“插”鬼，对于师公来说又是藏身的仪式物，只见嘴不见其身，因为起丧仪式重点经由咒语和开路词来完成。包白布时头顶微微隆起一块，象征护身的铜铁帽，雷打不动，师公念化身咒：“变动我身，化动我身，我身化作铜头铁脚，铜眼铁鼻，铜肠铁肚。他头化我头，我头化他头。吾奉太上老君！”背部拖及地的白布是送亡人回故乡的使者——师公的身体标记，是拥有特殊法力的标志，即师公所说：“师人背布下扬州”。白布既是罩着师公身体的护身物，拖在地上的一截又用于扫清和起除一切不洁之物。

为保家屋洁净太平，在香火的五方要贴镇宅符。师公右手拿一把镰刀，边念符咒边在堂屋的墙壁上快速敲打，听到“呸”的一声时，助手随即在敲打之处贴上一张符。符上写着“符镇四堂”“镇凶煞”“堂锁大吉”“镇南厨”等字样，从香火左边沿逆时针方向贴5张。一切准备工作就绪，孝子孝女孝孙等至亲跪在棺材前。师公行“三十六起七十二送”的起丧仪式，绕棺材疾步走36圈，两个大拇指不断做交替摩擦状，象征前进的车轮为亡人开路。每走半圈面朝屋外，双手做往外抛物的动作，表示“七十二送”。起丧词为：

起上新故亡（人），起上五方棺木大神，起上第一路，架它大路一条；起上第二路，架它大路一条……起上第五路，架它大路一条；起上阴桥[①]，起上阳桥，起上竹木二桥，起上四角楼桥，起上太上老君、九天玄女、铁犁、铜犁、铜铲、铁铲、铜磨、铁磨，三十六起。起上前扛丧，起上后扛丧，起上白花引路，起上火把走前，起上新故亡（人），万代不回头！

“起”与“送”是两个连续性的动作，在“三十六起”中，除了亡灵和棺木神，其他被起之人、神和物都是为亡人架起通往阴间的大路的。桥之开路、连通阴阳的功用自不待言，犁、铲和磨也是开路的象征物，犁田地、铲石沙，铺平道路，随磨经人的推拉力而转动，也有行走、前进之寓意，目的是将亡人送离归阴，“万代不回头”。帮忙的人到火塘点燃一把涂了松油的竹竿，交给师公。师公拿着火把绕棺三圈：“天火地火，天火归天，地火归地。天火出门口，地火回家堂。”随后将火把移交给一个丧家房族的中年男子，大喊一声“起”，

---

① 后面每一“起”都加“架它大路一条”，故略。

跪着的女眷们号啕大哭，送葬的队伍开始出发。火把在前，提招魂饭、扛招魂幡和抬祭帐布的孝子、丧家至亲其次，接着是两个人抬酒肉，七八个青壮年用肩抬起棺木出门，其他中年男性随后，以备替换抬棺，然后是送葬的女性亲属，鸣响吹打送行，师公断后用符封门赶鬼，使野鬼"白天不要乱走，夜晚不要乱行"。

"天火地火"在最前端为黑暗中的亡魂开路，招魂饭和招魂幡指路，招引亡人魂魄顺利到达墓地。因为亡人处于阈限期，亡灵无归宿，阴间对于他来说也是一个危险的陌生之境，走阴路途中有很多企图迷惑人的孤魂野鬼，很容易使他迷路。招魂幡由长子（或长孙）一路高举至墓地，下葬后插在招魂饭上放在坟头，向阴间通报他的身份，再由师公引渡到阴间。招魂幡是将一张方形纸钱折成三角形，上画一狰狞头像，称"鬼头"，是引领和保护亡人魂魄到坟墓的招魂符。下面吊三张长条黄或绿色彩纸，中间一条上书：公元新逝显考杨（王）公某某老大人之席位，左右两条上写：

> 新故亡（人）原命生于某年某月某日吉时，大限疫于戊子年某月某日吉时告终。在东家吃酒，西家倒醉，迷魂失路，命落大瘟，师人叫起三魂七魄，过庙过桥下。亡人身故，不关外人之事，不许外鬼拦门挡路。吾奉太上老君急急如律令！

从第二句开始为咒语形式，师公说这是唯一会将咒语写在纸上的作法，因为要让外鬼和野鬼们都清楚地看见，才能起到镇慑的作用。招魂幡穿在一根枝叶繁茂的细竹枝上，竹枝代表花树。人由花婆花林里的花朵投胎而生，死后要重返花林，还原成花树上的花，等待花婆再次摘花送花给阳间，转世为人。从孕育生命到生命终结的仪式中，红瑶人的花信仰得到了完整系统的体现，以花类人，花即人永生的灵魂和生命力的代名词。

棺木抬到岔路口放下，众人用草绳在棺木两边绑上两根竹竿，师公右手拿镰刀，在棺材上敲5下，声色俱厉："起上东、南、西、北、五方棺木鬼（神），砍烂五方棺木鬼，棺木鬼来替凡人！"一刀砍破棺材上的碗："阳碗砍破，正式归阴。"抬棺人应声而起棺木。表示亡人在阳间已经没有碗吃饭了，在这阴阳交汇的岔路口，正式脱离阳间。所有女性亲属止步目送，不能再前行。路上不时有人替换抬扶棺木，还要特意抛动，引来大家的笑声，制造热闹气氛。

将亡人送至墓地后，师公回坛，抬棺人和送葬男性返回。丧家大门口早已准备好了一盆柑子叶温水，所有人用柑子叶拍打全身，除净亡人秽气后方可进屋。吃完早餐，我和地理先生、师公又向墓地走去。下午的下葬吉时到，师公点燃黄纸扫一遍墓穴，如扫棺般将"生魂扫出，死魂扫进"。长子放鞭炮，众人推棺材进内，抽出绳子和竹竿，割开棺罩，为亡人"开眼，让他看见回老家的路。"长子先抓三捧泥土撒进墓穴："一撒万事大吉，二撒百年进内，三撒人财两旺！"众人开始挖土掩埋，直到堆成一个长方形土堆，再用竹子将土夯实，坟头堆砌石头封墓穴立碑[①]。下葬后，埋葬亡人的锄头、铲、锹等工具三天之内不能冲洗，为丧家"留财"。

师公和孝子留下做最后的"合龙"仪式。因为下葬动土惊动了土地龙神，要杀鸡献祭，才给亡人开山长住，有水喝有饭吃。亡人在没成为家先、还原为花之前，阴魂暂时由土地龙神代管。

三、欲拒还迎：亡人三魂的归宿

危险的亡魂被顺利送至阴间，但并未完全归位。下葬不代表葬礼

---

① 来不及的也可另择吉日和利方（有利方向）立碑。

的结束，对新故亡魂的处理一直要持续到3年以后才告完结。“三朝”日，师公为丧家做赎魂和安香火仪式。一为安抚被葬礼惊动了的香火上的神鬼，二为家屋“解秽”。师公为丧家扫除秽气，收哭声（尤其是家里有孕妇哭亡人的）、收铁炮、收鸣响、收鬼神等一切葬礼上的声响、秽气和危险。家门每家去一人，送5斤米为丧家“进财”，因为死人相当于破财。至此，充满“死秽”的丧家家屋才重归昔日的正常状态。

人有三魂七魄，人死后它们都去向何方？汉人的灵魂观已为众多人类学者所讨论，三魂各有去处，一是停留在坟墓中，二是安置在家户和祠堂的灵牌上，三是下到冥界接受判决和惩罚后转世再生。[①]红瑶人对亡人三魂的归宿也做相似的切分，王师公的经书中有具体交代：“一魂转去棺木，所管千年金身，万年白骨，龙虎之依；二魂在家堂香火，天宫里内坐定，所管人丁、五谷、家财；三魂在家屋顶下，依得五谷，所管人丁家财。”[②]也就是说，亡人一魂随尸身居于“千年屋”里，“龙虎”指青龙白虎，也即坟地风水；二魂上到香火中，成为“历代先祖”，回到天宫里的花林中还原为花；三魂安在家先桌上，享受后人的日常“五谷”食粮。在葬礼中，跟随亡人身体被送至坟墓和阴间的是完整的三魂，而下葬后，其中的两魂又会被后人迎回家中供奉。一方面，亡魂是可惧的，要尽快将其隔离；另一方面，阳人与亡魂可以构建互惠和延续关系。

“三七”日，师公为亡人做“上台”仪式，即上家先桌，将他的魂托付给历代家先统管，和他们生活在一起。非正常死亡、客死异乡、

---

① 参见Wolf, Arthur, *Religion and Ritual in Chinese Society*, Stanford University Press, 1974；[英]莫里斯·弗里德曼：《中国东南的宗族组织》，刘晓春译，上海：上海人民出版社，2000，第110页。

②《安香火用书》，王永强存。

夭折和无后代的人不上台，更不可能做家先。凶死者的身体遭到破坏，死法和死状不被家先认可；难产死的妇女生育未果，会影响水稻等庄稼的繁殖；客死异乡者不可将陌生之地的危险带进寨中，其魂灵也永远不能返回故土。夭折和无子女的死者还没有完成繁衍生命的使命，人生是不完整的，死后无人相送，只能成为滋扰人间的恶灵。

死者亡故3年的忌日，孝亲烧纸钱，送其上香火成家先，不再由土地龙神代管。每一沓纸钱上书：上奉封钱父亲（亲属称谓）亡过阴中受用，孝男（名字）奉上。在香火前架两口大锅，里面放一个竹筐，孝子跪于堂前，师公打阴卦请阴人受领，放纸钱入筐内焚烧。亡魂上了香火才标志着服丧守孝结束。亡人经过3年的过渡和磨炼，亡魂被送上香火，加入家先行列，逐渐成为与后人关系疏远的先祖。

在长期颂扬灵魂、贬抑身体的误解范式影响下，人类学的丧葬研究大抵有两种路径：其一是研究仪式过程，范热内普的通过仪式理论、特纳的阈限论和马林诺夫斯基的功能论是主要的分析工具；其二是研究死亡意识和灵魂观念，死者的身体很少成为讨论的对象，仅是一具终结了生命的尸体。通过对红瑶丧葬过程的描述，我们发现诸多处理死者身体的仪式和禁忌细节，红瑶人对身体与亡魂给予同等的关注。死亡是身体的终结，灵魂重返故土阳州继续存在，置之死地而后生。但这是针对寿终正寝之人而言，灵魂不仅还原为花，而且成为受后人膜拜的家先，为其送花送子，延续骨血和社会。

凶死者为何只能做无归宿的野鬼？保持完整“体面”的尸身是一个核心的概念，身体遭到损坏、缺乏完整尸身的人是真正的死亡，其魂灵不能转世重生。在生时要活得“体面”，死后仍要身体净好，穿戴“体面”回故乡，魂才能回归生命的本原。因为完整的尸身是亡人修阴功的标志，表现在对自身、后代和社群的影响上。在红瑶人心目中，生前阴功修够了的人是很少会死于非横的，自杀的人实在也是自作孽不可活。阴功的多寡决定一个人到阴间的生活境况和来生的幸福，不修阴功的人尸身残损，被家先遗弃，无来生可言，这是一种受佛教影响的尘世轮回和因果报应观。红瑶人将现世的追求分为“富”与“贵”，在“富”的范围内，人丁代表兴旺，生命是财富。在下葬之前，尸身依然是丧家财富的一部分，凶死者肢体残缺、错位，或血液外流，都象征着后代财富的遗失。这才有了防止停在家屋里的尸体腐化发臭的收臭仪式和行为禁忌，避免尸水外流而漏财。亡人保持体面的尸身是为后代修阴功，只有顺利踏上阴路，成为家先，坟墓里的千年“金身”和魂灵才能转化为庇佑后代的好风水，自身也才会得到生者的悉心照料。凶死者的怨气导致的甚于普通亡人的煞气，会污染村寨，带给社群身体、财富或农业收成等方面的灾难。

所有灵魂永生的死亡观念都是“为了解释活人的存在才认可了死者的永存，以及群体生活的永恒性”[①]。但在红瑶这个强调延续的社会里，只有功德圆满、尽完人生义务的亡人，其魂在完整尸身的承载下，才能有秩序的继续存在，产生以前灵魂的新形式——生者。身体与魂是为一体，无高低优劣之别。

第三节　守孝与风水：身体接续

葬礼因死亡而起，无疑主要是以死者为中心的仪式设计和“文化表演”。[②]这项文化表演的操持者是生者，他们的身体实践和仪式行为却往往被研究者们所忽视。在红瑶人程序繁多的白喜事过程中，有一

① [法]埃米尔·涂尔干：《宗教生活的基本形式》，渠东译，上海：上海人民出版社，2006，第250页。

② [美]克利福德·格尔兹：《文化的解释》，韩莉译，北京：译林出版社，2002，第138页。

系列以生者尤其是死者至亲为主体的活动，那就是孝的践行：服丧、守孝和献祭，为了达成与死者的身体交感、接续和互惠。

一、“守我堂前三载服，不知门外几多春”：沾染污染与继承

我们已经对红瑶人控制死亡污染的措施有了大略的印象，现在来看沾染和分担污染的情况。既然死亡是社会性的事件，“是人生一切事件中最有破坏性的一种，方寸皆乱的情绪对个人和社区都很危险”[①]。那么，要使“个人摆脱其精神上的冲突”，“社会避免瓦解状态”[②]，死亡污染的危险必须由社区内的所有成员（成年人）共同分担，化解群体冲突和焦虑，重构社会秩序。

丧家的三声铁炮响起，死亡恐惧很快就弥漫在整个寨子里。即使人们平日忌讳提及死亡，然而按照传统习惯，每户人家至少要派一个人参加吊丧，哪怕是平日有矛盾。家门（王姓是家族）外的人家由家里的成年男性去吃酒，女性不参加葬礼，因为男性身上的阳气重，不容易被“外鬼”的煞气伤害。有几类人例外，家里有产妇坐月子的人家，可以不派人参加葬礼，因为怕他们从丧家带回的秽气伤害新生儿；除非自己的亲生父母，孕妇及其丈夫也忌吊丧；以及魂魄不稳的12岁以下未成年的小孩。由于他们是处于危险和脆弱期的阈限人和未成年人，故被排除在分担死亡污染的责任之外。

在葬礼过程中，在场人不可避免要身受死亡污染的危险。亡人入殓之后，师公为至亲戴孝。孝子、孝女、孝媳、孝孙人等先为亡人上香烧纸，然后一字排开面向香火跪于棺木前。师公左手拿一块三尺长的条状白孝布，默念咒语：“手拿白布白亮亮，左手拿来右手看。十

---

① [英] 马林诺夫斯基：《文化论》，费孝通译，北京：中国民间文艺出版社，1987，第76页。

② 同上书，第77页。

人兄弟来孝你，师人背布下扬州。吾奉太上老君！”随即将手里的孝布系在长子头上，其他人按照辈分高低和年龄大小顺序系。所有帮忙和来吊丧的人也要戴孝布，师公念咒后交由葬礼总管分发，咒语不同于至亲：“青衣青人着，亡衣亡人着，黑衣黑人着。头上盖他身，身上护他命，脚下护他脚，吾奉太上老君！”从咒语内容来看，亡人至亲戴孝的目的是致哀尽孝，其他吊丧人戴孝主要是哀悼亡人，因此师公要说明亡人与阳人着衣的区别，孝布既是分担污染之物，又具保身护命的功能，使沾染有度。

所有吊丧人都沾染死亡污染，但因与死者亲疏关系不同而程度有异。首先是死者至亲与其他吊丧人的差异，前者的孝布只在头上缠绕一圈，余下部分拖至臀部；后者则全部缠绕在头上。至亲“背”的长布条被认为沾染了更多的死亡污染，和应尽更多的责任相对应。而其他人戴孝是一种分担社区危险的行为，表示“来帮主家忙，不是来走家（串门）的”。下葬后离开丧家即可卸除。原则上吊丧人不能穿喜庆的红色衣裤，妇女一律着便衣青裙和黑绿色腰带，但死者亲属之外的个别人身上也会出现不合时宜的红色，这在至亲是绝不允许的。因为庄重的黑色才是吸纳死亡污染之色。

其次是死者至亲沾染污染的程度差异。与死者“同班”（平辈）[①]的至亲不用为其戴孝。死者的直系子孙中，孝子是承受污染最多的人，死亡污染对于他们而言又象征着财气和福气。长子[②]要承担为亡人买水、洗尸、穿衣这些在旁人看来最为“有秽”的事情。抬亡人入棺，再一次与尸体直接接触的污染则由分别抬头和脚的长子和幼子共同分担。奔丧亲属送来的寿被全部搭在棺材上，其他人绝对不敢触摸，“齐

---

① 例如死者的配偶、兄弟和姐妹，他们在葬礼中扮演次要的角色。

② 女性死者为儿媳或长孙女，有女儿在屋招郎则由其做。

客”酒席上，所有孝子却要每人取一张斜扎在上身，逐桌下跪谢亲。出殡时，长子扛招魂幡和招魂饭，幼子扛祭帐布，埋葬亡人的前三培土也由长子（孙）撒入。

受 Goody 对财产继承权分析的启发，Waston 将沾染死亡污染的规定与继承制度联系起来，认为继承人（长子）扮演着最受污染的主祭人角色，与广东社会的长子继承制有关。[①] 这一视角也可用于解释红瑶社会的父系继嗣制度。在处理尸体的过程中，我们看不到女性亲属的身影[②]，无子的由招郎上门女儿的儿子代替。上门郎也很少承担洗尸入殓、送葬等送亡人归阴的关键任务，除非本身又无子或子未成年才由他完成。女儿在家招郎也是为了承顶父系宗祧，而非实现女性的财产继承权。但红瑶葬礼中长子角色的扮演表现的并不是 Waston 研究的广东汉人的长子继承制，而是长幼次序。长子婚后在生育第一个子女后从祖屋分香火出去，另建新屋。父母一般跟幼子生活，土地、家产按股平分，父母留出一份，过世后与房产一并交由幼子继承。父母分开各跟一个子女的家庭，也遵从财产均分制。如上所述，承担死亡污染的几个主要仪式都由孝子们一同操办亲历，而不是赡养父母的主要继承人——幼子。孝子们要共同为死者至少献一头猪，兄弟分摊费用。送亡灵的各个环节又突出了长子为大、长幼有序的观念，尽管大部分的财产不是由长子继承，主祭人的任务还是落在了他的身上。

据 Waston 的观察，汉人妇女在葬礼中的角色与生育力和香火延

---

① [美]James L.Waston(屈佑天)：《骨肉相关：广东社会中对死亡污染的控制》，沈宇斌译，《广西民族大学学报》，2008 年第 6 期，第 38—49 页。Goody 的论述参见：Goody，*Death, property and the ancestors:a study of the mortuary customs of the LoDagaa of West Africa*. Cambridge:Cambridge University Press, 1962。

② 女性死者由儿媳、女儿洗尸装身除外，但主要是出于性别避讳，装身完毕后同样由孝子将其入殓。

续有关。[①]在矮寨红瑶葬礼上，儿媳与外嫁女儿的戴孝方式和丧服并无差异，女儿比儿媳扮演了更为重要的角色。外嫁女儿要为亡父亡母抬一头肥猪，不仅是自己尽孝，也代表了姻亲的责任和礼信。与广东汉人相反，矮寨人说女儿抬猪是"还债"，即 Waston 所言"通过沾染一部分死亡污染来偿还从父母那里获得的嫁妆"。因为女儿出嫁时，女方置办的嫁妆价值远远超过男方所给的彩礼钱，父母、舅公和房族亲属提供了丰厚的嫁妆。

女性亲属不操持葬礼的具体事务，她们一般坐在火塘边不出门，主要的任务就是哭丧，抒解哀伤，慰藉亡灵。每当有奔丧亲属到来，鞭炮一响，女儿就要哭泣着迎出门，且"等灵"期间每天不时跪在棺木前痛哭。抬猪进屋、杀猪、酒宴前、上祭、搓捆棺绳、起丧之时，哭声不断，因为红瑶人认为没有人哭丧的亡魂不会安宁。矮寨人称哭丧为"哭苦情"，是公众性的，哭腔要大声而带固定的拖音，诉说死者的辛劳和自己的不孝。哀伤是失落经验的一种，其表现形式受社会文化的塑模，一些社会主张大胆宣泄哀伤，另一些社会则可能对哀伤情绪加以抑制，红瑶社会处理丧亲的失落经验的方式是将哀伤形之于外。情绪人类学的研究表明，哭丧是丧亲者必经的"哀伤适应"（grief work）过程，有情绪净化（emotional catharsis）和疗伤的功能，并重新在丧亲之痛后建构自我。[②]除了哀伤适应，呼天抢地的哭丧行为与戴孝、服丧的身体表征同为身份标识，透过身体表现维持社会规范，成为孝道和修阴功的展演舞台。未婚和年幼的女儿不被要求此种哭丧方式，她们还没有经历足够的学习场合，作为"外来人"的媳妇表现

---

① 女儿和儿媳等妇女靠在棺材旁哭泣，儿媳在丧服的腰带上塞一块青布条，以吸纳死者在肉体中蕴藏的生育力，与死者的物质遗产无关。

② 许敏桃等：《文化与失落经验：阿美族丧偶妇女的主观感受与适应——兼论与泰雅族之差异》，载胡台丽主编：《情感、情绪与文化——台湾社会的文化心理研究》，台北："中央研究院"民族学研究所，2003，第 114—118 页。

出的哀伤程度也较少受到众人的关注和评论。房东爷爷的葬礼上，由于杨阿姨是唯一的女儿，哭得声音嘶哑，身体严重虚弱，送葬途中几欲晕厥。我为她煨治疗嗓子的茶籽水时，她对我说，只有经历过父母过世的人才会“成人”，可怜善良的老人只有她一个女儿哭丧，即使哭破嗓子、哭垮身体也不够“还债”。

按照杨阿姨的说法，戴孝、守孝、哭丧都在亡人身后了，只是一种“不孝之孝”[①]的沾染死亡污染和社会控制的途径。守孝还表现在对亡人至亲的行为禁忌和服丧禁制上，分为三个连续的阶段：下葬前的“等灵”阶段、下葬后至“三七”上台、“三七”至三年后上香火。从死者过世当晚开始，孝子女家庭所有成年孝亲人等打地铺“等灵”，女性在火塘边、男性在门楼铺成一排，开灯到天明。孝子家庭成员一直到“三七”死者上台之后才能回房间床上睡觉，陪伴死者过一段没有归属的阈限期。“三七”之内孝亲继续戴孝，不能洗头、洗澡和换洗衣服，男性忌剪头发和刮胡子，认为洗和剪都会带走“财气”即有益的死亡污染。孙子孙女与死者隔了一代，在头七后就可恢复正常。三七“上台”仪式后，戴孝结束，师公为至亲们收孝布，取下长子头上的孝布念咒道：“头上解灾，脚下解难，头上无灾，脚下无难，取来天无忌地无忌，百无禁忌！”全部丢进火塘中烧毁，净化死亡污染的危险因素。

3 年的服丧主要针对孝子、女儿和儿媳。未改装之前，孝子穿传统青、白色服饰，不用有红色流苏的腰带，现在着青、灰色等深色衣裤。女儿和儿媳只能穿便衣青裙，腰带和东把用青、绿深色。红是血和生命的颜色，是红瑶人最崇尚的颜色，象征喜庆和旺盛的生命力，

---

① 邱仲麟：《不孝之孝——唐以来割股疗亲现象的社会史初探》，台北：《新史学》，第六卷第一期，1995，第 49—92 页。作者将孝子割股疗亲的现象称为“不孝之孝”，因此举为孝行，但又与儒家孝道思想中“身体发肤受之父母，不敢毁伤”的宗旨相违背。

穿着会冒犯亡灵。对于外嫁女儿、在屋招郎女儿和儿媳服丧相同的现象，矮寨人的解释是“记”亡人，即纪念亡人，当中就不含继承死者身上生育力的意义。然而有一个很容易被忽略的细节证实了 Waston 对妇女角色的判断，3 年服丧期满后，挂在家屋里的祭帐布不丢弃或烧毁，而是给儿媳或在屋招郎的女儿做裙子。裹住下身的裙子很明显与性和生育有着象征性关联，这一做法是间接吸收死亡污染中的有益力量，即功德圆满的死者的生育力，建立家先与后代的连接，延续香火或曰“一兜（棵）树上的花”。

所有直系至亲从死者落气开始就不能上桌吃饭，只能坐矮凳，吃简单的素食，直到三七。在理想状态下，孝子 3 年内忌吃荤，但能否真正坚持有赖于个人的孝道。“守我堂前三载服，不知门外几多春”，灵堂的对联昭示，守孝和服丧是对孝亲的社会隔离。在亲人逝去、亡灵成为家先的阈限期内，他们的行为、身体表征包括表情、着装、饮食和起居都异于常人，须遵守固定的社会规范禁制。这些都是身体之孝的身体经验，通过对男女孝亲的身体规训，承担污染，悼念亡人，维系延续性社会的父系继嗣纽带。身体再一次成为不只是个体肉身的象征表述媒介，一如道格拉斯的身体象征与社会形态的理论着力点：“身体是社会的镜像，身体的控制是社会控制的表达。”①

二、赋予“生气”：猪和二十四孝斋粑

弗里德曼认为，在汉人社会，生者与逝去的祖先之间存在互动关系。一方的荣耀决定另一方的荣耀。祖先遗留给后人以德行，反过来，生者将光宗耀祖。人们对祖先的关照是一种延迟的互惠，采取与祖先

① Douglas Mary, *Natural Symbols*, New York:pantheon books, 1970, p.70.

关照他们的相同形式。[①] 深受汉族祖先崇拜和风水观念的影响，红瑶丧葬礼仪中亲属的守孝行为也是一种“延迟”的孝，因为新逝亡人无论如何感受不到了。守孝和献祭的主要功能是沟通两个世界，达成二者的接续和互惠。死者依赖生者的供养，生者藉靠死者的庇佑。

“气”是连接死者与生者的纽带，矮寨人认为它与魂魄和飘浮在天上的云一样不可捉摸，但却是维持生命的关键物质。人咽下最后一口气，魂魄随即离身，成为一具无生命的尸体。尸骸要保持“千年金身”，魂要在阴间“继续存在”，都需要气的支撑，孝亲们通过献祭可以供给亡魂生存所需的气。

孝子、孝女和外甥抬给亡人的猪既为偿还恩情，同时为亡人“吊气”。所有猪要拉到棺木头前正对香火之处宰杀。众人将猪按在地上，用绳子绑住嘴巴，不让它叫出声。杀猪人须技术娴熟，一刀见血，如果一刀杀不死表示亡人不受领，是不祥之兆。师公用纸钱抹净地上的猪血，烧献亡人。刮除毛后的生猪头摆在棺木前的祭桌上供亡人，“给他吊一口气”。红瑶古言“活人吃渣，亡人吃气”形象地诠释了红瑶人对献祭的认识，亡人享用到的是牺牲的魂与气，最后由生者消费的猪肉，只是牺牲无生命的“肉渣”。

献给亡人的猪严重沾染死亡污染，杀猪人将杀死的猪拖至门外，先用柑子叶水洗手除秽气后才开始刮毛破肚。因为猪肉将做成熟食供奔丧人食用，作为祭品的生猪头由于是生食不会吸收死亡污染，葬礼后丧家可用于“三朝”日宴请家门亲戚。“吊气”强调尸体在堂，气有助亡人保持生命（再生）状态，减缓尸体腐化，有完整尸身承载的亡魂才能生生不息。在吊死者王仁清公老的葬礼上，人们认为他在外

① [英] 莫里斯 · 弗里德曼 :《中国东南的宗族组织》，刘晓春译，上海 : 上海人民出版社，2000，第 113 页。

的尸身和游荡的阴魂根本不可能享受到亲人送给他的“气”。

外嫁女儿和出外上门的儿子除了抬猪，还要“抬盒”，并请师公或房族中有威望之人一同前往主持客祭仪式。用雕花红木盒装“二十四孝斋粑”，因称为“抬盒”。斋粑用糯米粉做成，为24碟，有表现“二十四孝”故事的形象，也有兔、龙、龙角（竹笋）、乌龟、螃蟹、老鼠、田螺等生肖和吉祥动物。唱完《大路歌》后，丧家在棺木前摆一张高祭桌，“抬盒”的亲属将斋粑取出排列整齐。孝子洗手洗脸，跪伏在祭桌前第一排，其他人按辈分长幼跪于后，主祭者为死者献“二十四孝”祭品，念唱祭文。到泗水乡白面寨上门的杨文军为房东爷爷“抬盒”，长达一个小时的上祭过程中，孝亲们头伏于地，哀戚的歌声和啜泣声交织在灵堂内。

“二十四孝”是儒家孝文化的普及和传诵，为元代郭居敬所撰，他选辑24个孝子的孝行故事①，配上诗文，作为儿童的启蒙读物，后人又据情节创作了不同版本的“二十四孝图”。红瑶地区流传最多的是“哭竹求笋”和“卧冰求鲤”的故事②，正如灵堂对联上书：“孟宗

---

① 这24个故事分别是：（虞舜）孝感动天、（汉文帝）亲尝汤药、（曾参）啮指心疼、（闵损）单衣顺母、（仲由）为亲负米、（郑子）鹿乳奉亲、（老莱子）戏彩娱亲、（丁兰）刻木事亲、（董永）卖身葬父、（郭巨）为母埋儿、（姜诗）涌泉跃鲤、（蔡顺）拾葚供亲、（陆绩）怀桔遗亲、（江革）行佣供母、（黄香）扇枕温衾、（王裒）闻雷泣墓、（吴猛）恣蚊饱血、（王祥）卧冰求鲤、（杨香）搤虎救父、（孟宗）哭竹求笋、（庾黔娄）尝粪忧心、（唐氏）乳姑不怠、（朱寿昌）弃官寻亲、（黄庭坚）涤亲溺器。（参见：陈正宏：《漫话二十四孝》，上海：上海文化出版社，1992）

② 红瑶人将两个故事进行了改造和糅合。起初王祥并不是孝子，而且对母亲很凶。有一天出去干活儿，看到乌在乌窝里哺育幼乌，他痴痴地看了一天，忽然想到母亲小时候也是这样喂他的，决定要好好孝顺她。有一天，母亲在地里干活儿，他送饭去，母亲以为要去打她，一心急撞倒在树根上撞死了。他悲痛万分，挖树根回家雕成了母亲的模样，天天擦洗。有一天他把谷子和雕像同时放在外面晒，天上的神想试试他的孝道，施法下起雨来，果然他先把母亲的像搬进屋里去。神还想考验他，变成一个衣衫褴褛的乞婆下凡，对王祥说，“你没有母亲，让我来做吧。”王祥接她到家中伺候。神又想出难题为难他，正是冰天雪地大冷的冬天，她说想吃笋子，王祥实在没有办法，做梦都焦急得痛哭，在竹林里长跪三天三夜不起，悲情终于感动上天，竹林里长出了笋子。神又说想吃鱼，王祥去河边用锤子砸开冰层，躺在刺骨的冰上等待鱼的出现。神终于被他的孝心感动，让鱼跳出水面。

哭竹冬生笋，王祥跃鲤卧冰寒”，斋粑里不可缺少。孝子跪哭三天三夜求冬笋，寒冬卧冰求鱼，不惜苛待自己的身体来满足母亲的要求。身体既受之于父母，孝行也以身体为主体和中心，毁伤是为不孝，但另一方面，怠慢双亲更为不仁不义，身体的冷、痛、饿、累、哭、忧、伤、脏等诸种感官经验成为孝行的检验标准。“二十四孝”的一个基本准则是孝子牺牲一切利益甚至生命来表现孝道，因此虽如“为母埋儿”等故事就有愚孝之嫌，但毕竟宣扬了亲子延续、报恩事亲的观念，故而得以广泛流传。

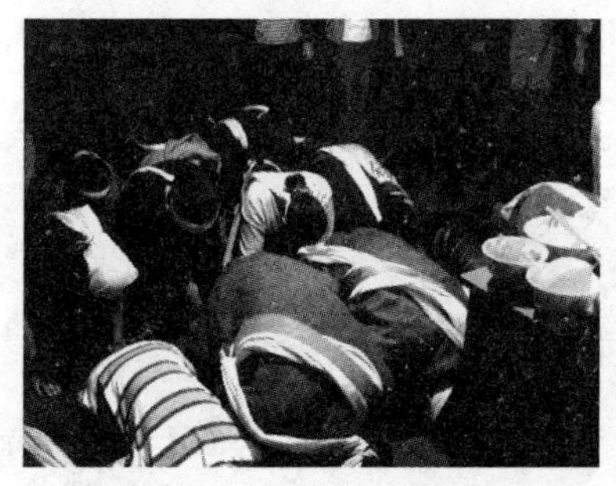

照片 8-2　跪伏于地的孝亲们

照片 8-3　斋粑中的哭竹生笋

制作“二十四孝”斋粑祭奠亡人，显然是儒家孝文化在红瑶社会中的传播和活态遗存。孝行的实践不分子、女，在屋顶香火的孝子（女）隆重操办白喜事，组织唱《大路歌》，此为家祭；嫁出去的孝女抬猪、“抬盒”，此为客祭，孝子等直系亲属也跪于地，聆听上祭呈词。孝子孝女共同用“延迟”的孝荣耀死者。红瑶人对孝的理解正是儒家孝文化提倡的“养儿防老”的“反哺”模式：

> 客奠祭文祭奠完，双亲义重重如山，为人不将父母孝，你好似人间无情郎。父母养儿多辛苦，口叫仔女挂心肠，父母爷娘贴养大，不能丢下把恩忘。父母爷娘恩情好，应该奉

养爷和娘；池塘有水风来旱，老来年迈靠子女。养子祭拜娘前跪，乌鸦反哺爱捉肠，父母无油靠子孝，家庭内孝父亲光，父亲你待看千言语哦，二十四孝讲不完。客奠祭文祭奠完，父亲恩德我讲不完，我感谢亲朋同掉泪，明天送父去登山。①

逝去已矣，“二十四孝讲不完”，“延迟”的孝只能让死者“体面回老家”，在阴间过得“安乐”。抬盒客祭的一个重要目的是为死者增添“生气”（in^{24} khi^{53}），客祭主持人对我说，斋粑是请手艺很好的老人做的，捏得栩栩如生，就像活的实物一般，可以给死者添点气。那么可以想见，孝子孝女用斋粑献祭，意欲传递给死者的是活着的动植物的气，也即生命力。这一气的融汇又通过孝子女的孝行来传递，孝道德行附着在斋粑上，为死者长存和再生增添力量。孝子女共同“吊”气和“添”气的孝行，增加了死者的阴功——阴间生活好坏的资本。在红瑶人的观念中，生命是可循环和传承的，生命力在生者、死者、动植物和自然界间流动。赋予死者“生气”是为了实现红瑶人的生命循环、家先与后代的身体接续的社会理想，家先的力量是后代福祉的源泉之一，反过来，其力量又来自于后代的给养和主动维系。流动的“生气”使家系的繁衍和传续理想成为可能，而出自同一家系的人有相同的气，包括女儿。不过，气和生命的循环强调的是父系一方，女儿嫁出去以后，气会发生转变，出嫁的女儿为父母添气，但并不与其接续。客祭仪式过程也显示，洁净地行身体之孝的中心人物还是延续父系骨血的孝子，或招郎孝女所生的孝孙。

---

① 2008 年 10 月 13 日杨焕友葬礼客祭文（部分），详见附录二。

三、“转换”与“管事”：骨、气相依的风水

气是亲族身体内共通的物质和纽带，构成拥有相同“气”的亲属相似的素质。在死去的家先与后代之间，气如何传递？在第四章的还花愿仪式部分，我们已经了解了红瑶关于人的构成的“父骨母血”人观，骨头在血亲之间传承。那么，坚硬的骨就是不可见的气的载体。人死亡后血肉腐烂，剩下的骨骸在吸收地气的同时，在子孙的供奉下聚其本身之阴气，转化为影响后人命运的超自然力量。骨骸有“根”的寓意，因此，得传染病逝之人，在野外搁置 3 年，待血肉尽无之时，连骨骸也要被师公一把火烧毁，烧断传续之根。

（一）固护骨骸乘地气

关于骨的象征意义，弗里德曼说过：“骨是世系继嗣的象征。”[①]日本学者濑川昌久亦认为骨和气是民俗性继嗣模式与风水之间进行沟通的连接点。祖先的骨骸是关于世系继嗣的具象性代表物，其存在对子孙有根本性的意义。因为气是通过骨骸得以形象化的，“不管是支撑着世代间生命连锁环节的，还是在现实环境中赋予在其间的人与物活力的，都是这同一个‘气’。由此出发，对祖先遗骨的祭祀，就与希望在现实环境中寻得好影响的风水习俗，实现了连接。”[②]这一主要来自对华南汉人的观察的论断被疑为过于通识，有论者发现在东南地区汉人族群中，还普遍存在着葬银牌、木主、衣冠、鸡蛋、纸人等祖先骨骸的替代物。[③]但在多数情况下，骨骸聚气，连接祖先与后代是

---

① Maurice Freedman, *Chinese Lineage and Society : Fukine and Kwangtung*, London:The Athlone Press, 1966, p.139.

② [日]濑川昌久：《族谱：华南汉族的宗族、风水、移居》，钱杭译，上海：上海书店出版社，1999，第 179 页。

③ 陈进国：《骨骸的替代物与祖先崇拜》，《民俗研究》，2005 年第 2 期，第 108—125 页。

墓地风水理念的基础。红瑶人的风水观与汉人相似，取活人身上的发须爪埋野坟，这些与人相感应的身体物质也是不易腐朽的骨骸或毛发的部分。死者遗骨乘后人献祭孝行赋予的“生气”，与龙脉地气相融相生，死者得以与子孙血脉相连，其遗骨所占的风水转换为对后人的庇佑。骨骸如此重要，葬地的选择和埋葬方式首先便要考虑到棺骸的固护。

看阴地是一门如何有效保存尸骨的学问。由于红瑶有“高山出好地，平地出好花”的风水法则，矮寨的阴地一般都择在高山上。因为高山土质干燥紧实，骨骸不易腐败。地理先生择地时要查看周围土质、水源、植被等自然环境，地势开阔，日照充足之地是首选。土质要纯，夹杂石砬和石块既难挖掘，又易松动。避开蚂蚁窝、老鼠洞、蛇洞等动物巢穴，这些钻地的动物会钻进棺木中破坏尸骨，我们还记得矮寨杨姓人因祖坟遭蚂蚁啃噬而起坟另葬的故事。坟地周边不能有水源，尤忌在水沟和水田之下，恐漏水或遇大雨时冲刷坟墓。《吕氏春秋》有云：“古之人有葬于广野深山而安矣，非珠玉宝国之谓也，葬不可不藏也。葬浅则狐狸扫之，深则及于水泉。故凡葬必于高陵之上，以避狐狸之患、水泉之湿……盖棺椁，所以避蝼蚁蛇虫也。”[①] 对坟地自然环境的强调有利于减缓尸骨腐败的速度，使死者“安乐”，具有科学性。梅列尼科夫对尸体腐败的因素有介绍：“腐败的速度和特点取决于一系列内部、外部因素和条件。周围环境接近 40℃的高温，可导致尸体内微生物的迅速繁殖及腐败过程的迅速。在干燥土壤或空气中，腐败过程就进行得慢些。水中慢些，土壤中更慢。棺木中的尸体，腐败更慢，特别是在密封的条件下。而在干燥空气中，腐败可能完全停

---

① 吕不韦：《吕氏春秋》,《孟冬纪第十 · 节丧》，翟江月今译，桂林：广西师范大学出版社，2005，第 320—322 页。

止，在这种条件下，尸体处于自然干尸化的过程。”[①]

墓穴的挖掘和埋葬方式也充分考虑到亡人“千年屋”的稳固，埋葬的深浅程度依如何最大限度地纳气而定。矮寨人称墓穴为“龙道”，即龙脉的落脚点。采取直入式[②]往山体进深方向挖掘，大小深度无严格要求，但忌太深和太宽，以刚好能放进棺木、上方留 10 厘米左右的空隙为宜。用抬棺木的一根竹竿放在屋脊（棺木顶部）瞄准事先看好的利方后，方才培土掩埋。这种坟无高于地面的坟堆，因此很多不立碑的坟很难辨认出来。龙道与山体贴合，坟墓不易因遭雨水侵蚀坍塌或野兽的破坏；空间也较为封闭，形成干燥的空气，便于更有效地保护棺骸。

除了地理生态因素，坟地选择的核心依据当然是好的风水。杨文同认为，龙脉的走向和地气轻重是根本，骨骸接地气，矮寨龙脉来得不深重，龙道挖得深度适宜才能与地气相通。查气是阴地风水术的重心，本于骨骸聚气的理论。郭璞《古本葬经》有云：“葬者，乘生气也。夫阴阳之气，噫而为风，升而为云，降而为雨，行乎地中而为生气；生气行乎地中，发而生乎万物。人受体于父母，本骸得气，遗体受荫。盖生者，气之聚，凝结者成骨，死而独留。故葬者，反气纳骨以荫所生之道也。”[③]骨本是气的凝结，又受阴阳之气、地中“生气”之荫，坟地选择围绕如何使死者乘得“生气”而展开。《古本葬经》又云：“浅深得乘，风水自成。”吴元音注：“太深气从上过，太浅气从上行，须得恰好乘气，方成风水。”[④]选择了“贵”祖坟地的李家人不发人丁，

---

① [苏] 梅列尼科夫：《死亡时间的法医鉴定》，冯真华译，北京：群众出版社，1979，第 33 页。

② 如坟地择在无坡坎的平地，龙道只能往地下挖掘，坟堆需高出地面约一尺五左右，并用竹竿将土夯实。这种情况较少。

③ 郭璞撰：《古本葬经 · 内篇》，《古今图书集成 · 博物录编 · 艺术典 · 堪舆部》，北京：中华书局影印，第 58067 页。

④ 吴元音：《葬经笺注》（乾隆八年自序），嘉庆十一年刻借月山房汇钞本，第 3 页。

最终迁离矮寨，有一个致命的原因就是风水先生捣鬼，指挥人将龙道掘下地三丈深，挖断了地气（生气）。

择阴地最基本的准则是“坟要对包”、“死不在庙后”，与阳地相反，坟地要正对山峰，且忌在有庙之处。坟山“前空后空，不出寡婆出寡公”，前后要有凭靠，即有坐山和面山。面山不能太尖，恐有煞神。坟地坐山专管亡人尸骨，越稳而重的，尸骨保存时间越长。山势有起有伏，落脚处陡而深，如此龙脉，地龙“管事”方管得长久。如坟地前方有水流，忌无障碍直接面对，曰冲财水；忌山势往外翻到达水边，曰翻倒水；山势起起落落到水边为宜，曰留财水。择得后有靠背，前有望山，左右有扶手的干暖之龙道，亡人才会在千年屋里住得安稳，后人不受祸患，与之同安。择得地气厚重之地，亡人骨骸才能汇聚生气，转化为“管事”的生命力，为后人带来人丁、财富和米粮。

（二）命地相配：风水轮流转

红瑶人认为人过世后 7 天之内，天上下雨为吉兆，死者力量“转换”快。为房东爷爷等灵的一天晚上，我和帮忙的几个寨上人一同下山，天空突然下起了毛毛雨。他们不禁扼腕叹息，说可怜死者是善良之人，为后代着想。死者“转换”的力量恰如郭璞所言，是“降而为雨”的“阴阳之气”，死者所乘的“生气”就来源于在天地间循环的气。下雨越早，死者越能早一些融入自然宇宙的生命循环体系之中。尸骸并不完全是由后人操控的被动物体，坟地风水虽依据聚气藏风的地理学原理，但家先与后代的德行、意志、情感和关系也是不可或缺的因素。死者的气和力量转换快慢与葬得风水宝地有关，也取决于其是否为后代修阴功，一因个人德行，二因对后人孝道的满意度。红瑶人的风水观是一种人格论风水观，不把家先骨骸当做风水的机械性媒介，家先并不是“被动的、没有意志的存在物”[①]。家先不会在互惠关系之外赐予后代福祉，子女在其生前的孝行和死后“延迟”的孝——献祭是家先“管事”与否的动因。

在红瑶人格论风水观念中，并不是所有人都能找到风水宝地，是否能找到，和个人的命和阴功有关。生前不修阴功的人即使葬在好地里也不会“管事”。阴地和阳地与人的匹配方式相同，强调“几两命配几两地”，命理测算骨头重之人能接厚的地气，骨头轻接不起。还要看后人八字是否受得起，是否相冲克，因此地理先生在择地前要先拿死者和所有孝子的八字合对。矮寨流传着一个利亡人而殃后人的风水古年：

> 以前杨家有个家先埋在老寨白虎边后山上，家里老是出事，一年死了两个人。去问卦，杠童师傅讲家先找了块神地，但是要死“九才”（9个人）。5年过去，死了7个人，这家人只剩下两兄弟了，他们怕最后的两个人就是自己，决定起坟重新找地埋。挖开坟，刨开朽朽的棺木，看到家先尸体一点也没变，脸色发红，和在世的时候差不多。他们顿时相信杠童师傅的话了。格（另）外挖了个龙道，棺木一放下去就流水出来了。这个新坟再也就不管事了的。[②]

在红瑶人看来，这一所谓的神地绝对不能算是真正的好地，家先尸骨完好如初，面色红润如阳人，后人却家破人亡。讲到这个故事，

---

① [日]濑川昌久：《族谱：华南汉族的宗族、风水、移居》，钱杭译，上海：上海书店出版社，1999，第173页；关于机械论和人格论风水观的论述参见渡边欣雄：《风水思想与东亚》，京都：人文书院，1990。

② 被访谈人：杨焕勤，男，1940年生，初小文化，访谈时间地点：2008年10月14日于新逝亡人坟地。

正在掘龙道的男人们七嘴八舌地议论开来，他们和地理先生一致认为，出现这种情况的根本原因是坟地和后人八字克犯，也说明后人阴功不够。命和阴功始终是支配人的祸福的重要因素，家先和后代能否通过一脉相承的骨和气实现良好的接续和互惠，二者非常重要。家先存在于坟地的骨骸实体、家先桌和香火上的魂同样受到后人的膜拜，且都是合乎道德的存在，因为有阴功概念的规范。这就与弗里德曼概括的“中国宗教”的特点有所区别：“在神祖牌中的祖先，以及在坟墓间接受供品时，他们是神，并与天有密切关系。相反，作为尸骨的祖先则具有地的性质，他们在道德上是中性的，至于以他们为手段所得到的利益则是非道德的。”[①] 红瑶人对家先尸骨的利用要受先天八字和后天功德的制约，否则地气润泽了家先的尸身，却难以庇荫后人。

与后代关系越疏远的家先，其坟地风水对于家庭和个人的影响越小，受益的则是整个姓氏和家族。清明节墓祭时，各户一般要先为祖公爷（开基祖）挂青，但并非义务。各家门通过集体祭祀不同的公头而区别开来，分散了祖公爷坟地风水的压力。与单个家庭联系最紧密的是本家直系家先的风水，尤其是自己的父母。家先风水的影响范围如同家族结构一般，呈“根”与“枝”[②] 状分布。每一个血亲都期望家先的神秘力量能辐射到自己，不可避免地会形成堪舆竞争。弗里德曼曾注意到这一问题：“成年兄弟之间有一种内在的竞争倾向。所有的兄弟都可以从其共同父母的已由堪舆定位的坟墓中受益，然而事实上，风水的法则却又预先假定他们不能获得同等利益，因为按照规定，实际上不可能通过为一座坟墓定位和定向，从而使每一个孩子都享受到同样的幸福。兄弟们之间的争吵涉及企图在何地、何种方向以及何

---

① 莫里斯·弗里德曼：《中国家族的仪式状况》，载史宗主编：《20 世纪西方宗教人类学文选（下）》，金泽等译，上海：三联书店，1995，第 886 页。

② 麻国庆：《永远的家：传统惯性与社会结合》，北京：北京大学出版社，2009，第 27 页。

时埋葬父母的问题上取得一致。”[①]

在红瑶风水专家和普通民众的风水知识中，“风水轮流转”是一个常识，父母的荫德不可能完全均衡。坟地的固山有左青龙、右白虎之分，青龙代表儿子，白虎代表女儿。如有两个儿子或两个女儿则大为青龙、小为白虎，龙脉利哪一方则其代表的子女会受到更多的福佑。坟地占地地势越高越亏青龙，地势越低越亏白虎。在择阴地和下葬时，兄弟之间总会出现纷争，杨文同不无感慨地说，孝子越多的人家，亡人越难下葬。挖龙道之时，他就会特别叮嘱，龙道对准面山利方，不向任何一方倾斜，尽量减少兄弟间的矛盾。然而，兄弟间因父母葬地而反目的例子并不鲜见：

> 我们两兄弟就是为了我娘的坟地搞得关系不上不下的咯，那时候杨先生选定了阴地，跟我们讲那块地是最适合的了，把以后（有）利哪一方的程度降到最小了。我们两个呢也懂点点风水，犟犟的，都觉得往左移一点才是好风水。娘下葬后，我兄弟又看出青龙边的固山明显比白虎边的高，讲以后我这个大哥强些，两家人差点打起来了。杨先生来调解，结果是在帮我娘立碑的时候稍微往右偏一些，算是弥补我兄弟吧。[②]

作为继嗣象征物的骨骸，维系着家先与后人的身体接续和社会延续，风水实践强化了有祖宗也有子孙的纵式社会机制。子孙固然会为得到更多的遗泽而利用家先骨骸，甚至兄弟反目，但在家先转世、为

---

① 莫里斯·弗里德曼：《中国家族的仪式状况》，载史宗主编：《20世纪西方宗教人类学文选（下）》，金泽等译，上海：三联书店，1995，第886页。

② 被访谈人：杨焕进，男，1957年生，初小文化，访谈时间地点：2008年10月13日于葬礼上。

后人送花，因供养不足或犯忌而惩罚后人的观念下，家先可因后人孝行、阴功不足而“不管事”，甚至由善变恶。我们不能把红瑶人的风水实践仅看做是将家先骨骸当做与自然宇宙融汇感应的身体物质媒介而加以操控的单方受惠行为，后人的“反馈”和家先在故土生活安乐是其给予后代“富”、“贵”的力量源泉。

透过葬礼的分析，红瑶人对身体和生命理解的内核逐渐在我们的脑海中清晰起来。在葬礼这一危机场域中，有关身体与家屋、村寨、自然界、宇宙、动植物、生育、疾病、魂等的关系和象征得到了综合的体现和回应。首先，红瑶人以身体构想宇宙，二者相互类比，又是一个相融共生的循环生命体系。死亡意味着再生，亡人入土为安，骨骸回归自然界，与环境优化组合而被赋予再生和与后代接续的力量，骨与气两种身体物质是象征媒介。猪、栩栩如生的二十四孝斋粑和孝子女“延迟”的身体之孝为亡人增添生气，跪、哭、吃素、不修饰等都是苛待身体、抒解哀伤的身体之孝。阴魂在完整尸身的依托下永恒的“继续存在”，一方面还原为花再度转世，另一方面成为受后人膜拜的家先，为后人送花。阴阳殊途，死亡污染导致最大的危机，必须有效控制；阴阳循环，孝亲们处理尸体、戴孝、献祭、服丧等直接和间接接触亡人、沾染死亡污染的行为，体现了父系继嗣和两可继嗣原则，以及长幼有序、亲疏有别的红瑶社会结构。

其次，身体与家屋的象征和连结通过葬礼得以完满呈现。“如人一般，家屋有孕育的能力，它也会衰败、凋零，同时也会再生。”[①]红瑶人初生时在火塘边度过一个月的阈限期，生命终结时同样在火塘房落气，既为驱除秽气，又为与火塘象征的家辞别。生命消亡意味着家

① 何翠萍：《人与家屋：从中国西南几个族群的例子谈起》，《“仪式、亲属与社群小型学术研讨会”论文集》，“中央研究院”民族学研究所“亚洲季风区高地与低地的社会与文化”主题计划及“清华大学”人类学研究所合办，2000，第1—45页。

屋的衰败，才有人死等于破财之说，被污染的新房还必须拆除。家屋就如一个身体，屋脊为头，堂屋空间为心肝，上方的楼梁和下方的香火是家屋的神圣空间和生命核心。家屋的青龙白虎边划分出男女的空间界限，竖立的生命之柱发墨柱位于香火的青龙（左）方。屋脊的5块瓦被枕在亡人头下，既表明屋脊与人头的类比，又寓示家屋构件与家一同减员。亡人停在家屋的心肝之处，接受后人对其的荣耀。悲戚地控制死亡污染的同时，人们唱《大路歌》、跳丧舞、鸣响不绝、三朝安香火进财，热闹和荣耀死者，也为安抚香火神灵，促使家屋的再生。死亡秽气的祛除并令社区度过危机，宇宙秩序恢复常态。

这就是“当大事”的缘由。

结 论

行文至此，似乎可以回答开篇所提出的疑问了，长发和花衣花裙对于红瑶女性意味着什么，这样的身体表征如何形成？通过对有关头发习俗的探讨，我们已然了解到长发的寓意不止“长命富贵”。一方面，蓄长发源于寄魂的信仰，是人的生命活力和“命延长”的保证；另一方面，不剪发和洗发时日还关乎孝道。“斑斓”的花衣花裙承载着红瑶族群的历史记忆，沟通人鬼，同时着衣经验表达个体的形象和情感。就身体表征而言即是多义性的，那么，如若不把身体放诸历史、社会、文化和自然的多重背景中，我们就无法全面体认身体及其延展出来的丰富意义。

一、身体的时空性与生命体系

从空间格局和时间序列两条线路展开对红瑶身体的研究，是从身体本身的特性出发，为了跳出传统身—心二元对立的窠臼，考察身体与自然、社会和文化的关系。研究着眼于身体的社会、文化属性获得和转化，以及反过来生成社会文化的方式。身体的空间象征部分研究主要描述身体与外部自然空间、宇宙万物的象征和感应，并提供红瑶人的宇宙观和社会结构的基本背景；身体的时间性即其生命特征，是由从出生到死亡的生命过程界定，呈现身体本身的体验，以及连带出的社会关系和文化观念。

矮寨红瑶人视身体为小宇宙，以身体类比世界。对空间的型构建立在身体认知和经验上，家屋和村寨都被想象和构建成一个有生命、疾病、方位和性别的巨大的身体，具有孕育特质。在家屋的建造和延续，以及“人神地”的拟身化构想中，身体、树、家屋、村寨、山、水、风、路、阳光等自然物融合在一起，组成一个统一的生命体系，与身体的类比强调生命力的循环和互渗。红瑶人的生命过程是物质身体依时间节律而孕育、诞生、成熟、疾病、终老的“自然”即生物性变化过程，也是“心性身体”[①]通过各种方式经验世界、表达社会关系和进行文化转化，获得思想属性与价值的过程。

在时空性的观照下，身体的己与己、己与他、己与物的关系都得到了较为充分的呈现。红瑶人的身体是肉身、文化观念、社会关系、权力和道德的综合体，处于庞大生命体系的中轴位置，本身的发展、体验和与外部的融汇都在这一体系内动态地流延。生命的表现形态之一即是生活，身体生命体的孕育、变化、经验、活动乃至于象征已经内化到红瑶人的生活方式中，成为其不可或缺的一部分。因此，在红瑶的文化逻辑中，身体与自然万物相感共生，同时是保存、传承和体现社会文化的基础，反映出红瑶人的行为方式和价值观念。传统或曰习惯是由身体的活动及其周遭的物和环境组成的，就如一种从家先身上和社会内部继承的生命力，存在于身体中，通过日常身体经验、生命过程和仪式得以确认，代代传递、循环，因而具有强韧的持续力量。河合利光已经声明，贯穿于自然环境、社会文化和身体的生命体系的全局性观点，并不意味着主张将身体形象隐喻于社会文化中，或者人类是在观察动植物以及自然界的基础上从生态学的角度来适应它们，而是注意到斐济人的自然观。[②] 红瑶人的身体观也是他们的宇宙观和

① Margaret Lock and Nancy Scheper-Hughes, “The Mindful Body:A Prolegomennon to Future Work in Medical Anthropology” , *Medical Anthropology Quarterly*, New Series, 1 (1):6-41, 1987.

② [日] 河合利光 :《身体与生命体系——南太平洋斐济群岛的社会文化传承》, 姜娜、麻国庆译,《开放时代》, 2009 年第 7 期，第 129—141 页。

自然观的一部分，但身体并非自然环境的机械适应者和社会文化的被动承受者，它们之间是相互生成和建构的关系。在这里，不存在身体—心灵、自然—文化、物质—社会等二元概念的截然对立，而是强调一体、和合、类比、感应和流动。

二、身体与人观：经验人的双重属性

人是文化的生物，这在人类学界已经不是一个新鲜的命题。人首先是一种生命形态，是自然、生物学意义上的个体，其次才成长于社会关系中，创造文化并受其模塑，具有社会和文化属性，两种属性共同影响着人性的形成。人之所以成为他或她这样具体的人，是个体的先天遗传和由文化模式化了的共同经验之间复杂的互动关系所致。①一代代的人类学者致力于探讨人的生物属性和文化属性的内容，二者又是如何对立、关联或调和的。身体研究恰恰提供了对人的双重属性的思考，展现具体生活中的人的整体性和主位的人的观念。因为生物属性的重要表现之一即是血肉之躯的存在，“人有身体并且是身体”，身体有基于生理结构的机能、感知和反应；身体又是“心性”的，身体的体验、行为、表征等与人的文化属性结伴而行，传达诸如宇宙观等文化信息。

红瑶人经由身体来理解和实践此人的双重属性，身体象征体系深处隐含的是身体观和人的观念。“每个社会在其世界观中，都形成了一套对身体的独特见解，对身体的理解总是不可避免地与对人的理解联系在一起。”② 自莫斯提出对人的概念、“我”的概念③的独特见解以

---

① [美]S. 南达：《文化人类学》，刘燕鸣编译，西安：陕西人民教育出版社，1987，第105页。

② [法]大卫·勒布雷东：《人类身体史和现代性》，王圆圆译，上海：上海文艺出版社，2010，第2页。

③ [法]马塞尔·毛斯：《一种人的精神范畴：人的概念，“我”的概念》，载《社会学与人类学》，佘碧平译，上海：上海译文出版社，2003，第273—297页。

来，不同文化中特定人群的“人观”（concept of person）逐渐引起人类学界的关注。莫斯指出了西方文明中人与自我概念的历时性发展过程，主张从生物、社会和心理三个层面来看待处于社会关系中的“人”。之后的学者延续莫斯的研究，对“个体”、“自我”、“社会人”（或道德人）概念的讨论丰富了人观理论。Harris 对此有全面的论述，他认为人类学应区分有关“人”的三个概念：宇宙中的生命实体；存在或经验的主体；社会中的一员。即生物学上的“个体”、哲学上的“自我”和社会学（或其他）意义上的“社会人”。“个体”（individual）偏重人的生物属性，与身体的特征相关联，是人类心理潜能的基础；“自我”（self）表达主体的意识、认同；“社会人”（person）指人被认为是社会中的行为者，在社会秩序中有一定位置，扮演不同的角色，生活在道德秩序中。“个体”、“自我”和“社会人”不是隔离的，在某些文化中可以是阶序（hierarchical）关系。① 人观理论建立的整体论视野，使认识一个人群对“人”的建构能够与更广大的社会结构和文化体系相结合。

如莫斯所论，近代西方社会的“个体”和“社会人”是合而为一的，个体的自主性和独立人格得到彰显。红瑶社会的情况似乎相反，强调群体性，更为突出“社会人”即人的社会（文化）属性。红瑶观念中的人包括三个部分：一是身体：骨、血肉、皮毛，骨和肉分别来自于父亲和母亲。二是魂，每个人都有三个魂，附在头、腰和脚上，供给身体生命体活力。魂是游移的，在身时蓄留长发小心保存，系红线紧紧锁护，不慎跌落则需尽快捞或赎回。魂继承自家先，其力量是逐渐增强的，且有个体差异。7 岁以后，魂才会比较稳固，个人的德行在

① Grace Gredys Harris, “Concepts of Individual, Self, and Person in Description and Analysis”, *American Anthropologist*, New Series, 91（3）: 599-612, 1989.

很大程度上影响魂逸出身体而被伤害的情况。三是名字，用于区别不同的个体以及人的各种身份。人一生有多个名字：奶名、学名、外号、亲属称谓名，名字还可补足五行等命带缺陷，调节行运。

红瑶之人的观念是动态的，散布在日常生活方式中，随个人的社会角色发展而改变，借由人的生命过程中身体的生老病死经验、象征和生命礼仪来界定和传达。红瑶幼儿在周岁安名仪式之后方成为被社会承认的“人”，获得有性别区分的称谓；成为社会人的重要一步是生育第一个子女并建起象征夫妻一体的家屋；36岁为中年，一般人已儿女双全，男性则可“百无禁忌”地参加社祭仪式、学习法术；有孙子是人生的又一关口，荣升祖父（祖母）并在家屋中病逝是为寿终正寝，其魂才能踏上返回故土扬州寻找家先之路，还原为花，并跻身为后代送花的家先行列。至此，完满的红瑶人的一生才算达成。

“齐全”和“修阴功”是红瑶人观的核心。“齐全”人父母健在、子女双全、身体健康、品行端正，在建房、婚礼和治疗等仪式上执行特殊的环节，是对个人身体素质、在社会继替中的位置和做人道德的全面要求。“修阴功”是红瑶人做人的基本准则，功德修够，人的一生才能圆满，并遗泽来世和后人，不为来世留债怨。一要良心做人，生命过程如过海，积德方能桥路通途，顺利到达彼岸。孝道也是标准之一，不剪发、不改装是坚持父母所赐传统身体；葬礼和之后“延迟”的身体之孝也同样重要。修阴功的观念与生命轮回和因果报应的信仰联系在一起，表现出红瑶人受佛、道双重影响下的今生与来世并重的生命观。修阴功的目的之一是完满今生，魂归花林，再度转世并成为家先；另外使来世之命少带病灾。“阴功”概念表达了红瑶人内心朴素的精神追求和对生命意义的思索，他们重视做人不亏欠与平和的心态，于是有“平平好过海”的箴言。

“齐全”和“修阴功”二者归结到一点，即是延续性对于红瑶观念中“人”和生命的意义。红瑶人将人及其生命力的形成寄托于前世今生来世、家先与后代、阴间与阳间之间轮回的想象中，“花”、骨与气是这一代代继替模式的象征连接物。身体（人存在的实体）的孕育、诞生和成长寓于求花、摘花、送花、接花、得花、养花、还原为花的一系列环节之内。生命和人的意义不在于一生，而在生生世世，个人只是家和社会继替链条中的一个节点。因而强调个人的社会再生产的使命、孝道、“修阴功”、少病灾、寿终正寝而与逝去的家先团聚，只有做到了这些才是一个合格的红瑶人。在时代话语和国家权力的笼罩下，红瑶的这一传统人观仍大部分得以保持。

红瑶“人”的观念中的功德、齐全、延续观着重“社会人”的一面，透过个人的生命过程及伴生的社会关系呈现，也隐含在人与家屋、聚落和不可知空间的关系中。这些观念是通过人的身体及其活动来表达的。身体是以生命的时间性为依托的延续体，在身体的孕育、诞生、成熟、疾病和终结的生命过程中，身体的发展和延续使其在肉身所代表的生物属性之外，逐步被赋予社会和文化属性；红瑶人的身体有着道德负载和“心性”，是践行善行和功德的主体。并且，以生育为分界线，个体体验和经历了人生不同的社会角色，身体的延续带动了家与社会的延续；红瑶人在不同时代话语下对传统身体样态的舍弃与坚持，说明身体的生成和发展、文化的延续性受制于具体的地方语境。身体是人存在的基础，也是个人与社会的媒介，一个经验、表达和沟通的媒介。身体生成社会，身体感官经验、结构功能认知是形成文化观念和社会的重要部分，同时是文化和社会结构的镜像和再现之所；身体还建立起人与人、人与自然宇宙的沟通桥梁。

一言以蔽之，身体的研究体现人类学对人的生物属性和文化属性的关怀，从中可窥见生物和文化传递的规律。在红瑶社会，二者的区隔、转化和渗透都统一在生命过程里的身体经验与象征中。

三、身体与社会分类象征

身体象征理论的先驱涂尔干认为，“身体是宗教仪式和社会分类的核心”[①]。在道格拉斯、赫兹、杜蒙等人的研究中，这一观点都得到了重申和发挥。前述红瑶的身体观和人观表明，在红瑶社会，身体是为人与社会、自然的媒介，其互动方式主要在于象征、对应和互渗关系的建立。有关身体的实践生动地展现出社会分类体系和社会秩序格局，也表达了身体与社会、文化之间相互建构和形塑的独特方式。本书呈现了红瑶社会的 3 组核心社会分类概念：

首先是“干净”与“有秽”，即象征人类学和身体人类学讨论良多的洁净与污秽观。红瑶社会存在“生秽”和“死秽”两种类型的污秽，都象征危险和破坏性的力量。“生秽”来自于阳人尤其是成年女性身上的秽气，月经来潮和穿裙表示有秽的开始，经血和产血“弄得身体不干净”是有秽的根源。秽气的危险在于对神灵的不敬，使生产生活资料毁坏、减产或失去效用，以及导致重要事件和仪式失败等。女性秽气重点污染的是那些与生活息息相关的、创造性的、生产新生事物的社会秩序内的事物与事件，并象征世俗的不洁的部分与神圣的洁净的神灵和仪式相区隔。“死秽”来自于新逝亡人尸身和飘浮的亡灵散发出的煞气，对丧家、吊丧人、家屋和村寨空间都具有极大的潜在威胁。生与死、阳与阴的对立是“死秽”恐惧的根源。红瑶人对“死秽”采取积极控制和消极规避方式，亡人下葬，师公为丧家安香火收秽后，亡人的致命死亡污染才算清除。

可见，干净与“有秽”和秩序相关。秩序井然是社会正常运行的基础，干净代表社会结构的有序状态，有秽代表失序状态。“生秽”

① Alexandra Howson, *The Body in Society*, Cambridge:Polity Press. 2004, p.4.

的重要身体物质经血有基于气味、形态的“污衰”（脏）感，但更重要的是月复一月的“位置不当”（out of place）；孕妇和产妇作为阈限人，处于过渡阶段和社会分类的临界区；新逝亡人亦然，下葬前尸身和魂均未得其所；侵入阳间“找食”的野鬼也因越界而成为祸害人的“秽”。失序必然导致混乱和危险，“有秽”是不可预知的危险的代名词。所有女性禁忌都是为保阳春、子嗣、生活资源、自然万物的生命活力与秩序，维持父系继嗣制度和人鬼（神）秩序。控制“死秽”为使亡人归阴，阴阳有序，令社区度过死亡危机。洁净和有序象征着生机和吉祥，红瑶人除夕夜抬狗游寨既是敬狗又为“赶秽”，借狗的“大秽”和神力将家屋中一年的秽气和危险带向远方，以寓家屋新生。

“有秽”的观念和表现适切地说明了“身体象征”一词的含义，身体是社会的象征和社会结构的展现场所，这在道格拉斯那里已经得到了详尽的阐述：“身体是一个复杂的结构，不同部位的功能以及彼此之间的关系为其他复杂结构提供了象征的来源。除非把身体看作一种社会的象征，我们就不可能只通过关注那些排泄物、乳汁、唾液或其他什么去理解仪式，并把它的能力与危险看做是社会结构在人体上的小规模再现。”①

其次是身体与魂。红瑶人相信万物皆有魂，魂是生命力的象征，鬼是魂的延伸。可以说，魂是一个将身体与自然、社会结成一体的概念，达成身体与自然和超自然的沟通和混融。西方哲学史中的身心二元论由来已久，在身体—灵魂（心灵）的认识论框架里，灵魂是有价值的独立存在和主体，身体只不过是羁绊人前行的行尸走

① [英] 玛丽·道格拉斯：《洁净与危险》，黄剑波等译，北京：民族出版社，2008，第 143 页。

肉。[①] 沿袭这一传统，从泰勒的万物有灵论、马雷特的泛生论到弗雷泽的巫术宗教科学进化论，灵魂在人类学者笔下屡屡出现。他们的理论虽各有侧重，但一致认为灵魂可游离于身体之外而永恒不灭，身心截然对立的分析模式在相当长的时期里萦绕不去。

尽管涂尔干已经认识到肉体与灵魂的“两重性”及其密切关系：“如果认为肉体只是一种灵魂寄居的栖息地，那将是一种严重的误解。灵魂与肉体是紧密相连的，它们的分离有限而艰难。”[②] 涂尔干将灵魂信仰纳入圣物信仰体系中，从而建构了灵魂与肉体、精神存在与物质存在的神圣—凡俗二元对立模式，认为来自于社会并表达社会的观念情感的灵魂，有一种凌驾于来自有机体外在和物质表象的肉体之上的道德优越性。涂尔干强调的是社会与集体表象，追随身体状态的感觉和身体意识被认为是个体化的物质力量，行动者获得自由的办法就是用作为灵魂观念要素的精神和集体力量与之抗衡。但他并没有继续深入探究这一问题，身体被置于一个尴尬的位置，小荷已露尖尖角又被遮蔽。因此，涂尔干象征理论的主要贡献在于提出身体和灵魂、物质和精神、个体和社会等两重性的对立和统一，并初步证明身体象征的特殊性。

从涂尔干的两重并重观点及之后的“身体转向”思潮出发，红瑶人的身体亦不是与信仰和情感无关的肉体和永生灵魂的简单载体。红瑶人并不把魂视为凌驾于身体之上而独立存在的实体，而是认为二者

---

①《斐多篇》集中表达了唯心主义哲学家柏拉图否定身体的思维倾向：“身体因追求生存而给我们造成了难以计数的干扰；其次，缠绕我们的疾病妨碍了我们去探索真理；此外，身体中充满了爱惧等情欲、各种幻想以及许许多多毫无价值的东西。”他认为只有摆脱身体束缚的自由的灵魂才能通向智慧之路，而把身心得以分离的死亡作为哲学家毕生追求的职业。（柏拉图：《苏格拉底的最后日子》，佘灵灵等译，上海：三联书店，1988，第 127 页）笛卡尔更直截了当地将人定义为灵魂性的存在，灵魂可以完全脱离肉体而感知、经验和思维。

② [法] 埃米尔·涂尔干：《宗教生活的基本形式》，渠东译，上海：上海人民出版社，2006，第 231 页。

相互依托和制约。魂来源于花，身体与魂的活力都要靠气支撑和贯通，魂的跌落引发身体疾病和死亡，身体创伤也殃及亡魂的存在，使得其无法正常归位。具体说来，跌魂导致疾病，久未归身的魂也变得虚弱，小而红的蜘蛛寄体即是明证。尸身不完整的凶死者被排斥在家先行列之外，沦为孤魂野鬼。只有完整的传统身体才能被家先接纳，回归生命本原，因为不“体面”的尸身是不修阴功的表现。因此，灵魂产生智识，身体只是无意识的羁绊的认识论确实是“误解”。至少对于红瑶人来说，两者密不可分，身体不只是魂的躯壳，也是有生命和情感的行动体。

前面提到的“阴功”也是红瑶文化中的一个重要概念，修阴功与坏阴功相对。当然，这三组概念尚不能涵盖红瑶文化的所有内容。而就身体体现和象征的角度看，它们实际上都主要指向两个层面：信仰体系和社会关系，涵括人与自然和超自然、人与人之间的关系及其法则。红瑶人重视人、自然环境、动植物和超自然空间的平衡与秩序，万物在他们眼中都是与人相互感应和界定的生命体，生命力可流动和互渗。同时，生命体系内各要素的生存空间和职能有别，维持既成秩序是和谐共生的基础，当中最紧要的是阴间与阳间、人与鬼（神）的秩序。作为半农耕半狩猎的山地族群，梅山鬼、盘古王、社王和土地龙神等神灵与红瑶人的生计最为切近，其栖身的坛、庙、树林和香火都严禁冒犯。人与鬼存在互惠和供养关系，供养不足和“犯忌”行为会导致人鬼越界的病灾，因为宇宙秩序对应身体小宇宙的秩序。红瑶人注重群体界限的控制和个人功德修行，借着仪式性祭祀或禁忌维持社会所肯定的个人角色关系，有着李亦园所称“仪式主义”[①]社会的表现，如《过山文》中的祖训：“煮饭不离火炉，讲话不离公祖，吃饭

① 李亦园：《宗教与神话》，桂林：广西师范大学出版社，2004，第55页。

不离爷娘父母。抛乡抛里不抛话、不抛神、不抛鬼，祖宗保全不离身，立神立鬼保今身。”

在身体的空间性与时间性的分析当中，红瑶人的身体表述始终离不开亲属制度和社会关系。红瑶社会是一个以父系继嗣原则为主的延续型社会，以父与子的延续性为家庭主轴，以家先与后代的循环和接续为社会延续的纽带，“香火”和祖先崇拜的观念非常浓厚。但与（大多数）汉族不同的是，红瑶人重子嗣而不重性别，无明显的性别偏好。虽然出嫁的女性以不带走娘家福气和不污染兄弟的家屋为准则，但女儿同样可在“屋”招郎“顶香火”，或缔结两可继嗣的“两头顶”婚姻，一切均为了“屋”和骨血的延存。这是红瑶长期迁徙的历史和繁重的山地劳作对劳动力的需求所反映出来的特征之一。

分类是社会得以存续的基础，任何社会都是围绕分类产生出的意义与价值体系建立起来的。在复杂的社会分类体系中，身体分类象征无疑是本源。人正是在立身于一定的时间和空间里，经由认知自身、感知和改造周遭环境的一系列生命活动，方才创造出赋予特殊意义的身体技术和为群体成员所遵循的惯制，从而嵌入特定的社会文化空间，生产出更为精密的意义体系。具有多义象征的身体能动地参与到了人与世界互动关系和秩序的构建中。我们已然看到，红瑶人的身体分类象征的内核是互渗、秩序与功德，怀着对自然和生命的敬畏，红瑶人在人与自然既相感共生又井然有别的双重关系视野下，通过主动的仪式或消极的禁忌等践行责任，维护既有的社会秩序，追求有尊严和价值的“齐全”或“富贵双全”的人生。

身体与时间和历史的关系最为错综交织，身体是在社会进程中历史地生成和建构的产物。红瑶人的身体观和身体象征也并非固化地一成不变，身处边陲山地的他们也正与我们一道，经历着新时代的洪流冲刷和现代性危机。旅游村寨中的红瑶人尤其是女性的身体及其表征已经成为消费社会的视觉消费符号，虚妄的“原生态”他者符号满足了旅游者的猎奇式旅游体验，却会导致红瑶传统身体观和信仰的失落。红瑶女性及其社会本身应对转型的“双向凝视”（the mutual gaze）[①]和调适将是一个长期而又充满矛盾的过程。然而，在广阔而势不可当的中国民族旅游场域中，一味地打造少数民族“原生态”文化景观并诘问其成因，远不如挖掘和理解其如红瑶人般如何践行和恪守文化逻辑，追寻“齐全”的完满人生显得更为真切。

人对自身包括身体的认知是认知体系的重要基础，在无本民族文字的瑶族社会，传统文化多为习得、融入身体并经由其传承。对时空层面的身体象征的全面考察也较为深入地揭示了红瑶的社会文化特质及其建构方式。我们期望通过兼具个体、群体、族际等动态视野的身体民族志书写，探究红瑶的身体认知及衍生的丰富意义体系，对民族文化的内涵及其形成过程做出新的诠释。在瑶族众多的民族支系中，红瑶具有鲜明而独特的社会文化特质，其传统社会结构和文化观念有着本族群的内部特性，也是与瑶族其他支系、其他民族尤其是汉族文化交融的结果。红瑶人通过长期族内通婚维持着强烈的族群认同、与他族的边界和独特的民族文化，同时，其文化又具有一定程度的开放性。红瑶建寨定居较早，在迁入龙胜后就基本停止了大规模的迁徙，在从游耕到定居的迁徙和生产生活过程中，与汉族的联系密切，主要通过大量结寄亲和认老庚的方式，增进了社会交往和文化交流。在红瑶文化中，我们不难见到汉族性的因子。如“家门”亲属单位，字辈排行，杨姓人和王姓人的大节端午节和鬼节，风水观念和实践，宗教信仰中的道教色彩，甚至于在周围汉族社会看不到的有关“二十四孝”的故事和丧葬祭仪等。红瑶人依原有的社会文化逻辑理解和接受汉族

---

① Maoz.D, “The Mutual Gaze” , *Annals of Tourism Research*, 33(1):221-239, 2006.

文化，更多地对其进行了地方性容纳和再造。

在民族文化的接触和互动上，一直存在“中心”和“周边”（边陲、边缘）的讨论，对二者关系的讨论和反思曾一度成为华南汉人宗族研究和族群互动研究的核心范式，华南相对于帝国中心的边缘性在这些研究中被赋予了特殊的意义。[①] 根据20世纪80年代末至90年代初对广西金秀大瑶山瑶族的田野调查，美国人类学者李瑞的《另类中国：瑶族及其民族归属政治》一书从中心—边缘的理论命题出发，追溯了瑶族尤其是精英们如何试图抵抗有关瑶族的“落后”想象叙事，参与到民族互动和各个时代的变革中。李瑞主张打破中心—边缘的地理与文化阶序格局的历史想象，从少数民族“边缘”的历史文化和认同实践看汉族和民族国家“中心”的发展变革叙事。[②] 王崧兴在质疑汉人“土著化”这一概念的合理性的基础上，创导“从周边看汉人的社会与文化”的理念，提出了如何站在更为客观的立场，以全新的观点来理解和看待汉族和周边群体的文化和相互关系。他强调必须由汉人周围，或汉人社会内部与汉民族有所接触与互动的异族之观点，来看汉民族的社会与文化。[③] 麻国庆将这一理念延伸至华南研究领域，上升为具有方法论意义的从华南看中心与周边社会关系的视角。[④] 处于南岭民族走廊的红瑶的迁入和分布，保存的古老汉文化因子以及多元文化的交融，即是“周边”少数民族与作为相对“中心”的汉族接触过程的例证之一。对已经改用汉语方言平话的红瑶支系的研究尤其具有从“周

① 代表性著作如［英］莫里斯·弗里德曼：《中国东南的宗族组织》，刘晓春译，上海：上海人民出版社，2000。

② Ralph A, Litzinger, *Other Chinas : The Yao and the Politics of National Belonging*, Durham : Duke University Press, 2000.

③ 黄应贵、叶春荣主编：《从周边看汉人的社会与文化——王崧兴先生纪念文集》，台北：“中央研究院”民族学研究所，1997，第5页。

④ 麻国庆：《作为方法的华南：中心和周边的时空转换》，《思想战线》，2006年第4期，第1—9页。

边”看“中心”、探讨山地社会与平地社会的差异和交融的理论意义。而对这一问题的深入研究则有待继续进行。

四、迈向多元整合的身体人类学

身体研究发展到今天，“身体”已不仅仅是一个研究对象，而且成了众多人文社会科学反思认识论和方法论的概念。身—心、主体—客体、自然—文化、个体—社会等二元模式是人类学藉身体研究重新思考的中心，主要目的在于打破二元对立或二元之间的阶序关系，建立二元间有张力的互动关系，并为长期被压制或缺席的一方“平反”，因之有“身体转向”之说。由于理论谱系、关注角度等的不同，身体人类学呈现出多学科交叉、多种理论并存的多元图景。人类学和社会学界的主流身体理论即建构论的社会身体研究和源于现象学的活生生身体研究都只侧重于身体属性的某一面向，且彼此冲突，这是身体研究面临的最大理论困境之一。

身体是包含肉身性、时空性、情感、秉性和身份的生命体和社会性存在，本身即是一个具有多样能力与意义的集合，其实践和表达更是多元的。本书导论中已提到，在身体理论不断推陈出新、范式转移的几十年中，越来越多的学者尝试用人类学的整体观看待身体问题，不再单方面强调身体某一属性的重要性或主导性，综合研究视角正在成为一种较为成熟的理论范式，如“体现”、“身体思想”等概念。身体社会学者克里斯·席林即提出了一种综合的身体研究路线：身体实在论（corporeal realism），认为对立的身体理论各自将身体视为个体在其周遭环境中的栖身之处、栖身之源与栖身的途径，却没有任何一家学说承认身体化主体囊括这三种多元意涵。身体的重要性在于，它是铭刻社会结构的场所、建构社会的手段以及连结个体与社会的管道。任何全面性身体理论都必须将上述三者一并纳入考量。[①]他主张视身体为组成社会的多面向媒介，身体化主体与社会结构具有互为因果的生成属性和互动关系。提倡综合的看待身体并不是反对专题研究，而是认为单一身体议题研究“必须能赋予身体议题更多的连贯性”[②]。在《身体与社会理论》中，席林评价了西方各种身体学说的长短优劣，力主视身体为兼具生物性与社会性的现象，并认为“这种身体观让我们看到一种颇有前景的思路的轮廓，能够超越自然主义视角与社会建构论视角的化约论倾向，并有助于说明对于现代人而言，身体为什么变得特别重要”[③]。

视兼具双重属性的身体为多面向媒介的洞见充分考虑了身体意涵的丰富性，避免了抹煞任一面向而导向的身体化约论，对全面认识身体的能力和意义大有助益，可成为身体理论进一步研讨的对象。席林的整合论身体理论应当对国内身体人类学的发展有很好的启发意义。在较强调身心一体与和合观念的中国文化背景下，单纯运用某一视角都不能全面地分析身体问题。在中国人的“人身宇宙论”（身体小宇宙）思想中，宇宙根源于身体，身体化乎于宇宙，身体的生成化育、结构、疾病、命相、养生等方面均与宇宙有象征关联，吕理政将这一独特“宇宙图式”归纳为三个主要的思想：“一是认为人是万物之灵，二是人可以用多种方式与宇宙相类比（天人类比），三是人可以用多种方式与宇宙相感应。”[④]除此之外，与西方的躯体（body）不同，身体还兼有“亲自”、“亲身”、“切身”等“我”之情感、认同属性之含义。因此，“中

---

① [英]克里斯·席林：《身体三面向：文化、科技与社会》，谢明珊等译，台北：韦伯文化国际出版有限公司，2009，第30页。

② 同上书，第33页。

③ [英]克里斯·希林：《身体与社会理论（第二版）》，李康译，北京：北京大学出版社，2010，第166页。

④ 吕理政：《天、人、社会——试论中国传统的宇宙认知模型》，台北：“中央研究院”民族学研究所，1991，第145页。

国古代哲学坚持身体为一身体主体与身体客体合一的现象学整体”[1]。本书的个案亦表明，在红瑶人看来，身—心、身体—灵魂既不是孤立的存在，也不是矛盾的对立面，而是与花、气等共同构建了活生生的个体和家先与后代的延续。身体与社会文化互相构建，身体型构文化，反之又受文化的塑模和再造。人的一生是生物性和社会（文化）性相互依存和转化的过程，正因为二者的紧密关联和牵制，才为人类提供了多样的行动方式和给予了多样的生命意涵。在这个意义上，方兴未艾的中国身体人类学应该迈向一种多元整合的身体人类学，而非厚此薄彼，只强调身体的能动性或象征性，抑或成为某种西方理论流派的拥趸。应以一种整体观博采众长，重视身体的多元本质和意义，采取综合研究视角，并结合各民族独特的身心观念进行研究，进而创立本土的身体理论框架和研究路径。如果我们能尝试逐步建立多元整合的身体观，那么，重归完整、简单而真实的身体，以及深刻反观人类自身就成为了可能。

本研究以身体象征为切入点，但不局限于身体隐喻社会的方面，而是将身体、自然环境、物、宇宙、社会关系和文化等归于统一的生命体系中进行思考，认为身体不可能脱离任何一个要素而独立存在，以综合的视角展现了红瑶人的身体与社会文化的互动，试图透过红瑶的民族志个案对国内的身体人类学研究路径做出一点探索。不可否认的是，本书的身体理论思考还处在起步阶段，因主题为身体象征，故对作为“栖身之源”的活生生身体经验的探究也还有待深化。

---

① 张再林：《作为身体哲学的中国古代哲学》，北京：中国社会科学出版社，2008，第5页。

参考文献

一、中文论著

（一）著作

1. 陈进国：《风水、仪式与乡土社会：风水的历史人类学探索》，北京：社科文献出版社，2005。
2. 蔡璧名：《身体与自然——以〈黄帝内经素问〉为中心论古代思想传统中的身体观》，台北：台湾大学出版社，1997。
3. 邓启耀：《衣装秘语——中国民族服饰文化象征》，成都：四川人民出版社，2005。
4. 费孝通：《六上瑶山》，北京：中央民族大学出版社，2006。
5. 费孝通：《乡土中国　生育制度》，北京：北京大学出版社，1998。
6. 费孝通：《中华民族多元一体格局》，北京：中央民族学院出版社，1989。
7. 奉恒高主编：《瑶族通史》，北京：民族出版社，2007。
8. 广西壮族自治区编辑组编：《广西瑶族社会历史调查》，南宁：广西民族出版社（1—9册），1984—1987。
9. 葛红兵、宋耕：《身体政治》，上海：上海三联书店，2005。
10. 黄盈盈：《身体、性、性感——对中国城市年轻女性的日常生活研究》，北京：社科文献出版社，2008。
11. 黄东兰主编：《身体．心性．权力》，杭州：浙江人民出版社，2005。
12. 黄金麟：《历史．身体．国家——近代中国的身体形成》，北京：新星出版社，2006。
13. 黄克武：《性别与医疗》，台北："中央研究院"近代史研究所，2002。
14. 黄钰辑注：《评皇券牒集编》，南宁：广西人民出版社，1990。
15. 黄应贵主编：《人观、意义与社会》，台北："中央研究院"民族学研究所，1994。

16. 黄应贵主编 :《空间、力与社会》, 台北 : “中央研究院” 民族学研究所 ,1996。
17. 黄应贵主编 :《时间、历史与记忆》, 台北 : “中央研究院” 民族学研究所 ,1999。
18. 黄应贵、叶春荣主编 :《从周边看汉人的社会与文化——王崧兴先生纪念论文集》, 台北 : “中央研究院” 民族学研究所, 1997。
19. 海力波 :《道出真我——黑衣壮的人观与自我认同》, 北京 : 社会科学文献出版社 ,2008。
20. 胡台丽等主编 :《情感、情绪与文化——台湾社会的文化心理研究》, 台北 : “中央研究院” 民族学研究所, 2003。
21. 江绍原 :《发须爪——关于它们的迷信》, 北京 : 中华书局 ,2007。
22. 居阅时、瞿明安主编 :《中国象征文化》, 上海 : 上海人民出版社, 2001。
23. 刘小枫 :《沉重的肉身》, 上海 : 上海人民出版社 ,1999。
24. 廖明君 :《生殖崇拜的文化解读》, 南宁 : 广西人民出版社, 2006。
25. 李亦园 :《文化与修养》, 桂林 : 广西师范大学出版社, 2004。
26. 李亦园 :《宗教与神话》, 桂林 : 广西师范大学出版社, 2004。
27. 吕理政 :《天、人、社会——试论中国传统的宇宙认知模型》, 台北 : “中央研究院” 民族学研究所 ,1991 。
28. 梁钊韬 :《 中国古代巫术 : 宗教的起源和发展》, 广州 : 中山大学出版社, 1989。
29. 毛宗武、李云兵 :《优诺语研究》, 北京 : 民族出版社, 2007。
30. 庞新民 :《两广瑶山调查》, 北京 : 中华书局, 民国二十四(1935)年。
31. 彭兆荣 :《人类学仪式的理论与实践》, 北京 : 民族出版社 ,2007。
32. 乔健、谢剑、胡起望编 :《瑶族研究论文集》, 北京 : 民族出版社, 1988。
33. 瞿明安 :《沟通人神——中国祭祀文化象征》, 成都 : 四川人民出版社, 2005。
34. 宋兆麟 :《中国生育信仰》, 上海 : 上海文艺出版社, 1999。
35. 史宗主编 :《20 世纪西方宗教人类学文选(上、下)》, 上海 : 上海三联书店 ,1995。
36.《身体的历史专号》, 台北 :《新史学》, 第十卷第四期, 1999。

37. 粟卫宏等著：《红瑶历史与文化》，北京：民族出版社，2008。
38. 汪民安主编：《后身体：文化、权力和生命政治学》，长春：吉林人民出版社，2003。
39. 汪民安主编：《身体的文化政治学》，南京：河海大学出版社，2004。
40. 王铭铭编：《象征与社会》，天津：天津人民出版社，1997。
41. 王笛：《时间·空间·书写》，杭州：浙江人民出版社，2006。
42. 萧春雷：《我们住在皮肤里：人类身体的人文细节》，天津：百花文艺出版社，2002。
43. 徐祖祥：《瑶族的宗教与社会——瑶族道教及与云南瑶族的关系》，昆明：云南人民出版社，2006。
44. 杨念群：《再造病人——中西医冲突下的空间政治》，北京：中国人民大学出版社，2006。
45. 杨念群主编：《空间、记忆、社会转型——新社会史研究论文精选集》，上海：上海人民出版社，2001。
46. 杨儒宾：《儒家身体观》，台北："中央研究院"中国文哲研究所筹备处，1998。
47. 杨儒宾编：《中国古代思想中的气论与身体观》，台北：巨流图书公司，1993。
48. 杨树喆：《师公、仪式、信仰——壮族民间师教研究》，南宁：广西人民出版社，2007。
49. 余新忠：《清代江南的瘟疫与社会：一项医疗社会史的研究》，北京：中国人民大学出版社，2003。
50. 余舜德主编：《体物入微——物与身体感的研究》，新竹：国立清华大学出版社，2008。
51. 张有隽：《瑶族宗教论集》，南宁：广西瑶族研究学会印，1986。
52. 张紫晨：《中国巫术》，九龙：中华书局，1991。
53. 张珣：《疾病与文化——台湾民间医疗人类学研究论集》，台北：稻香出版社，2001。
54. 周与沉：《身体：思想与修行——以中国经典为中心的跨文化观照》，北京：

社会科学出版社，2005。

55. 张再林：《作为身体哲学的中国古代哲学》，北京：中国社会科学出版社，2008。

（二）论文

1. 陈元朋：《身体与花纹——唐宋时期的文身风尚初探》，台北：《新史学》，第十一卷第一期，2000，第1—37页。
2. 陈蕴茜：《身体政治：国家权力与民国中山装的流行》，《学术月刊》，2007年第9期，第139—147页。
3. 杜正胜：《作为社会史的医疗史——兼介绍"疾病、医疗与文化"研讨小组的成果》，台北：《新史学》，第六卷第一期，1995，第113—149页。
4. 杜正胜：《医疗、社会与文化——另类医疗史的思考》，台北：《新史学》，第八卷第四期，1997，第143—169页。
5. 费侠莉著，蒋竹山译：《再现与感知——身体史研究的两种取向》，《身体的历史专号》，台北：《新史学》，第十卷第四期，1999, 第129—140页。
6. 冯珠娣、汪民安：《日常生活、身体、政治》，《社会学研究》，2004年第1期，，第107—113页。
7. 范宏贵、陈维刚：《红瑶历史、语言及其他》，《中央民族大学学报》，1991年第1期，第60—63页。
8. 郭立新：《打造生命——龙脊壮族竖房仪式分析》，《广西民族研究》，2004年第1期，第36—42页。
9. 郭立新：《劳动合作、仪礼交换与社会结群》，《社会》，2009年第6期，第148—172页。
10. 葛兆光：《宇宙、身体、气与"假求于外物以自坚固"——道教的生命理论》，《中国哲学史》，1999年第2期，第65—72页。
11. [法]米歇尔·葛兰言著：《中国的左与右》，吴凤玲译，载孟慧英主编：《宗教信仰与民族文化（第二辑）》，北京：社科文献出版社，2009，第352—363页。
12. 侯杰、胡伟：《剃发、蓄发、剪发——清代辫发的身体政治史研究》，《学术月刊》，2005年第10期，第9—88页。

13. 侯杰、姜海龙：《身体史研究刍议》，《文史哲》，2005年第2期，第5—10页。

14. 黄俊杰：《东亚儒家思想传统中的四种"身体"：类型与议题》，《孔子研究》，2006年第5期，第20—35页。

15. 黄俊杰：《中国思想史中身体观研究的新视野》，《现代哲学》，2002年第3期，第55—66页。

16. 黄钰：《评一九三三年桂北瑶民起义》，《民族研究》，1959年第7期。

17. [日]河合利光：《身体与生命体系——南太平洋斐济群岛的社会文化传承》，姜娜、麻国庆译，《开放时代》，2009年第7期，第129—141页。

18. 何翠萍：《人与家屋：从中国西南几个族群的例子谈起》，《"仪式、亲属与社群小型学术研讨会"论文集》，"中央研究院"民族学研究所"亚洲季风区高地与低地的社会与文化"主题计划及"清华大学"人类学研究所合办，2000，第1—45页。

19. 江绍原：《血与天癸：关于它们的迷信言行》，载王文宝、江晓蕙编：《江绍原民俗学论集》，上海：上海文艺出版社，1998，第191页。

20. 李金莲：《女性、污秽与象征：宗教人类学视野中的月经禁忌》，《宗教学研究》，2006年第3期，第152—159页。

21. 李本高：《尤人是瑶族的主源初探》，《广西民族研究》，1985年第1期，第68—73页。

22. 李贞德：《从医疗史到身体文化的研究——从健与美的历史研讨会谈起》，《身体的历史专号》，台北：《新史学》，第十卷第四期，1999年，第117—128页。

23. 李贞德：《汉唐之间求子医方试探——兼论妇科滥觞与性别论述》，台北：《"中央研究院"历史语言所集刊》，第六十八本，第二分，1999，第283—317页。

24. 李贞德：《汉唐之间医书中的生产之道》，台北：《"中央研究院"历史语言所集刊》，第六十七本，第三分，1996，第533—581页。

25. 罗宗志：《百年来人类学巫医研究的综述与反思》，《百色学院学报》，2007年第4期，第21—25页。

26. 马塞尔·毛斯著，佘碧平译，《各种身体的技术》，载《社会学与人类学》，上海：上海译文出版社，2003。
27. 麻国庆：《作为方法的华南：中心与周边的时空转换》，《思想战线》，2006年第4期，第1—9页。
28. [美]James L.Waston(屈佑天)：《骨肉相关：广东社会中对死亡污染的控制》，沈宇斌译，《广西民族大学学报》，2008年第6期，第38—49页。
29. 邱仲麟：《人药与血气——割股疗亲现象中的医疗观念》，《身体的历史专号》，台北：《新史学》，第十卷第四期，1999，第67—116页。
30. 邱仲麟：《不孝之孝——唐以来割股疗亲现象的社会史初探》，台北：《新史学》，第六卷第一期，1995，第49—92页。
31. 覃乃昌：《20世纪的瑶学研究》，《广西民族研究》，2003年第1期，第55—67页。
32. 布莱恩·特纳：《身体问题：社会理论的新近发展》，载汪民安主编：《后身体：文化、权力和生命政治学》，长春：吉林人民出版社，2003，第4—10页。
33. 唐永亮：《人与自然组合的变形——桂北瑶族鬼文化》，《广西民族研究》，1993年第2期，第76—79页。
34. 王建新：《宗教民族志的视角、理论范式和方法》，《广西民族大学学报》，2007年第2期，第6—14页。
35. 王瑞鸿：《身体社会学——当代社会学的理论转向》，《华东理工大学学报》，2005年第4期，第1—7页。
36. 叶舒宪：《身体人类学随想》，《民族艺术》，2002年第2期，第9—15页。
37. 余舜德：《文化感知身体的方式：人类学冷热医学研究的重新思考》，《台湾人类学刊1》，2003年第1期，第105—146页。
38. 余舜德：《食物冷热系统、体验与人类学研究：慈溪道场个案研究的意义》，台北：《"中央研究院"民族学研究所集刊（89）》，2001，第117—145页。
39. 余舜德：《从人类学身体与经验研究的观点来谈医疗史之研究》，载《"二十一世纪新意义"研讨会论文集》，台北："中央研究院"历史语言研究所，2002。

40. 赵蜜 :《以身行事——从西美尔的风情心理学到身体话语》,《开放时代》, 2010 年第 1 期，第 150—158 页。

41. [美] 张举文 :《重认“过渡礼仪”模式中的“边缘礼仪”》,《民间文化论坛》, 2006 年第 3 期，第 25—37 页。

二、译著

1. [美] 约翰 · 奥尼尔 :《身体形态——现代社会的五种身体》，张旭春译，沈阳 : 春风文艺出版社，2000。

2. [日] 白鸟芳郎主编 :《东南亚山地民族志》，黄来钧译，昆明 : 云南省历史研究所东南亚研究室，1980。

3. [英] 菲奥纳 · 鲍伊 :《宗教人类学导论》，金泽译，北京 : 中国人民大学出版社，2004。

4. [英] 拉德克利夫 – 布朗 :《安达曼岛民》，梁粤译，桂林 : 广西师范大学出版社，2005。

5. [法] 笛卡尔 :《第一哲学沉思录》，北京 : 商务印书馆，1998。

6. [美] 路易 · 杜蒙 :《阶序人——卡斯特及其衍生现象》，王志明译，台北 : 远流出版事业股份有限公司，1992。

7. [美] 玛丽 · 道格拉斯 :《洁净与危险》，黄剑波等译，北京 : 民族出版社，2008。

8. [英] 乔安妮 · 恩特维斯特尔 :《时髦的身体 : 时尚、衣着和现代社会理论》，郜元宝译，桂林 : 广西师范大学出版社，2005。

9. [美] 费侠莉 :《繁盛之阴——中国医学史中的性（960—1665）》，甄橙译，南京 : 江苏人民出版社，2006。

10. [法] 米歇尔 · 福柯 :《规训与惩罚》，刘北成译，北京 : 生活 · 读书 · 新知三联书店，1999。

11. [法] 米歇尔 · 福柯 :《疯癫与文明》，刘北成译，北京 : 生活 · 读书 · 新知三联书店，1999。

12. [法] 米歇尔·福柯 :《临床医学的诞生》，刘北成译，北京：译林出版社，2011。
13. [英] 詹姆斯·乔治·弗雷泽 :《 金枝：巫术与宗教之研究》，徐育新等译，北京：新世界出版社，2006。
14. [奥] 弗洛伊德 :《图腾与禁忌》, 赵立玮译 , 上海 : 上海人民出版社 ,2005。
15. [法] 阿诺尔德·范热内普 :《过渡礼仪》，张举文译，北京：商务印书馆，2010。
16. [英] 吉登斯 :《现代性与自我认同》，赵旭东译 , 北京：生活·读书·新知三联书店 ,1998。
17. [美] 戈夫曼 :《日常生活中的自我呈现》, 冯钢译 , 北京：北京大学出版社 ,2008。
18. [美] 高彦颐 :《缠足——金莲崇拜盛极而衰的演变》，苗延威译，南京：江苏人民出版社，2009。
19. [美] 克利福德·格尔兹 :《文化的解释》，纳日碧力戈等译，上海：上海人民出版社，1999。
20. [美] 克利福德·格尔兹 :《地方性知识》, 王海龙译，北京：中央编译出版社，2004。
21. [美] 保罗·康纳顿 :《社会如何记忆》，纳日碧力戈译，上海：上海人民出版社，2000。
22. [德] 卡西尔 :《人论》，甘阳译 , 上海：上海译文出版社，1985。
23. [美] 孔飞力 :《叫魂—— 1768 年中国妖术大恐慌》，陈兼译，上海：三联书店，1999。
24. [美] 凯博文 :《谈病说痛：人类的受苦经验与痊愈之道》，陈新绿译，广州：广州出版社，1998。
25. [法] 让－克鲁德·考夫曼 :《女人的身体男人的目光》, 谢强、马月译，北京：社会科学文献出版社，2001。
26. [英] 埃德蒙·利奇 :《文化与交流》，郭凡译，广州：中山大学出版社，1990。
27. [日] 濑川昌久 :《族谱：华南汉族的宗族、风水、移居》，钱杭译，上海：

上海书店出版社，1999。
28. [法] 大卫 · 勒布雷东 :《人类身体史和现代性》，王圆圆译，上海 : 上海文艺出版社，2010。
29. [英] 马林诺夫斯基 :《文化论》，费孝通译，北京 : 中国民间文艺出版社，1987。
30. [英] 马林诺夫斯基 :《两性社会学》，李安宅译，上海 : 上海人民出版社，2003。
31. [法] 莫里斯 · 梅洛 – 庞蒂 :《知觉现象学》，姜志辉译，北京 : 商务印书馆，2001。
32. [法] 马塞尔 · 毛斯 :《社会学与人类学》，佘碧平译，上海 : 上海译文出版社，2003。
33. [美]乔治 · 米德 :《心灵、自我与社会》，赵月瑟译，上海 : 上海译文出版社，1997。
34. [英] 埃文斯 · 普里查德 :《努尔人》，褚建芳译，北京 : 华夏出版社，2002。
35. [英] 埃文斯 · 普里查德 :《原始宗教理论》，孙尚扬译，北京 : 商务印书馆，2001。
36. [英]埃文斯 · 普里查德 :《阿赞德人的巫术、神谕和魔法》，覃俐俐译，北京 : 商务印书馆，2006。
37. [美] 安德鲁 · 斯特拉森 :《身体思想》，王业伟译，沈阳 : 春风文艺出版社，2000。
38. [美] 安德鲁 · 斯特拉森、斯图瓦德 :《人类学的四个讲座——谣言 · 想象 · 身体 · 历史》，梁永佳译，北京 : 中国人民大学出版社，2005。
39. [英]肖恩 · 斯威尼，霍德主编 :《身体 : 剑桥年度主题讲座》，贾俐译，北京 : 华夏出版社，2006。
40. [美] 苏珊 · 桑塔格 :《疾病的隐喻》，程魏译，上海 : 上海译文出版社，2003。
41. [日] 栗山茂久 :《身体的语言——古希腊医学和中医之比较》，陈信宏译，上海 : 上海书店出版社，2009。
42. [法] 埃米尔 · 涂尔干 :《宗教生活的基本形式》，渠东译，上海 : 上海人民出版社，2006。
43. [法]埃米尔·涂尔干、莫斯：《原始分类》，汲喆译，上海：上海世纪出版集团，2005。
44. [英]布莱恩·特纳：《身体与社会》，马海良等译，沈阳：春风文艺出版社，2000。
45. [英]维克多·特纳：《象征之林》，赵玉燕等译，北京：商务印书馆，2006。
46. [英]维克多·特纳：《仪式过程——结构与反结构》，黄剑波译，北京：中国人民大学出版社，2006。
47. [英]克里斯·席林：《身体三面向：文化、科技与社会》，谢明珊等译，台北：韦伯文化国际出版有限公司，2009。
48. [英]克里斯·希林：《身体与社会理论（第二版）》，李康译，北京：北京大学出版社，2010。
49. [日]竹村卓二：《瑶族的历史和文化——华南、东南亚山地民族的社会人类学研究》，金少萍译，北京：民族出版社，2003。

三、典籍方志

1. [唐]莫休符撰：《桂林风土記》一卷，清张位抄本，清黄丕烈校并跋，桂林市图书馆藏。
2. [宋]范成大：《桂海虞衡志》，严沛校注，南宁：广西人民出版社，1986。
3. [宋]周去非：《岭外代答校注》，北京：中华书局，1999。
4. [清]周诚之：《龙胜厅志》，民国二十五年影印本，道光丙午子古堂藏版。
5. [清]谢澐：《义宁县志》六卷，清道光一年抄本。
6. 徐松石：《粤江流域人民史》，北京：中华书局，1939。
7. 陈远坤：《纂修龙胜县志》，1948年完稿（手抄本），陆德高抄于1984年8月，桂林市图书馆藏书。
8. 彭怀谦：《民国龙胜县志》，潘鸿祥编定，龙胜县档案馆内部资料，2009。

9. 龙胜县志编撰委员会编：《龙胜县志》，上海：汉语大词典出版社，1992。
10. 龙胜各族自治县概况编写组：《龙胜各族自治县概况》，南宁：广西民族出版社，2009。
11. 龙胜各族自治县民族局编：《龙胜红瑶》，北京：民族出版社，2002。
12. 蓝基椿：《可爱的龙胜》，南宁：广西人民出版社，1992。
13. 临桂县志编纂委员会编：《临桂县志》，北京：方志出版社，1996。
14. 张有隽主编：《广西通志·民俗志》，南宁：广西人民出版社，1992。
15. 李达权：《龙胜乡土风情》，1944，龙胜县图书馆藏。
16. 石凌广主编：《龙胜各族自治县少数民族古籍（一）》，龙胜县民族局内部资料。
17. 龙胜各族自治县文化局编：《龙胜各族自治县文化志》，1990。
18. 龙胜各族自治县地名领导小组办公室编：《龙胜各族自治县地名录》，1986。
19. 龙胜各族自治县文化局编：《龙胜各族自治县文化志》，1990。

四、英文论著

1. Emily Ahern, "Scared and Secular Medicine in a Taiwan Village:a Study on Cosmological Disord-Ers" , in Cleinman ed. *Medicine in Chinese Cultures*. WashingtonD. C. National Institutes of Health Dhew published, 1975, pp. 91-113.
2. John Black, ed. *The Anthropology of Body,* London:Academic press, 1977.
3. Thomas Buchley and Alma Gottlieb ed. *Blood Magic:The Anthropology of Menstruation,* University of California Press, 1988.
4. Meredith B. Mcguire , "Religion and the Body: Rematerializing the Human Body in the Social Sciences of Religion" , *Journal for the Scientific Study of Religion*, 29（3）:283-296 ,1990.
5. Rebecca Bryant , "The Purity of Spirit and the Power of Blood: A Comparative Perspective on Nation, Gender and Kinship in Cyprus" , *The Journal of the Royal*

Anthropological Institute, 8(3): 509–530,2002.

6. Wim van Binsbergen, "The Land as Body: An Essay on the Interpretation of Ritual among the Manjaks of Guinea–Bissau" , *Medical Anthropology Quarterly*, New Series, 2(4): 386–401,1988.
7. Cecilia Busby, "Permesble and Partible Person:A Comparative Analysis of Gender and Body in South India and Melanesia" , *The Journal of the Oyal Anthropological Institute* ,13(2):261–278,1997.
8. Castelnuovo,Shirky,Guthrie,Sharon Ruth, *Feminism and the Female Body:Liberating the Amazon within*, Boulder:L Rienner Publishers,1998.
9. Chiao chien,Jacques.Lemoine ed *.The Yao of South China:Recent International Studies,Paris and Bangkok:Pangu*, 1991.
10. Janet Carsten, *After Kinship*, Cambridge :Cambridge University Press,2005.
11. Janet Carsten , "The Substance of Kinship and the Heat of the Hearth: Feeding, Personhood, and Relatedness among Malays in Pulau Langkawi" , *American Ethnologist*, 22(2): 223–241,1995.
12. Janet Cartsen & Stephen Hugh – Jones eds. *About the House : Levi – Strauss and Beyond*, Cambridge : Cambridge University Press,1995.
13. Csordas,Thomas, "Embodiment as a Paradigm for Anthropology" ,*Ethos* 18:5–47,1990.
14. Csordas,Thomas eds. *Embodiment and Experience:The Existential Ground of Culture and Self.* Cambridge : Cambridge university Press.1994.
15. Douglas , Mary, *Natural Symbols*, New York:Vintage,1970.
16. Douglas, Miles, "Yao Spirit Mediumship and Heredity Versus Reincarnation and Descent in Pulangka" , *Man*, New Series, 13(3): 428–443,1978.
17. James Dow, "Universal Aspects of Symbolic Healing: A Theoretical Synthesis" , *American Anthropologist*, New Series, 88(1): 56–69,1986.
18. Daniel E. Moerman, "Anthropology of Symbolic Healing and Comments and Reply" , *Current Anthropology*,20(1): 59–80,1979.
19. Elizabeth Faithorn, "The Concept of Pollution Among the Kafe of the Papua

New Guinea Highlan–Ds" ,in Rayna Reiter edited,*Toward an Anthropology of Women*, New York:Monthly Review Press,1975, pp.127 –140.

20. M.Featherstone,M.Hepworth and B.Turner eds.*The Body:Social Process and Cultural Theory*, London:Sage ,1991.
21. Wayne Fife, "Creating the Moral Body:Missionaries and the Technology of Power in Early Papua New Guines" , *Ethnology*,40(3): 251–269,2001.
22. Hertz.Robert, "The Pre–eminence of the Right Hand:a Study of Religious Polarity" , In Rodney Needham ed. *Right and Left:Essays on Dual Symbolic Classification*, translated by R.Needham, Chicago and London: University of Chicago Press, 1973 (First published in 1909).
23. Hugh–Jones,Stephen, "Inside–out and Back–to–front:The Androgynous House in Northwest Amazonia" , in Janet carsten and Hugh–Jones eds. *About the house:Levi–Strauss and Beyond*, Cambridge, UK:Cambridge University Press,1995.
24. Michael Jackson, "Knowledge of the Body" , *Man*, New series,18(2): 327–345,1983.
25. Jacques Janssen and Theo Verheggen, "The Double Center of Gravity in Durkheim's Symbol Theory: Bringing the Symbolism of the Body Back in" , *Sociological Theory*, 15(3): 294–306,1997.
26. Bruce M. Knauft, "Body Images in Melanesia:Cultural Substances and Natural Metaphors" , In *Fragments for a History of Human Body*, ed. Mfeher,Naddaff, New York:Zone Press ,1989,pp.199–279.
27. Margaret Lock , "Cultivating the body:Anthropology and Epistenmologies of bodily Practice and Knowledge" , *Annual Review of Anthropology*,22:133–155,1993.
28. Margaret Lock and Nancy Scheper–Hughes, "The Mindful Body:A Prolegomennon to Future Work in Medical Anthropology" , *Medical Anthropology Quarterly*,New Series,1(1):6–41,1987.
29. Ralph A Litzinger, *Other Chinas:The Yao and the Politics of National Belonging*, Durham:Duke University press, 2000.

30. Horace Miner, "Body Ritual among the Nacirema" , *American Anthropologist*, New Series, 58(3): 503–507,1956.

31. Martin.Emily, "Toward an Anthropology of Immunology: The Body as Nation State" , *Medical Anthropology Quarterly*, New Series, 4(4): 410–426,1990.

32. Martin,Emily,*The Woman in the Body:A Cultural Analysis of Reproduction,* Boston:Bescon Press,1992.

33. Rosaldo ,Michelle Z , "Toward an Anthropology of Self and Feeling" , In *Cultural Theory*, ed. R, Shweder and R.Levine, Cambridge: Cambridge Press,1984, pp.137–154.

34. Andrew Strathern , "Male Initiation in New Guinea Highlands Societies" , *Ethnology*, 9(4): 373–379,1970.

35. Andrew Strathern , "A Preliminary Analysis of the Relationship between Altered States of Consciousness, Healing, and Social Structure" , *American Anthropologist*, New Series, 94(1): 145–160,1994.

36. Andrew Strathern, "Power and Placement in Blood Practices" , *Ethnology,*41(4): 349–363,2002.

37. Ortner,Sherry, "Is Female to Male as Nature is to Culture?" In M.Rosaldo eds. *Woman,Culture and Society*, Stanford:Stanford university Press, 1974, pp.67–88.

38. Skultans, "The Symbolic Significance of Menstruation and the Menopause" , *Man* New Series, (5) :639–651,1970.

39. Rubie S. Watson , "The Named and the Nameless: Gender and Person in Chinese Society" , *American Ethnologist*, 13(4): 619–631,1986.

附 录

附录一 洪水淹天门神话

从前张天师和李天师斗法，争论是行善好还是行恶好，争不出个结果。就商量看谁的铁树先开花，谁就赢了。认为行善好的张天师的铁树先开花了，李天师心里动了歪脑筋，赶紧作法让他睡着，偷偷摘下花朵放到自己的铁树上面。然后叫醒张天师说："你看我的铁树开花了，肯定是行恶好了吧？"张天师不信，仔细看铁树花，突然发现花根还滴着水，知道肯定是李天师从自己的树上摘下来的，他非常气愤，觉得"山上无直树，世上无直人"，决定要改变这个善恶不分的世界，7天之后让地上的洪水淹到天门，干脆改朝换代。

张天师先下凡，想找一下人间是否还有有良心、行善的人。他化成一个叫花子到处要饭，没有人给他吃的，有些人还用臭潲水来捉弄他。有一天走到一户农家，这家人只有兄妹俩，名叫张良、张妹，热情地请他进屋吃饭。仙家（张天师）走的时候给了他们一颗南瓜籽，说马上要有大灾难了，你们拿着会有用的。兄妹俩把南瓜籽放在香火的香炉里，没想到中午就开出一朵大大的南瓜花。晚上果然涨起了滔天洪水，淹到天门，眼看都无法逃生了。两兄妹这才想到藏到花里，花马上就变成了一个大南瓜，随着洪水漂。洪水退去，仙家把南瓜破开，两人走出来一看，世上已经没有人烟了。仙家说只有你俩配婚才有子孙了，但是他们死活不愿意。仙家又说这是老天注定的，如果你们不信的话我们就先做几件事证明一下，如果我说的不假，你们就一定要配婚。

仙家让张良张妹每人背一盘石磨爬到两座山岭上，同时把石磨滚到山下，如果合在一起就婚配，两盘石磨滚下来果然合在一起；两个人不相信，仙家又让他们各自在河的一边洗头，结果两人的头发却绞在一起；两个人不相信，仙家又让他们各在河两边种一棵吊竹，竹子很快长大，结果凤尾（竹梢）又绞在一起；两人还不相信，往前走，路上碰到一只乌龟，打烂做两块却又合在一起活过来了，他们不晓得这乌龟就是仙家变的；两个人还是不服气，仙家又带他们来到一座有36个迷魂包的大山前，让两个人在里面转，看会不会碰到一起。张良正当转得头晕，又碰到乌龟，告诉他掉转头走很快就能追上张妹了，张良打转头果然撞到妹妹。兄妹俩只能结亲了，一年后张妹怀孕生下一个肉团，他们害怕是怪物，就用刀砍烂成364块到处丢，丢到一处就有了人烟，变成了364姓人。汉在平阳，瑶在山头。

（异文：生出一个男孩，但张良张妹不会照顾，倒着背而夭折，砍成364块。）

附录二　杨焕友葬礼客祭过程及祭文[①]

2008年10月13日，农历九月十五日晚，去泗水乡白面寨上门的三子杨文军为亡父杨焕友“抬盒”，请来龙姓师公主持客祭仪式，念唱祭文。

---

① 主祭者念唱词和祭文均为笔者录音整理而成。

一、献十荤十素

主祭人龙姓师公站到祭桌边，孝亲面对棺材站立，三个孝子和女婿站在最前排，其他人按辈分依次往后排列整齐。龙师公宣布上祭开始："天地开张，今逢黄道地荣长光，开坛客奠，儿孙万代荣昌，客奠开始。宾客请悲哀肃静，执事者各执其事，乐音者各伴其音。

奏乐（鸣响奏哀乐）；鸣金（放鞭炮）；击鼓。

孝子孝孙孝女孝婿，合家孝哀人等，头戴灵布，身披孝帽，俯躬曲微，排班就位，整冠束带。（众人整理衣冠）

祭者洗手；（孝子孝婿洗手）

孝子孝孙孝女孝婿，合家孝哀人等，于公元新逝稀寿杨公讳焕友老大人之灵柩前行初上香礼。（孝子拿香）鞠躬一拜，叩首；二拜，二叩首；三拜，三叩首。（孝子点香）初上香，鞠躬一拜，叩首；二上香，鞠躬二拜，二叩首；三清灵前初上香，香烟多多上天堂，往日烧香不流泪，今夜烧香怕也断肝肠。三上香，鞠躬三拜，三叩首。上香三支泪双流，儿也愁来妻也愁哟，烧香之时一世过咯，父亲你何时转世再回头。（唱腔）上香礼毕，香插于炉。"（孝子将香插在棺材头的香炉里面）

"三炷清香已上完，儿孙流泪几时干。今夜我喊爷爷不应罗，我烧张钱纸化悲哀。一张钱纸白绵绵，我亡父灵魂来领受也，你放进庐山已成仙。"孝子烧纸。

龙师公倒三碗酒，高声道："献葡萄露，鞠躬拜；献竹叶青，鞠躬再拜；献古井老窖，鞠躬拜。"孝子倒酒于地，叩首。同样献茶和米饭。

"孝子孝孙孝女孝婿，合家孝哀人等，于公元新逝稀寿杨公讳焕友老大人之灵柩前行二上香礼。"鞠躬叩首，再叩首，六叩首。

“先献十荤后献十素。献猪头，鞠躬拜；一个刚连嘴尖尖，两边耳朵掉连连，往日杀猪待宾客，今晚功夫枉我细奠。献水上仙人（鸭），碗里装的是个鸭，鸭在河中打水耙，耙开水面一条路，只见鸭来不见爸。献五更报晓（鸡），碗里装的是个鸡，头戴红冠脚踩泥，五更刚抱人知晓，父返仙乡你不抱鸡。献水说（鱼），一个水说两头尖，不见我父泪涟涟，往日有鱼父知道，今日不到父嘴边。”（唱腔）

献十素。献父子难离（梨），献南山供果（苹果），鞠躬拜；献锦上添花，献六愿良心，六拜；献一心行孝，献五子登科，七子团圆，一鼎当朝（水果糖）。

十荤十素献毕，献祝文。鞠躬三拜，六拜，九拜。孝子孝孙孝女孝婿，合家孝哀人等，跪，头伏于地。宾客请悲哀肃静，行者止步，坐者停身，同悲杨公焕友老大人，细听客奠言文。（众孝亲下跪，头伏于地。）

二、唱客祭文

主祭人龙师公唱：“人生在世度光阴，失去亲人最伤我心。父亲寿满登仙界，我踏破铁鞋无处寻。为人在世度时光，来时寥寥去时忙。昨夜我忽闻父牙咬，谁知我父你返仙乡，父返仙乡我心难忍，我想求天天又闭也[①]。堂中祭奠我留父得，明日登山痛我心。我感谢亲朋同祭奠咯，我隔江挑渡慢陪亲。今晚灵棺停在堂，明天就到路中央，不孝儿孙来跪拜也，孝男孝女泪汪汪。我最后陪爷坐一夜哟，你明天独自去山冈。我今夜喊爷爷不应勒，我想爷不知落哪方。从今隔山又隔水也，隔山隔水共月光。我生前没把我爷恩报也，我跪在灵前泪汪汪。往时我走进爷的家，儿喊爷来你开口答；今晚回来不见爷哦，孝子儿

① “也”为唱腔拖音。

孙戴孝布。今日我走进爷堂前，不见我爷你坐那边，喊爷不见我爷答应咯，我看见棺材怕也泪涟涟。我灵前祭奠身发热，不见我爷你开口答。往日回来同桌坐咯，今晚不得坐一桌。我伤心痛恨孝随身，怕儿媳哭爷爷不应。你做儿床前恩没报，我灵前祭奠表微情。文军我手长衣袖短，只有灵前读祭文。

公元2008年9月15日，今有杨家孝儿杨文军、孝媳龙国蓝、外孙龙杨强，又有合家孝哀人等，祭奠公元新逝稀寿我的父亲。今秋十月五谷丰登，人人欢喜家家团聚一堂，唯有我家日夜祭坟吹断魂，三更谷雨洒湿孝子麻衣。父子恩情今日定哦，血肉两隔断肝肠。从今以后我无父了哦，我跪在灵前泪汪汪。想来人生在世，日头走遭又一春，芳草春晖湿大地，寒来希望又各自消沉。我父今生在世享受阳光七十春秋，以后山中古墓难挡狂风飘动、雨寒风问。今晚开坛祭奠，我父生前是厚德，如今马具鞍还在，想爷不在更伤我心。父子难舍真难舍哟，父女难分真难分，想起我父一生在世为儿为女，早晚披星戴月也，日常沐雨又接风。可怜我父可怜我爹，晴天你又一身汗，雨天你又一身湿，受尽人间苦楚哦，你饱经世道风酸。父啊父啊，你生了不孝文军三男二女子妹五人，小时文军难长大，如今我长大到他家，丢落哥哥和姐姐哟。我几家谋生来度日，我忘却父母在一边，为我姊妹你好衣不得穿一件，好饭不得到嘴上，得颗好糖你留给仔，有点好肉你放碗旁。年关有口稀饭你留给我，可怜我父你砍把蕨菜撒空床。我家人多劳力少，年终结算又亏欠。到了年边你又犯愁，又愁柴米又愁钱，又愁衣服把我五姊妹买不起，又愁难买过年盐，又愁妹仔（女儿）难长大，担心娃仔（儿子）命难全。母苦父劳累，经常得病在心间，可怜我哥哥和嫂嫂哦，夜夜陪着我的爷。父啊父啊，爷啊爷啊，可怜我二姐归西早哦，今晚不得陪我爷，不得同爷烧张纸哟，不得和爷烧炷香。

恨我不孝文军知你病重没来照料，你病没回来照顾，茶饭没得送一口哦，口干没得送杯茶，脏衣没帮洗一件，鞋袜没帮洗一双。我儿家谋生来度日，我嫁白面家务忙。恨我文军多不孝，枉在人间过一生，想你在世实在好哟，时时挂念儿女们，逢年过节门楼望哦，事先望我早登门。回家我父来相送，送到路边泪涟涟，又劝夫妻要和好哦，莫要相吵莫相争。好好将我外孙带，兢兢业业做家门，夫妻和睦人恭敬，莫给旁人讲轻声。如今想起爷的话，怎不使我动肝肠。我没曾当家不知油盐贵，我没曾养子不知父母恩；如今当了家养了子也，养了子来成了人，我只为家庭多好过，忘却我父在一旁。过了黄河我丢拐棍，我长大成人忘了爷。当家才知油盐贵，养子才知父母恩。如今想爷一世完了哦，我父已经返仙乡。喊爷不见我爷答应，想爷不知你在哪一方。我想靠树树又倒哦，我想靠墙墙又翻。可怜我父亲一世哦，你劳劳苦苦到今天，良医良药都用尽，难留我父命生辰。不知我爷你怎样想咯，你怎样丢得我的娘？夫妻好似同林鸟，大难来时各自飞；丢下儿孙无公了哦，丢下子女没得爷，丢下亲朋问一句，丢落我娘守空房。从今以后无父了哦，哪个帮我二哥等房，煮饭时谁打水，吃饭时谁打汤。哪个帮他鸡鸭喂，牛羊哪个帮他关，田中无水哪个看，哪个和我二哥系田桩。人情来往问哪个，哪个和我二哥来晒粮。往日听着大门响，就是我爷你进了窗，从今要见我爷的面，除非梦里得思量，父的恩情我究不尽咯，我三天六夜也讲不完。明年社节去挂青哦，儿孙后代永荣华。”

“伏惟尚飨，起。”众孝亲起身站立。

三、献二十四孝斋粑

“十荤献毕，十素完整，献二十四孝素祭礼饼（斋粑）。献月里蟾蜍（青蛙），鞠躬拜；献金龟，鞠躬拜；海里爬川（蛇）献，鞠躬拜；

双龙下河献，鞠躬拜；献龙角（竹笋），鞠躬再拜；毛兔生花献，鞠躬拜；鲤鱼翻身献，鞠躬再拜；海螺升天献，鞠躬拜；鼠盘梁洲献，鞠躬拜。”（每念一献拿起一次装斋粑的祭盘）

“孝子孝孙孝女孝婿，合家孝哀人等，于公元新逝稀寿杨公讳焕友老大人之灵柩前行送神礼毕，鞠躬拜，再拜，三拜，六拜，九拜。献豪光（蜡烛）一对，鞠躬拜，再拜。豪光一对亮堂堂，又流血泪又发光，灯照堂前不见父，以后相逢梦日长。（唱）献灵棺布罩一幅，鞠躬拜，叩首，再叩首。灵棺布罩七尺长，父亲遗体在中央，今日灵柩堂前放，明天就到路中央。

献人人所爱（酒），三杯奠酒甜又甜，逢见我爷你要领情，父亲莫嫌意思小哦，你饮杯肉酒返故乡。献民间大宝（饭），不孝小儿把碗端，双手举碗泪难干，往日举饭我爷接到哦，从今接碗怕也难上难。献仁义千金（茶），最后为父献杯茶，茶树年年发嫩芽，我爷接了这杯水哟，你过山慢慢爬。”

“客奠祭文祭奠完，双亲义重重如山，为人不将父母孝，你好似人间无情郎。父母养儿多辛苦，口叫仔女挂心肠，父母爷娘贴养大，不能丢下把恩忘。父母爷娘恩情好，应该奉养爷和娘。池塘有水风来早，老来年迈靠子女。养子祭拜娘前跪，乌鸦反哺爱捉肠。父母无油靠子孝，家庭内孝父亲光，父亲你待看千言语哦，二十四孝讲不完。客奠祭文祭奠完，父亲恩德我讲不完；我感谢亲朋同掉泪，明天送父去登山。

孝子孝孙孝女孝婿，合家孝哀人等，于公元新逝稀寿杨公讳焕友老大人之灵柩前祭礼毕，鞠躬拜，叩首，鞠躬六拜，六叩首，鞠躬九拜九叩首。客奠祭文礼毕，左谢右谢（众孝亲朝左右亲朋鞠躬），礼毕退位，各归丧所，落入大座。”

烧客祭文，吊丧人争抢二十四孝斋粑和祭祀糖果食用，丧家放鞭炮，鸣响吹奏，客祭完毕。

附录三 红瑶《过山文》[①]

天下父母主，文通传古历。前间（世）张天师李天师为君主，后间天下父母主，张良两姐妹为主。水淹天门，倒天倒地。不讲天来不讲地，讲起天地有根源。水有源头，木有根源，祖宗出生有根源，何把根源来读念。张良张妹二人亲兄姊妹，立夫成妻生育养。凡人生子生女生孙，人间开天古文之书。

盘古开天入地，来龙根源传流潘家历史，全文古书文本手抄留念，永远不忘吾祖情恩。记住是从盘古开天入地，真命天子伍甲庚伍巳运符，五乙五丙地符，五丙五辛神符，五丁五壬唐高祖，六戊六癸天子流乱是唐朝前五百年，后五百年天子十二姓瑶同天下，天下同人同神符。六戊六癸，天反流乱，各走乱姓，分朝瑶汉。唐朝是六戊六癸，吉年是癸酉岁三月，丙辰十九日制定流书，新定后朝。先是天灵地神，后是唐宋元明清。开讲公父读，传子代儿孙。

破篾不离手拇（指），讲话不离公爷。千人讲盘古，万人讲公爷。讲了公爷讲盘古，讲了盘古讲公爷。娶亲讲盘古，娶妇讲公爷。盘古置天，蚂蝗置地，乌鸦置岭，猿猴置山，太白仙人置江河，星子置大路，张良张妹置凡人。猿猴置山，置出青山亩亩，有了山鹰百鸟，地下凡人劳碌。树头放绳，树尾放线，得了山鹰百鸟，拿回闹热风良[②]，风良闹热。乌鸦置岭，有了山扒野马，独角野猪。地下凡人劳碌，装

① “十年香会”还盘王愿时由师公念诵。

② 风良，音译，热闹的意思。

了南山大步，得了山扒野马，独角野猪。拿回台上摊，台下看。太白置江河，置出深塘鱼有定，天暖鱼上，天冷鱼退。地下凡人通口劳碌，装了拦江大步，得了草鱼一对，鲤鱼一双。拿回台上摊，台下看。星子置大路，置出一条出东，川洲[①]买卖；二条出西，买布买盐；第三中央一条，正是娶亲娶妇。过了周堂八殿，结亲也同，为龙结伴，为亲结情。张良张妹置凡人，置出三百六十四姓，姓姓有州，州州有县，县县有名传九州。

地下凡人难变人身，鸭子下蛋鸡来抱（孵），凡人下蛋无人抱。难变人身，又来仙人，吃了仙丹，才生人育，有头无角，有身无脚。朝朝泪流，愁儿愁女；天仙下凡，利刀切肉，切出三百六十四点，由天抛上，漫天丢落地中，姓姓落有州，州州落有县，县县落有名，名名落有处。水淹天门，男女结伴，成妻养儿女，男生女养，生出人儿，后出伴人胞衣。皇帝出在正天地，雷公出在正天门，官府出在县朝门，秀才出在寺堂门，石匠出在右岩门，鬼王出在冷坛门，师公出在地下凡人，沤气出在贱家门。天下十二姓大瑶，七十四姓小瑶，同是正命天子。上瑶下瑶坐落天下，五湖四海山头，五湖山中。客是一姓，出在正天皇帝；福是一姓，出在五湖四海；唐是一姓，出在马栏丹洲；侯是一姓，出在侯楼下凹；钱是一姓，出在钱盘金锭；苗是一姓，出在上司茶林，下司岩底，苗家大村，苗家大洞；杨是一姓，出在芙蓉大村，芙蓉大洞；黄是一姓，出在八宝山前，金鸡宝洞；粟是一姓，出在粟家大村，粟家大洞；潘是一姓，出在山东青州大巷潘家大湾，潘家大洞，出在上瑶下瑶，金鸡宝洞，得了你公和我公。

你公我公不把（从）哪处出身，同把青州大巷出生。因为真因为，因为兵荒马乱，难得安身在处，抛乡离土，抛土离地，走土离乡。第

---

① 川洲，音译，意思同买卖。

一不落哪处，落在宗衣牛石；第二不落哪处，落在十重十转；第三不落哪处，落在金鸡宝洞；第四不落哪处，落在八宝山前；第五不落哪处，落在四川泸定河口。前妻杨家女，后妻赵家娘，前妻六兄六弟，后妻六兄六弟。因为真因为，男人因为争天，女人因为争地。省事日子多，做工日子少。吾母长思想冬，朝日长思夜想，东走无路，西走无门，便把正命天子收即，手用关星符印，小章保见。盖知大男小女，子孙儿女，父母古念点心（操心）。留专早绣私章头上戴，夜绣大印小印身上穿。人也不知祖宗何面，鬼也不知祖母何音。

四川泸定江河，难得安身落处。天上明月一对，地下牛角一双。十二公头开枝伞叫，各走分离早处，便把牛角分开一对，大的要左，小的要右，是在泸定江河分路走。渡过江河前的六兄弟，铜锅煮饭快，半夜吃饭，鸡啼出门，十字路口打个茅标。茅标向上，后来六公寻上；茅标向下，后来六公寻下。后的六公笨，破甑蒸饭慢，鸡啼吃饭，寅卯二时出门，打断头声喇叭起床穿衣，二声喇叭梳头洗面，三声喇叭起脚行前。打标为凭，行路为真，标头向上，六公寻上，标头向下，六公寻下。因为真因为，因为有了山中大脚野猪，半夜五更过路挨了标，标头向上，六公寻上，得了长衣领、短衣、帽子底，标头为凭各自向，走土寻地，金喇叭银喇叭，十字路头分上下。因为向上，六公寻上。

第一公头无落哪处，落在湖南大洲；第二公头无落哪处，落在春江六洞；第三公头无落哪处，落在榕江六部；第四公头无落哪处，落在蕉岭洞子；第五公头无落哪处，落在草岭大断；第六公头无落哪处，落在官衙大木，平车双洞，流落龙胜江口河大山则水寨，难得安身在处。又向水河流三江古宜平等。又是平阳，地又宽大，吾祖无心落，难得安身在处。又随江上水，无落哪处，落在吉坛大河江口，寨纳沙洲大坪过水船，渡过江桥行，东边小冲西边小江，修造碾谷米丙。因为到春，山河冲水，田在高，水在低，难得安身在处。随江上水，落在黄平八滩，江宽山窄，又随小江上水，得了长田十二弯，钢筷十二双。客多瑶少，客公乖客公巧，他公乖我公笨。他公乖，装刺进田进地；我公笨，穿鞋进田进地。织鞋日子多，做工日子少，难得安身在处，抛土离地，走土离乡。又到下羊湾，布弄马堤江口，又随大江上水，三江头三江尾。又随江上水，到孟山，双大包大塘天小塘田，上白面，下水源，围子坳，老寨包，鱼跳滩，潘婆滩，矮岭河口，大塘湾，江底岁岁塘头，岁岁塘尾，资源辛田两水，平行冬山坡寻冬江河，大江流水八林平，龙胜河口，大江半边流水，正是潘家官水。江尾龙胜江口，江头水流八林平，抛田抛地抛山抛乡，后代子孙千万不抛江。留江念乡，留水念土。寻冬江河过了山坡，过了湖南杨梅生坳，翻路爬坡铲子坪，铲江乐江通大坪，好个也是村好个也是洞，爷娘父母，大男小女宽心，闹热风良，欢度风光。正月元宵二月社，三月清明四月八，百树发芽，十草开花。因为桐木不开花，祖父开大门四向、拢心还脑肚想，不知春头何如，春尾何收。起身动脚，走下榕江，立在中间中洞，左望右看，上洞青，下洞黄。全家大小男女，家安落住榕江马岭，七月逢秋种薯，八月逢社收春，落住榕江马岭，安家乐业，成户养育儿女。耕春三年，养春十岁，吾祖落难夫妻，随身带子带女随江流水，落住老洞口，灵川草岭洞，潭下公平。抛乡抛地抛山，千万不抛江，行过山坡过山头，走东江河，过桂林五通宛田庙坪，衣本福落官衙大木平车双洞。因为真因为，因为田在高水在低，男人不愿装车架枧，女人不愿盘夫送担，抛乡离地，走土离乡。没落哪处，落在河劳落矮，得了长田十二丘，铜筷十二双。壮是多，瑶是少。壮公乖，被欺负。他公乖，我公笨。他公装刺进田进地，我公笨，穿鞋进田进地。做工日子少，制鞋日子多。一日穿烂三对鞋，织不起三对，难得安身在处，抛乡离土，抛土离地，走土离乡，随江上水。不落哪处，落在龙脊平段，黄洛界底，人养地不开，草养地不肥，开枝散叶。随江上水，没落哪处，落在上翁江，下翁江，在那砍山吃粟，木皮盖屋。砍树头吃树尾，树烂三年吃菌子。东边砍块三千七百，西边砍块二万七千，遮人不过养人不肥。在那养出黄狗一对，白狗一双，随山赶岭，赶过上山坳下山坳，上旧屋下旧屋，来到旧屋岩头打一望，望进金坑大寨白竹坪，好个密密村好个密密洞，好个安身在处。在那有个上水跳下水养，大喊三声不应，小喊三声不听。五月五、二月二，进田进地，治出上扒塘下扒塘，上扒塘试粳，下扒塘试糯，上扒塘试粳得吃，下扒塘试糯得收。人养地不开，草养地不肥。开枝散叶，潘保盘、潘香前，上六甲，下六甲，养出上公潘文干、潘文七、潘文征、潘文亮、潘文胜、潘文朱，六兄弟随江寻修水源，随坡寻山头。寻上上水拨，下水养，大喊三声不应，小喊三声不听。随江寻修水源，随山寻修坡上岭头，寻上青山中心大坪，有个三角石头，三角石面，立在中间石头上东张西望，南看北目，五湖四海，山高平阳在矮，山有风光，人在欢喜。大男小女也宽心，坡上山头取名福平包，人在地基取名金坑洞。人在有厅，在宅有处，落岭看不见，落朝喊不得，轮盘养三兄三弟，前三兄三弟文干、文七、文亮、文征、文胜、文朱，大退更三岁，文干、文七住落金坑，文征住大罗鸡界，文胜住落双江河口，文亮住落榕江马岭，文朱住落马财平车双洞、官衙大木、上六甲下六甲，上公文干，下公文七，上六甲下六甲拿来分清大小好全名。上公文干坐东朝西，下公文七坐西朝东，上公文干养出列朱列前：子友、子朝，下公文七养出同明、同福、仁报、仁广，子孙儿女养育得生，人丁大吉。因为真因为，鸡鸭共拢、儿女相同、穿衣相同、衣短裙长。因为讲话不相同，得盘、潘前开上大风门、下栏步，通了大江茶、林岩底、马堤大寨，十二村十二洞，给亲也近，结伴也长。十八堂亲堂堂结，无堂灭，十八堂亲堂堂姣，无堂抛，也是堂堂结。上屋接进河劳矮，下屋接进壮家苗。人养地有在处，草养千坡山头生根，树有千山万岭，千草百树也开花。

上有天下有地，先有太阳后有明月。树有高低，人有大小，上六甲下六甲，上六甲坐东朝西，下六甲坐西朝东。高低分清，大小也分明，不怨天不怨地。煮饭不离火炉，讲话不离公祖，吃饭不离爷娘父母。抛乡抛里千万不抛话、不抛神、不抛鬼，祖宗保全不离身，立神立鬼保今身。天不离地，地不离天，父母不离祖，祖又不离神。儿不离父，女不离娘，置鬼有庙，置神有坛，立起庙王地主，金龙宝殿家先。上坛中坛下坛，家先门坛置路人行、置地有人开，置天得来子孙耕。置伴风流，置夫成双。定得四向，留门有门，四方留路通行。月是定天行路，路是定地行前，东南有向、西北有方，冬通白水双大坳，南通大夫坳、江坳，西通龙脊七星、官衙大木，北通大风门、下栏步。落岭看不见，落朝喊不听。地处在得安乐，土宅在得安心。大闹不怕，大吵人来也通行，穿衣丑人不见，饥荒饿肚人不知。没人笑，没人收，大男也宽心。上有天，下有地，正天地父母养凡人。人丁闭户，树木开枝，千草开叶，百木开根，闭人开户。人多同心，人人同忌，便把过山成文读念，来还香十年香会。大公祖、小公祖，行路怕老虎，上路死，下路埋；下路死，上路埋。大公祖、小公祖辞别乡，辞别土，翁江、黄洛、龙脊、平段、官衙大木、平车双洞、龙胜江口、吉坛河口、寨纳沙洲、大坪、黄平、八滩、马堤河口、三江口、孟山双煞包、大塘田小塘田、上白面、下水源、猴子山、矮寨、小河口、老寨包、潘婆滩、鱼跳滩、下小退、金坑住寨土各宅处。坐东朝西，新寨、小寨、义满田、正黑冲、冲头、界上田、旧屋。坐西朝东向：大寨、田头寨、大毛界、壮界、下步、中禄。立村成寨，立起金龙宝殿，上殿、中殿、下殿。庙主金龙宝殿，上塘庙王、中塘庙王、下塘庙王，招起十寨人丁、十村人口、人丁大旺、五谷大收大吉大利。上洞梅山、中洞梅山、下洞梅山，招起山木、六畜牛马、野扒齐全、六十四天星、三十六地煞，招起上堂家王先祖、中堂家王先祖、下堂家王先祖。招起人丁财禄，牛马大吉，立屋定庙，盘古鬼主，安家神坛，金龙宝殿，置有七十二鬼金身。鬼的声名，土公土王招起田中不崩，地中不离，五谷成收丰登。

三教九流师人度法师公，安起明坛高低正宝香中殿，二元殿，三元通保殿、梅山殿，便把殿名分开，正好娶亲娶夫，养儿养女，孝敬父母永传名。坛门度法师公，变法师人，供奉家先神鬼，还愿孝敬鬼神。三月清明，六月初六，十二月二十六。五谷还愿，五月来解，六月推。二月社，八月社。正庙不离山，社庙管山场。道教之人，佛教之人，十年还香喜愿。上瑶头，下瑶尾，同是天下正家儿，天不离月，月不离天。正命天子，富命之人，管到天灵地神。唐宗六戊六祭，未申酉辰，天大干，地大旱，三年云不退，四年雨不来，七年七岁香旱。天宗认为王富命之人，上天求仙又求神，求仙不落雨，求神口不灵。上天求雨雨不来，下地求土禾不生。借问瑶家大帝，如何求天求地。正是父母身边不立起无孝性鬼神，还愿为春禾苗。客是天大旱无雨，春禾不生，地土无草，借问瑶家大帝，要神要鬼还愿。盘问客，盘问人，祖宗在何方，祖母在何处，半江抛了鬼，半路抛了神。瑶家大帝，上用天干，下用地支，正是天神地鬼分明。借神安土，借鬼安明，客是灭宗灭祖。进江间，神打鼓，拨龙船，拨龙鼓打龙鼓。还愿也灵，雨淋百草也生。借土养苗，借鬼养神，天干为定，地支为凭。借了天下十二姓，瑶人乖，肚不由，潘家人齐口快，要把天干地支偷，盖借了潘家头字三水拿为天干大旱，于是加水大旱。天也不离，地也不弃。先有瑶来，后有汉。五月十三、七月十四，正是进江会神，进河会鬼还愿。金坑上六甲、下六甲，八十大潘住了家，龙有殿，虎有位，鬼有在处，人有在处。田中土公、田中土母。中禄上中岭、下中坪土王公、土王母，田头界土王公，大寨上洞下塘土王公，新寨水大岭，毛界长田土公王，小寨下路土公王、冷水涌土公王，旧屋界底瓮江洞上土公王，第六祖宗子孙，孙子人丁。树有开枝，草有爆芽，潘家宅主寨名，父是有名传天，儿是有名传地。金坑大寨为西，新寨为东，上六甲大寨为西，下六甲东来朝西大毛界、新寨小寨。梅殿王父名金有、金发、金前、金满四兄弟，义满田、正脉冲、冲头、界上田、旧屋、翁柳、瓮江、余家，西来朝东，大寨、田头寨、中禄、下步、龙脊、平段、黄洛、路底、和平、马财、大木、平车、双洞、岭背、龙胜河口。

潘祖出身说到此，子孙万代永传名，万古留名永传声！[①]

---

① 手抄本，金坑小寨师公潘德胜保存，由于其中有较多错漏，故请其徒弟潘保财（高中文化）翻译，笔者整理而成。

后　记

本书是在我的博士论文基础上修改而成的。首先要感谢我的博士指导老师麻国庆教授对我的悉心教诲，是他亲自远赴龙胜县为我选择理想的田野点，敏锐地发现了矮寨的独特性，并鼓励我大胆地做国内尚未成体系的身体人类学研究。博士毕业后，麻老师又一直敦促我站在更高的角度进一步修改论文，严谨的学术训练让我受益终生。在中山大学求学期间，我还得到马丁堂、周大鸣、何国强、刘昭瑞、王建新、邓启耀、张应强、吴国富、刘志杨、朱爱东等教授的指导，他们在论文开题和答辩中提出的建议给我极大的启发。厦门大学人类学系彭兆荣教授在田野中与我对身体问题的探讨也使我获益良多。

读博期间收获的还有真挚的同窗情谊。感谢同窗李铭建、周云水、马宁、姬广绪、罗忱、熊迅、岳小国、陈祥军、李锦、秦洁、查干姗登、刘秀丽、张晶晶、冯远、邹伟全，本书的完成离不开田野和写作过程中与他们的相互交流、鼓励和陪伴。感谢同门师兄范涛、谭同学、卢太平、陈杰、张峻，师姐余鹏杰，师弟黄志辉、张亮、卢成仁、朱伟、何海狮、牛东，师妹杜静元、汪丹、杨帆、姜娜等在学习和生活上的关照。

行走在山野间，我在研究红瑶人的身体实践和象征的同时，也用自己的身体体验、感知和倾听他们的生活方式和酸甜苦辣。一年的田野带回的并非只是丰富的地方性知识，还有对生活和生命的感悟。感谢桂林理工大学吴忠军教授对我的调查的帮助，并不辞辛劳，带我走进许多“过了一山又一山”的红瑶村寨。龙胜县旅游局局长黄会成、民族局局长石林广、档案馆馆长潘鸿祥、江底乡书记唐旗胜及石俊雄等乡政府工作人员为我的调查创造了诸多便利，李粟坤、潘应达、李庆崇、潘景祥等地方文人和精英提供了宝贵的红瑶文化资料，在此一并表示感谢。不会忘记亲如家人的矮寨村民，是他们的接纳和毫无保留让我一个人孤独的田野工作不孤寂。深深感激视我如己出的房东杨文新、杨文妹夫妇，他们身上有着所有红瑶人的美好品质，为我在不通公路、物资匮乏的艰苦瑶山营造了最好的住宿、生活环境和调查条件；杨焕明、王永强、王永宏、杨文通、王仁忠、潘富仁等及家人也均待我如亲人，对他们的善良、淳朴和热忱致以敬意。矮寨犹如我的第二故乡，博士毕业后，由于我承担了教育部人文社会科学研究西部和边疆地区青年基金项目“身体、仪式与社会：广西红瑶的身体人类学研究”，需要补充调查，我曾多次回访，村民们总是以“你回来了”来表达视我为自己人的情意。遗憾的是几位我访谈过的老人都在这几年相继去世，使我对红瑶文化的危机感更添一筹，有幸我曾记录下他们民族智慧的点滴。

我所在的广西师范大学文学院民间文学与民族文化教研室为我提供了良好的工作条件，感谢我的硕士指导老师杨树喆教授，是他最早将我引入民间文化的殿堂，在我求学过程中和回母校工作后给予诸多的支持，并慷慨资助本书的出版。感谢覃德清、海力波、韦世柏等诸位老师在教学和科研工作上的支持，教研室和谐、宽松的环境让我有足够的精力修改本书。感谢白云教授为我标注书中的国际音标，秦漪雅妹妹手绘了书中的大部分插图。

最后，我还要将本书与我的家人分享。衷心感谢伴我走过了十载春秋的丈夫倪水雄，没有他的关爱、包容和鞭策，就不会有现在的我。勤劳善良的父亲是我做人的榜样，他不幸因病过早地离开了我，巨大的打击和悲痛令我一度想放弃修改工作，在师长、亲友的激励下，而今总算勉力完成。谨以这本不成熟但诚挚的作品献给远在天堂的父亲，聊以告慰其在天之灵。人生和做学问均如一次单程旅行，等待和召唤我们的永远是前方的下一个站点，所以我选择前行。

冯智明

2014年12月于桂林

图书在版编目（CIP）数据

广西红瑶：身体象征与生命体系 / 冯智明著 . -- 北京：生活·读书·新知三联书店，2015.9
（跨界与文化田野）
ISBN 978-7-108-05321-3

Ⅰ．①广… Ⅱ．①冯… Ⅲ．①瑶族－人类学－研究－龙胜县 Ⅳ．① Q98

中国版本图书馆 CIP 数据核字（2015）第 104374 号

责任编辑 叶 彤
装帧设计 张 红 朱丽娜
责任印制 卢 岳
出版发行 生活·讀書·新知 三联书店
（北京市东城区美术馆东街22号）
邮 编 100010
经 销 新华书店
网 址 www.sdxjpc.com
排版制作 北京红方众文科技咨询有限责任公司
印 刷 北京市松源印刷有限公司
版 次 2015年9月北京第1版
2015年9月北京第1次印刷
开 本 880毫米×1230毫米 1/32 印张 14.625
字 数 365千字
印 数 0,001—3,000册
定 价 55.00元

（印装查询：010-64002715；邮购查询：010-84010542）